主编 于立文

第三卷

中华茶道

茶道是以养生修心为宗旨的饮茶艺术，涵蕴饮茶之道、饮茶修道、饮茶即道三义。

饮茶之道是基础，饮茶修道是过程，饮茶即道是终极。饮茶之道，重在审美艺术性；饮茶修道，重在道德实践性；饮茶即道，重在宗教哲理性。

在中国茶道中，

雅燕飞觞
密云双凤

品普泉
轻涛起

辽海出版社

祛暑剂

1. 二叶参麦清暑茶

〔**组成**〕淡竹叶 10 克，荷叶 10 克，太子参 5 克，麦冬 5 克。

〔**功效**〕清暑养阴益气。

〔**主治**〕暑热内陷，耗伤气阴的中暑。症见发热，心烦，口渴，尿水短赤，汗多，气短乏力，舌红欠津，脉细数无力。

〔**服用方法**〕将太子参和麦冬切碎，与其他药一起置入茶杯内，倒入刚沸的开水，盖严杯盖，约隔 15 至 20 分钟即可服用。徐徐饮用，边饮边加开水。每日上午、下午和晚上各泡服一剂。

〔**注意事项**〕本药茶宜凉饮。

2. 二皮茅根消暑茶

〔**组成**〕冬瓜皮 10 克，西瓜皮 10 克，白茅根 5 克。

〔**功效**〕清热解暑。

〔**主治**〕暑热内盛的伤暑证。症见口渴思冷饮，心中烦热，小便短赤，汗出不止。

〔**服用方法**〕将以上药物切成小碎块，置入茶杯内，倒入刚沸的开水，盖严杯盖，约隔 10 分钟左右即可服用。徐徐饮用，边饮边加开水。每日上午、下午和晚上睡前各泡服一剂。

〔**注意事项**〕如以上药物为新鲜品，宜加倍药量。

本药茶宜凉饮。

3. 三白利尿消暑茶

〔**组成**〕白术 5 克，茯苓 5 克，泽泻 5 克，生姜 3 克，水灯芯 2 克。

〔**功效**〕利湿消暑。

〔**主治**〕暑湿内蕴，气化受阻的暑瘟。症见身热口渴，头昏倦怠，小便不利，心中烦躁，舌红，脉濡数。

〔**服用方法**〕将白术、茯苓和泽泻切成小碎块，将生姜切成薄片，与水灯芯一起置入茶杯内，倒入刚沸的开水，盖严杯盖，约隔 10 至 15 分钟即可服用。徐徐饮用，边饮边加开水。每日上午、下午和晚上睡前各泡服一剂。

〔注意事项〕本药茶稍凉饮用，更能发挥其药效。

饮用期间，避免贪凉过度，以防加重病情。

4. 木瓜化湿伤暑茶

〔组成〕木瓜5克，藿香5克，香薷5克，厚朴5克。

〔功效〕化湿和中，祛暑解表。

〔主治〕伏天感寒的伤暑。症见发热恶寒，头痛体倦，胸痞纳呆，恶心欲吐，舌白。

〔服用方法〕将木瓜和厚朴切成小碎块，与其他药一起置入茶杯内，倒入刚沸的开水，盖严杯盖，约隔10至15分钟即可服用。徐徐饮用，边饮边加开水。每日上午、下午和晚上各泡服一剂。

〔注意事项〕本药茶宜热饮，饮后应注意保暖，使身体出微汗，则其疗效更佳。

5. 佩荷化浊祛暑茶

〔组成〕佩兰5克，鲜荷叶10克，藿香3克，陈皮5克。

〔功效〕芳香化浊，解暑和中。

〔主治〕伏暑感邪的暑温证。症见头重如裹，胸痞腹胀，身热不扬，恶心欲吐，或大便泄泻，苔白腻。

〔服用方法〕将以上药物置入茶杯内，倒入刚沸的开水，盖严杯盖，约隔10至15分钟即可服用。徐徐饮用，边饮边加开水。每日上午、下午和晚上睡前各饮一剂。

〔注意事项〕本药茶热饮，则疗效较佳。饮用期间，勿贪凉以防感冒而加重病情。

6. 前仁暑泄茶

〔组成〕车前子5克，香薷3克，茯苓5克，猪苓5克，水灯芯3克。

〔功效〕利水渗湿，清暑止泄。

〔主治〕暑湿传脾的夏季肠炎。症见身热口渴，呕吐泄泻，腹痛肠鸣，小便短少。

〔服用方法〕将茯苓和猪苓切成小碎块，与其他药一起置入茶杯内，倒入刚沸的开水，盖严杯盖，约隔15至20分钟即可服用。徐徐饮用，边饮边加开水。每日上午和下午各泡服一剂。

〔注意事项〕饮茶期间，忌吃生冷食物。

7. 香薷荷叶祛暑茶

〔组成〕香薷5克，荷叶5克。

〔功效〕祛暑解表。

〔主治〕受暑感寒的夏季感冒。症见发热恶寒，口干口渴，心中烦燥，小便短赤。

〔服用方法〕将以上药物置入茶杯内，倒入刚沸的开水，盖严杯盖，约隔10分钟左右即可服用。徐徐饮用，边饮边加开水。每日上午、下午和晚上各泡服一剂。

〔注意事项〕本药茶宜热饮，饮后使身体出微汗为佳。

饮用期间，忌吃辛辣食物。

8. 香薷清暑解表茶

〔组成〕香薷5克，藿香3克，佩兰3克，扁豆3克。

〔功效〕清暑解表，发散风寒。

〔主治〕暑日贪凉，感受风寒所致的夏季感冒证。症见发热恶寒，头痛无汗，胸闷纳差，苔白腻，脉浮。

〔服用方法〕将扁豆砸烂，与其他的药一起置入茶杯内，倒入刚沸的开水，盖严杯盖，约隔10至15分钟即可饮用。徐徐饮用，边饮边加开水，直到药味清淡。每日上午、下午和晚上睡前各饮一剂。

〔注意事项〕饮茶期间，忌食生冷食品。本药茶宜热服。

9. 莱菔清暑消食茶

〔组成〕莱菔子5克，陈皮5克，茯苓5克，连翘5克，甘草3克。

〔功效〕清胃利气，消食导滞。

〔主治〕夏日宿食，胃失和降的消化不良。症见脘腹痞胀，嗳腐吞酸，泄利后重，不思饮食，食入反胀。

〔服用方法〕将陈皮，茯苓和甘草切成小碎块，与其他药一起置入茶杯内，倒入刚沸的开水，盖严杯盖，约隔10至15分钟即可服用。徐徐饮用，边饮边加开水。每日上午和下午各饮一剂。

〔注意事项〕饮茶期间，应注意控制食量，忌吃油腻与不易消化的食物。

10. 黄连香薷暑湿茶

〔组成〕黄连2克，香薷5克，甘草3克。

〔功效〕清热祛暑，燥湿和中。

〔主治〕暑湿内郁的夏季感冒。症见发热无汗，心烦口渴，恶心欲吐。

〔服用方法〕将以上药物置入茶杯内，倒入刚沸的开水，盖严杯盖，约隔 10 至 15 分钟即可服用。徐徐饮用，边饮边加开水。每日上午、下午和晚上各泡服一剂。

〔注意事项〕本药茶宜热饮，饮后使全身出微汗，则其疗效更佳。

11. 银花香薷暑感茶

〔组成〕金银花 5 克，香薷 5 克，茉莉花茶 2 克。

〔功效〕清热解暑。

〔主治〕暑热之邪袭扰卫表的暑感。症见头昏痛，微发热，口干口渴，咽痛，小便短赤，舌红欠津。

〔服用方法〕将以上药物切成小碎块，并置入茶杯内，倒入刚沸的开水，盖严杯盖，约隔 10 至 15 分钟即可服用。徐徐饮用，边饮边加开水。每日上午、下午和晚上各泡服一剂。

〔注意事项〕本药茶宜凉饮。

饮用期间，应注意保暖，避免当风受凉。

12. 银花清络解暑茶

〔组成〕金银花 5 克，荷叶 5 克，竹叶心 3 克，麦冬 5 克。

〔功效〕清热解暑。

〔主治〕暑热之邪侵袭肺胃证。症见心中烦热，口干思饮，头昏乏力，舌红。

〔服用方法〕将以上药物置入茶杯内，倒入刚沸的开水，盖严杯盖，约隔 5 至 10 分钟即可饮用。徐徐饮用，边饮边加开水直到药味清淡。每日上午和下午各饮一剂。

〔注意事项〕本药茶稍凉时饮用，其疗效更佳。

13. 腹皮消暑化湿茶

〔组成〕大腹皮 5 克，藿香 5 克，荷叶 5 克，厚朴 5 克。

〔功效〕消暑化湿。

〔主治〕夏伤暑湿的感冒。症见发热头痛，全身强痛，胸闷腹胀，恶心欲吐，不思饮食，舌苔白腻。

〔服用方法〕将大腹皮扯成细丝，将厚朴切成小碎块，与其他药一起置入茶杯内，倒入刚沸的开水，盖严杯盖，约隔 10 至 15 分钟即可服用。徐徐饮用，边饮边加开水。每日上午、下午和晚上睡前各饮一剂。

〔注意事项〕饮茶期间，应注意保暖，避免贪凉，以防着凉而加重病情。

14. 藿香正气解暑茶

〔组成〕藿香5克，陈皮5克，紫苏叶5克，厚朴5克。

〔功效〕化湿解暑。

〔主治〕暑湿犯表的伏暑感冒。症见发热恶寒，头痛身痛，恶心欲吐，甚者吐泻不止。

〔服用方法〕将厚朴切成小碎块，与其他药一起置入茶杯内，倒入刚沸的开水，盖严杯盖，约隔10至15分钟即可服用。徐徐饮用，边饮边加开水。每日上午、下午和晚上睡前各饮一剂。

〔注意事项〕本药茶宜热饮，同时应频频少量饮入，以免饮量过大加重胃的负担而致吐。

除湿剂

1. 二仁尿血茶

〔组成〕桃仁5克，车前子5克，丹皮5克，木通5克。

〔功效〕清热利尿，活血止血。

〔主治〕湿热下注，灼伤血络的急性尿路感染。症见尿频尿急，刺痛难忍，尿中带血，如洗肉水。

〔服用方法〕将桃仁砸碎，将丹皮和木通切成小碎块，与前仁一起置入茶杯内，倒入刚沸的开水，盖严杯盖，约隔15至20分钟即可服用。徐徐饮用，边饮边加开水。每日上午、下午和晚上各泡服一剂。

〔注意事项〕饮茶期间，应保证足够的休息，避免过度疲劳、忌房事及忌吃辛辣食物。

孕妇忌用本药茶。

2. 二术黄柏止带茶

〔组成〕苍术5克，白术5克，黄柏5克。

〔功效〕清热燥湿。

〔主治〕湿热下注的白带病。症见白带黄稠而多，臭秽难闻，腰腹酸胀，外阴搔痒，苔黄腻，脉滑数。

〔服用方法〕将以上药物用刀切成碎块，置入茶杯内，倒入刚沸的开水，盖严杯盖，约隔 15 至 20 分钟即可服用。徐徐饮用，边饮边加开水，每日上午和下午各泡服一剂。

〔注意事项〕饮茶期间，注意外阴部的清洁卫生，每晚睡觉前和每次房事前后都应用温开水清洗外阴。

3. 二苓渗湿止带茶

〔组成〕猪苓 5 克，茯苓 5 克，黄柏 3 克，车前子 3 克。

〔功效〕清热，渗湿，止带。

〔主治〕湿热下注的带下症。症见黄带，或赤白带下，臭秽难闻，腰腹酸痛。

〔服用方法〕将猪苓、茯苓和黄柏切成小碎块，与车前子一起置入茶杯内，倒入刚沸的开水，盖严杯盖，约隔 15 至 20 分钟即可服用。徐徐饮用，边饮边加开水。每日上午和下午各泡服一剂。

〔注意事项〕饮茶期间，注意外阴部的清洁卫生，每晚睡觉前和每次房事前后男女双方都必须用温开水清洗外阴。

4. 二泽利水消肿茶

〔组成〕泽兰 5 克，泽泻 5 克，防己 3 克，车前草 5 克。

〔功效〕活血通脉，利大消肿。

〔主治〕气血郁滞，痹阻脉络所致的下肢浮肿，胀疼不利。

〔服用方法〕将泽泻和防己切成小碎块，与其他药一起置入茶杯内，倒入刚沸的开水，盖严杯盖，约隔 15 至 20 分钟即可服用。徐徐饮用，边饮边加开水。每日上午和下午各泡服一剂。

〔注意事项〕饮茶期间，应保证足够的休息，避免过度劳累。

孕妇忌用本药茶。

5. 二黄二子虚淋茶

〔组成〕黄芩 5 克，黄芪 5 克，石莲子 5 克，车前子 5 克。

〔功效〕清热益气，利尿通淋。

〔主治〕湿热蕴结膀胱，气虚不摄的尿路感染。症见尿急尿频，涩痛难忍，日久不愈，气短乏力，腰腹坠胀。

〔服用方法〕将黄芩、黄芪和石莲子切成小碎块，与车前子一起置入茶杯内，倒入刚沸的开水，盖严杯盖，约隔 15 至 20 分钟即可服用。徐徐饮用，边饮边加开水。每日上午和下午各泡服一剂。

〔注意事项〕饮用期间，注意休息，避免过度劳累，注意外阴部的清洁卫生并忌吃辛辣燥火的食物。

6. 山柏芡前完带茶

〔组成〕山药 5 克，黄柏 3 克，芡实 5 克，车前子 5 克。

〔功效〕清热健脾，渗湿上带。

〔主治〕脾不运湿，湿热下注的白带。症见白带增多，色黄稠粘，臭秽难闻，腰腹酸软，神疲体乏。

〔服用方法〕将芡实砸碎，将山药和黄柏切成小碎块，与车前子一起置入茶杯内，倒入刚沸的开水，盖严杯盖，约隔 15 至 20 分钟即可服用。徐徐饮用，边饮边加开水。每日上午和下午各泡服一剂。

〔注意事项〕饮茶期间，注意外阴部的清洁卫生，每晚用温开水清洗外阴。每次房事前后，夫妻双方都应用温开水将外阴清洗干净。

7. 女贞草　淋浊茶

〔组成〕女贞子 5 克，草　5 克，牛膝 5 克。

〔功效〕补肾利浊。

〔主治〕肾阴亏损的前列腺炎。症见小便混浊不清，点滴难下。

〔服用方法〕将女贞子砸碎，将草　和牛膝切成小碎块，同时置入茶杯内，倒入刚沸的开水，盖严杯盖，约隔 15 至 20 分钟即可服用。徐徐饮用，边饮边加开水。每日上午和晚上各泡服一剂。

〔注意事项〕饮茶期间，忌吃辛辣食物。

8. 马齿车前利湿茶

〔组成〕马齿苋 10 克，车前草 5 克，白茅根 5 克，萹蓄 5 克。

〔功效〕清热利湿通淋。

〔主治〕湿热下注膀胱的尿路感染。症见尿频，尿急，尿赤，尿短，尿痛，甚到尿中带血，舌红，脉数。

〔服用方法〕将以上药物置入茶杯内，倒入刚沸的开水，盖严杯盖，约隔 15 分钟左右即可服用。徐徐饮用，边饮边加开水，直到药味清淡。每日上午、下午和晚上睡觉前各饮一剂。

〔注意事项〕如尿路感染严重者，可用两倍以上药物的药量泡服，则其疗效更佳。

9. 马齿鸡冠治带茶

〔组成〕马齿苋 10 克，鸡冠花 10 克。

〔功效〕清热除湿止带。

〔主治〕湿热下注的白带。症见白带黄稠，臭秽难闻，腰酸腹胀，舌红，苔腻。

〔服用方法〕将以上药物置入茶杯里，倒入刚沸的开水，盖严杯盖，约隔 10 至 15 分钟即可服用。徐徐饮用。每日上午和下午各饮一剂。

〔注意事项〕饮茶期间，应注意外阴部的清洁卫生，每晚睡觉前和每次性生活前后都应用温开水清洗外阴。

10. 木通 桐通络茶

〔组成〕木通 5 克， 荭草 5 克，海桐皮 5 克，忍冬藤 5 克。

〔功效〕祛风除湿，活血通络。

〔主治〕风湿热邪流注经络的痹证。症见关节不利，疼痛肿胀，行走不便。

〔服用方法〕将以上药物切成小碎块，并置入茶杯内，倒入刚沸的开水，盖严杯盖，约隔 15 至 20 分钟即可服用。徐徐饮用，边饮边加开水。每日上午泡服一剂。

〔注意事项〕饮茶期间，注意对四肢的防寒保暖，少接触冷水。

11. 五皮利水消肿茶

〔组成〕桑白皮 5 克，大腹皮 5 克，生姜皮 3 克，茯苓皮 3 克，陈皮 5 克。

〔功效〕泻肺通窍，行水消肿。

〔主治〕肺气不宣，水气不行的急性肾小球肾炎。症见全身浮肿，腰以下为甚，小便减少，恶寒畏寒，全身酸痛。

〔服用方法〕将以上药物切成碎块，置入茶杯内，倒入刚沸的开水，盖严杯盖，约隔 15 至 20 分钟即可服用，徐徐饮用，一剂泡一次。每日上午和下午各泡一剂。

〔注意事项〕饮茶期间，宜食低盐食物，并注意休息，保证充足的睡眠。

12. 五加木瓜痹痛茶

〔组成〕五加皮 5 克，木瓜 5 克。

〔功效〕祛风除湿定痛。

〔主治〕风湿之邪瘀阻经络的痹痛。症见关节肿痛。屈伸不利，行走不便，手足拘急，腰膝酸软。

〔服用方法〕将五加皮和木瓜切成小碎块，置入茶杯内，倒入刚沸的开水，盖严杯盖，约隔15至20分钟即可服用。徐徐饮用，边饮边加开水。每日上午和下午各泡服一剂。

〔注意事项〕饮茶期间，注意对肢体的防寒保暖，尽量避免接触冷水。

13. 五加杜仲腰痛茶

〔组成〕五加皮5克，杜仲5克。

〔功效〕补肾，止痛。

〔主治〕肾气不足，寒湿侵袭腰腑的腰痛。症见腰骶酸软疼痛，转侧不便，俯仰困难，四肢沉重，步履艰难。

〔服用方法〕将以上药物切成小碎块，并置入茶杯内，倒入刚沸的开水，盖严杯盖，约隔15至20分钟即可服用。徐徐饮用，边饮边加开水。每日上午和晚上各泡服一剂。

〔注意事项〕饮茶期间，应注意对腰部防寒保暖，适当增加体育锻炼，但勿过度疲劳。

14. 五加消肿茶

〔组成〕五加皮5克，生姜皮3克，大腹皮3克，茯苓皮5克。

〔功效〕运脾除湿，利水消肿。

〔主治〕脾不运湿，水湿泛溢肌肤的水肿病。症见全身浮肿，小便不利，恶风恶寒，全身不适。

〔服用方法〕将五加皮和大腹皮切碎，与其他药一起置入茶杯内，倒入刚沸的开水，盖严杯盖，约隔15至20分钟即可服用。徐徐饮用，边饮边加开水。每日上午和下午各泡服一剂。

〔注意事项〕饮茶期间，应少吃含钠盐的食物，应保证足够的休息，避免过度劳累并忌房事。

15. 五苓温阳利湿茶

〔组成〕茯苓5克，猪苓3克，泽泻5克，白术3克，桂枝5克。

〔功效〕湿阳化气，利湿消肿。

〔主治〕阳不化气，水湿不运，泛溢肌肤的肾小球肾炎。症见全身浮肿，肢冷畏寒，小便不利。

〔服用方法〕将以上药物切成小碎块，并置入茶杯内，倒入刚沸的开水，盖严杯盖，约隔15至20分钟即可服用。徐徐饮用，边饮边加开水。每日上午和下午各泡服一剂。

〔注意事项〕饮茶期间，应尽量少吃含钠盐的食物，并应保证足够的休息。

16. 牛膝秦艽三痹茶

〔组成〕牛膝5克，秦艽5克，防风5克，独活3克。

〔功效〕祛风除湿，通络蠲痹。

〔主治〕风寒湿邪阻滞经络所致的关节炎。症见全身关节疼痛，屈伸不利，俯仰艰难，肌肤麻木。

〔服用方法〕将以上药物切成小碎块，并置入茶杯内，倒入刚沸的开水，盖严杯盖，约隔15至20分钟即可服用。徐徐饮用，边饮边加开水。每日上午和下午各泡服一剂。

〔注意事项〕饮茶期间，应注意对肢体防寒保暖并尽量避免接触冷水。
孕妇忌用本药茶。

17. 牛膝瞿通五淋茶

〔组成〕牛膝5克，瞿麦5克，通草5克。

〔功效〕利尿通淋。

〔主治〕湿热下注所致的热淋、血淋、石淋、膏淋、劳淋等五淋。

〔服用方法〕将牛膝切成小碎块，与其他药一起置入茶杯内，倒入刚沸的开水，盖严杯盖，约隔10至15分钟即可服用。徐徐饮用，边饮边加开水。每日上午、下午和晚上各泡服一剂。

〔注意事项〕饮茶期间，应注意休息，避免过度劳累，忌房事及忌吃辛辣食物。
孕妇忌用本药茶。

18. 巴戟牛膝痹痛茶

〔组成〕巴戟天5克，牛膝5克，五加皮5克，羌活5克。

〔功效〕补肾散寒，祛风通络。

〔主治〕肾阳亏虚，风寒湿邪痹着筋骨所致的风湿关节炎。症见全身关节疼痛，屈伸不利，行动艰难。

〔服用方法〕将以上药物切成小碎块，并置入茶杯内，倒入刚沸的开水，盖严杯盖，约隔15至20分钟即可服用。徐徐饮用，边饮边加开水。每日上午和下午各泡服一剂。

〔注意事项〕饮茶期间，应注意对患肢防寒保暖，尽量避免接触冷水。

19. 术芍二苓止泻茶

〔组成〕苍术 5 克，白芍 5 克，茯苓 5 克，猪苓 5 克。

〔功效〕燥湿健脾止泻。

〔主治〕脾为湿困的慢性肠炎。症见腹部隐隐作痛，大便稀溏，日行数次，纳食不香，面色无华，舌淡白而胖，脉濡。

〔服用方法〕将以上药物切成碎块，置入茶杯内，倒入刚沸的开水，盖严杯盖，约隔 10 至 15 分钟即可服用。徐徐饮用，边饮边加开水。每日上午和下午各泡服一剂。

〔注意事项〕饮茶期间应吃较容易消化的食物，少吃辛辣食物。

20. 石苇冬葵石淋茶

〔组成〕石苇 5 克，冬葵子 5 克，赤苓 5 克，甘草 2 克。

〔功效〕利尿化石通淋。

〔主治〕湿热下注膀胱，熬煎尿液成石的尿路结石病。症见尿急尿痛，尿来中断，甚者尿中带血，刺痛难忍。

〔服用方法〕将赤苓切成小碎块，与其他药一起置入茶杯内，倒入刚沸的开水，盖严杯盖，约隔 15 至 20 分钟即可饮用。徐徐饮用，边饮边加开水。每日上午、下午和晚上各泡服一剂。

〔注意事项〕本药茶只适用于砂状结石，或作为接受碎石治疗患者的辅助药物。

21. 布麻利尿消肿茶

〔组成〕罗布麻叶 3 克，大腹皮 5 克，猪苓 5 克，泽泻 5 克。

〔功效〕利水消肿。

〔主治〕三焦气化不利，湿热蕴结膀胱所致的肾炎。症见小便不利，全身浮肿。

〔服用方法〕将以上药物切成小碎块，置入茶杯内，倒入刚沸的开水，盖严杯盖，约隔 15 至 20 分钟即可服用。徐徐饮用，边饮边加开水。每日上午和下午各泡服一剂。

〔注意事项〕饮茶期间，应注意休息，少吃含钠盐的食品。

22. 四金化石茶

〔组成〕海金沙 5 克，金钱草 5 克，鸡内金 2 克，郁金 5 克。

〔功效〕利尿排石。

〔主治〕湿热下注，煎尿成石的尿路结石病。症见尿急尿频，尿来中断，刺痛难忍。

〔服用方法〕将鸡内金碾成细末，将郁金切成小碎块，与其他药一起置入茶杯内，倒入刚沸的开水，盖严杯盖，约隔 15 至 20 分钟即可饮用。一剂泡一次，一次饮完。每日上午、下午和晚上各泡服一剂。

〔注意事项〕饮用时，用汤匙将药液中的海金沙搅拌呈悬浮状后再饮用。
本药茶只适用于砂粒状尿结石，或作为接受碎石治疗患者的辅助药物。

23. 白芷燥湿止带方

〔组成〕白芷 5 克，败酱草 5 克。

〔功效〕清热解毒，燥湿止带。

〔主治〕湿热下注的妇女白带证。症见白带稠黄，秽臭难闻，腰腹酸胀，苔黄腻，脉滑数。

〔服用方法〕将以上药物置入茶杯内，倒入刚沸的开水，盖严杯盖，约隔 10 至 15 分钟即可服用。徐徐饮用，边饮边加开水，直到药味清淡。每日上午和下午各饮一剂。

〔注意事项〕饮茶期间，应注意外阴卫生，每晚睡觉前或房事前后都应用温开水清洗外阴，并且勤换内裤。

24. 白金键脾止泻茶

〔组成〕白术 5 克，党参 5 克，金樱子 5 克，五味子 5 克。

〔功效〕健脾益气，固肠止泻。

〔主治〕脾气虚弱，肠气不固的慢性肠炎。症见大便清溏，日行数次，面色萎黄，不思饮食，神疲气短。

〔服用方法〕将金樱子和五味子砸碎，将白术和党参切成小碎块，同时置入茶杯内，倒入刚沸的开水，盖严杯盖，约隔 15 至 20 分钟即可服用。徐徐饮用，边饮边加开水。每日上午和下午各泡服一剂。

〔注意事项〕饮茶期间，忌吃生冷和油腻食物。
凡实热之泄泻，忌用本药茶。

25. 瓜仁黄柏止带茶

〔组成〕冬瓜仁 5 克，黄柏 3 克，草　3 克，苍术 3 克。

〔功效〕清热燥湿止带。

〔主治〕下焦湿热的带下病。症见黄带如涌，或赤白带下，臭秽粘稠，腰腹酸软。

〔服用方法〕将黄柏、萆薢和苍术切成小碎块，与冬瓜仁一起置入茶杯内，倒入刚沸的开水，盖严杯盖，约隔15至20分钟即可服用。徐徐饮用，边饮边加开水。每日上午和下午各泡服一剂。

〔注意事项〕饮茶期间，应保持外阴部的清洁卫生，每晚用温开水清洗外阴一次，每次房事前后夫妻双方都应用温开水洗涤外阴。

26. 冬瓜茅根利湿茶

〔组成〕冬瓜皮10克，白茅根5克，玉米棒蕊5克。

〔功效〕利水消肿。

〔主治〕肾气不足，水湿泛溢的水肿病。症见全身水肿，以腰腹下肢为甚，腰酸软，腹胀满，不思饮食，小便短少。

〔服用方法〕将以上药物切成小碎块，并置入茶杯内，倒入刚沸的开水，盖严杯盖，约隔10至15分钟即可服用。徐徐饮用，边饮边加开水。每日上午和下午各泡服一剂。

〔注意事项〕饮茶期间，应少吃含钠盐的食物并保证足够的休息，必要时应卧床休息，切忌过度劳累。

27. 冬葵海金排石茶

〔组成〕冬葵子5克，海金沙5克，石苇5克。

〔功效〕利尿排石。

〔主治〕湿热下注膀胱，煎尿为石的尿路结石。症见尿频尿急，尿来中断，刺痛难忍，少腹拘急。

〔服用方法〕将以上药物置入茶杯内，倒入刚沸的开水，盖严杯盖，约隔15至20分钟即可服用。一剂泡一次，一次饮完。每日上午、下午和晚上各泡服一剂。

〔注意事项〕饮用时，用汤匙将药液中的海金沙搅拌成悬浮状后再饮用。
本药茶只适用于砂粒状尿结石，或作为接受碎石治疗患者的辅助药物。

28. 老鹳二枝痹痛茶

〔组成〕老鹳草5克，桑枝5克，桂枝5克，鸡血藤5克。

〔功效〕祛风通络，除痹止痛。

〔主治〕风湿之邪阻滞经络的痹痛。症见筋骨酸痛，关节肿痛，肢体麻木，屈伸不利。

〔服用方法〕将桑枝、桂枝和鸡血藤一起切成小碎块，与老鹳草一起置入茶杯内，倒入刚沸的开水，盖严杯盖，约隔15至20分钟即可服用。徐徐饮用，边饮边加开水。每日上午和下午各泡服一剂。

〔注意事项〕饮茶期间，注意对肢体的防寒保暖，尽量避免接触冷水。

29. 血藤独活风湿茶

〔组成〕鸡血藤5克，桑寄生5克，独活5克，桂枝5克。

〔功效〕活血通络。

〔主治〕气血不足，风湿之邪阻滞经络的痹痛。症见关节疼痛，屈伸不利，活动受限。

〔服用方法〕将以上药物切成小碎块，并置入茶杯内，倒入刚沸的开水，盖严杯盖，约隔15至20分钟即可服用。徐徐饮用，边饮边加开水。每日上午和下午各泡服一剂。

〔注意事项〕饮茶期间，注意对肢体的防寒保暖，尽量避免接触冷水。

30. 寻骨豨莶热痹茶

〔组成〕寻骨风5克，豨莶草5克，桑枝5克，银花藤5克。

〔功效〕清热除湿，祛风止痛。

〔主治〕风湿热邪阻滞经络的热痹。症见四肢骨节红肿疼痛，屈伸不利，或低热不退。

〔服用方法〕将寻骨风和桑枝切成小碎块，与其他药一起置入茶杯内，倒入刚沸的开水，盖严杯盖，约隔15至20分钟即可服用。徐徐饮用，边饮边加开水。每日上午和下午各泡服一剂。

〔注意事项〕饮茶期间，注意对患肢的防寒保暖，尽量避免接触冷水。

本药茶只适用于热痹，不可用于治疗寒痹。

31. 防己茯苓消肿茶

〔组成〕防己2克，茯苓5克，黄芪5克，桂枝3克，甘草2克。

〔功效〕健脾益气，利水消肿。

〔主治〕阳虚气化不利，水湿泛溢的水肿。症见四肢皮肤肿盛，面色萎黄，小便不利，肚腹胀满。

〔**服用方法**〕将以上药物切成小碎块，置入茶杯内，倒入刚沸的开水，盖严杯盖，约隔 15 至 20 分钟即可服用。徐徐饮用，边饮边加开水。每日上午和下午各泡服一剂。

〔**注意事项**〕饮茶期间，应少吃含钠盐的食物并保证足够的休息，注意添加衣被以防感冒。

32. 防己黄芪风水茶

〔**组成**〕防己 5 克，黄芪 5 克，白术 5 克，生姜 3 克，大枣 2 枚。

〔**功效**〕散风除湿，健脾消肿。

〔**主治**〕风邪外袭，水湿内阻的肾小球肾炎。症见全身浮肿，以头面为甚，恶风恶寒，小便不利。

〔**服用方法**〕将生姜切成薄片，将其他药切成小碎块，同时置入茶杯内，倒入刚沸的开水，盖严杯盖，约隔 15 至 20 分钟即可服用。徐徐饮用，边饮边加开水。每日上午和下午各泡服一剂。

〔**注意事项**〕饮茶期间，应保证足够的休息，避免过度疲劳，忌房事并少吃含钠盐的食物。

33. 防己黄芪消肿茶

〔**组成**〕防己 3 克，黄芪 5 克，白术 5 克，茯苓 5 克。

〔**功效**〕健脾，利水，消肿。

〔**主治**〕肺脾气虚，水湿不运的水肿证。症见全身浮肿，汗出恶风，小便不利，身体重痛。

〔**服用方法**〕将以上药物切成小碎块，并置入茶杯内，倒入刚沸的开水，盖严杯盖，约隔 15 至 20 分钟即可服用。徐徐饮用，边饮边加开水。每日上午和下午各泡服一剂。

〔**注意事项**〕饮茶期间，应保证足够的休息，避免过度疲劳并少吃含钠盐的食物。

34. 防己痹痛茶

〔**组成**〕木防己 5 克，桂心 5 克，木瓜 5 克，牛膝 5 克，知母 5 克。

〔**功效**〕风湿止痛，通络除痹。

〔**主治**〕风湿热邪阻滞经络的热痹。症见四肢骨节肿胀，烦痛，屈伸不利，小便短赤。

〔服用方法〕将以上药物切成小碎块，置入茶杯内，倒入刚沸的开水，盖严杯盖，约隔15至20分钟即可服用。徐徐饮用，边饮边加开水。每日上午和晚上泡服一剂。

〔注意事项〕饮茶期间，应尽量少接触冷水，注意对患肢的防寒保暖。

本药茶中适用于热痹，如为寒湿痹不宜用本药茶。

35. 苍苡除湿通痹茶

〔组成〕苍术5克，薏苡仁5克，羌活5克，独活5克。

〔功效〕燥湿通络，祛风除痹。

〔主治〕湿阻经脉的着痹。症见四肢重着，麻木疼痛，活动则舒。

〔服用方法〕将薏苡仁砸碎，将其他药物切成小碎块，同时置入茶杯内，倒入刚沸的开水，盖严杯盖，约隔15至20分钟即可服用，徐徐饮用，边饮边加开水。每日上午和下午各饮一剂。

〔注意事项〕饮茶期间，注意加强肢体的活动并尽量避免接触冷水。

36. 芡实茯苓分清茶

〔组成〕芡实10克，茯苓5克。

〔功效〕补肾利湿。

〔主治〕肾气不足，水湿不化的前列腺炎。症见小便混浊，如米泔水，少腹坠胀，甚者小便点滴难下。

〔服用方法〕将芡实砸碎，将茯苓掰成小碎块，同时置入茶杯内，倒入刚沸的开水，盖严杯盖，约隔15至20分钟即可服用。徐徐饮用，边饮边加开水。每日上午和下午各泡服一剂。

〔注意事项〕饮茶期间，忌饮酒和吃辛辣食物，宜多吃各种花粉制品。

37. 苏木秦艽痹痛茶

〔组成〕苏木5克，秦艽5克，防风5克，川芎5克。

〔功效〕活血通络，祛风止痛。

〔主治〕风寒湿邪阻滞经络所致的风寒湿痹。症见周身疼痛，难以转侧，关节强直，屈伸不利。

〔服用方法〕将以上药物切成小碎块，并置入茶杯内，倒入刚沸的开水，盖严杯盖，约隔15至20分钟即可服用。徐徐饮用，边饮边加开水。每日上午和下午各泡服一剂。

〔注意事项〕饮茶期间，应注意对肢体防寒保暖并尽量避免接触冷水。

孕妇忌用本药茶。

38. 旱莲车前血淋茶

〔组成〕旱莲草 5 克（鲜品 15 克），车前草 5 克（鲜品 15 克）。

〔功效〕清热利尿，凉血止血。

〔主治〕湿热下注膀胱，热伤血络的急性尿路感染。症见尿频尿急，尿中带血，刺痛难忍。

〔服用方法〕将以上药物置入茶杯中，倒入刚沸的开水，盖严杯盖，约隔 10 至 15 分钟即可服用。徐徐饮用，边饮边加开水。每日上午、下午和晚上各泡服一剂。

〔注意事项〕饮茶期间，应保证足够的休息，避免过度疲劳，忌房事并忌吃辛辣食物。

39. 利胆排石茶

〔组成〕金钱草 10 克，茵陈 5 克，郁金 5 克，紫胡 5 克，大黄 3 克。

〔功效〕清肝利胆，排石止痛。

〔主治〕湿热蕴结，煎液为石的胆道结石症。症见右胁下疼痛，放射肩胛，厌油腻。

〔服用方法〕将郁金和大黄切成小碎块，与其他药一起置入茶杯内，倒入刚沸的开水，盖严杯盖，约隔 10 至 15 分钟即可服用。徐徐饮用，边饮边加开水。每日上午和下午各泡服一剂。

〔注意事项〕本药茶只适用于砂粒状胆道结石患者，对结石直径大于 0.8 厘米的患者不宜用本药茶。

饮用后，小便变黄赤，大便变清溏，为本药物的正常反应。

40. 伸筋过江消肿茶

〔组成〕伸筋草 5 克，过江龙 5 克。

〔功效〕利湿消肿。

〔主治〕脾肾不化，水湿泛溢肌肤的水肿。症见全身浮肿，四肢为甚。

〔服用方法〕将以上药物置入茶杯内，倒入刚沸的开水，盖严杯盖，约隔 15 至 20 分钟即可服用。徐徐饮用，边饮边加开水。每日上午和下午各泡服一剂。

〔注意事项〕饮茶期间，应少吃含钠盐的食物并注意保证足够的休息避免过度劳累。

41. 伸舒筋草顽痹茶

〔组成〕伸筋草 5 克，舒筋草 5 克，鸡血藤 5 克，黄芪 5 克。

〔功效〕益气活血，通络除痹。

〔主治〕风湿痹阻，气血不活的顽痹。症见腰腿疼痛，麻木不仁，屈伸不利，行走不便，拘急短缩。

〔服用方法〕将鸡血藤和黄芪切成小碎块，与其他药一起置入茶杯内，倒入刚沸的开水，盖严杯盖，约隔 15 至 20 分钟即可服用。徐徐饮用，边饮边加开水。每日上午和下午各泡服一剂。

〔注意事项〕饮茶期间，注意防寒保暖并尽量避免接触冷水。

42. 灵仙除湿腰痛茶

〔组成〕威灵仙 5 克，肉桂 2 克，当归 5 克，大茴香 3 克。

〔功效〕散寒除湿，暖腰止痛。

〔主治〕肾阳不足，寒湿客于腰府的腰痛。症见腰背酸痛，沉重不利，时缓时急，久久不愈，得暖则舒。

〔服用方法〕将大茴香砸碎，将其他药切成小碎块，并置入茶杯内，倒入刚沸的开水，盖严杯盖，约隔 15 至 20 分钟即可服用。徐徐饮用，边饮边加开水。每日上午和下午各泡服一剂。

〔注意事项〕本药茶热饮，才能更好地发挥药效。饮用期间，应注意腰部的防寒保暖。

43. 灵仙除痹茶

〔组成〕威灵仙 5 克，防风 5 克，川芎 5 克，当归 5 克。

〔功效〕蠲痹止痛。

〔主治〕风湿，寒湿之邪客于筋骨肌肉的痹证。症见肢体关节酸痛，屈伸不利，手足麻木。

〔服用方法〕将以上药物切成小碎块，置入茶杯内，倒入刚沸的开水，盖严杯盖，约隔 15 至 20 分钟即可服用。徐徐饮用，边饮边加开水。每日上午和下午各泡服一剂。

〔注意事项〕饮茶期间，应注意对肢体的防寒保暖并尽量不接触冷水。

44. 苓术桂枝行水茶

〔组成〕茯苓 5 克，猪苓 5 克，白术 5 克，桂枝 5 克。

〔**功效**〕温运脾阳，行水消肿。

〔**主治**〕脾阳不运，水湿泛溢的慢性肾小球肾炎。症见全身浮肿，小便不利，肚腹胀满，不思饮食。

〔**服用方法**〕将以上药物切成小碎块，并置入茶杯内，倒入刚沸的开水，盖严杯画，约隔 15 至 20 分钟即可服用。徐徐饮用，边饮边加开水。每日上午和下午各泡服一剂。

〔**注意事项**〕饮茶期间，应保证足够的休息，避免过度疲劳并少吃含钠盐的食物。

45. 虎杖车前除湿茶

〔**组成**〕虎杖 5 克，车前草 5 克。

〔**功效**〕清热利湿。

〔**主治**〕

（1）肝胆湿热瘀阻的黄疸病。症见目黄，身黄，尿黄，口渴，身热，腹胀。

（2）湿热下注，蕴结膀胱的尿路感染。症见尿频尿急，淋沥涩痛，甚者尿中带血。

〔**服用方法**〕将虎杖切成小碎块，与车前草一起置入茶杯内，倒入刚沸的开水，盖严杯盖，约隔 10 至 15 分钟即可服用。徐徐饮用，边饮边加开水。每日上午、下午和晚上各泡服一剂。

〔**注意事项**〕饮茶期间，应保证足够的休息，避免过度劳累，忌房事并忌吃辛辣食品。

46. 金地二草石淋茶

〔**组成**〕金钱草 10 克，地耳草 10 克。

〔**功效**〕利尿排石。

〔**主治**〕下焦湿热蕴结，煎尿为石的尿路结石。症见尿频尿急，尿来中断，刺痛难忍，甚者尿中带血。

〔**服用方法**〕将以上药物置入茶杯内，倒入刚沸的开水，盖严杯盖，约隔 10 至 15 分钟即可服用。徐徐饮用，边饮边加开水，每日上午、下午和晚上各泡服一剂。

〔**注意事项**〕本药茶只适用于砂粒状尿路结石的患者，或作为接受碎石治疗患者的辅助药物。

47. 金钱栀子黄疸茶

〔**组成**〕金钱草 10 克，栀子 3 枚。

〔功效〕清胆利黄。

〔主治〕肝胆湿热蕴结，泛溢肌肤的黄疸病，症见目黄，肤黄，尿黄，腹胀，乏力，口渴，身热。

〔服用方法〕将栀子砸碎，与金钱草一起置入茶杯内，倒入刚沸的开水，盖严杯盖，约隔10至15分钟即可服用。徐徐饮用，边饮边加开水。每日上午、下午和晚上各泡服一剂。

〔注意事项〕饮茶期间，应保证足够的休息，避免过度疲劳并忌吃辛辣燥火的食物。

48. 金黄退黄茶

〔组成〕郁金5克，黄柏5克，茵陈5克。

〔功效〕清热利湿。

〔主治〕肝胆湿热熏蒸的黄疸。症见肤黄，目黄，尿黄，黄色鲜明，全身乏力，口苦腻油，苔黄腻。

〔服用方法〕将郁金和黄柏切成小碎块，与茵陈一起置入茶杯内，倒入刚沸的开水，盖严杯盖，约隔10至15分钟即可服用。徐徐饮用，边饮边加开水。每日上午和下午各泡服一剂。

〔注意事项〕饮茶期间，应保证足够的休息，避免过度疲劳并忌吃辛辣油腻食物。

49. 狗脊蠲痹止痛茶

〔组成〕狗脊5克，草　5克，苏木5克，桂枝5克。

〔功效〕祛风除湿，蠲痹止痛。

〔主治〕风寒湿邪闭阻经络的痹证。症见周身疼痛，四肢麻木，项背拘急，活动不便，行走不利。

〔服用方法〕将以上药物切成小碎块，置入茶杯内，倒入刚沸的开水，盖严杯盖，约隔15至20分钟即可服用。徐徐饮用，边饮边加开水。每日上午和下午各泡服一剂。

〔注意事项〕饮茶期间，注意对肢体的防寒保暖，尽量避免接触冷水。

50. 鱼腥前仁热淋茶

〔组成〕鱼腥草10克，车前子5克。

〔功效〕清热利湿。

〔主治〕湿热蕴结膀胱，灼伤血络的急性尿路感染。症见尿频尿急，茎中刺痛，尿中带血，如洗肉水。

〔服用方法〕将以上药物置入茶杯内，倒入刚沸的开水，盖严杯盖，约隔15至20分钟即可服用。徐徐饮用，边饮边加开水。每日上午和下午各泡服一剂。

〔注意事项〕饮茶期间，应保证足够的休息，避免过度疲劳，忌房事并忌吃辛辣燥火的食物。

51. 实脾消肿茶

〔组成〕白术5克，木瓜5克，大腹皮5克，炮姜3克。

〔功效〕温阳运脾，利湿消肿。

〔主治〕脾胃虚寒，水湿积滞的慢性肾小球肾炎。症见全身浮肿，以四肢为甚，肢冷畏寒，脉沉弱。

〔服用方法〕将以上药物切成小碎块，并置入茶杯内，倒入刚沸的开水，盖严杯盖，约隔15至20分钟即可服用。徐徐饮用，边饮边加开水。每日上午和下午各泡服一剂。

〔注意事项〕饮茶期间，应保证足够的休息，避免过度疲劳并少吃含钠盐的食物。

52. 前仁黄柏除湿茶

〔组成〕车前子5克，黄柏3克。

〔功效〕清热利湿。

〔主治〕

（1）湿热下注的热淋。症见小便短赤疼痛，甚者解血尿，频频欲解。

（2）湿热下注的带下病。症见黄带粘稠，臭秽难闻，或赤白带下，腰腹酸痛。

〔服用方法〕将黄柏切成小碎块，与车前子一起置入茶杯内，倒入刚沸的开水，盖严杯盖，约隔15至20分钟即可服用。徐徐饮用，边饮边加开水。每日上午和下午各泡服一剂。

〔注意事项〕饮茶期间，注意外阴部的清洁卫生，每晚用温开水清洗外阴一次，每次房事前后夫妻双方都应用温开水将外阴清洗干净。

53. 泽泻利湿退黄茶

〔组成〕泽泻5克，茵陈3克，金钱草3克。

〔功效〕利湿退黄。

〔主治〕肝胆湿热内阻所致的黄疸。症见肤黄，目黄，尿黄，全身乏力，口苦口腻。

〔服用方法〕将泽泻切成小碎块，与其他药一起置入茶杯内，倒入刚沸的开水，盖严杯盖，约隔10至15分钟即可服用。徐徐饮用，边饮边加开水。每日上午和下午各泡服一剂。

〔注意事项〕饮茶期间，忌吃油腻辛辣食物，应保证足够的休息，避免过度劳累并注意保暖，避免着凉感冒。

54. 泽泻胆草带下茶

〔组成〕泽泻5克，龙胆草3克，车前子5克。

〔功效〕清热利湿止带。

〔主治〕湿热下注的带下病。症见赤白带下，或黄带，臭秽粘稠，腰腹酸胀。

〔服用方法〕将泽泻和龙胆草切成小碎块，与车前子一起置入茶杯内，倒入刚沸的开水，盖严杯盖，约隔15至20分钟即可服用。徐徐饮用，边饮边加开水。每日上午和下午各泡服一剂。

〔注意事项〕饮茶期间，注意保持外阴部清洁卫生，每晚用温开水清洗外阴一次，每次房事前后夫妻双方都应用温开水将外阴清洗干净。

55. 泽泻桑皮行水茶

〔组成〕泽泻5克，桑白皮5克，槟榔2克，生姜3克。

〔功效〕泻肺行气，利水消肿。

〔主治〕上焦气化不利的妊娠期间浮肿。症见全身浮肿，以头面部和上肢为甚，全身疼痛不适，脘腹胀满。

〔服用方法〕将以上药物切成小碎块，并置入茶杯内，倒入刚沸的开水，盖严杯盖，约隔15至20分钟即可服用。徐徐饮用，边饮边加开水。每日下午泡服一剂。

〔注意事项〕饮茶期间，应多卧床休息，注意保暖避免着凉感冒。

56. 茵陈藓皮利黄茶

〔组成〕茵陈5克，白藓皮5克。

〔功效〕利湿退黄。

〔主治〕肝胆湿热熏蒸所致的黄疸病。症见目黄，肤黄，尿黄，黄色鲜明，腹满发热，口渴舌红。

〔服用方法〕将白藓皮切成小碎块，与茵陈一起置入茶杯内，倒入刚沸的开水，盖严杯盖，约隔 10 至 15 分钟即可服用。徐徐饮用，边饮边加开水。每日上午、下午和晚上各泡服一剂。

〔注意事项〕饮茶期间，应保证足够的休息并忌吃辛辣燥火的食物。

57. 茯苓导水茶

〔组成〕茯苓 5 克，猪苓 3 克，大腹皮 5 克，槟榔 5 克。

〔功效〕利水消肿。

〔主治〕脾不运湿，水湿泛溢的水肿。症见全身浮肿，小便不利，腹部胀满，不思饮食，大便清溏。

〔服用方法〕将以上药物切成小碎块，同时置入茶杯中，倒入刚沸的开水，盖严杯盖，约隔 10 至 15 分钟即可服用。徐徐饮用，边饮边加开水。每日上午和下午各泡服一剂。

〔注意事项〕饮茶期间，应少吃含钠盐的食物，应保证足够的休息，并注意保暖避免着凉感冒。

58. 栀子利湿通淋茶

〔组成〕栀子 5 克，车前子 5 克，通草 3 克，萹蓄 3 克。

〔功效〕清热，利湿，通淋。

〔主治〕湿热下注所致的尿路感染症。症见小便疼痛，甚则尿中带血，尿频尿急，舌红，苔黄。

〔服用方法〕将栀子砸碎，与其他药一起置入茶杯内，倒入刚沸的开水，盖严杯盖，约隔 10 至 15 分钟即可服用，徐徐饮用，边饮边加开水，直到药味清淡。每日上午、下午和晚上睡前各饮一剂。

〔注意事项〕饮茶期间，应适当休息，避免过度疲劳。

59. 栀子茵陈除黄茶

〔组成〕栀子 5 克，茵陈 5 克。

〔功效〕清肝利胆，除湿退黄。

〔主治〕湿热蕴结中焦、熏蒸胆汁所致的黄疸证。症见小便、白晴和全身皮肤发黄，口苦口腻，苔黄腻，脉滑实。

〔服用方法〕将栀子砸破，与茵陈一起置入茶杯内，倒入刚沸的开水，盖严杯盖，约隔 15 分钟左右即可服用。徐徐饮用，边饮边加开水，直到药味清淡，每日上午和下午各饮一剂。

〔**注意事项**〕饮茶期间，忌食各种油腻食品，注意保暖以防感冒而加重病情。

60. 香薷化湿和中茶

〔**组成**〕香薷 5 克，黄连 1 克，生姜 5 克，大蒜 2 瓣。

〔**功效**〕化湿和中，温胃止泻。

〔**主治**〕暑月食生冷过量，伤及脾胃所致的吐泻证。症见发热恶寒，呕吐泻泄，胸闷腹痛，舌淡苔白。

〔**服用方法**〕将生姜切成薄片，将大蒜捣烂，与其他药一起置入茶杯内，倒入刚沸的开水，约隔 15 分钟左右即可服用。徐徐饮用，边饮边加开水，直到药味清淡。每日上午和下午各饮一剂。

〔**注意事项**〕本药茶宜热服，饮茶期间，忌食各种生冷食品。

61. 独活寄生蠲痹茶

〔**组成**〕独活 5 克，秦艽 5 克，桑寄生 5 克，牛膝 5 克。

〔**功效**〕祛风止痛，强筋健骨。

〔**主治**〕风寒湿邪痹阻经络的痹证。症见腰膝酸重疼痛，两足重痛麻木，行走不利。

〔**服用方法**〕将以上药物切成小碎块，并置入茶杯内，倒入刚沸的开水，盖严杯盖，约隔 15 至 20 分钟即可服用。边饮边加开水，徐徐饮用。每日上午和下午各泡服一剂。

〔**注意事项**〕饮茶期间，注意防寒保暖并尽量避免接触冷水。

62. 姜黄舒筋通痹茶

〔**组成**〕姜黄 5 克，防风 5 克，羌活 5 克，海桐皮 5 克，当归 5 克。

〔**功效**〕通经络，蠲痹痛。

〔**主治**〕风寒湿邪阻滞经络，气血不和，百脉不利的关节炎。症见周身关节疼痛，屈伸不利，活动则缓。

〔**服用方法**〕将以上药物切成小碎块，并置入茶杯内，倒入刚沸的开水，盖严杯盖，约隔 15 至 20 分钟即可服用。徐徐饮用，边饮边加开水。每日上午和下午各泡服一剂。

〔**注意事项**〕饮茶期间，注意对肢体防寒保暖并尽量避免接触冷水。

63. 扁豆健脾利湿茶

〔**组成**〕扁豆 10 克，水灯芯 5 克。

〔功效〕健脾利湿。

〔主治〕

（1）脾气虚弱，水湿不运的水肿。症见全身浮肿，小便不利，腹胀纳少。

（2）脾虚不运，湿热下注的赤白带下。

（3）脾不运湿的小儿湿疹。

〔服用方法〕将扁豆炒到焦黄并砸碎，与水灯心一起置入茶杯内，倒入刚沸的开水，盖严杯盖，约隔10至15分钟即可服用。徐徐饮用，边饮边加开水。每日上午和下午各泡服一剂。

〔注意事项〕饮茶期间，忌吃辛辣油腻的食物。

64. 秦艽退黄奶茶

〔组成〕秦艽5克，牛奶100毫升。

〔功效〕益肝退黄。

〔主治〕湿热瘀滞，泛溢肌肤的黄疸。症见肤黄，目黄，尿黄，小便不利，神疲乏力，日久不愈。

〔服用方法〕将牛奶烧熟备用。将秦艽切成小碎块，置入茶杯内，倒入刚沸的开水，盖严杯盖，约隔15至20分钟即可服用。饮用时，先将药渣滤出，再将牛奶溶入药液中，一次饮完。一剂泡一次，每日上午和下午各泡服一剂。

〔注意事项〕所用牛奶一定要新鲜，要烧开煮熟，否则会伤肠胃。

饮用期间，应保证足够的休息，避免过度劳累并少吃辛辣油腻食物。

65. 秦艽热痹茶

〔组成〕秦艽5克，防己5克，桑枝5克，银花藤5克。

〔功效〕祛风止痛，除湿泄热。

〔主治〕风湿热邪阻滞经络的热痹证。症见四肢骨节肿胀疼痛，甚者关节变形，屈伸不利，游走酸痛，或发低热。

〔服用方法〕将以上药物切成小碎块，置入茶杯内，倒入刚沸的开水，盖严杯盖，约隔15至20分钟即可服用。徐徐饮用，边饮边加开水。每日上午和下午各泡服一剂。

〔注意事项〕饮用期间，注意对患肢的防寒保暖并尽量避免接触冷水。

本药茶只适用于热痹，不适用于寒湿痹。

66. 海风二枝蠲痹茶

〔组成〕海风藤5克，桑枝5克，桂枝5克，秦艽5克，当归5克。

〔功效〕祛风通络，蠲痹止痛。

〔主治〕风寒湿邪痹阻经络的湿痹。症见腰膝酸痛，骨节疼痛，屈伸不利，行走不便，筋脉拘挛。

〔服用方法〕将以上药物切成小碎块，置入茶杯内倒入刚沸的开水，盖严杯盖，约隔15至20分钟即可服用。徐徐饮用，边饮边加开水。每日上午和下午各泡服一剂。

〔注意事项〕饮茶期间，注意对肢体的防寒保暖并尽量避免接触冷水。

67. 海沙血淋茶

〔组成〕海金沙5克，蒲黄5克，生地5克。

〔功效〕清热凉血。

〔主治〕湿热下注膀胱，热伤血络的急性尿路感染。症见尿中带血如洗肉水，尿急尿痛，淋沥涩痛。

〔服用方法〕将蒲黄和生地切成小碎块，与海金沙一起置入茶杯内，倒入刚沸的开水，盖严杯盖，约隔15至20分钟即可服用。一剂泡一次，一次饮完。每日上午、下午和晚上各泡服一剂。

〔注意事项〕饮用时，用汤匙将药液中的海金沙搅拌均匀，使之在药液中呈悬浮状后再饮用。

饮用期间，应保证足够的休息，避免过度劳累，忌房事并忌吃辛辣食物。

68. 海金膏淋茶

〔组成〕海金沙5克，麦冬5克，水灯芯3克，甘草2克。

〔功效〕利湿下浊。

〔主治〕湿浊下泄的前列腺炎。症见小便混浊如米泔，余沥不尽，小便坠胀。

〔服用方法〕将以上药物置入茶杯内，倒入刚沸的开水，盖严杯盖，约隔15至20分钟即可服用。一剂泡一次，一次饮完。每日上午、下午和晚上各泡服一剂。

〔注意事项〕饮用时，用汤匙将药液中的海金沙搅拌呈悬浮状后再饮用。

饮用期间，忌吃辛辣食物。

69. 海桐补肾蠲痹茶

〔组成〕海桐皮5克，补骨脂5克，牛膝5克，川续断5克。

〔功效〕补肾强腰，祛风除湿。

〔主治〕肾气不足，筋骨不坚，风湿阻络的痹证。症见腰腿酸软疼痛，两脚挛急不可伸举，全身乏力。

〔服用方法〕将补骨脂砸碎，将其他药切成小碎块，倒入刚沸的开水，盖严杯盖，约隔15至20分钟即可服用。徐徐饮用，边饮边加开水。每日上午和下午各泡服一剂。

〔注意事项〕饮茶期间，注意对患肢的防寒保暖并尽量避免接触冷水。

70. 海桐痹痛茶

〔组成〕海桐皮5克，羌活5克，牛膝5克，当归5克。

〔功效〕祛风活络，除湿止痛。

〔主治〕风寒湿邪阻滞筋脉的痹症。症见腰膝疼痛，百节拘挛，两脚肿痛。

〔服用方法〕将以上药物切成小碎块，置入茶杯内，倒入刚沸的开水，盖严杯盖，约隔15至20分钟即可服用。徐徐饮用，边饮边加开水。每日上午和下午各泡服一剂。

〔注意事项〕饮茶期间，注意对患肢的保暖并尽量不接触冷水。

71. 浮萍利水消肿茶

〔组成〕浮萍5克，白茅根10克，桑白皮5克。

〔功效〕利水消肿。

〔主治〕三焦气化失司，水湿不运的水肿。症见全身浮肿，以头面为甚，微发热恶寒，小便不利。

〔服用方法〕将桑白皮切成小碎块，与其他药一起置入茶杯内，倒入刚沸的开水，盖严杯盖，约隔10至15分钟即可服用。徐徐饮用，边饮边加开水。每日上午和下午各泡服一剂。

〔注意事项〕饮茶期间，应尽量少吃含钠盐的食物。

72. 黄柏治浊固本茶

〔组成〕黄柏5克，益智仁5克，猪苓5克，茯苓5克。

〔功效〕清热利湿，固本化浊。

〔主治〕湿热注入膀胱，肾气不固的前列腺肥大。症见小便点滴难下，甚者癃闭不通，下腹坠胀。

〔服用方法〕将益智仁砸碎，将其他药切成小碎块，同时置入茶杯内，倒入刚沸的开水，盖严杯盖，约隔15至20分钟即可服用。徐徐饮用，边饮边加开水。每日上午和下午各泡服一剂。

〔注意事项〕饮用期间，宜多吃花粉制品和动物肾脏。

73. 黄柏前仁止带茶

〔组成〕黄柏5克，车前子5克，芡实3克，泽泻3克。

〔功效〕清热除湿止带。

〔主治〕脾虚肝郁，湿热下注所致的白带证。症见白带黄稠，臭秽难闻，腰腹酸痛，苔黄腻。

〔服用方法〕将芡实砸碎，将黄柏和泽泻掰碎，与车前子一起置入茶杯内，倒入刚沸的开水，盖严杯盖，约隔20分钟左右即可服用。一剂泡一次，一次饮完。每日上午和下午各饮一剂。

〔注意事项〕饮茶期间，忌食各种辛辣生湿食品，并注意保持外阴部的清洁卫生。

74. 萆   除湿膏淋茶

〔组成〕萆   5克，黄柏3克，茯苓5克，车前子5克，莲子心1克。

〔功效〕清热利湿。

〔主治〕下焦湿热为甚的前列腺炎。症见小便混浊如米泔，点滴难下，甚者隆闭不通，少腹坠胀。

〔服用方法〕将萆   、茯苓和黄柏切成小碎块，与其他药一起置入茶杯内，倒入刚沸的开水，盖严杯盖，约隔15至20分钟即可服用。徐徐饮用，边饮边加开水。每日上午和晚上各泡服一剂。

〔注意事项〕本药茶只适用于湿热下注的膏淋，不适用于肾虚的膏淋。

75. 菟茯泽莲膏淋茶

〔组成〕菟丝子5克，茯苓5克，泽泻5克，莲子5克。

〔功效〕补肾除湿。

〔主治〕肾气不足，湿邪下注的前列腺炎。症见小便混浊如米泔，点滴难下，小腹坠胀。

〔服用方法〕将茯苓、泽泻和莲子切成小碎块，与菟丝子一起置入茶杯内，倒入刚沸的开水，盖严杯盖，约隔15至20分钟即可服用。徐徐饮用，边饮边加开水。每日上午和晚上各泡服一剂。

〔注意事项〕饮茶期间，宜服用各种花粉制品以助其效。

76. 野菊土苓湿疹茶

〔组成〕野菊花 10 克，土茯苓 10 克，（小儿用量减一半）。

〔功效〕清热解毒，除湿止痒。

〔主治〕湿热之毒泛溢肌肤所致的湿疹。症见丘疹溃烂，瘙痒难忍，外渗 黄水。

〔服用方法〕将土茯苓切成小碎块，与野菊花一起置入茶杯内，倒入刚沸的开水，盖严杯盖，约隔 15 至 20 分钟即可服用。徐徐饮用，边饮边加开水。每日上午和晚上各泡服一剂。

〔注意事项〕饮用本药茶二次后，可用药液来清洗患部。

饮用期间，忌吃辛辣、油腻厚味的食物。

77. 旋复行水消胀茶

〔组成〕旋复花 5 克，大腹皮 5 克。

〔功效〕健脾行气，行水消胀。

〔主治〕脾阳不运，水湿内停的肝硬化早期腹水。症见腹大水肿，小便不利，面色萎黄，饮食不香。

〔服用方法〕将大腹皮撕成碎片，与旋复花一起置入茶杯内，倒入刚沸的开水，盖严杯盖，约隔 10 至 15 分钟即可服用。徐徐饮用，边饮边加开水。每日上午和下午各饮一剂。

〔注意事项〕本药茶为治疗早期肝硬化的辅助药物，可与其他治疗同时使用。

78. 寄生除湿蠲痹茶

〔组成〕桑寄生 5 克，杜仲 5 克，独活 5 克，桂心 5 克。

〔功效〕补肾强筋，祛风除湿。

〔主治〕肾气虚弱，久卧冷湿所致的痹证。症见腰背酸痛，四肢沉重，伸屈不利，行走不便，肢冷畏寒。

〔服用方法〕将以上药物切成小碎块，并置入茶杯内，倒入刚沸的开水，盖严杯盖，约隔 15 至 20 分钟即可服用。徐徐饮用，边饮边加开水。每日上午和下午各泡服一剂。

〔注意事项〕饮茶期间，注意防寒保暖，尽量避免接触冷水并应适当增加体育锻炼，但勿过度疲劳。

79. 淫灵桂芎风湿茶

〔组成〕淫羊藿 5 克，威灵仙 5 克，桂心 5 克，川芎 5 克。

〔功效〕补虚散寒，除湿通痹。

〔主治〕肝肾亏虚，风寒湿邪阻滞经络的痹证。症见全身关节疼痛，屈伸不利，肢冷畏寒，得暖则缓。

〔服用方法〕将威灵仙，桂心和川芎切成小碎块，与淫羊藿一起置入茶杯内，倒入刚沸的开水，盖严杯盖，约隔 15 至 20 分钟即可服用。徐徐饮用，边饮边加开水。每日上午和下午各泡服一剂。

〔注意事项〕本药茶宜热饮。凡风湿热痹者忌用本药茶。

80. 续断祛风除湿茶

〔组成〕续断 5 克，防风 5 克，羌活 5 克，苡仁 5 克。

〔功效〕祛风湿，利腰膝。

〔主治〕肝肾亏虚，风湿之邪阻滞经络的痹证。症见腰脊酸软疼痛，腿膝沉重，屈伸不利，步履不便，俯仰困难。

〔服用方法〕将苡仁砸碎，将其他药物切成小碎块，同时置入茶杯内，倒入刚沸的开水，盖严杯盖，约隔 15 至 20 分钟即可服用。徐徐饮用，边饮边加开水。每日上午和下午各泡服一剂。

〔注意事项〕饮茶期间，注意防寒保暖，尽量避免接触冷水并应适当增加体育锻炼，但勿过度疲劳。

81. 葶苈防己消肿茶

〔组成〕甜葶苈子 5 克，汉防己 5 克。

〔功效〕泻肺行水消肿。

〔主治〕肺失宣降，水气不行的水肿证。症见全身肿胀，咳喘胸满，小便不利。

〔服用方法〕将葶苈子捣烂，将防己切成小碎块，并置入茶杯内，倒入刚沸的开水，盖严杯盖，约隔 15 至 20 分钟即可服用。徐徐饮用，边饮边加开水。每日上午和下午各饮一剂。

〔注意事项〕本药茶有伤阴耗气之弊，故不宜长饮久服，应肿消即止。

82. 萹瞿热淋茶

〔组成〕萹蓄 5 克，瞿麦 5 克。

〔功效〕清热利尿。

〔主治〕湿热下注的尿路感染。症见小便短赤，淋沥涩痛，频频欲解。

〔服用方法〕将以上药物置入茶杯内，倒入刚沸的开水，盖严杯盖，约隔 10 至

15 分钟即可服用。徐徐饮用，边饮边加开水。每日上午、下午和晚上睡前各泡服一剂。

〔注意事项〕饮茶期间，应保证足够的休息，忌房事并忌吃辛辣食物。

83. 萹蓄茵陈退黄茶

〔组成〕萹蓄 5 克，茵陈 5 克，山栀子 3 枚，车前子 5 克。

〔功效〕清热利湿退黄。

〔主治〕肝胆湿热泛溢的黄疸病。症见肤黄，目黄，尿黄，全身乏力，神疲气短。

〔服用方法〕将山栀子砸碎，与其他药一起置入茶杯内，倒入刚沸的开水，盖严杯盖，约隔 15 至 20 分钟即可服用。徐徐饮用，边饮边加开水。每日上午、下午和晚上睡前各泡服一剂。

〔注意事项〕饮茶期间，应保证足够的休息，避免过度疲劳并忌吃辛辣食物。

84. 紫翘前仁血淋茶

〔组成〕紫草 5 克，连翘 5 克，车前子 5 克。

〔功效〕清热利尿，凉血止血。

〔主治〕湿热下注膀胱，灼伤血络的尿路感染。症见尿频尿急，涩痛难忍，尿中带血，小腹坠胀。

〔服用方法〕将以上药物置入茶杯内，倒入刚沸的开水，盖严杯盖，约隔 15 至 20 分钟即可饮用。徐徐饮用，边饮边加开水。每日上午和下午各泡服一剂。

〔注意事项〕饮茶期间，应保证足够的休息，避免过度劳累，忌房事并忌吃辛辣食物。

85. 豨莶地耳黄疸茶

〔组成〕豨莶草 5 克，地耳草 5 克，茵陈 5 克，栀子 3 枚。

〔功效〕清热除湿退黄。

〔主治〕肝胆湿热熏蒸肌肤的黄疸。症见目黄，肤黄，尿黄，全身乏力，发热，口苦，苔黄腻。

〔服用方法〕将栀子砸碎，与其他药一起置入茶杯内，倒入刚沸的开水，盖严杯盖，约隔 10 至 15 分钟即可服用。徐徐饮用，边饮边加开水。每日上午、下午和晚上各泡服一剂。

〔注意事项〕饮茶期间，应保证足够的休息，避免过度疲劳并忌吃辛辣油腻的食物。

86. 薷术消肿茶

〔组成〕香薷5克，白术5克。

〔功效〕启上闸，运中州，利不窍。

〔主治〕上中下三焦气机不化，水湿泛溢所致的水肿证。症见全身浮肿，重着不适，小便水少，舌胖嫩有齿痕，脉浮濡。

〔服用方法〕将以上药物切成小碎块，置入茶杯内，倒入刚沸的开水，约隔20分钟左右即可服用。徐徐饮用，边饮边加开水，直至药味清淡。每日上午和下午各饮一剂。

〔注意事项〕本药茶宜凉服。饮茶期间，应尽量少吃食盐并注意休息与保暖，以防感冒而加重病情。

87. 瞿麦石淋茶

〔组成〕瞿麦5克，冬葵子5克，车前子5克，神曲3克。

〔功效〕利尿排石。

〔主治〕湿热蕴结下焦，尿液熬煎为石的尿路结石病。症见尿急尿痛，尿来中断，刺痛难忍。

〔服用方法〕将以上药物置于茶杯内，倒入刚沸的开水，盖严杯盖，约隔10至15分钟即可服用。徐徐饮用，边饮边加开水。每日上午、下午和晚上睡前各泡服一剂。

〔注意事项〕本药茶只适宜于砂粒状尿路结石，或作为接受碎石疗法患者的辅助药物。

88. 藿佩化湿和中茶

〔组成〕藿香5克，佩兰5克，茯苓5克，黄连2克。

〔功效〕化湿和中，清胃止呕。

〔主治〕湿热蕴胃的急、慢性胃炎。症见脘腹痞满，恶心欲吐，腹胀纳呆，厌恶油腻，舌红，苔腻。

〔服用方法〕将茯苓掰成小碎块，与其他药一起置入茶杯内，倒入刚沸的开水，盖严杯盖。约隔10至15分钟即可服用。徐徐饮用，边饮边加开水。每日上午和下午各饮一剂。

〔注意事项〕饮用本药茶应频频少量饮入，否则会加重胃的负担而致吐。饮用期间，忌吃辛辣油腻食物。

89. 藿香化湿止泻茶

〔组成〕藿香 5 克，茵陈 3 克，川连 2 克，木香 5 克。

〔功效〕化湿醒脾，行气导滞。

〔主治〕脾不化湿的慢性肠炎。症见脘腹胀满，泄泻便溏，一日数次，苔白腻。

〔服用方法〕将木香切成碎块，与其他药一起置入茶杯内，倒入刚沸的开水，盖严杯盖，约隔 15 至 20 分钟即可服用。徐徐饮用，边饮边加开水。每日上午和下午各饮一剂。

〔注意事项〕饮茶期间，忌吃辛辣油腻食物。

90. 藿香和中茶

〔组成〕藿香 5 克，苍术 5 克，厚朴 5 克，甘草 2 克。

〔功效〕化湿和中，理脾开胃。

〔主治〕寒湿困脾所致的胃肠功能失调。症见脘腹痞满，口淡纳呆，恶心，便溏，舌淡白，苔白腻，脉濡。

〔服用方法〕将苍术和厚朴切成碎块，与其他药一起置入茶杯内，倒入刚沸的开水，盖严杯盖，约隔 15 至 20 分钟即可服用。徐徐饮用，边饮边加开水。每日上午和下午各饮一剂。

〔注意事项〕饮茶期间，宜少吃甜食并忌饮酒。

润燥剂

1. 二冬润肺茶

〔组成〕麦门冬 5 克，天门冬 5 克。

〔功效〕养阴润肺。

〔主治〕阴虚肺燥，或燥热伤肺的燥咳证。症见干咳无痰，口唇干燥，口渴引饮，舌红。

〔服用方法〕将以上药物切成小碎块，并置入茶杯内，倒入刚沸的开水，盖严杯盖，约隔 15 至 20 分钟即可服用。徐徐饮用，边饮边加开水。每日上午和下午各泡服一剂。

〔注意事项〕饮茶时，可将口鼻对着杯口深呼吸，让药液的蒸汽进入肺部，以润泽肺组织。

本药茶宜凉饮。饮用期间，忌吃辛辣燥火的食物。

2. 三根消渴茶

〔**组成**〕瓜蒌根5克，芦根5克，白茅根5克，苦丁茶2克。

〔**功效**〕生津止渴。

〔**主治**〕肺胃积热，伤耗津液的消渴。症见口干口渴，引饮无度，舌红少津，脉洪数。

〔**服用方法**〕将瓜蒌根切成小碎块，与其他药一起置入茶杯内，倒入刚沸的开水，盖严杯盖，约隔15至20分钟即可服用。徐徐饮用，边饮边加开水。每日上午和下午各泡服一剂。

〔**注意事项**〕本药茶宜凉饮。饮用期间，忌吃辛辣燥热之物。

3. 天地增液消渴茶

〔**组成**〕天冬5克，生地5克，麦冬3克，黄连1克。

〔**功效**〕清热除烦，增液消渴。

〔**主治**〕胃火炽盛，灼伤胃液所致的消渴证。症见口干口渴，饮水难解，心中烦热，舌红，苔少。

〔**服用方法**〕将天冬和生地切为小碎块，与其他药一起置入茶杯内，倒入刚沸的开水，盖严杯盖，约隔20分钟左右即可饮用。徐徐饮用，边饮边加开水。每日上午、下午和晚上各饮一剂。

〔**注意事项**〕本药茶宜凉饮。饮茶期间应控制饮食的摄入量。

4. 乌麦葛粉玉泉茶

〔**组成**〕乌梅5克，麦冬5克，葛根5克，天花粉5克。

〔**功效**〕生津止渴。

〔**主治**〕热邪伤阴，津亏液涸所致的消渴证。症见口干口渴，引饮无度，心中烦躁。

〔**服用方法**〕将乌梅砸碎，将其他的药切成小碎块，同时置入茶杯内，倒入刚沸的开水，盖严杯盖，约隔15至20分钟即可服用。徐徐饮用，边饮边加开水。每日上午和下午各泡服一剂。

〔**注意事项**〕饮茶期间，忌吃辛辣、油腻的食物。

5. 玉竹麦冬生津茶

〔组成〕玉竹5克，麦冬5克。

〔功效〕养阴生津。

〔主治〕暑热和邪热伤及肺胃，津液耗伤的口干唇焦，口渴喜饮，引饮无度，心中烦躁，舌红少津。

〔服用方法〕将以上药物切成小碎块，并置入茶杯内，倒入刚沸的开水，盖严杯盖，约隔10至15分钟即可服用。徐徐饮用，边饮边加开水。每日上午和下午各泡服一剂。

〔注意事项〕本药茶宜凉饮。饮用期间，忌吃辛辣食物。

6. 玉竹润肺止咳茶

〔组成〕玉竹5克，川贝母2克，桔梗5克，紫菀5克。

〔功效〕清热润肺，化痰止咳。

〔主治〕肺经热盛，燥邪伤阴，肺失宣降的燥咳，症见干咳无痰，或痰少而粘，不易咯出。

〔服用方法〕将川贝砸碎，将其他的药物切成小碎块，同时置入茶杯内，倒入刚沸的开水，盖严杯盖，约隔15至20分钟即可服用。徐徐饮用，边饮边加开水。每日上午和下午各泡服一剂。

〔注意事项〕饮用时，可将口鼻对着杯口深呼吸，让药液的蒸汽进入肺内，有利于痰液的排出。

饮用期间，忌抽烟和吃辛辣食物。

7. 玉泉消渴五味茶

〔组成〕五味子3克，知母5克，天花粉5克，黄芪5克。

〔功效〕益气生津，清热养阴。

〔主治〕气阴亏虚，阴津耗伤的糖尿病。症见口干口渴，引饮无度，善食易饥，心中烦热，舌红少苔。

〔服用方法〕将五味子砸碎，将其他药切成小碎块，同时置入茶杯内，倒入刚沸的开水，盖严杯盖，约隔15至20分钟即可服用。徐徐饮用，边饮边加开水。每日上午和下午各泡服一剂。

〔注意事项〕饮茶期间尽量控制摄入含糖食物。

8. 玉液消渴茶

〔组成〕山药5克，知母3克，花粉5克，葛根5克。

〔功效〕养阴除烦，生津止渴。

〔主治〕气阴耗伤，津液不足所致的消渴证。症见口干口渴，引饮无度，尿多清长，毛发焦枯。

〔服用方法〕将以上药物切成小碎块，置入茶杯内，倒入刚沸的开水，盖严杯盖，约隔15至20分钟即可服用。徐徐饮用，边饮边加开水。每日上午和晚上各泡服一剂。

〔注意事项〕饮茶时应尽量控制饮用量，此外，尽量不饮别的饮料，少吃含糖量高的食物。

9. 瓜皮润肺蜜茶

〔组成〕冬瓜皮10克，蜂蜜适量。

〔功效〕润肺止咳。

〔主治〕燥邪伤肺的咳嗽。症见干咳无痰，久咳不止，咽干咽痒，口渴喜饮。

〔服用方法〕将冬瓜皮切成小碎块，置入茶杯内，倒入刚沸的开水，盖严杯盖，约隔20分钟左右，将蜂蜜溶入药液内即可服用。一济泡一次，徐徐饮用。每日上午和下午各饮一剂。

〔注意事项〕如冬瓜皮为鲜品，应加倍剂量。

饮茶期间，忌抽烟及吃辛辣食物。饮用时可将口鼻对着杯口深呼吸，让药液的蒸汽充分进入肺中，能更好地发挥药效。

10. 百花润肺止咳茶

〔组成〕百合5克，款冬花5克，甘草3克。

〔功效〕养阴润肺止咳。

〔主治〕热伤肺阴上呼吸道感染。症见燥咳无痰，咽痒干咳，或痰中带血。

〔服用方法〕将百合砸烂，与其他药一起置入茶杯内，倒入刚沸的开水，盖严杯盖，约隔15至20分钟即可服用。徐徐饮用，边饮边加开水。每日上午、下午各晚上各泡服一剂。

〔注意事项〕饮茶时，可将口鼻对着杯口深呼吸，让药液的蒸汽充分地进入肺中，则其疗效更佳。

11. 百花滋肺茶

〔**组成**〕百合 5 克，款冬花 5 克。

〔**功效**〕清热润肺止咳。

〔**主治**〕痰热壅肺，伤阴动血的支气管扩张。症见久咳不止，痰中带血。

〔**服用方法**〕将百合切碎，与款冬花一起置入茶杯内，倒入刚沸的开水，盖严杯盖，约隔 15 至 20 分钟即可服用。徐徐饮用，边饮边加开水。每日上午和下午各泡服一剂。

〔**注意事项**〕饮用时，可将口鼻对着杯口深呼吸，让药液的蒸汽充分进入肺内，有利于痰液的排出。

饮用期间，忌抽烟、饮酒及吃辛辣食物。

12. 麦冬乌梅止渴茶

〔**组成**〕麦冬 5 克，乌梅 3 枚。

〔**功效**〕生津止渴。

〔**主治**〕暑热或热病伤及胃阴所致的咽干口渴，引饮无度，心中烦热。

〔**服用方法**〕将以上药物置入茶杯内，倒入刚沸的开水，盖严杯盖，约隔 15 至 20 分钟即可服用。徐徐饮用，边饮边加开水。每日上午和下午各泡服一剂。

〔**注意事项**〕本药茶凉饮其疗效较佳。

饮用期间，忌吃辛辣燥火的食物。

13. 芪蒌麦地消渴茶

〔**组成**〕黄芪 5 克，瓜蒌 5 克，麦冬 5 克，生地 5 克。

〔**功效**〕益气养阴，生津止渴。

〔**主治**〕气阴亏耗，津液不足的糖尿病。症见口干口渴，引饮无度，小便清长而多，人体消瘦，毛发枯萎。

〔**服用方法**〕将以上药物切成小碎块，并置入茶杯内，倒入刚沸的开水，盖严杯盖，约隔 15 至 20 分钟即可服用。徐徐饮用，边饮边加开水。每日上午和晚上各泡服一剂。

〔**注意事项**〕饮茶期间，尽量控制饮水量并少吃含糖量高的食物。

14. 沙参麦冬润肺茶

〔**组成**〕沙参 5 克，麦冬 5 克，杏仁 5 克。

〔功效〕润燥止咳。

〔主治〕阴虚肺燥的咳嗽。症见干咳少痰，咽喉干燥，口干口渴，舌红少苔，脉细。

〔服用方法〕将杏仁砸碎，将沙参切成小碎块，与麦冬一起置入茶杯内，倒入刚沸的开水，盖严杯盖，约隔15至20分钟即可服用。徐徐饮用，边饮边加开水。每日上午和下午各泡服一剂。

〔注意事项〕饮茶时，可将口鼻对着杯口深呼吸，让药液的蒸汽充分进入肺中，则能更好地发挥药效。

饮用期间，忌吃辛辣食物。

15. 沙参益胃消渴茶

〔组成〕沙参5克，玉竹5克，麦冬5克。

〔功效〕养阴益胃，生津止渴。

〔主治〕热伤胃阴，阴虚津亏的糖尿病。症见口干口渴，引饮无度，咽干舌燥，大便秘结。

〔服用方法〕将以上药物切成小碎块，并置入茶杯内，倒入刚沸的开水，盖严杯盖，约隔15至20分钟即可服用。徐徐饮用，边饮边加开水。每日上午和晚上各泡服一剂。

〔注意事项〕饮茶期间，应控制摄入含糖食物。

16. 阿胶清燥救肺茶

〔组成〕阿胶5克，杏仁5克，楷杷叶5克，麦冬5克。

〔功效〕清燥润肺。

〔主治〕肺虚有热，化燥伤阴的支气管扩张。症见干咳无痰，或痰少带血，甚者咯出鲜血，久咳无度，舌红，脉细。

〔服用方法〕将杏仁砸碎，与其他药一起置入茶杯内，倒入刚沸的开水，盖严杯盖，约隔20分钟左右即可饮用。饮用时，先用汤匙搅拌药液，使阿胶完全溶化后再徐徐饮用。

〔注意事项〕饮用时，可将口鼻对着杯口深呼吸，让药液的蒸汽充分进入肺内，以润泽气管和肺。

饮用期间，忌抽烟、饮酒及吃辛辣燥火的食物。

17. 骨皮麦枣消渴茶

〔组成〕地骨皮5克，麦冬5克，大枣3枚。

〔功效〕清热养阴，生津止渴。

〔主治〕肺胃蕴热，耗伤津液的消渴证。症见口干口渴，引饮无度，心中烦热。

〔服用方法〕将大枣切碎去核，将地骨皮切成小碎块，与麦冬一起置入茶杯内，倒入刚沸的开水，盖严杯盖，约隔 15 至 20 分钟即可服用。徐徐饮用，边饮边加开水。每日上午和下午各泡服一剂。

〔注意事项〕本药茶宜凉饮。饮用期间忌吃辛辣食物。

18. 扁豆花粉中消茶

〔组成〕扁豆 10 克，花粉 10 克。

〔功效〕健脾和胃，益气养阴。

〔主治〕脾气不足，胃阴亏虚的糖尿病。症见善吃易饿，口干喜饮，饮食无度，小便清长而多。

〔服用方法〕将扁豆炒至焦黄并砸碎，将花粉切成小碎块，同时置入茶杯内，倒入刚沸的开水，盖严杯盖，约隔 10 至 15 分钟即可服用。徐徐饮用，边饮边加开水。每日上午和下午各泡服一剂。

〔注意事项〕饮茶期间，应控制饮水、饮食及各类含糖量高的食物。除饮用本药茶外，尽量不饮用别的饮料。

19. 消渴生津玉液茶

〔组成〕知母 5 克，麦冬 5 克，瓜蒌 3 克，黄连 1 克。

〔功效〕清肺凉胃，生津消渴。

〔主治〕热犯肺胃，伤阴耗津所致的消渴证。症见口渴引饮，多食善饥，心烦口干，舌红。

〔服用方法〕将知母、麦冬和瓜蒌切成小碎块，与黄连一起置入茶杯内，倒入刚沸的开水，盖严杯盖，约隔 20 分钟即可服用。徐徐饮用。每日上午和下午各泡服一剂。

〔注意事项〕饮用本药茶，不必限量，口渴时就饮，并且适当控制摄入高糖食物。

20. 浮萍花粉消渴奶茶

〔组成〕浮萍 5 克，天花粉 5 克，牛奶 20 毫升，苦丁茶 3 克。

〔功效〕清热止渴。

〔主治〕邪热内盛，耗伤津液的消渴。症见口干口渴，引饮无度，心中烦躁。

〔服用方法〕将天花粉切碎，与浮萍和苦丁茶一起置入茶杯内，倒入刚沸的开水，盖严杯盖，约隔20分钟左右即可服用。饮用时，将烧熟的牛奶倒入药液中，搅拌均匀后再徐徐饮用。一剂泡一次，每日上午和晚上各泡服一剂。

〔注意事项〕饮用期间，忌吃辛辣燥火的食物。

21. 桑杏润肺止嗽茶

〔组成〕桑叶5克，杏仁5克，雪梨20克。

〔功效〕疏风宣肺，润肺止咳。

〔主治〕风燥之邪犯肺所致的咳嗽证。症见咽痒不适，干咳无痰，或痰少而清薄，口干舌燥，但不思水饮，苔白，脉浮。

〔服用方法〕将杏仁砸烂，将雪梨切成薄片，与其余的药一起置入茶杯内，倒入刚沸的开水，盖严杯盖，约隔5至10分钟即可服用。徐徐饮用，边饮边加开水，直至药味清淡。每日上午和下午各饮一剂。

〔注意事项〕饮茶期间，应注意保暖，避免感冒。

22. 黄精润肺糖茶

〔组成〕黄精10克，冰糖适量。

〔功效〕养肺阴，润肺燥。

〔主治〕阴虚肺燥的肺结核恢复期。症见干咳无痰，潮热盗汗，神疲乏力，口干舌燥。

〔服用方法〕将黄精切成小碎块，与冰糖一起置入茶杯内，倒入刚沸的开水，盖严杯盖，约隔15至20分钟即可服用。饮用时，先用汤匙搅拌药液，使冰糖完全深化后再徐徐饮用，最后可将药渣嚼烂，用药茶送服。一济泡一次，每日上午和晚上各泡服一剂。

〔注意事项〕饮用时，可将口鼻对着杯口深呼吸，让药液的蒸汽进入肺中，其疗效更佳。

饮用期间，忌吸烟、饮酒及吃辛辣食物。

23. 葛麦五味消渴茶

〔组成〕葛根5克，麦冬5克，五味子5克，天花粉5克。

〔功效〕生津止渴。

〔主治〕燥热烁耗津液的消渴证。症见口干口渴，引饮无度，小便清长。

〔服用方法〕将五味子砸碎，将其他的药切成小碎块，同时置入茶杯内，倒入刚沸的开水，盖严杯盖，约隔 15 至 20 分钟即可服用。徐徐饮用，边饮边加开水。每日上午和下午各泡服一剂。

〔**注意事项**〕饮茶期间，忌吃辛辣食口。

24. 稻根生津益胃茶

〔**组成**〕糯稻根须 5 克，沙参 5 克，麦冬 5 克，玉竹 5 克。

〔**功效**〕生津益胃。

〔**主治**〕胃阴亏虚，津液耗伤的消渴证。症见口干口渴，引饮无度，烦热汗出，舌红少苔，脉细数。

〔**服用方法**〕将沙参和玉竹切碎，与其他药一起置入茶杯内，倒入刚沸的开水，盖严杯盖，约隔 15 至 20 分钟即可服用。徐徐饮用，边饮边加开水。每日上午和下午各泡服一剂。

〔**注意事项**〕本药茶宜凉饮。饮用期间，忌吃辛辣燥火的食物。

八、茗事典故

（一）宫廷贡茶

中国贡茶之起源

贡茶之起源，这要先从"贡"字说起。何谓贡？下纳于上为贡，封建制度之一。相传纳贡是从夏代（约于公元前21世纪—公元前17世纪）开始的一种赋税制度。贡，一般是纳以实物，土特产、宝物等。后来才在易货币之后，再缴纳朝廷。在商（约在公元前17世纪—公元前11世纪）周（约在公元前11世纪—公元前256年）时期，由诸侯向天子缴纳贡品。贡的原则是以土产为贡。天子所收贡物，存放于特设的库府中，作为朝廷宴乐、赏赐及皇室和特殊事件的支出费用。

贡茶，是封建制度下，各地方向朝廷进献的土特名贵产品之一，是在赋税制度之外，另一种缴纳实物的方式。贡茶专供皇室或赏赐之用。贡茶在开始时，每年只缴一次，后来也有一年中又分为春贡、夏贡、秋贡的，而春季一地之贡茶，又分为多"纲"分批相继送往朝廷。

贡茶，究起于何朝代呢？这要追溯到三千多年前的西周之初年了。据晋常璩在《华阳国志·巴志》记载，在周武王灭了殷商之后，巴蜀之地的部族以"桑蚕麻纻，鱼盐铜铁，凡漆茶密，灵龟巨犀，山鸡白雉，黄润鲜粉，皆纳贡之。""其果实之珍者，树有荔枝，蔓有辛蒟，园有芳蒻香茗。"当时巴蜀之地的部族，向周武王缴纳诸多土贡中，是把茶（香茗）列为珍贵贡品的。这是关于贡茶的最早记载，也是把茶作为珍贵饮料的最早记录。但当时巴蜀部族只是选择本地的名优特产进献武王，并不是周朝规定的贡茶制度。但亦据《华阳国志·巴志》记载，产于秦紫阳县（今属陕西）焕古乡，在历史上被称之为"紫邑宦镇毛尖"（今称之为"紫阳毛尖"）的上品茶，在东汉时亦被作为贡品进献宫廷。为增加贡茶产量，还在该地不断兴植新茶园。

贡茶，从西周初年算起已长达三千多年，如从东汉末年算起已有一千七百多年的历史，从唐代始作为一种封建制度，一直延续到清末，亦长达一千二百多年。而且贡茶的数量越来越大，质量要求越来越高，以至广大茶民难以承受。

唐代的贡茶

唐朝规定，各地方州县每年必须向皇室贡献土特产品。浙江、岭南、福建、四川等地则以茶贡为主。初时规定进贡时间一般在冬天，因茶一般都是产于春季，春茶鲜美，后来即改为春季作为贡茶时间。唐代湖州顾渚紫笋和常州阳羡茶作贡茶是始于肃宗和代宗朝。到德宗兴元元年（784）春，湖州刺史袁高作《茶山》时，早已改为春季贡茶了。实际上因各地产茶季节与时间不一，一般即以各地每年产第一批新茶之后，为进献新贡时间。

唐肃宗年间（756—762），常州义兴阳羡茶（即江苏宜兴茶）被列为贡茶珍品。仅此一地每年贡茶即达二万担以上。朝廷为了保证阳羡茶的来源，特派茶史太监赴唐贡山及顾渚茶山设"茶舍"和"贡茶院"，专管贡茶的采制、品鉴和进献。每年春分刚过，茶芽如雀舌初展之际，便招来民间妙龄少女，在清晨进茶园，用舌尖衔摘饱含滴滴玉露的嫩芽。采后随即制作。在贡茶制成后，立即将明前茶派专人策马日夜兼程送往长安，赶赴朝廷的"清明宴"。

阳羡茶，早在汉代即闻名于世了。在唐代被列为贡茶之后，更享有盛誉。茶圣陆羽品尝阳羡茶赞之为"芳香冠世产"。并有诗云："天子未尝阳羡茶，百草不敢先发芽"。

唐代为帝王采制用以祭祖的贡品茶时，地方官员还要选择吉日，沐浴礼拜，朝服登山，举行隆重的开园仪式，然后才能采制贡品。如李吉甫于唐宪宗元和八年（813）撰写的《元和县郡图志》记载了采制《蒙顶茶》（今称之为"蒙顶黄芽"的情景：蒙山在县南十里，今每岁贡茶为蜀之最。每年于清明节前，名山县令择吉日，沐浴礼拜，朝服登山，请山上寺院的和尚主持开园仪式），在焚香拜山后，在"皇茶园"中采茶叶三百六十片（合夏历全年之天数），炒制成茶，存入两个银瓶，贡送京都，供帝王祭祖之用；同时，在蒙山上清峰、甘露峰、玉女峰、井泉峰、菱角峰摘"凡种"茶叶，揉成茶团名"颗子茶"，贮于十八只银瓶内，陪贡入京，称作"陪茶"。此种礼仪从唐一直延续到清末。

唐代诗歌作品中有不少描绘采制贡茶的情景，如白居易、杜牧、李郢、卢仝、袁高等，在他们的诗歌作品中，对当时采制贡茶的情景及给贡茶产地茶农造成的沉重负担，从不同侧面作了生动描绘和深刻的揭露。因为一些诗人当时就是奉诏修茶的地方长官，他们的作品是由衷而发，具有宝贵的史料价值。如白居易于唐敬宗宝历二年（826）在苏州刺史任内所作《夜闻贾常州、崔湖州茶山境会，因寄此诗》有云："遥闻境会茶山夜，珠翠歌钟且绕身。盘下中分两州界，灯前合作一家春。青娥递舞应争妙，紫笋齐堂各斗新。……"此诗从侧面描绘了在太湖之滨西岸的顾渚山与唐贡山采制春季贡茶的情景。据载，顾渚紫笋从唐代宗广德二年至永泰元年（763—764）列入贡品，与唐贡山成为地界毗连的两大贡茶区。分属于湖州与常州。在每年清明之前至谷雨之间，湖、常二州的地方长官奉诏进山修茶时，还要带上眷属、侍从、乐工、歌伎等人众，到茶山举行盛大的"茶山境会"。同时还要邀请临近州县的地方长官、乡宦名绅为宾客前来茶山助兴。在"境会"上要品茗斗茶，饮酒赋诗，且歌且舞，鼓乐喧天，以至在太湖之东因病中的苏州刺史白居易似乎都闻到了这茶山欢宴上的悠扬的乐曲之声。以己身不适未能应邀赴会而引为憾事呢。

杜牧在唐宣宗大中四年（850）在湖州刺史任内奉诏修茶时，曾作《茶山》诗，有句云："舞袖岚侵润，歌声谷答回。……好是全家到，兼为奉诏来。"这四句诗说明不仅同样带着大批人众，歌伎乐工，而且携带夫人公子、小姐登山游乐。但谁又知在歌舞欢宴的背后，茶民们为采制贡茶要付出多少艰辛和血汗呢？

唐代诗人卢仝在其著名的《谢孟谏议寄新茶》一诗中说，他的好友孟简在常州刺史任内奉命修茶，一次就派兵士给他送来三百片珍贵的阳羡贡茶，卢仝在诗中生动地写了品饮"七碗"之后，以辛辣的笔触写道："玉川子乘此清风欲归去。山上群仙司下土，地位清高隔风雨，安得知百万亿苍生命，堕在巅崖受辛苦。便从谏议问苍生，到头还得苏息否？"这些诗句，正切中唐代贡茶的时弊，表现了诗人对身悬"巅崖受辛苦"的广大茶工的深切同情，对唐皇室和高高在上只知贡茶鲜美而不了解民间疾苦的达官显贵，作了辛辣的讽喻。

时任湖州刺史幕府给事的李郢在《茶山贡焙歌》中写道："春风三月贡茶时，尽逐红旗到山里。焙中清晓朱门天，筐箱渐见新茶来。凌烟触露不停采，官家赤印连贴催。………茶成拜表奏天子，万人争嗾春山摧。驿骑鞭声砉流电，夜半驱夫谁复见？十日王程路四千，到时须及清明宴。"李郢这首《茶山贡焙歌》（全诗及注释详见本书第七章《今古茶诗（上）》二十《唐李郢二首》注）较详尽地记述了他陪同湖州刺史进茶山督办贡茶时的所见所闻。诗人对采制贡茶付出辛勤劳动和血汗的广大茶民，表达了深切的同情；诗人希望身居九重的天子和锦衣玉食的皇亲国戚们，在品饮珍贵的贡茶时能体量茶民的艰辛与贫苦，减轻他们的负担。诗人还以浓重的笔触写了一位十分同情黎民疾苦的清廉的湖州刺史。无论是美酒歌舞，金丝玉馔，或是浓郁芳香的珍贵香茗，都不能激起他的情绪，一进贡焙，便完全浸沉在体恤民情的忧思之中。

在唐代的诗人中，敢于义正词严地批评唐皇室贡茶制度的，莫过于湖州刺史袁高了。他在奉命进顾渚茶山修茶之后，写了一首著名的《茶山》诗（全诗与注释详见本书第七章《今古茶诗（上）》七《唐袁高一首》注），针对唐代大兴贡茶制度的弊端，慷慨陈词，直言上谏；并对那些借修贡茶意在邀功求赏的奸佞之辈，作了有力的鞭笞。如诗云："禹贡通远俗，所图在安人。后王失其本，职吏不敢陈，亦有奸佞者，因兹欲求伸。动生千金费，日使万姓贫。……选纳无昼夜，捣声晨继昏。众工何枯栌，俯视弥伤神。皇帝尚巡狩，东郊路多埋。周回绕天涯，所献愈艰勤。……茫茫沧海间，丹愤何由伸？"

袁高，是唐朝立国后一百六十多年间，历任湖州刺史中第一位敢于直言不讳地批评贡茶的地方长官。而在那"天子未尝阳羡茶，百草不敢先发芽"，视贡茶制度为天经地义、金科玉律的时代，则更表明了袁刺史敢写《茶山》诗气度非凡，难能可贵。并在贡茶修讫之时，刻石立碑于顾渚茶山。时为唐德宗兴元元年（784）春三月十日。

宋代的贡茶

宋代的贡茶、税赋繁重，给茶民造成了沉重负担。据史产载，仅在太祖乾德元年（963）泉州陈洪进贡茶上万斤。荆南府进贡片、散茶八千七百多斤。唐代的贡茶推崇义兴（今江苏宜兴）阳羡茶，湖州顾渚紫笋和四川蒙顶茶，而到了宋代则以建安为贡茶之上品。

宋赵汝砺撰《北苑别录》对宋代自太宗太平兴国（976—984）至仁宗庆历皇祐（1045—1053）年间，在建安《今福建省建瓯县》凤凰山北苑建立御茶园，从采摘时间，制茶工艺，贡茶品目、数量等等都作了极为翔实的记载，为今人了解、研究宋代这一时期的贡茶情况，留下了珍贵的资料。本篇将有关部门作扼要介评。

北苑御茶园：建安之东三十里凤凰山麓北苑及其周围地区均列为御茶园。计有：九窠、十二陇、麦窠、壤园、游龙窠、小苦竹、苦竹里、凤凰山、带园、官平、和尚园、罗汉山等共四十六所，方圆三十多里。自官平以上为内园，官坑以下为外园。其中"九窠、十二陇、小苦竹、张坑、西际又为禁园之先也"。其地所产之茶，均属上品。在太平兴国年间初定为御焙。每岁焙制珍品龙团凤饼，以献宫廷。至仁宗庆历年间，执掌茶事的转运使，更加重视贡茶，品目日益增多，工艺越益精湛。北苑所产之茶，"独冠天下，非人间所可得也。"

贡茶之采摘：惊蛰前开园采茶，"千夫雷动，一时之盛，诚为传观。"古时采茶要求于今不同，现在要求不能采带露茶，而宋时采贡茶必须在清晨，强调"不可见日，侵晨则夜露未稀，茶芽肥润；见日则为阳气所薄，使茶之膏腴内耗，受水（按指制茶前再以水洗）而不鲜明"。"故每日以五更挝鼓，集群夫于凤凰山。山有打鼓亭。监采官人，给一牌入山。至晨刻则复鸣锣以聚之，恐其逾时贪多务得也。"

入园采茶的人，要求选招当地熟知茶事的人。采茶要求以"甲而不以指，以指则多温；以甲则速断，而不柔。"宋徽宗所著《大观茶论》曰：采茶"以黎明见日则止，用爪断芽，不以脂柔，虑气汗熏渍，茶不鲜洁。故茶工多以新汲水自随，得芽则投诸水"。徽宗皇帝这一要求则更高更严，要求每个采茶工随身自带新汲清水，将每得一片茶芽随时投入水中，以保持其鲜洁。

贡茶之焙制：焙制贡茶，共分：拣茶、蒸茶、榨茶、研茶、造茶、过黄等多道工序。在拣茶时，茶工要精心剔除影响茶味和茶色的紫芽、白合和乌带。然后再从中分出水芽、小芽和中芽。如初造龙团胜雪白茶，以其芽先蒸熟，置之水盆中，剔取其精英，仅如针小，谓之水芽，是芽之最精者也。最消耗工时的则是研制珍品贡茶。以蒸熟之茶芽，置于盆中，分团酌水研磨，按不同品目，水次均有定数。如研制"胜雪白茶"为十六水；拣芽为六水；小龙凤为四水；其余贡茶品目皆为十二水。自十二水以上者，身强力壮的研工每日只能研一团；自六水以下者，每日研三至七团。要求每水"必至于水干茶熟而后已。水不干，则不熟，茶不熟则首面不匀，煎试易沉。故研夫贵于强而有力者也。"而研茶所用之水，是取自凤凰山凤凰泉（一名龙焙泉、又名御泉），其泉水清且甜，昼夜酌之不竭。

贡茶在焙制过程中，要求也极为严格。按照不同品目，将已研好、制成不同等级的茶膏盛于薄厚、规格不同的"铐内，在适当的火温下进行烘焙。明代陈继儒在《茶董补》卷上言及焙笼法式时说："茶焙编竹为之，裹以箬叶，盖其上以收火也。隔其中以有容也。纳火其下，去茶尺许，常温温然，所以养茶色香味也。"北苑贡茶烘焙时间之长短，是按照不同品目来确定的，有的经过六宿火至八宿火，最长者有十至十五宿火。也即是说，烘焙时间最长的贡茶，要经过十五个昼夜。火候既足，出焙后即过汤上初色（按：宋时所制贡茶龙团、凤饼等均在茶面上涂以色油〔读去声〕，谓之"上初色"）。初色之后，置于密室，以扇扇之，则其色自然光莹矣。至此，便算完成了精美绝伦的贡茶制造过程。

各类贡茶品目及其数量：据《北苑别录》所载，仅北苑一地之茶，每岁贡分三等十二纲共四万八千余铐（按：铐分两类：第一类是以竹、木制成，盛粗色茶品，其容积较大；第二类是以金属锡、铜、银质制成，盛超级细品贡茶。因铐之规格大小不一，所以对每铐之重量，亦难作出准确计算。现将粗细各色贡茶品目及数量摘录数纲，可见一斑：

细色第一纲：

龙焙贡新水芽，十二水，十宿火，正贡三十铐、创添二十铐。

细色第三纲：

龙团胜雪水芽，十六水，十二宿火，正贡三十铐；创贡六十铐；白茶水芽，十六水，七宿火，正贡三十铐、续添十五铐（原文中夹批：一说为五十铐）创添八十铐；御苑玉芽小芽，十二水，八宿水，正贡一百片；万寿龙芽小芽十二水，八宿火，正贡一百片。

细色第五纲：

太平嘉瑞小芽，十二水，九宿火，正贡三百片；龙苑报春小芽，十二水，九宿火，正贡六百片、创添六十片；南山应瑞小芽，十二水，十五宿火，正贡六十铐、创添六十铐。

粗色第一纲：

正贡：不入脑子上品拣芽小龙一千二百片，六水，十六宿火；入脑子小龙七百片，四水，十五宿火；增添不入脑子上品拣芽小龙一千二百片；入脑子小龙七百片；建宁府附发小龙茶八百四十片。

粗色第三纲：

正贡：不入脑子上品拣芽小龙六百四十片；入脑子小凤六百七十二片；入脑子大龙一千八百片；入脑子大凤一千八百片；增添：不入脑子上品拣芽小龙一千二百片；入脑子小龙七百片；建宁府附发大龙茶四百片；大凤茶四百片。

宋代贡茶中的超级绝品：

据《北苑别录》载，周密所记在南宋孝宗乾道、淳熙（1165—1189）年间仲春上旬，福建漕司进第一纲北苑试新，方寸小铐，进御只百铐。最里层护以细软黄罗；第二层以柔软的蒲草包裹；第三层再以双层黄罗包封，封口处盖有漕司的朱红印记；然后再装入朱漆小匣，并加有镀金小锁；最外一层是以细竹编织的精巧小竹笼加以保护。贡茶包装达六层之多，可谓精美绝伦。内装乃雀舌冰芽所造之"龙焙试新水芽"，一方寸小盒，仅可以供数瓯啜饮之珍茗，其价值达四十万钱。此特级珍品，专供皇家御用。偶有一、二赏赐宠臣，获者视其如珍宝，分片以针线穿连，再转赠至交同僚，亦均沾圣恩，以为奇玩，珍藏不舍。

《北苑别录》成书于孝宗淳熙丙午孟夏，亦即是淳熙十三年（1186）四月。作者当时在福建转运司主管帐司任内，因掌管茶事，遂有机会得以研究从北宋太平兴国到南宋淳熙年间的宋代七十多年北苑贡茶的史实。

宋高宗体恤民情减贡茶：

有研究宋代历史的学者认为，宋代之所以亡国，尽管原因是多方面的，但重赋税、喜宴乐是重要原因，其中嗜茶成风亦是宋代朝政的一大弊端。当半壁江山沦陷之后，南宋政权偏安临安（今浙江省杭州市），依然歌舞升平，大享"盛世"之乐。如有人在南宋绍兴、淳熙年间（1131－1189）在杭州旅邸（即旅馆）壁上题诗讽曰：

> 山外青山楼外楼，西湖歌舞几时休？
>
> 暖风吹得游人醉，直把杭州作汴州。

但南宋第一代帝君赵构，总还有一点体恤民情之心。据《宋会要辑稿补编》食货四十七记载，南宋高宗绍兴五年（1135）六月十八日诏："福建路转运司并建州：每年合起大龙团凤饼并京挺茶，并自来年为始减半起发。先是上言：福建岁有工供龙凤团茶数目甚多，今赐赉既少，无所用之，枉费民力，故有是诏。"

元代的贡茶

国有兴亡之运，而贡茶产地亦有盛衰之时。宋代推崇建安之御焙贡茶，而到了元代，宫廷贡茶的主要产地又转移到福建的岩茶产地——武夷山区。

元代官府为督办贡茶，于大德六年（1302）在福建崇安县城南15公里的武夷山四曲建立"御茶园"，又称"焙局"。创建之初，建有仁风门、拜发殿、神清堂及思敬、焙芳、宜菽、燕宾、浮光等诸亭，附近还设有更衣台等建筑。

元代宫廷，为什么又选择这里作为贡茶的主要生产基地呢？这里是中国武夷岩茶的著名产地。武夷山区平均海拔650米，九曲溪水迂回其间，有红色砂岩风化的土壤，土质疏松，腐殖质含量高，酸度适宜，雨量充沛，山间云雾迷漫，气候温和，冬暖夏凉，岩泉终年滴流不绝。茶树即生长在山凹岩壑间，由于雾大，日照短，漫射光多，茶树叶质鲜嫩，含有较多的叶绿素。这使武夷岩茶独得天地之厚受，形成了它独有的特色和风韵。这武夷岩茶，早在宋代就闻名于世了。苏轼在咏茶诗里就有："武夷溪边粟粒芽，前丁后蔡相宠佳。"是说宋代的两位福建路转运使丁谓、蔡襄早就对武夷岩茶赞许宠爱有加了。所以元代宫廷放弃了自宗代起已开发三百多年的建安北苑御焙，而把皇室的御茶园建在武夷山四曲卧龙潭溪水南岸。不惜茶民血汗和工本，大力开发武夷岩茶，作为宫廷贡茶的主要来源之一。

元代在建立御茶园之初，贡茶从每岁进献数十斤，逐渐增至数百斤，而要求数量越来越大，以至高达每岁焙制数千饼龙团茶。明朝建立后，继续以此为御茶园，焙制贡茶，至明嘉靖三十六年（1557），在当地茶民再也不堪承受劳役之苦，纷纷四散逃亡的情况下，这个历经元、明两代二百五十余年的"御茶园"终于罢贡废园了。现仅在呼来泉（又名通井）等遗址，似在向游人陈诉往昔茶民的无言凄楚。

明代的贡茶

明太祖（1368—1398）年间，全国贡茶额的分配是：

南直隶五百斤；浙江五百五十二斤；江西四百零五斤；湖广二百斤；福建二千三百五十斤。

其中福建所产贡茶不仅数量最大，而且质量也越来越好。如探春、先春、次春、紫笋及荐新等名茶，都被视为珍品。明太祖还规定，生产贡茶的茶户，可以免除其他课役。

明代的贡茶是，立国之初纳贡地区范围较小，数量亦较少；随着时间的推移，贡茶地区范围不断扩大，数额亦屡增不已。如洪武（1368—1398）年间，建宁贡茶共一千六百余斤，至隆庆（1567—1572）时增至二千三百多斤；宜兴贡茶原一百斤，宣德（1426—1435）增至二千九百斤。茶民除贡额外，还要献给镇守的宦官大数额的上品茶。如安徽的六安茶，称为"天下第一夺"，镇守太监对茶民常常征以高出定额数倍的贡茶。

到了明朝中后期，朝廷的贡役之重，已使民众苦不堪言了。万历年间（1573—1620），有一位尚能体察民情的地方官吏——佥事（协理州府政务、掌管文牍）韩邦奇写过一首《茶歌》揭露官府残酷勒索贡物的情形，《茶歌》云：

富阳江之鱼，富阳山之茶；鱼肥奇我子，茶香破我家。采茶妇，捕鱼夫，官府拷掠无完肤。昊天何不仁？此地亦何辜！鱼何不生别县？茶何不生别都？富阳山，何日摧？富阳江，何日枯？山摧茶亦死，江枯鱼乃无。呜呼！山难摧，江难枯，我民不可苏。

足见明朝贡茶为害之甚已达到民不聊生的程度。

清代的贡茶

要了解清代的贡茶，还得先从清宫的茗饮之风说起。由于清代历朝皇帝（特别是乾隆）所好，清代宫廷饮茶是颇为盛行的。清廷内务府设有御茶房，由一名管理事务大臣主管，设尚茶正、尚茶副各一名，尚茶十一名御茶房原址在乾清宫东庑，内臣直庐三楹，由清圣祖康熙皇帝御笔题匾额。除御茶房之外，还设有皇后茶房、寿康宫皇太后茶房。皇子、皇孙娶福晋后，亦有茶房。各茶房都设专人管理日常茗饮事宜。从御茶房及至皇后、皇妃茶房，每日供茶份例与所用金银、瓷器具皆有定例。如御茶房日供柴一千七百斤，备御用茶份例每日为十四斤，分七十四包（按：古代一斤为十六两，每包约三两多）。仅此常例一年御用茶即达五千多斤。

清宫的饮茶习俗，是以调饮（饮奶茶）与清饮并用。清初，按旗俗以饮奶茶为主，清朝后期，逐渐改为以清饮为主。据清宫钦定总管内务府则例规定，从皇上至皇子，每人每日供应调制奶茶（包括作点心等食用）均有奶牛头数份例：皇上每日乳牛一百头，皇太后二十四头，皇后二十五头，皇贵妃六头，贵妃四头，妃三头，嫔二头，阿哥（皇子、皇孙）娶福晋后八头。每日供应的牛乳，按量交上茶房与茶膳房。

清宫除常例用御茶之外，朝廷举行大型茶宴与每岁新正举行的茶宴，在康熙后期与乾隆年间曾极盛一时，如康熙五十年（1711），时逢康熙皇帝六十寿辰大庆，为招待进京祝寿的老臣，康熙皇帝在畅春园（按：其故址在南海淀大河庄之北，圆明园之南，颐和园昆明湖东堤之东。康熙时期就明代李伟旧园址改建，为康熙、乾隆皇帝治事、游憩之所）举行"千叟宴"。出席者有六十岁以上退休老臣、官员、庶士多达一千八百人。"千叟宴"的一项重要程序，是首开茶宴。在宴会之后，皇帝还要向一部分老臣、王公、显贵赐御茶及所用过的茶具。康熙六十年（1721），圣祖玄烨（康熙帝）又举行了第二次有一千余人出席的"千叟宴"。清朝另两次大型"千叟宴"，分别于乾隆五十年（1785）与乾隆六十年（1795年，是年为乾隆执政最后一年；次年嘉庆即位，乾隆为太上皇）举行，其规模之大，参加人数之多，远远超出了康熙举行的两次"千叟宴"分别有三千多人与五千多人出席。"千叟宴"的进餐程序，仍然是首开茶宴。宴会后，按常例有一部分官员及出席者会得到皇帝赏赐御茶、茶具等殊荣。

乾隆在位（1736—1795）的六十年间，清代正处于康乾盛世，加之乾隆皇帝酷好饮茶，又擅作诗，每年正月初二至初十便选择吉日在重华宫〔按：重华宫在北京故宫西路，雍正五年（1727）清高宗弘历（乾隆帝）大婚时赐居于此，乾隆登极后升为宫〕举行茶宴，由乾隆钦自主持，其主要内容：一是由皇帝命题定韵，由出席者（一般为十八人）赋诗联句（每人四句）；二是饮茶；三是诗品优胜者，可以得到御茶及珍物的赏赐。清宫的这种品茗与诗会相结合的茶宴活动，其规模虽然较小，但在乾隆年间持续了半个世纪之久，除少数年份之处，几乎每逢新正都是要举行的，称为重华宫茶宴联句，传为清宫韵事。

清代历朝皇室所消耗的贡茶数量是相当惊人的。清初查慎行（1650—1727，浙江宁海人，康熙四十二年进士）在任翰林院编修官时在《海记》中对康熙年间的各地贡茶列有条目——江苏、安徽、浙江、江西、湖北、湖南、福建等省的七十多个府县，每年向宫廷所进的贡茶即达一万三千九百多斤（详见附录五）。在清代的贡茶中，有一部分是由皇帝亲自选定的。如：

洞庭碧螺春茶，由于此茶独具特殊的天然香气，古时当地人俗称其为"吓杀人香"。清圣祖玄烨于康熙三十八年（1699）第三次南巡时到太湖，巡抚宋荦，从当地制茶高手朱正元处购得精品"吓杀人香"向康熙进贡。康熙以其名不雅驯，题之曰"碧螺春"。自此后，碧螺春即成为清代皇帝御赐茶名的珍品贡茶了。

西湖龙井成为清廷贡茶，是曾受到高宗弘历御封的。乾隆下江南巡幸杭州时，曾在龙井泉赋诗、作联语，到狮子峰湖公庙饮茶，并将庙前的十八颗茶树封为御茶，从此，西湖龙井茶亦即成为专供皇家享用的贡品了。

君山毛尖，产于湖南省岳阳市洞庭湖君山岛，于乾隆四十六年（1781）即被选为清宫贡品。遵定云雾茶，从清代开始生产即作为贡茶进献清宫。至今贵州省贵定县云雾区仰望乡苗寨仍保存着乾隆年间建立的"贡茶碑"，碑中有关于云雾茶作"贡茶"和"敬茶"的记载。在乾隆年间被列为贡茶的，还有如今仍产于福建省宁德市西天山的芽茶，产于安徽省宣州市敬亭山的敬亭绿雪等茶。

清代阮福著《普洱茶记》云："普洱茶名重天下，味最酽。京师尤重云"，"于二月间采蕊极细而谓之毛尖以作贡。贡后方许民间贩茶"。在清代被列为贡茶的还有今仍产于四川省名山县蒙顶山区的蒙顶甘露，从唐时起作为贡茶，直到清末才罢贡，在历史上连续作为历代宫廷贡茶，竟长达一千余年。

今仍产于浙江省金华市双龙洞顶鹿田村附近的金华举岩是已历千载的今古名茶，在清道光年间（1821—1850），仍保持芽茶与叶茶两个品种为贡茶。在清光绪三十年（1904），清朝临近覆灭之时，还将产于江西省修水县的宁红珍品太子茶列为贡茶。

高雅的宋代贡茶茶名集萃

龙焙贡新水芽、龙焙试新水芽、白茶水芽、御园玉芽、万寿龙芽、上林第一小芽、乙夜清供小芽、承平雅玩小芽、龙凤英华小芽、雪英小芽、玉除清赏小芽、启沃承恩小芽、云叶小芽、蜀葵小芽、金钱小芽、玉叶小芽、寸金小芽、龙团胜雪、无比寿芽、万寿银芽、宜年宝玉小芽、玉清庆云小芽、无疆寿龙小芽、玉叶长春小芽、瑞云翔龙小芽、长寿玉圭小芽、兴国岩铸中芽、香口焙铸中芽、上品拣芽、新收拣芽、太平嘉瑞小芽、兴国岩拣芽中芽、兴国岩小龙中芽、兴国岩小凤中芽。

曾被列入贡茶的当今名茶

当今的中国名茶和地方名茶中，有许多曾被历代皇室列入贡茶，计有（不完全）：

浙江：西湖龙井、淳安鸠坑茶、顾渚紫笋、天目山清顶、雁荡毛峰、金华举岩、日铸雪芽；

安徽：六安瓜片、敬亭绿雪、涌溪火青、霍山黄芽；

福建：白茶、天山清水绿、武夷大红袍、安溪虎岳铁观音、武夷肉桂；

湖南：君山毛尖、毗庐洞云雾茶、官庄毛尖、南岳云雾、大庸毛尖、古丈毛尖；

四川：蒙顶黄芽、巴岳绿茶；

贵州：贵定云雾茶、都匀毛关、湄江翠片；

江西：宁红、婺源绿茶、庐山云雾茶（古时名为闻林茶）；

江苏：碧螺春、花果山云雾茶、宜兴阳羡茶；

陕西：紫阳毛尖；

河南：信阳毛尖；

云南：普洱茶；

台湾省：文山包种茶。

历史上时间最长和最短的贡茶

今陕西省紫阳县生产的紫阳毛尖，在东汉时即被列为贡茶，当时茶名为"紫邑宦镇毛尖"。姑且从东汉末献帝（190—220）年间算起，迄今已有一千七百多年的历史了。这可称为贡茶时间最早之最。浙江湖州顾渚紫笋，从唐广德年间（763—764）即被列入贡品，历经唐、宋、元、明四个朝代，直到洪武八年（1375）罢贡，历时长达六百多年，其贡奉历史之长，居全国贡茶之首。而江西宁红茶是历史最短的贡茶。宁红的珍品太子茶，于清末光绪三十年（1904）被列入贡茶，至清朝覆灭仅有七年。

上述贡茶，这一封建制度的产物，在中国社会历经沧桑，长达几千年，终于随着最后一个封建王朝——清廷的覆灭而终止了。毫无疑问，历代贡茶的兴趣与衰败的史实，从一个非常重要的侧面反映出了中国茶叶生产的一部兴衰史。

（二）趣事轶闻

《茶经》里的典故

陆羽在《茶经·七之事》一章里，博采征引历代文献、民间传说，按年代顺序记述了上自三皇神农氏，下至唐初英公徐勣等一系列同茶事相关的人物与故事。这些典故包括了帝王将相、清官廉吏、文人雅士、孤儿寡母、老妪稚子，以及仙神道士、鬼神幽灵等等。它从不同时代的历史背景和社会生活的各个侧面，较扼要、系统地反映了《茶经》问世之前的数千年间，中国的先民们在世界上最早发现了茶的功用，最早开始饮茶，最早开始人工栽培茶树，也是最早把茶叶作为饮料商品投放市场的历史和中国古代光采夺目的茶文化。

陆羽正是在研究、总结了从西周到唐代中期一千八百多年间中国茶叶生产科学技术的发展和光辉灿烂的茶文化的基础上，以数十年的心血和精心，躬身实践，才写出了世界上第一部《茶经》。

陆羽《茶经》里涉及茶事的历史典故和逸闻趣事，都有其丰富的思想内涵，它对社会饮茶风习的形成和发展是有积极和深远影响的。故本书将《茶经》里若干则人物故事，或注释或据有关文献资料记载，写成茗事典故趣闻，以使读者更好地理解陆羽选引这些典故的思想旨趣和他所倡导的中国古代的茶文化精神。

1. 神农尝百草与茶陵

陆羽在《茶经·七之事》里，将"三皇炎帝神农氏"列为中国发现茶叶功效的亘古第一人。并在《六之饮》一章写道："茶之为饮发乎神农氏。"

神农氏，是我国历史传说中的上古帝，姜姓。同伏羲氏、燧人氏并称为三皇。始教民为耒耜，兴农业，故称神农氏。以火德王，亦以火纪官，故又称炎帝。神农尝百草而知寒温之性，后世传为《神农本草》，又作方书以疗民疾，复演八卦而为六十四卦，名曰归藏。都陈，后迁曲阜，在位一百四十年而崩。

炎帝同黄帝并称"炎黄"。这就是我们中华民族常常自谓是"炎黄子孙"之由来。神农氏是从狩猎向农耕过渡时期的领袖人物。他教民耕作，立集市以通财货，开创了人类生产的新纪元。

陆羽在《茶经》里说:"茶之为饮发乎神农氏",是授引自南朝梁(456—536)人陶弘景(秣陵——今南京人,字通明,自号华阳陶隐)整理的第一部生草药著作《神农本草》(或名曰《神农木草经集注》):"神农尝百草,一日遇七十二毒,得茶而解"。

关于神农"尝草中毒,得茶而解"之说,有各种传说和解释。有的学者认为神农没有到我国茶树的原生地——云(南)、贵(州)、(四)川地区。神农当时经历的江淮湘鄂地区,那地还不大可能有原生茶树生长,除非能发现新的佐证。有的则认为茶是神农偶然发现的,因其常年在山林中采尝百草和山珍野果,在野外以锅釜煮水时,茶叶从树头上飘落于釜中,成了芳香四溢、甘美异常的茶汤;有的认为茶的发现,是远古先民们在长期狙猎、农耕实践中以鲜血与生命换来的。神农尝百草,正是为了解救先民脱离疾病相侵之苦难,每天总要中毒几次,通常都是靠茶来解毒疗疾的。直到最后吃了断肠草,连茶也无济于事,再也找不到解药了,神茶才死于茶乡——茶陵。

茶陵在今湖南酃县西南 15 公里处。古炎帝陵即建于此。今犹存,称为"天子坟"。神农死后究竟葬于何处,晋以前无考。晋皇甫谧著《帝王世纪》载,葬于长沙。宋罗泌《路史》载:"崩葬长沙茶乡之尾,是曰茶陵(按:今这酃县为南朝宋时由茶陵县分置)。"明万历四十八年(1620)吴道南所撰《碑记》载,宋太祖登临茶陵,遍访古陵不得,忽梦一神仙指点,才于茶乡觅见炎帝陵。据有关文献记载,炎帝陵前原建有规模宏大的庙祠、牌坊、"天使行馆"等。陵侧有"洗药池",相传为炎帝采洗草药之遗迹。四周古林掩翳,洣水环流,岸边有石若龙首、龙爪,称之为"龙脑石"。后人为祭奠炎帝为拯救黎民免沦疫疾之苦所建殊勋,特书炎帝陵联曰:

> 立我丞民,莫非尔极
> 明昭上帝,迄用康年

湖南酃县的炎帝陵。从改革开放以来,已成为联系海内外炎黄子孙的情感纽带和朝拜圣地。最近六年来(至 95 年 5 月)到炎帝陵寻根问祖,进行学术研究的学者和海内外观光朝圣的游人已达 60 多万人。

2. 茶之为饮闻于鲁周公

陆羽在《茶经》中论述中国茶叶历史时,为什么说:"茶之为饮……闻于鲁周公?"呢? 这是根据我国早期的一部字书《尔雅·释木》(相传此书最初为周公所撰)有"槚〔jiǎ 古茶字〕就是苦茶"的记载。《茶经》并授引《广雅》(训诂书名三国魏朝张揖撰。篇目是依据《尔雅》次序,博采前人著作,增广《尔雅》所未备，故名《广雅》。为研究古代词汇和训诂的重要资料。）一书对槚就是苦"茶"的释义：荆州与巴州交界的地方，采茶叶做成饼，叶子太老的，就用米汤和拌后制成饼。想煮茶喝时，先把茶饼在火上烤到赤黑色，再捣成茶末，放入瓷器中，以沸水浇灌，并用葱、姜、桔子和芼〔mào〕（一种可食用的野菜或水草）做配料。饮此茶可以醒酒，令人不眠。

陆羽认为，在古代文献上最早记载古茶的是《尔雅》。周公约于公元前十一世纪中叶至公元前九世纪中叶在世。若从周武王十一年（公元前1066）武王克商，十二年（公元前1065）武王封弟姬旦于鲁（今山东曲阜）而为周朝国相推算，西周初年古文献上对茶事的记载，至今已有三千年以上的时间了。这是中国茶叶历史上具有划时代意义的文献记录。所以，陆羽说"茶之为饮闻于鲁周公"。

3. 文园令司马相加

《茶经·七之事》，在记载古代与茶事相关的历史人物中，写上了"司马文园令相加"。这里即是指的西汉辞赋家司马相如（其小传详见本书第三章《茶圣陆羽（上）：坎坷人生》十三《鸿志凌云以四大才子自况》一文）。因司马相如在汉武帝（有140—87在位）时曾任"孝文园令"官职。所以陆羽在《茶经》里称其为"司马文园令"。

那么，司马相如，究竟同茶事有何相关呢？是因其在《凡将篇》（此书已失传，见诸于《新唐书·艺文志》小说类）是一部启蒙字书，约成书于公元前130年。书中记载当时一些中草药名字，据《茶经》所载共有二十味："乌喙、桔梗、芫（音yuán）华、款冬、贝母、木蘗、蒌、芩草、芍药、桂、漏芦、蜚廉、藿菌、荈诧、白敛、白芷、菖蒲、芒硝、莞椒、茱萸。"其中记载古代茶叶名字复义词"荈诧〔chǎn chà〕"，在这里是把茶叶作为中草药名记入的；但仍可作为晚采的茶或四川地方粗茶制成的串茶或砖茶解。司马相如《凡将篇》这一记载的重要意义，在于它说明了我国早在二千一百多年之前，就把茶叶作为中草药临床应用，造福世人。

4. 汉仙人丹丘子

《茶经》引述《神异记》里一个关于茗事的故事：古时有个余姚（即今浙江省余姚县）人，名叫虞洪，有一天到山里去采茶，遇着一个道士牵着三头青牛。道士引导着虞洪来到瀑布山，遂对虞洪说："我是丹丘子，听说你善于做茶饮，常想请你送我一些茶品尝。这山里有大茶树，我可以回赠你。希望你日后煮茶，茶器里有余茶之时，就请给我吧。"虞洪因这次在山中同仙人的奇遇，就在家里给丹丘子设了灵位，常以烹好的佳茗祭祀。后来又令家人常进山里寻觅，终于获得了品位很高的大茶树。

5. 孙皓以茶代酒密赐臣下

陆羽在《茶经》里曾记载："吴，归命侯。"吴，归命侯，即是孙皓。他是三国时吴国（220—280）的第四代国君，原封乌程侯。景帝孙休死后，孙皓于公元264年7月即位国君。在历史上被称为末帝乌程侯孙皓。在位十七年。公元280年晋武帝司马炎六路出兵攻吴，孙皓出降，后被封为"归命侯"。这就是陆羽称其为"归命侯"之由来。

孙皓，性嗜酒，残暴好杀。据《吴志·韦曜传》记载："孙皓每次设宴，座客至少饮酒七升，虽可不完全喝进嘴里，也要斟上，并亮盏说干。韦曜的酒量不过二升，最初，对他优礼相待，就暗中赐给他茶，来代替酒。这就是孙皓开创以茶代酒之先例。对于一个嗜酒成性，挥霍无度，残暴好杀的国君来说，当时只是作为他体量臣下的一种权术游戏。但孙皓这件事，在历史上却成了以茶代酒之发端。

6. 陆太守开创以茶代宴之先河

据《晋中兴书》记载：陆纳任吴兴太守时，卫将军谢安常去拜访他。陆纳的侄子陆俶，埋怨他的叔父要来客人不作准备，又不敢去问他。于是就私自预备下了十几人吃的菜肴。谢安将军来了，陆纳只以茶果招待客人，陆俶随即摆出了丰盛的宴席。山珍海味，样样俱全。客人走后，陆纳打了陆俶四十板子。并对侄子大发雷霆地说："你既然不能给叔父增光，也就算了，可为什么却偏要来玷污我素来所崇尚而保持的俭朴之风呢？"陆羽将陆纳崇尚节俭，以茶宴代酒宴的故事写进了《茶经》，是有深刻寓意的。

7. 剡县陈务的妻子

陆羽《茶经》选撰了"剡县陈务妻"的故事，这是一个发乎于茶的人鬼感应、善得厚报的故事。《异苑》中记载：剡县（今属浙江嵊县一带，唐时属会稽郡）人陈务的妻子年轻时守寡，和两个儿子在一起生活。一家人都喜爱喝茶。因为宅院里有一古墓，她每次喝茶之前，总是先用茶祭祀它。她的两个儿子都不高兴她这样做。对她说："古坟能知道什么，这不是白白地为它劳一番心思吗？"于是两个儿子就想掘掉这座坟，经母亲苦苦劝阻才作罢了，当天夜里梦见一个人对她说："我在这座坟里已有三百余年了，你的两个儿子常想把它毁掉，仰赖你的保护，又常赐我饮香茶，我虽然是九泉之下的朽骨幽魂，怎么能忘掉你的护佑恩德而不报答呢？"等到次日清晨，在庭院里获得十万铜钱，上面锈蚀斑剥，好像在地下埋了很久，只是穿钱的绳子还是崭新的。母亲将此事告诉了她的两个儿子，他们都感到很惭愧。从此以后，他们全家对古墓祭祀得更加频繁、虔诚了。

8. 广陵茶姥

《茶经·七之事》援引《广陵耆老传》记载的一个神奇而善良的老妇人售茶济贫的故事。广陵茶姥者，不知姓氏乡里。常如七十岁人。而轻健有力，耳聪目明，鬓发滋黑。耆旧相传云，在晋元帝南渡后，见之数百年，其颜状不改。每天清晨提一茶器的茶到市上去卖。市上的人都竞相去买她的茶喝，可是自清晨到傍晚，她那茶器里的茶却总不见减少，还如刚刚烹好的一样。她还将卖茶所得的钱，都散给了路旁孤贫乞丐。于是，有人感到这是奇异之事，地方上执法的官吏便把老妇人抓进监狱里囚禁起来了。到了夜间，这个老妇人却拿着卖茶的器具，从牢房的窗口飞越而去。

9. 陆羽为何景仰陶弘景先生

陆羽在《茶经》里记载了陶弘景先生。这是陆羽所景仰的历史人物之一。陶弘景同茶事有何相关呢？

陶弘景（456—536）丹阳秣陵（今南京市）人。南朝齐梁时道士和道教思想家、医学家。字通明，自号华阳隐居。曾仕南朝齐，拜左卫殿中将军。入梁隐居曲山（茅山）。遍访名山，寻访仙药。梁武帝（502—549 在位）礼聘不出，但朝廷大事辄就咨询，时人称为"山中宰相"。卒谥"贞白先生"。

陶弘景先生对历算、地理、医学都有研究，同茶事相关的是经他整理的《神农本草经》记载有："神农尝百草，一日遇七十二毒，得茶而解。"还在其所著《杂录》记载："喝茶能使人轻身换骨。从前丹丘子、黄山君就常饮茶。"陆羽在《茶经》写的"黄山君、丹丘子"也许就是授此而来吧？

10. 徐英公与茶事何相关

陆羽在《茶经》所载同茶事相关的历史人物，上自"三皇炎帝神农氏"，下迄"皇朝徐英公勣"。徐勣，亦名李勣。唐济阳郡离孤（今属山东荷泽曹州境内）人。名世勣，字懋功。初事李密，后从归唐。因其屡建大功，授黎城总管，帝赐姓李，因避太宗名讳，单名勣。这就是唐初颇有名声的徐懋功，为什么又叫李勣的缘由。贞观时封徐勣为英国公，图像凌烟阁。官累迁尚书左仆射、晋司空。卒谥贞武。

徐英公与茶事有何相关呢？唐太宗（627—649 年在位）时，命徐勣增补南朝陶弘景的《神农本草经集注》，编纂为《唐新修本草》共五十四卷。陆羽在《茶经·

七之事》授引《唐新修草本·本部》论及茶之功效的记载："茗，苦茶，味甘苦，（性）微寒，无毒。主（治）瘘疮，利小便，去疾、渴、热，令人少睡。秋采之苦，主下气，消食。注云：'春采之'。"这就是陆羽在《茶经》里特书"皇朝徐英公勣"对茶学贡献的缘由。

11. 煎茶风炉上的铭文典故

《茶经·四之器》，详细介绍了陆羽亲自设计的煎茶风炉。风炉为铜铁铸造。有三足、两耳、三个通风窗孔和底部透火灰隙孔，其形体如古鼎状。炉壁厚三分，上口边缘宽九分，炉膛里搪有六分厚泥壁，用以提高炉温。这个风炉，不仅设计精巧，还有寓意深刻的铭文与图象。

三足铭文及其寓意

第一足铭文是："坎上巽下离于中"，寓意《周易·鼎卦》之象䷱（下巽上离）。"鼎卦"是《周易》六十四卦中之第五十卦。鼎状风炉是既取鼎卦之象，亦取鼎卦之意。取其象，如将卦象符号䷱稍加变形（如䷱），很像一种容器。它的六爻是：最下一爻是阴爻（--），像器之足；二、三、四三爻是阳爻（—），阳为实，中实而容物，像器之腹；第五为阴爻（--），像器之耳；第六是阳爻（—），像器之铉。从上下两体来看，上体中虚，下体有足承之，正是鼎之象也。取其意，《周易·鼎卦》辞曰："鼎，象也，以木巽火烹饪之。"因为古鼎的用途之一，就是作为烹饪之器具，所以，必有火与水与之相遂。按《鼎》卦的寓意，"巽"主风，"离"主火，"巽下离上"，就是风在下以兴火，火在上以烹饪之意。而七字铭中的"坎上"，"坎"主水，意思是煎茶的煮水容器是置于鼎器之上，风从下面吹入，火在中间燃烧。概括了煮茶的基本原理。此外，陆羽还在风炉支架镬部的三个格子上，也分别铸上了"巽"、"离"、"坎"卦的符号和象征风、火、水的图象和花纹。

第二足铭文是："体均五行去百疾"。这七字说的是饮茶的药效与功理。古代的中医学，根据："水、火、木、金、土"五行的属性，联系人体的脏腑器官，并以五脏为中心，运用顺逆相生、相克的理论，来说明脏腑之间生理有机联系和对病理变化产生的影响，并用以指导临床治疗。这七字铭文，意在说明，如能经常饮茶，就可以使五脏调和，五脏调和就可以百病不生，人自然就会健康长寿。

第三足铭文是："圣唐灭胡明年制"。这七字是说陆羽铸造风炉的时间。"圣唐灭胡"是指唐代宗在广德元年（763）最后平定"安史之乱"。是年，史思明之子史朝义因其部将田承嗣、李怀仙等相继归唐而在穷途末路之时自杀身亡，从而结束了长达七年之久的"安史之乱"。据此推测，陆羽设计的这个煎茶风炉，当在广德二年（764）铸造。陆羽时在湖州。

伊公羹与陆氏茶

陆羽在其铸造的煎茶风炉三个通风窗孔之上，铸有铭文六字：分别为"伊公"、"羹陆"、"氏茶"。将这六个字连起来，便成了"伊公羹，陆氏茶"。

伊公，即是伊尹，名挚。为商朝之贤相。约于公元前十八世纪末至公元前十七世纪末在世。初隐耕于野，经三次礼请，始出为相。助汤伐桀灭夏，遂王天下。伊尹历经商初六代帝君。年百岁卒。帝沃丁以天子之礼厚葬。孟子称其为能承大任的圣贤。伊尹之功甚多，汤称其"阿衡"。"阿衡"亦为官名，至太甲（商朝第五代国君）改曰保衡。阿衡之意是谓汤倚伊尹维持朝政的平衡与稳定。《诗·商颂·长发》："实维阿衡，实左右商王。"后引申为辅导帝王主持国政。

伊尹，擅以鼎器烹饪而著称于世。"伊尹……负鼎操俎调五味而为相。"（《韩涛外传》）

古代之鼎，是为传国之重器，或用于国家举行隆重礼祭载牲体之具，也有用作烹杀罪人之刑器。到后来才用于炼丹、煮药、烹茶、焚香。

九伊首创以鼎器烹饪五味调和的美羹佳肴，成为千古美谈，陆羽在煎茶风炉上铸铭文曰"伊尹羹"、"陆氏茶"，这是陆羽以伊尹自况。陆羽以其创造的"陆氏茶"和"伊公羹"相媲美，亦是当之无愧的。伊尹是名垂青史的贤相；陆羽是功益古今的茶圣，各有殊勋，独领风骚，都是历史上为人们景仰的圣贤名人。

1. 茶神品泉的逸闻故事

唐张又新在《煎茶水记》里转述陆羽在《煮茶记》中记载的陆羽与李季卿烹茶鉴水的故事：于元和九年（814）春天，予初成名，与同年好友相约于荐福寺。余与李德垂先至，在西厢元鉴室休息。时值有一位楚地僧人亦来到。行囊中有书数篇，余偶抽出一卷阅览，文字细密皆杂记。卷末又一题云《煮茶记》。云代宗朝（762—779）李季卿刺湖州。行至维扬（今江苏扬州市）与处士陆鸿渐相遇。李素熟陆名，有倾慕之欢，因之同路赴郡。当到达扬子驿（在今江苏镇江市），将要进餐时，李曰："陆君善于茶，盖天下闻名矣。况扬子南零水又殊绝，今者二妙千载一遇，何旷之乎？"

于是便命可靠的军士，携瓶架舟驶到扬子江心汲取南零水。陆羽整备好烹茶器等候。少时，军士取水回来，陆羽用火杓扬水观看说："这是扬子江之水没错，但不是南零之水，颇似江岸之水。"

取水的军士争辩说："我驾舟深入到江心取水，看见的不下百人之多，岂敢虚诳。"陆羽不言，遂将水倾入盆中，当倒至一半时便停了下来。再用杓扬水说："瓶中剩下的才是南零水。"

军士闻言大骇，赔罪说：我从南零取水回岸时，因水势流急，船震荡不稳，瓶中之水洒出了一半，恐太少，于是汲取岸边江水增补。处士实在是神鉴，小人不敢说谎了。

李季卿刺史和随船宾客共数十人无不惊讶折服。对陆羽鉴水如神和高超的烹茶技艺产生了浓厚的兴趣。李因问陆："君既如此熟悉水性，对所经历地方水之优劣，自然都可精确判断喽？"陆答曰："楚水第一，晋水最下。"于是请陆羽次第介绍了各地的名泉佳水共二十品。按张又新《煎茶水记》记载，他从一位楚地僧人手中借阅《煮茶记》中所载这篇品泉故事，恰是在陆羽辞世十年之后了。

在陆羽的生平经历中，有许多无独有偶的趣事，煎茶品泉的逸闻亦然。在唐代的品茗故事中，同是陆羽和李季卿两个角色，但在唐封演《封氏闻见记》中，却记载着另一个内容完全相反的故事。这个故事是陆羽在世时写的，不由读者诸君不信其为真。

故事大意说：御史大夫李季卿宣慰江南时，到了临淮县（在今安徽省泗县东南）馆。由于当时茶道很盛行，有人向李大人建议，请常伯熊来表演煮茶，季卿欣然同意。伯熊穿着黄披衫，戴着乌纱帽前来，表演时，手里操持茶器，口中述说着茶名，逐一详细的说明，大家佩服异常，煮好的茶，季卿勉强喝了两杯。

到了江南，有人又向李季卿推荐当时颇有名气的陆羽前来驿馆表演煮茶，季卿同意。陆羽穿着平素的家常野服，带首茶器应命前来。在表演时，手里拿着茶器，口中述说着茶名，逐一详细的说明。季卿心里鄙薄他又是常伯熊那一套。当陆羽煮好茶，就命奴子拿三十文赏茶博士。

封演在《封氏闻见记》里这则故事，至少说明了，如果不是封氏有意贬低陆羽，就是这位李饮差大人自恃高雅，不屑与一个身着家常野服，其貌不扬，且又有些口吃的"茶博士"交往。所以，不仅连陆羽为其精心烹煮的香茗都未沾唇，便下了逐客令，将陆羽逐出门外。当然更没有雅兴与陆羽谈论茶道的精深韵旨了。陆羽也绝没有想到，被特地请来烹茶却受此大辱，当时茶人的郁懑之情是不言而喻的。于是陆羽曾一度对自己多年来注入了全部心血和精力推进的茶学事业，产生了失望情绪。此后陆羽曾写过一篇《毁茶论》。至南宋时陆游还曾阅过此文。他在一首茶诗中写道："难从陆羽毁茶论，宁和陶潜止酒诗。"

由于《茶经》的问世，陆羽在唐代宗大历年间，尤其是在湖州期间，终以他的诚信人品，对诗词韵律和佛学的精深研究，特别是以其高超的烹茶技艺和丰富的茶学知识，在高僧文士和朝廷贤臣中赢得了声誉和尊重。张又新在《煎茶水记》里记载的陆羽和李秀卿的品泉故事，正是反映了陆羽在倡导和推进他的茶学、茶艺事业中所取得的巨大成功。

2. 茶神与瓷偶人陆鸿渐

陆羽生时被人誉为"茶仙"，死后被奉祀为"茶神。"可是"茶神"这一带有浓厚宗教观念色彩的神灵偶像，究竟意味着什么呢？也许在世人的心目中认为，陆羽虽然离开了人世，但他的灵魂依然存在于冥宇之中，仍在掌管茶事的职司，能对人间的茶茗物质世界，施加神灵的影响。所以，人们在默默地祈求"茶神"保佑，茶叶生产能年年丰收，这正如有联语所云"千秋祀典，旗枪风里弄神灵"（上饶陆羽泉下联）——这两句话正好反映了古代的茶民们有祭祀陆羽的习俗，祈祷"茶神"保佑茶园"旗"肥"枪"嫩，茶茗丰收，崇信神灵的情景。而开茶社茶馆的店主则更是祈求"茶神"能保佑生意兴隆，财源滚滚；这位陆茶神似乎也给一些生产茶陶器具的作坊带来了好运。

据唐李肇在《唐国史补》卷中《陆羽得姓氏》（及有关陆羽逸闻）记载："巩县陶者多为瓷偶人，号陆鸿渐，买数十茶器得一鸿渐，市人沽茗不利，辄灌注之。"这段话的大意是说，在唐代河南府巩县地方一些制陶作坊，为了能多销售茶器具，专门烧制了一个瓷偶人，名曰：陆鸿渐（陆羽），买数十件茶具的顾客方赠一鸿渐。在市井开店铺售茶者，将这位难得的瓷偶"茶神"放在煎茶炉厨上供奉祈福，可是每当茗市不利，生意冷落时，店主就将心里的怨气，迁怒于鸿渐，往瓷偶（"茶神"）头上浇注沸汤。

冤哉！陆羽。这位生前向以忠厚善良著称于世，死后遗茗惠于世人的千古名贤，竟何以遭到沽茗恨利的商贾〔gǔ〕如此不公（恭）的对待呢？这至少说明了，古代的物神化和人神化的宗教观念——即认为在另一个溟濛的世界里，有许许多多各司其职的无形神灵在主宰着人间命运的封建迷信观念在唐代一些人的心目中的幻灭，或者说是半信半疑吧。如若对古代茶商对待陆羽这种令人啼笑皆非的社会现象作出科学解释的话，只好请教于马克思了。马克思、恩格斯在《共产党宣言》里论"资产者"时说："它把宗教的虔诚、骑士的热忱、小市民的伤感这些情感的神圣激发，淹没在利己主义打算的冰水之中。"沽茗恨利的茶商亦然，在开市吉利时，即奉陆鸿渐为茶神；生意不景气时，即恚怨这个"茶神"不灵，并动辄以沸茶汤灌注之，店主以此来发泄盈利不佳的不快之情。于是乎，陆羽身后的不幸遭迁也即遂之降临在他的偶像——"瓷偶人陆鸿渐"身上了。

也许有的读者会提出这样的疑问："这则故事是唐人杜撰的吧？"应该说，对"瓷偶人"故事的真实性是勿用置疑的。《唐国史补》记录了自唐玄宗开元至穆宗长庆年间（712—824）事共三百零八节。李肇自序说："言报应，叙鬼神，徵梦卜，近箔帷则去之；纪事实，探物理，辩疑惑，采风俗，助笑谈则书之。"陆羽是贞元末（804）辞世的。这说明"瓷偶人陆鸿渐"的故事，是发生在唐贞元二十年（804）至长庆四年（824）这二十年的事情。后世学者对《唐国史补》所记资料的真实性十分推崇，认为许多资料确可补唐代正史之不足。

3. 鉴真大师与荣西和尚

（1）鉴真大师最早向日本传播了中国饮茶风尚

中国盛唐社会高度发展的政治、经济和灿烂的文化，其中包括茶文化，在日本产生了重大深远的影响。古代的日本统治阶级，为国家的强盛与统一，积极学习和借鉴一衣带水的邻邦——中国先进的文化与制度。从唐贞观五年（631）至唐季昭宗乾宁元年（894）的二百六十多年间，日本多次派出遣唐使、众多的留学生和留学僧。他们既是政治使节，又是文化使节。在政治、文化和弘扬佛教等诸方面进行了广泛的交流。

中国的茶文化，社会饮茶风尚，是何时传入日本的呢？据日本森本司朗《茶史漫话》引言中说："作为文化之一的饮茶风尚，由鉴真和尚和传教大师带到了日本。"据史载，唐开元二十二年（734），日僧荣睿、普照来中国学佛。后于公元742年专程到扬州请鉴真和尚东渡弘扬佛法。鉴真以五十五岁高龄欣然应聘，从公元743年起，在两位日僧和弟子彦祥等陪同下，历尽艰辛，五次东渡均遭失败。日僧荣睿和弟子彦详病死途中，鉴真由于劳累过度，致使双目失明，但其东渡弘扬佛法的凤志不改，鉴真一行数人，终于在公元753年12月第六次东渡成功，登上了日本国土。次年2月到达了当时日本首都奈良，受到了日本朝野僧俗各界的盛大欢迎。为他设坛弘扬佛法，并在奈良建造唐普提寺，成为日本律宗的创始人。鉴真大师东渡，带去了大量的中国佛教经典、雕刻、绘画、医药、书法等文化艺术品，也将中国的茶文化，饮茶风尚传到了日本。为中日两国的文化交流做出了重要贡献。

公元763年5月6日，鉴真在日本奈良唐普提寺，双膝盘坐，面向西方的祖国而圆寂，终年七十六岁。此后，一千二百多年来，中日两国人民，一直怀着崇敬的心情，顷怀这位律法大师的功绩，1963年中日两国的宗教界、文化界、医药界，在扬州举行鉴真逝世一千二百周年纪念会。郭沫若写下了诗章，以志纪念：

> 鉴真盲目航东海，一片精诚照太清。
> 舍己为人传道艺，唐风洋溢奈良城。

日本学者森本司朗在茶书中披露，鉴真大师于唐玄宗天宝十二年（753）第六次东渡时将中国的茶文化传到日本，这是迄今中国茶文化传到日本的最早记录，距今已有一千二百四十年了。这要比一般茶书上记载，由日僧最澄、海空来中国天台山学佛时将中国茶籽带回日本的时间，恰好早了半个世纪。

公元805年（唐顺宗永贞元年，仅在位数月。宪宗即位改元元和元年），日本高僧最澄、海空西渡来中国浙江天台山国清寺学佛，归国时带回了中国茶籽，种于日本近江台麓山地区，最澄倡导并建立了日本最古老的茶园——日吉茶园。两位日本高僧向本国传播了中国饮茶的风习。

据日茶书记载，公元815年日本嵯峨皇帝行幸近江国的唐崎，大僧都永忠，煎茶献给皇帝。这是日本关于饮茶的最初记录。森本司朗在茶书中还特别提到中国"茶道天才陆羽的煎茶法，早在嵯峨天皇（809－823）在位时传入了日本"。但是，来自中国的珍贵饮料，当时仅在留学僧侣中间流行，茶还没有普及到大众之间。在其后的一个多世纪的时间里，中日间的文化交流处于最低潮时期，所以，茶在日本的传播，到九世纪末，几乎完全断绝了。

（2）荣西和尚是传播中国茶文化的非凡使者

中国的茶叶种籽在日本生根，培育成大面积茶园，中国的茶文化在日本得到传播，做出最重要贡献的应属日本高僧荣西大师了。荣西可谓是重开中日佛教文化交流，向日本传播中国茶文化的一位非凡人物。

荣西，于1141年生于日本冈山市一个神官之家。十四岁出家受戒，到当时（日本）天台宗传播佛学的最高学府学佛。荣西在二十一岁时立志，步先哲的后尘，来中国学法，重开已中断了百年之久的中国留学之路。1168年，二十八岁的荣西，怀着求知的渴望，战胜了波涛汹涌的大海，在浙江明州（今之宁波）登陆。他怀着学到佛教的真谛，求得良师的心愿，遍访了江南的名刹古寺。最后到了浙江天台山万年寺，拜禅宗法师虚庵怀敞大师为恩师，虔诚学习佛法。当虚庵禅师移居天童山景德寺时，荣西亦相随移居。因该寺年久失修而荒芜，需要改建，荣西为了报答恩师的厚恩，为筹集建寺良材，重回日本，经多方奔走，广集良材，组成木筏，在两年之后，历尽艰险，再次在明州登陆，并鼎力协助虚庵大师完成了景德寺的改建计划。荣西的至诚学法和广结善缘的精神，受到了天台、天童两寺僧众的钦敬。虚庵大师有赞美荣西的诗句："锋芒不露意已彰，扬眉早堕知情乡"。赞扬荣西有卓越的见解和非凡的洞察力。

荣西来中国学佛，是在南宋高宗绍兴初年，社会相对稳定，江南各地茶园，还处于兴旺发展的时期，在北宋兴起的饮茶风尚，早已普及到了民间。当时街头、驿站、寺院门前均设有茶座，出一二文钱，便随处有茶可饮。而唐宋以来，寺院中僧侣为坐禅破瞌睡，饮茶早已成风习。荣西居住的天台寺一带，每年从春到夏都能看到农民的采茶、制茶等茶事活动，社会上下僧俗嗜茶的情景，更是耳闻目睹，这些都对荣西产生了深刻的影响。荣西在钻研浩瀚的佛教经典之余，也在埋头于茶的研究。

荣西于 1191 年 7 月（南宋绍熙二年）离开天童山景德寺，拜别虚庵怀敞大师回国时，除带了许多经典外，同时也带了大量的茶树种子，回到了日本博多港。荣西回国后，除了自己在筑前、肥前两国交界处的背振山一带，播下了中国茶树种子外，还将茶籽送给山诚国的惠明上人。惠明上人，在栂尾山（即日今之宇治）中播种了茶种。宇治后来发展成为日本的著名产茶地。宇治的茶被称为"真正的茶"，十分珍贵。

荣西回国后，还将从中国带回去的岩山茶送给了正在患糖尿病的镰仓幕府的将军源实朝，并为其讲了吃茶养生之道。源实朝将军按荣西指点吃茶疗养，从而恢复了健康。荣西为了向日本全国推广饮茶之风，在归国的第二年，用日式汉字写出了日本的第一部茶书《吃茶养生记》二卷，献给了镰仓幕府。这部后来被称为日本国民健身法鼻祖的《吃茶养生记》，在时隔五百年之后于 1694 年以木刻版在京都问世，引起了茶道界，以及学习中国医术养生之道的人们的广泛重视。

据日本茶书介绍，《吃茶养生记》开篇有这样的记述："茶者养生之仙药也，延寿之妙木也；山谷生之，其地神灵也；人伦采之，其人长命也，天竺唐人均贵重之，我朝日本酷爱矣。古今奇特之仙药也。"《吃茶养生记》不仅引经据典地论证了茶是养生的仙药，并结合自身的实践作了论证。荣西在书中引用佛教经典关于五脏——心、肝、脾、肺、肾等的协调乃是生命之本的论点，同五脏对应的五味是酸、辣、甜、苦、咸。心乃五脏之核心，茶乃苦味之核心，而苦味又是诸味中的最上者。因此，心脏（精神）最宜苦味。心力旺盛，必将导致五脏六腑之协调，每日每年时常饮茶，必须精力充沛，从而获致健康。

荣西禅师在日本被尊为"茶祖"。这同我们中国称陆羽为"茶圣"一样。荣西的《吃茶养生记》要比陆羽的《茶经》晚四百多年。但荣西的功绩正是他热诚研究中国茶文化，并广泛向日本大众传播，还将中国的茶树种子，播进了本国的土壤之中，茶叶得以在日本生根、繁植，蔚成片片茶园；也正是由于荣西的这些奠基之功；为其后被称之为"茶道天才"的千利休所创造的，以"和敬清寂"为主旨的日本茶道文化开拓了道路。

4. 王安石智辩中峡水

冯梦龙在《警世通言》："王安石三难苏学士"一回书中，有这样一段品水若神的软事。在宋神宗年间，因苏东坡早年反对王安石新法，屡遭贬谪。元丰二年（1079）苏东坡刚刚任满三年，从湖州回京师（开封）候旨时，又获罪于王安石，再次被贬出任黄州（今湖北黄冈市）团练副使。

赴任前苏东坡向王安石辞行时，王安石携东坡手道："老夫幼年灯窗十载，染成一症，老年举发。太医院看是痰火之症。虽然服药，难以根除。必得阳羡茶，方可治，有荆溪进贡阳羡茶，圣上就赐与老夫，老夫问太医官如何煎服？太医官说：须用瞿塘中峡水，瞿塘在蜀，老夫几次欲差人往取，未得其便，兼恐所差之人未必用心。子瞻桑梓之邦，倘尊眷住来之便，将瞿塘中峡水携一瓮寄与老夫，则老夫衰老之年，皆子瞻所延也。"苏东坡虽对王安石和所任新职颇为不快，也只好领命出京赴任。

据《警世通言》所说，所谓瞿塘中峡水，并非瞿塘峡之水，而是指巫峡之水。原来古代曾称瞿塘峡为西陵峡，曰上峡；巫峡为中峡；西陵峡名为归峡，曰下峡。统称瞿塘三峡。而所谓阳羡茶，就是江苏宜兴茶，从唐宋以来即为朝廷贡品，因宜兴古曰阳羡（汉代县名）故以名茶。

苏东坡虽是天下有名才子，但因是获罪挂名谪官，无可事事，不过登山玩水，饮酒赋诗，军务民情，秋毫无涉。光阴迅速，将及一载，恰值州府马太守欲差苏东坡晋京呈送冬至表文，又令他想起王安石汲取中峡江水之托。正好苏夫人要回四川眉山家乡，东坡决定送她半程，到夔州他即反棹东下，以便取中峡水去东京复命。

未料，船从夔门折返后，下水舟行太快，一泻千里。而东坡见那峭壁千寻，触景生情，又正想作篇《三峡赋》以明志。只因连日劳累，凭几构思，不觉睡去。及至醒来，中峡早过。东坡为了取中峡水，只好叫水手返航。但是，逆水行舟，颇令水手为难。东坡无奈，只好令水手在归峡岸上有市井街道之处泊舟靠岸。东坡分付苍头："你上岸去看有年长知事的居民唤一个上来，不要声张惊动了他。"苍头领命，登岸不久，带一个老人上船，东坡以美言抚慰："我是过往客官，要问你一句话。那瞿塘三峡，那一峡的水好？"老者道："三峡相连，并无阻隔。上峡流于中峡，中峡流于下峡，昼夜不断，难分好歹。"东坡暗想道："荆公胶柱鼓瑟。三峡相连，一般样水，何必定要中峡？"叫手下，给官价与百姓买个干净磁瓮，自立于船头，看水手将下峡水满满地汲了一瓮，用柔皮纸封固，亲手签押，即刻开船，返回黄州。

东坡晋京呈送贺冬表时，携瓮来到相府。王安石亲启封签。令人用银铫汲煨之，再取著名的定瓷碗一只，投阳羡茶一摄，候水沸如蟹眼时，急速沏茶，许久才见茶色。

王安石不由地问道："此水何处取来？"

东坡道："巫峡。"

荆公道："是中峡了?"

东坡道："正是。"

荆公笑道："又来欺老夫了，此水乃下峡之水，如何假名中峡?"

东坡大惊。只好承认："实是取下峡之水! 老太师何以辨之?"

荆公道："读书人不可轻举妄动，须是细心察理。这瞿塘水性，出于水经补注。上峡水性太急，下峡太缓，惟中峡缓急相半。太医官乃明医，知老夫乃中脘变症，故用中峡水引经。此水烹阳羡茶，上峡味浓，下峡味淡，中峡浓淡之间。今见茶色半响方见，故知是下峡。"

东坡离席谢罪。

荆公道："何罪之有! 皆因子瞻过于聪明，以至疏略如此。"

书中王安石同苏东坡所论鉴水之道，还以比喻做人之理，告诫这位自视才高过人的苏学士，还要多读书，多实践。之所以常出差错，皆因未能细心洞察事理之故。至于王安石的偏方是否可医痰火之症，又当别论，"三难苏学士"的故事，亦可视为逸闻趣谈。但三峡水质优良却是无疑的，尤其是中峡泉水更是为品茗者所乐道。素有"扬子江心水，蒙山顶上茶"之誉。

5. 陆放翁晴窗戏分茶

南宋诗人陆游写过一首著名诗篇《临安春雨初霁》："世味年来薄似纱，谁令骑马客京华? 小楼一夜听春雨，深巷明朝卖杏花。矮纸斜行闲作草，晴窗细乳戏分茶。素衣莫起风尘叹，犹及清明可到家。"

这首诗作于南宋淳熙十三年（1186）春。陆游时年已六十二岁。诗人一生力主恢复中原，抗击金敌，但他的爱国主张却屡遭朝廷主和派的打击，几次被免官。这次是奉孝宗帝召命，满怀着得以施展抗战抱负的希望，从家乡绍兴来到南宋京城临安（今杭州市），不料召见后却被任命为严州太守。孝宗这样做，只是为了表示赏识陆游的诗才，并不理会诗人的爱国主张。诗人显然感到有违夙志，心情很不愉快。诗人这首七律，正是含蓄地抒发了他当时感慨之情，写出了春雨季节杭州的风物。诗中"小楼一夜听春雨，深巷明朝卖杏花"成为传世佳句。

陆游这首诗虽非茶诗，但却在诗中写出了"晴窗细乳戏分茶"的绝妙的咏茶佳句，历来为研究茗事者所乐道。但这句诗里所蓄含的深邃意境，却正是此诗主题思想的发端，往往被注评家们忽略了。

原来诗人奉召进京的这几天，正逢春雨霏霏，一夜春雨过后，天气放晴。诗人坐在临安驿馆的晴窗之下、卓几之上，放好了纸笔，准备写封家书或诗章；同时又将刚刚烹好的一瓯香茗放在桌上。但诗人这时无兴趣写作，却被那鲜醇的茶香和茶瓯汤面上所呈现的奇异景象新吸引。所以，诗人在品茗之前或品茗之中就做起了"分茶"之戏了。

何谓"分茶"？有的注评者云：诗人在烹茶之前在细心的挑选茶，将次者"分"出去。殊不知，宋代所饮之茶。特别是高档之茶，并非今日之散茶，而是研膏茶，在烹煮之前要经过烤茶、碾茶和罗茶。诗中"细乳"二字，正好说明诗人当时品饮的是高档研膏茶碾成的末茶。

将要往沸汤里投放的是经过罗好的末茶，何有好次之分？如说可"分"者，只能有多寡之分，如只"分"多少，又何有"戏"之说？

分茶之戏，始于宋代。明陆树声著《茶寮记》附文中有一节曰《茶百戏》："茶至唐始盛。近世有下汤运七别，施妙诀，使汤纹水脉成物象者：禽兽、虫鱼、花草之属，纤巧如画，但须臾即就散灭。此茶之变也，时人谓茶百戏。"诗人写其在"晴窗"之下作"分茶"之戏，也并非是施什么"妙诀"，只是他被茶瓯汤面上所呈现出的变化多端的物象所吸引，在品尝着香醇的细如乳状的茶花（即沫饽）的同时，用匙箸在轻轻地搅动茶汤，随之出现幻变莫测的景象：有浓有淡，有如世态之炎凉；有聚有散，宛似人生之悲欢离合；有沉有浮，这岂不若宦海生涯变幻莫测；有的如一幅完美的山水画卷，顿时又断裂开来，这不正象征着大宋的半壁江山，被金国分割而去吗？诗人从"分茶"游戏中，在茶汤里看到变化无常物象，联系到来临安后的际遇，虽蒙孝宗皇帝召见，却并未被重用，只是任命他去较偏僻的严州当太守（按：严州在今广西桂林地区，唐宋时为西南少数民族"生獠"——古时对西南夷之称谓——所居之蛮荒之地），当时也许只领二三个小县。这无疑给陆游的满腔报国之情泼上了一瓢冷水；而驿馆前的车马亦十分稀少，朝中的显贵权臣，也并未来祝贺将要去当地方长官的爱国诗人。这令陆游的心里很不平静，大有报国无门，怀才不遇的嗟叹，对奉诏晋京也颇感懊恼，对官场生活则更觉得十分淡泊。看来应该及早离开这"世味年来薄似纱"的京师。估算时间尚可以在清明之前赶回绍兴乡下的老家去，诗人似乎从那些"分茶"之戏中产生的幻变无常，须臾破灭的物象中看到了令人悲叹、难以忍受的冷酷现实。这时，在诗人心灵里激起的层层波澜，遂凝结成了诗的语言，于是诗人挥毫写下了这首有传世名句的诗篇。

6. 陈用宾六诏杯茶邀仙人

春梦惯迷人，一品朝衣，误了九环仙骨。鸡鸣紫陌，马踏红尘，军门向那头跳出？

空山曾约伴，八闽片语，相微六诏杯茶，剑影横天，笛声吹海，先生从何这副楹联为明代云南军门陈用宾所书。现仍悬于昆明市金殿风景区环翠宫。

环翠宫,坐落在昆明市东北郊鸣凤山山麓,距市区约七里。这里山势嵯峨,"左挹华山之秀,金马腾辉;右临昆海之滨,碧鸡焕彩。"松柏苍翠,风景秀丽;殿阁峥嵘,空气清新,真乃是"无双玉宇无双地,一半青山一半云"的道教胜地。

昆明金殿风景区和陈用宾的这副对联,还有一个带几分神秘色彩的民间传说。明万历年间(1573—1620),身居云南军门、巡抚要职的陈用宾非常崇信道教。说他一天夜里梦见仙人吕洞宾约他翌日清晨在鸣凤山相会。陈用宾准备在这千载难逢的人仙幸遇之时,请吕真人品尝云南六诏名茶。

第二黎明,金鸡报晓之时,陈用宾即策马来到鸣凤山麓恭候。这时,只见一个放羊老者,用绳子牵着羊,在山边用一口沙锅煨芋头,另一口锅作锅盖。当他走近看时,那老者忽然不见了,带绳子的羊也在瞬间不知去向。陈用宾见此情景,恍然大悟,两口相迭,不就是"吕"字吗?带绳子的羊,意味是"纯阳"。这个老者不就是吕纯阳——吕洞宾吗?这是吕真人在点化他:鸣凤山乃是洞天福地啊!

于是,在陈巡抚的主持之下,于明万历三十年(1602),仿照湖北武当山七十二峰之中峰太和宫的建筑形式,在鸣凤山山麓大规模地创建太和宫,修紫禁城,"三天门",铸铜建北极真武殿,供奉真武帝君。从此,这里就成了云南省著名的道教宫观。早在明代,"鹦鹉春深"就列为昆明的八景之一。现在这里仍是春城的旅游胜地,一年四季,游人如潮。

万历年间,在创建太和宫的同时,还兴建了环翠宫,又名吕仙祠、鹦鹉宫。在吕仙祠落成之时,陈用宾题了这副著名的"春梦"——"空山"联。这副楹联写得酒脱飘逸,情景交融,意境深邃,对仗工稳。作者运用对联特定的语言表达形式,婉转地表露了他自己既迷恋"春梦"般的高官厚禄;又向往能够飞仙出世,去寻求长留天地之间的"九环仙骨"的矛盾心理。

至于陈用宾是否真的"空山曾约伴",遇见了吕仙人,是否如联语所云他用"八闽片语"(福建地方话,陈用宾是福建人),以"六诏杯茶"相邀吕洞宾。疑信者参半,见仁见智,任由评说。

也许有人会提出这样的疑问:故事、联语都很美妙,何以选入茶文化大观呢?其实这在文题中已经作了回答。唐诗人卢仝在《谢孟谏议寄新茶》歌有云:"七碗吃不得也,唯觉两腋习习清风生。蓬莱山在何处?玉川子乘此清见欲归去。"唐诗僧皎然在《饮茶歌送郑容》:"丹丘羽人轻玉食,采茶饮之生羽翼。"这都是说饮茶可以羽化成仙(其实诗作者也明白,饮茶是不能羽化成仙的)。而陈用宾这副楹联构思工妙、别开生面之处,乃是以品茗邀仙人。饮茶可以羽化成仙,是为人们所津津乐道的茶文化，而以"六诏杯茶"与仙人相邀，不更是绝妙的茶文化吗？在浩如烟海的古典诗词、联语中，写以茶邀仙者是很少见的。况且传说中的吕洞宾又是一位酷爱饮酒的游仙。不是曾有联语说："吕纯阳三过（洞庭岳阳楼）必醉"吗？而陈用宾在他的联语中不是写请吕洞宾饮酒，而是品茗悟道。从而给这副楹联更凭添了几分清雅而神秘的韵味。可以说，陈用宾这副对联，是今古咏茗典故中的上乘佳作。

7. 贾宝玉品茶栊翠庵

曹雪芹在《红楼梦》若干回书中，都写了世宦贵族贾府的公子、小姐、老太君、少妇人等的日常饮茶故事，其中第四十一回"贾宝玉品茶栊翠庵"，是专写茶事的上乘佳作，读来韵味无穷，妙趣横生，真可谓是文、人、茶、水、器五美俱全。文言闲情雅趣；人乃灵秀妙人儿；茶属乌君山珍品；水是梅雪雨液；器尽古玩奇珍。

也许，从《红楼梦》问世以来的二百多年间，凡是喜爱涉猎茶道文章的，都十分欣赏曹雪芹这篇茶茗飘香今古的精妙文字。

栊翠庵品茶，是在"史太君两宴大观园"散席之后，贾母在宝玉、黛玉、宝钗的簇拥之下，带着刘姥姥到园中散步。为了寻求凉爽清幽，信步来到了栊翠庵。妙玉把贾母等众人相迎进去，并笑着往东禅房里让。

贾母道："我们才都吃了酒肉，你这里头有菩萨，冲了罪过。我们在这里坐坐，把你的好茶拿来，我们吃一杯就去了。"只见妙玉亲自捧了一个海棠花式雕漆填金"云龙献寿"的小茶盘，里面放了一个成窑五彩小盖钟，捧与贾母。

贾母道："我不吃六安茶。"

妙玉笑道："知道。这是老君眉。"

贾母接了又问："是什么水？"

妙玉道："是旧年蠲〔juān〕的雨水。"意思是精心收存的洁净雨水。贾母便吃了半盏，笑着递与刘姥姥说："你尝尝这个茶。"刘姥姥便一口吃尽，笑道："好是好，就是淡些！再熬浓些更好了。"贾母众人都笑起来。然后众人都是一色的官窑脱胎填白盖碗。

贾母吃茶询茗问水，妙玉备茶选水，亦非同常品，盛茶的器皿，虽按尊卑有精平之分，但也得体自然。说明他们都是精通此道的。而妙玉更是熟知贾母的饮茶习惯，投其所好。

贾平说她"不吃六安茶"，就是等于说她不喜欢吃绿茶。六安茶，就是今产于安徽六安、金寨、霍山（金寨、霍山过去同属六安州）的六安瓜片，是我国的著名绿茶品种之一，明、清以来就享有盛誉。从明初起即是宫廷贡品，曹雪芹写《红楼梦》时，六安茶也是茶中珍品。据有关资料说，六安茶最初投放市场的时间是1905—1920年间的清末民初。

妙玉给贾母煎的"老君眉"，是比六安茶更为名贵的乌君山茶，产于福建省光泽县城东北约50公里的乌君山。老君眉"叶长味郁"。〔笔者按：此前有的评"贾宝玉品茶栊翠庵"的文章，将老君眉茶误为湖南岳阳洞庭君山茶。这三十余年的误传，由周靖民先生在《岳阳君山茶诸问题的剖析》一文之"九、老君眉不是君山茶"而解开了"谜底"。此文刊载于《中华茶人》1995年第一期上。为使茶文化界同仁与广大读者了解此案之始末，特将周先生的这节文章，作为笺注附本文之后。〕

贾母吃茶，是栊翠庵品茶之序幕。妙玉的茶艺表演，是通过宝玉的细致观察第次展开的，其精彩处是"三玉一钗""吃体己茶"。就在贾母吃茶，同刘姥姥等人说笑之间，只见那妙玉便把宝钗、黛玉的衣襟一拉，二人随她出去，宝玉悄悄地随后跟了来。只见妙玉让他二人在耳房内，宝钗便坐在榻上，黛玉便坐在妙玉的蒲团上。妙玉自向风炉煽滚了水，另泡了一壶茶。

宝玉便轻轻走进来，笑道："你们吃体己茶呢！"二人都笑道："你又赶了来撤茶吃（吃蹭茶）！这里没有你吃的。"

品茶的清韵雅趣是，出身书香门第的庵主妙玉在款客奉茶中，评水论器，展示珍藏；评论中透露高雅，谈笑间暗蕴尘缘。

宝玉又见妙玉另拿出两只杯来，一个旁边有耳，杯上镌着𤬭瓟斝〔音：bān páo jiǎ〕三个隶字，后有一行小真字："王恺珍玩"；又有"宋元丰五年四月眉山苏轼见于秘府"一行小字。妙玉斟了一斝递与宝钗。那一只形似钵而小，也有三个垂珠篆字，镌着"点犀𥖥〔𥖥：qiáo〕，妙玉斟了一𥖥与黛玉，仍将前番自己日常吃茶的那只绿玉斗来斟与宝玉。

宝玉笑道："常言'世法平等'：他两个就那样古玩奇珍，我就是个俗器了？"

妙玉道："这不是俗器？不是我说狂话，只怕你家里未必找出这么一个俗器来呢？"

宝玉笑道："俗语说：'随乡入俗'，到了你这里，自然把这金珠玉宝一概贬为俗器了。"

妙玉听如此说，十分欢喜，遂又寻出一只九曲十环一百二十节蟠虬雕竹根的一个大盏出来，笑道："就剩了这一个，你可吃的了这一海？"

宝玉喜的忙道："吃的了。"

妙玉笑道："你虽吃的了，也没有这些茶你遭塌。岂不闻，'一杯为品，二杯即是解渴的蠢物，三杯便是饮驴了。'你吃这一海便成什么。"说的宝钗、黛玉、宝玉都笑了。妙玉执壶，只向海内斟了约有一杯，宝玉细细吃了，果觉轻醇无比，赏赞不绝。

　　曹雪芹在这回书中，无论是写史太君饮茶，或是"三玉一钗"吃体己茶，都突出了一个品字。一口为尝，三口为品。在妙玉向贾母献茶时，贾母只吃了半盏茶，这正是"品评此中滋味，寻来无尚清凉"。而同时，又衬以刘姥姥将贾母递给的半碗茶一饮而尽，又说茶淡了些，惹得贾母等众人大笑，这是从反面写这乌君山珍品"老君眉"只有细细品尝，才能领略其甘醇甜爽的滋味，并非是解渴之蠢物。在妙玉请宝钗、黛玉、宝玉三人"吃体己茶"时，虽未明写吃的是什么茶，但自然是胜于"老君眉"的茶中名贵珍品了。物以稀为贵，所以主客均斟一杯品饮。茶香发于水，所以古人饮茶特别讲求选汲名泉佳水烹茶，谓之品泉。栊翠庵"三玉一钗""吃体己茶"不同凡品的是妙玉以梅花雪液烹茶待客。当大家吃了这"轻醇无比"的香茶之后——

　　黛玉因回："这也是旧年的雨水？"

　　妙玉冷笑道："你这个人，竟是个大俗人，连水也尝不出来！这是五年前我在玄墓蟠香寺住着，收的梅花上的雪，统共得了那一鬼脸青的花瓮一瓮，总舍不得吃，埋在地下，今年夏天才开了。我只吃过一回，这是第二回了。——你怎么尝不出来？隔年蠲的雨水，那有这样清淳？……！"

　　试想，那聪明绝世，论人品才情为《红楼梦》之最的林黛玉，一向善刚任性，以知识阅历过人自许，因在品茶时未尝出水品，却被那孤高怪僻，以品泉大家自居的妙玉数落得竟是一个连水都尝不出来的"大俗人"。当时黛玉心中或许微感不快，也只好默然折服了。而那从容大雅，静慎安详，却善见机行事，左右逢源的薛宝钗，深知妙玉"天性怪僻，不好多话，亦不好多坐，吃过茶，便约着黛玉走出来。"

　　曹雪芹写栊翠庵品茶，巧妙而又自然的把品茶同欣赏古玩奇珍——茶器相互烘托，更是独具品茗风雅之韵，给"三玉一钗""吃体己茶"凭添了无限的乐趣和风情。

　　且不论妙玉给贾母献茶时捧出的海棠花式雕漆填金"云龙献寿"小茶盘里托着明代成化窑所产五彩小盖钟之珍贵，又是何等典雅而得体；且看，妙玉给宝钗斟茶的杯子为"王恺珍玩"，名曰："瓟斝"。这件茶具，不仅名字起的新奇，匠心独运；而其形状亦十分别致：瓟、匏，为瓠属，是一种体形较小的葫芦；而斝，是一种古代铜制大酒器，其形似古爵，而体较大，在商代很盛行。可以想象，这是一只既有小葫芦的圆润可爱，又有古代爵状酒器古雅而珍奇的特殊茶器。这自然可以称得上是"珍玩"了。王恺是晋代官僚中最富有者；而其杯上又书有："宋元丰五年四月眉山苏轼见于秘府"一行小字。把"王恺珍玩"同北宋大文学家、书画家、品泉大师联系起来，这就使这个已有一千三百多年（以晋末 420—清乾隆 1763 或 1764

曹雪芹逝世时间推算）的王恺珍玩更成为稀世之珍。那妙玉给黛玉斟茶时选用的茶器，小巧如钵，名曰："点犀盉"。是用犀牛角制作的古代碗类器皿，其横断面中心有白点，这个古玩中蕴含着唐李商隐诗"心有灵犀一点通"的典故，更是别具寓意和清雅之趣。

至于，妙玉为宝玉两次易杯，则是别具寓意和暗蕴一缕世情的。试想那"气质美如兰，才华馥比仙，天生成孤僻人皆罕"的妙玉是何等孤芳自赏，"过洁人同嫌"之人，但却把自己日常饮茶用的"绿玉斗"给宝玉斟茶，而宝玉偏说它是"俗器"，惹得妙玉大发一番议论，又寻出那只蟠虬整雕竹根大盏来，导出了"驴饮"之论，令人忍俊不禁，都笑了起来。妙玉虽身在清修之所，但其尘缘未了，在其心灵深处对怡红公子却有一缕隐隐幽情，并把宝玉视为"素衣"中的知己。所以她在品茶中同宝玉谈笑风生，毫无道家戒律之束。

曹雪芹在《红楼梦》第四十一回书中，把栊翠庵品茶，写得别具风韵，并非是小说家的文艺笔墨，而其在茶品、器皿、人物、环境等方面，无处不体现古代品茶时所寻求的高雅风韵。明陆树声在《茶寮记》"煎茶七类"所论——人品、泉品、烹点、尝茶、茶候、茶侣、茶勋——论及"人品"时曰："煎茶并非浪漫，要须其人与茶品相得，故其人每传于高流隐逸……。"那精通茶道的妙玉，亲自煎汤烹点，可谓其人与"泉品"（梅花雪水）、"茶品"（乌君山之茶）是何其相得益彰。"茶候"所探寻的"凉亭静室，明窗曲几，僧寮道院，松风竹月"之清雅环境，而那妙玉所居的栊翠庵似更胜一筹，院里花木繁盛，整洁清雅；禅堂静室之内则是窗明几净，古玩生辉，似乎是连羽士神仙都宜品茗的幽境所在。而那"茶侣"呢？更是妙不可言，除却"缁衣"尽是"红楼"神仙眷。"吃体己茶"的四人中，竟有三人（黛玉、宝钗、妙玉）是"金陵十二钗"中人物；另一位则是"红楼"中大名鼎鼎的颈项上佩带"通灵宝玉"的怡红公子。——他们是茶侣——情侣——"木石前盟"——"金玉姻缘"——另加一层"缁流"（妙玉）与"素衣"（宝玉）之间的那种淳若茶、淡如烟，是情谊，又若有隐隐尘缘，似真如幻，只有灵犀会意，不可言传的微妙关系。这也许就是曹雪芹大师写"栊翠庵品茶"的真正要旨所在吧，也正是有鉴于此，它才成为今古文学作品中脍炙人口的品茗佳篇。

试论以雪水煎茶

雪液清甘涨井泉

自携茶灶自烹煎

陆羽以其数十年的品泉经验，在其所著《茶经》"五之煮"和"六之饮"两章里都把饮茶对水品的选择，放在十分重要的地位。并强调烹茶选水时"用山水上，江水中，井水下。其山水拣乳泉石池漫流者上……"。其后又著水品篇《煮茶记》所列天下名泉佳水二十品。陆羽品鉴天下名泉，是对中国茶文化的又一大贡献，对后世茶事活动产生过很大影响。但陆羽的《煮茶记》（今已失传，仅见诸于唐张又新《煎茶水记》所载）在对天下名泉佳水的次第排列中，将雪水排在二十品之末，似有欠公允之处。这正如张又新在《煎茶水记》所云："夫显理见物，今之人不迨于古人。盖有古人未知而今人能知之者。"神州疆土广袤，天下之大，古人之足岂能尽涉？尽管陆羽一生足迹遍布巴山蜀水，荆楚大地，吴越山川，但却未到过（严冬）银装世界的北国，未领略过那冰雪之风韵，当然也未尝过北方以雪水煎茶之甘芳了。

在陆羽之后，唐宋以来的品泉者认为以雪水烹茗是高人雅事，在诗词中每有咏赞以雪水煎茶的诗句。如白居易《晓起》有："融雪煎茗茶，调酥煮乳糜。"唐陆龟蒙与皮日休唱和咏茶诗有："闲来松间坐，看煎松上雪。"宋陆游《雪后煎茶》有："雪夜清甘涨井泉，自携茶灶自烹煎。"从这几首咏茶诗中可以领略到古代的高人雅士那种赏雪景、煎雪茶之斯情斯景是何等美妙。他们是在那漫天飞舞的大雪之后，来到松林之间，或山泉之畔，燃风炉，烹新雪，煮香茗；或即兴低吟，或和诗高唱，细细品尝，领略那大自然赐予的凛冽甘芳。

古人品泉素以"轻、清、甘、洁为美。清甘乃水之自然，独为难得"（熊明遇《罗岕茶记》）。而诗中所言古人烹茶之雪是取之青松之端，山泉之上，飞尘罕到，绝无污染，自然是可以达到"轻、清、甘、洁"之标准了。

也许读者会有这样的疑问：尽管雪水清洁甘芳，可以同天下名泉媲美吗？何以说陆羽将雪水排在第二十品之末是有欠公允呢？清乾隆皇帝是一位嗜茶者，他活了八十八岁，是清代帝君中长寿者，据说，那是得益于茶。他一生酷爱饮茶，特别是晚年更是嗜茶如命。他八十五岁快退位时，有位老太医官惋惜地说："国不可一日无君。"而这位将要当太上皇的盛世之君却幽默地说："君不可一日无茶。"他一生尝遍天下名茶，也品鉴过许多天下名泉，并有独到的品鉴方法。对水质的清、轻、甘、洁都作出全面的比较，并以特制的银斗来衡量各地泉水，除清、甘、洁三项之外，以其轻者为上。他在钦定北京玉泉山玉泉为"天下第一泉"之后说："然则，更无轻于玉泉者？曰：有！乃雪水也；尝收积素而烹之，轻于玉泉斗轻三厘。雪水不可恒得。"这说明，以乾隆品泉实践及其衡量标准，以雪水烹茶，甚至胜于"天下第一泉"玉泉之水，更胜于被唐陆羽、刘伯刍评"天下第二泉"的无锡惠山石泉水（乾隆皇帝评其为"天下第三泉"）了。这至少说明不应把雪水列在天下名泉佳水之末等。

自然界的一切事物，无不以其时间、空间、地点及其具体条件为转移。试想古代的神州大地人口稀少，（如乾隆十八年，即 1753 年为例，当时全国人口，尚不到现在的十分之一，只有 10275 万人）地下资源特别是能源远未开发，先民们居住的生活环境，尤其土地广阔的北方，不知要比现在好多少倍。古时的隆冬季节漫天大雪下过，就如唐柳宗元在《独钓》诗中所描绘的那样："千山鸟飞绝，万径人踪灭。"如在这般的银装玉琢世界，品泉者"却喜侍儿知试茗，扫将新雪及时烹。"（《红楼梦》第二十三回，贾宝玉《冬雪即景诗》）当今的广大饮茶者及茶艺学者，是赞同以雪水烹茶的。也许会赞成将古代雪水品位晋升在名泉之前列。

在探讨古人以雪水煎茶时，研究"红楼"茶事的学者，对曹雪芹在《红楼梦》第四十一回"贾宝玉品茶栊翠庵"中，妙玉用在地下珍藏了五年的、取自梅花上的雪水煎茶待客，是否还能那样清淳提出了质疑。

黛玉、宝钗、宝玉、妙玉四人，在栊翠庵妙玉静室中"吃体己茶"时，妙玉在回答黛玉询问时说："这是五年前，我在玄墓蟠香寺住着，收的梅花上的雪，统共得了那鬼脸青的花瓮一瓮，总舍不得吃，埋在地下，今年夏天才开了。我只吃了一回，这是第二回了。你怎么尝不出来，隔年蠲的雨水，那有这样清淳？"

如果仍将雪水列在名泉、江、井水之末，又在地下埋了五年，就一般推论，自然是不合清洁甘美之标准了。问题是陈年之雪水是否就不清淳？其实不然。何以见得陈年雪水还能那样清淳呢？有诗为证：

> 绝胜江心水，飞花注满瓯；
>
> 纤芽排夜试，古瓮隔年留。

这是在清光绪年间曾任四川盐茶道，精于品茗韵事的吴珩（字佩之，号我鸥。浙江仁和人。道光十二年进士、改庶吉士）所作《雪夜煎茶》。诗人描写每逢严冬大雪之时，他直接接取漫天琼花入瓮，然后，像以古窖保存佳酿美酒一样，封闭起来，当来年再逢大雪之夜，打开"古瓮隔年留"的玉液般的雪水，"纤芽排夜试"，品茗赏雪，陶然自得。这首诗至少说明，以古瓮隔年留的雪水煎茶，是胜过被品泉者推崇的"扬子江心水"的。而妙玉是从凌寒开的梅花上扫取的晶莹积素，这就更自清甘洁美一筹，再加之妙玉是寺庵中清修之人，则更精于养水品茗之道，如有养水秘法，以珍藏了五年的梅花雪液来煎茶，也许真如书中宝玉吃了妙玉所煎之茶果觉轻醇无比甘芳异常呢？

但凡世间显理见物，就以认识论而言，一般是今人胜于古人；然则亦往往有古人知之，而今人未能知之者。本文拟以一副蕴含认识论哲理的联语作结，这也许是会为人们在探讨栊翠庵品茶时，妙玉用珍藏了五年的雪液煎茶，是否合乎水品清洁标准？留下一道供读者思考之题：

境自远尘皆入咏，物含妙理总堪寻。

这是清乾隆皇帝为颐和园宝云阁前牌坊所题之楹联。宝云阁在万寿山佛香阁西南，俗名又称之为铜亭、铜殿。这副楹联的主旨是：大自然界万千事物所蕴含的哲理，是奥妙异常的，只要悉心研究，总是可以探寻得到的。

绿香亭众才女品茗论茶道

燕小姐烹茶款佳客

绿香亭品泉论古今

清李汝珍在《镜花缘》第六十一回书中，写了唐代告老还乡的老总兵燕义的女儿紫琼小姐，同准备进京赴试的唐闺臣、林婉如、廉锦枫、洛红蕖等二十五位才女，在燕府花园"绿香亭"品茶论茶道的故事。细细品评这篇故事，并非是酒余饭后之闲文雅趣，这回书中给人以许多有关茶学的知识，更有令嗜茶者闻之足戒的警世之言，文中虽有些过正之处，但足可令读者领略作者之良苦用心。故事是这样开始的：

是日早饭后，老夫人叶氏命丫鬟们引众小组到花园里游玩。桃杏初开，柳芽吐翠，一派春光，甚觉可爱。大家随意散步，到处畅游一番。

紫琼道："妹子这个花园，只得十数处庭院，不过借此闲步，其实毫无可观；内中恰有一件好处，诸位姐姐如有喜吃茶的，倒可以烹茗奉敬。"

枝兰音道："莫非此处另有甘泉，何不见踢一盏？"

紫琼道："岂但甘泉，并有几株绝好株树，若以鲜叶泡茶——妹子素不吃茶，固不能知其味——只觉其色更好看。"

于是，紫琼在前引路，不多时来到一个庭院，当中一座亭子，四围都是茶树，那树高矮不等，大小不一，一色碧绿，清芬袭人。走到亭子跟前，上悬一额写着"绿香亭"三个大字。正在众才女议论"绿香亭"匾额之时，仆妇、丫鬟们已奉小姐之命，将烹好的香茶捧进亭中。众人各取一杯，只见其色比嫩葱还绿，甚觉爱人，及至入口，真是清香沁脾，与平时所吃，迥不相同，个个称赞不绝。

闺臣道："适才这茶，不独茶叶清香，水亦极其甘美。那知紫琼姐姐素日却享这等清福？"

紫琼道："妹子平素从不吃茶。这些茶树都是家父自幼种的。家父一生一无所好，就只喜茶。因近时茶叶每每有假，故不惜重资于各处购求佳种。如巴川峡山大树，亦必费力盘驳而来。谁知茶树不喜移种，纵移了千珠，从无一活。所以古人结婚，有下茶之说，盖取其不可移植之义。当日并不留神，后来移一株死一株，才知是这缘故。如今园中惟存十余株，还是家父从前于闽浙江南等处觅来上等茶子栽种活的。家父著有《茶戒》两卷，言之最详。将来发刻，自然都要奉赠。"

黎红红道："妹子记得六经无茶字，故名目多有不知，令尊伯伯既有著作，姐姐自必深知，何不道其一二，使妹子得其大略呢？"

紫琼道："茶，即古荼字，就是《尔雅》荼苦槚的荼字。《诗经》此字虽多，并非茶类。至荼转茶音，颜师古谓汉时已有此音。读茶最为简截。至于茶之名目，郭璞言早采为荼，晚采为茗。《茶经》有一茶二槚三蔎四茗五荈之称，今都叫做茶，与古不同。"

《镜花缘》作者通过紫琼小姐关于茶之益与害的一节论述中有关"害多益少"之论，却有不可取之处，这是同当今茶叶科学、医药学关于茶叶能防病、治病、有利于身体健康的科学结论完全相反的观点。但这节书中言以燕老总兵由于嗜茶太过，在年老体弱、业已患病的情况下，仍无节制地大量饮茶，致使身体受到严重危害等情节，仍可视为作者向嗜茶者发出的警世之言，足可令嗜茶者闻之足戒。

书中关于假茶之论述，亦可视为警世通言，仍有现实意义，足令人们从中获得教益。

谭惠芳道："适才姐姐言茶叶多假，不知是何物做的？这假茶是自古已有，还是起于此时呢？"

紫琼道："世多假茶，自古已有。即如张华言饮真茶令人少睡。既云真茶，可见前朝也就有假（茶）了。况医书所载不堪入药。假茶甚多何能枚举。目下江浙等处以柳叶作茶，好在柳叶无害于人，偶尔吃些亦属无碍。无如人性狡猾，贪心无厌，近来吴门有数百家以泡过茶叶晒干，妄作药料，诸般制造，竟与新茶无二，渔利害人，实可痛恨。起初制造时，各处购觅泡过干茶。近日远处贩茶客人至彼买货，未有不带干茶以做交易。

"至所用药料，乃雌黄、青熟石膏、青鱼胆、柏枝之类。其用雌黄者，以其性淫，茶叶亦性淫，二淫相合，则晚茶残片一经制作，即可变为早春；用花青取其色有青艳；用柏枝汁取其味，带清香；用青鱼肚漂去腥臭，取其味苦；雌黄性毒，经火甚于砒霜，故用石膏，以解其毒；又能使茶起白霜而色美。人常饮之，阴受其毒，为患不浅。苦脾胃虚弱之人，未有不患呕吐，作酸胀满腹疼痛等症。"

紫琼小姐所言古代在茶叶销售中骇人听闻的大规模造假茶的欺骗伎俩，对于现在许多饮茶爱好者来说，也是闻所未闻的。

但凡天下之事，有真就有假。近年来各地报刊、电视台披露的制造、贩运、批发、销售假烟、假酒、假药的案例，屡见不鲜，屡禁不绝，造成的社会危害，极其严重，已引起社会各界的高度重视，正在大力根治之中。至于，《镜花缘》中所言古代商人制造假茶，渔利害人事，也确存在于今日社会的阴暗角落之中，也是屡禁不绝的。如，数年前，某君偕夫人去杭州西湖游览，在苏堤附近，遇有一个青年人，手提帆布包，也许因见他们是外地人之故吧，即上前搭讪："老先生，您想要点好茶吗？我是茶厂的，这茶是作为奖金发的，比较多，自己吃不完，拿出来卖点。"在说话之间，那青年人就伸手掏出一小包茶，打开一看，条索紧结，清香扑鼻，其色味如新花茶。某君夫妇是在旅途之中，也需要买点茶，在路上饮用。于是就化数元钱买了一包（约有三两），随手装入提包之中。当他们临出园之前，在平湖秋月附近，看到一块广告牌上贴有一张公告："近日在西湖游览区不断发现卖假茶的，他们采取以假乱真和调包计等手段，坑骗游人，请勿上当！"云云。并将以塑料薄膜包装的两包假茶钉在广告牌上示众，告戒游人。某君立即感到上当了，当打开纸包一看，这哪里是方才看到的"好花茶？"的确是柳叶及最下等少量的茶叶的混合物，散发着草腥之气味。诚实善良的人们，谁会想到，在这美丽的西子湖畔光天化日之下，竟会有人以假行骗，渔利害人呢？

毛泽东饮茶粤海未能忘

饮茶粤海未能忘，索句渝州叶正黄。

三十一年还旧国，落花时节读华章。

牢骚太盛防肠断，风物长宜放眼量。

莫道昆明池水浅，观鱼胜过富春江。

这首诗是毛泽东于 1949 年 4 月 29 日写的《七律·和柳亚子先生》。此前柳亚子先生于 3 月 28 日写了一首《七律·感事呈毛主席》。诗中流露出他怀才不遇，想离京归乡隐居的消极情绪。

毛泽东在这首唱和《七律》中，以他那春风大雅能容物的伟大胸襟，通贯全篇的友谊挚情，和那富有哲理、一字千钧的诗句，规劝柳亚子先生要"风物长宜放眼量"。请他不要改变前来北京参加政治协商会议和建国事业的初衷，难道忘记了"粤海共品茶"时所结下的诚挚友谊吗？希望他不要离开相交有年的老朋友而回乡去钓鱼吧。先生如有闲暇和雅兴，为何不去"晴光总圣明"的颐和园昆明湖畔垂杆相钓呢？那是何等的赏心乐事啊。

毛泽东这首颇具艺术魅力的诗篇，在柳亚子先生面前展现了一幅美好的图景：这曾经"引无数英雄竟折腰"的万里江山，一旦回到了人民的怀抱，一旦驱除了曾在这块土地上翻翻起舞的"百年魔怪"，一旦荡涤了大地上的污泥浊水，那自古多骄的神州大地，就会更加山川秀媚，草木贲华，生机勃勃，一派春光。在中国两个命运的大决战中，人民已赢得了决定性的胜利，一个如旭日东升的新中国就要在这世界的东方诞生了，她将以巨人的雄姿挺立于世界民族之林。

柳亚子先生在毛泽东这首如春风般鼓荡心胸，字里行间充满友情的呼唤的诗篇的真诚感召下，终于令他心悦诚服地决定留在北京参加新中国的建设事业。

追寻毛泽东和柳亚子先生的交往与友情是很有意味的。1926 年春，毛泽东在广州主持著名的"农民运动讲习所"，并写成了《毛泽东选集》第一篇文章：《中国社会各阶级的分析》。是年，柳亚子先生在广州第一次会见了毛泽东（时以字润之行）。其时正是国共第一次合作，北伐战争节节胜利，农村革命运动如火如荼；而毛泽东正在广州、武汉培训中国农运的骨干人才，欲把革命星火燃遍神州大地。而作为中国同盟会和国民党早期成员的柳亚子先生，正在广州主持新南社，热情支持国共合作和北伐战争。他对刚过而立之年的毛泽东胸怀天下，激扬文字，指点江山的宏图远略十分钦佩。正是在这样的历史背景下，柳亚子同毛泽东在粤海品茶，谈诗论道，纵议天下大事，这自然是两位哲人都难以忘怀的平生快事。而作为中国革命领袖的毛泽东，则更注重同这位赞同中国革命的党外人士的交往，向来珍视同亚子先生的友情。

毛泽东和亚子先生在羊城分手之后，在风云变幻之中，仍频有书信往来，在四十年代初至 1944 年底，柳亚子先生常有书信、照片、诗作寄给在延安的毛主席。其诗有"云天倘许同忧国，粤海难忘共品茶"之名句。1944 年 11 月 21 日，毛主席在致亚子先生的信中说："广州别后十八年中，你的灾难也受的够了，但是没有把你压倒，还是屹然独立的，为你并为中国人民庆贺！……很想有见面的机会，不知能如愿否？"1945 年 8 月 28 日，毛主席从延安飞往重庆同蒋介石谈判。毛主席同亚子先生在渝邂逅重逢，8 月 30 日，在曾家岩写诗呈毛主席。其诗曰：

阔别羊城十九秋，重逢握手在渝州。

弥天大勇诚能格，遍地劳民战倘休。

毛泽东于 10 月 7 日致信：

亚子先生吾兄道席：

迭示均悉。最后一信慨乎言之，感念最深。……初到陕北看见大雪时，填过一首词（注：指 1936 年 2 月写的《沁园春·雪》，因亚子先生在前信中要毛主席填词，故有此复）似与先生诗格略近，录呈审正。敬颂道安！

毛泽东

10 月 7 日

毛泽东于 1946 年 1 月 28 日，致柳亚子先生的信中引用了亚子先生的诗："'心上温馨生感激，归来絮语告山妻。'（注：这是柳亚子 1945 年秋写的《毛主席招谈于红岩嘴办事处，归后有作，兼简恩来、若飞》一诗中的两句。）我也要这样说了。

总之是感谢你。相期为国努力。"

1949 年 3 月，中央领导机关迁到北京（按：时称北平，本文中均称北京）。并邀请全国各民主党派和无党派民主爱国人士到北京参加中国人民政治协商会议。柳亚子 2 月在香港接到毛主席的邀请电，于 3 月 18 日抵达北京。时有军管会文管会钱俊瑞主任迎接，寓东郊民巷六国饭店。是夜亚子先生在《三月十八日东郊民巷六国饭店夜坐有作》诗中有句云："归心慵梦江南好，定鼎终须在北京。" 3 月 22 日董老（必武）去寓所看望柳先生。

3 月 25 日，毛主席从石家庄到北京，柳亚子先生赴机场迎接。是日晚在颐和园益寿堂（其址在万寿山景福阁东北，清光绪年间建，正堂名松春斋）举行欢迎毛主席的宴会，柳亚子先生应邀出席并赋有《颐和园益寿堂夜宴》二首。其第二首诗曰：

> 二十三年三握手，陵夷谷换到今滋。
> 珠江粤海惊初见，巴县渝州别一时。
> 延水鏖兵吾有泪，燕都定鼎汝休辞。
> 推翻历史三千载，自铸雄奇瑰丽诗。

诗人回顾了二十三年间，他同毛泽东三次相见的美好情景，表达了他对中国民主革命事业的同情、支持，对国家发生的"陵夷谷换"的巨大变化和即将定都北京建立新中国感到由衷的喜悦。

由于当时正值人民解放军渡江作战、向全国进军的前夕，毛主席正忙着写《评白皮书》和运筹建国大计，拟议中的政治协商会议要推迟到九月份才能召开；所以，亚子先生的"云天倘许同忧国"，"相期为国努力"的急切心愿一时难以得酬，或许还遇到令人不快之事，于是在 3 月 28 日写了《七律·感事呈毛主席》：

> 开天劈地君真健，说项依刘我大难。
> 夺席谈经非五鹿，无车弹铗怨冯驩。
> 头颅早悔平生贱，肝胆宁忘一寸丹。
> 安得南征驰捷报，分湖便是子陵滩。

分湖为吴越间巨浸，元季杨铁崖曾游其地，因以得名。余家世居分湖之北，名大胜村。第宅为倭寇所毁。先得旧畸，思之凄绝！

毛泽东在拜读了柳亚子先生的诗作之后，在日理万机（按：人民解放军于 4 月 20 日夜，开始了"百万雄师过大江"的渡江战役，4 月 21 日，毛泽东主席、朱德总司令发布了向全国进军的命令，4 月 23 日解放南京，毛主席写了《七律·人民解放军占领南京》……）中，仍抽暇于 4 月 29 日写了《七律·和柳亚子先生》。当柳亚子先生在拜读了毛泽东这首惠诗后，非常感动，于是挥毫写了《迭韵寄毛主席词

> 昌言吾拜心肝赤，殺士君倾醴酒黄。
>
> 陈亮陆游饶感慨，杜陵李白富诗章。
>
> 离骚屈子幽兰怨，风度元戎海水量。
>
> 倘遣名园长属我，躬耕原不恋吴江。

毛泽东于 5 月 21 日，在致柳亚子先生的信中说："各信并大作均收悉，甚谢。某同志妄评大著，查有实据，我亦不以为然。"并在信上善言相劝"希望先生出以宽大政策"不必计较他人对诗作的批评。亚子先生在致毛主席的信中有应保护好西山碧云寺内孙中山衣冠冢的建议。毛主席在回信中答复说："孙先生衣冠冢看守诸人已有安顿，生事当不致太困难，此事感谢先生的指教。率复不尽，敬颂兴居佳胜！"

毛泽东的诗和信，不仅体现了一位伟大人的"高怀同素月，雅量如春风"的磊落胸襟，亦充分表达了他对这位在"粤海品茶"相识结谊，已二十三度春秋的故友的关怀和爱护。所以，直到 1963 年 12 月，经毛主席亲自校订，由人民文学出版社出版发行的《毛主席诗词》（三十七首本）在《七律·和柳亚子先生》的附诗中仍未公布柳亚子《七律·感事呈毛主席》这首诗。而是刊出了"卡尔中山两未忘"的另一首诗。

自 1944 年至 1949 年 12 月间，毛泽东致柳亚子的书信，仅以收入《毛泽东书信选集》的就达七封之多。柳亚子致毛泽东的信远不止此数，这足以说明，两位先哲以粤海共品茶为契缘所建立的友谊是何等诚挚，真可谓是，风云变幻情未易，肝胆相照万古芳。

碧螺春雅名之由来

凡是品饮过碧螺春的人，都会十分赞赏它的嫩绿隐翠，叶底柔匀，清香幽雅，鲜爽生津的绝妙韵味。但鲜为人知的是其名之来历，还有两个逸闻趣事呢。据《苏州府志》载："洞庭东山碧螺石壁，产野茶几株，每岁土人持筐采归，未见其异。康熙某年，按候采者，如故，而叶较多，因置怀中，茶得体温，异香突发。采茶者争呼：'吓煞人香'！茶遂以此得名。"

又据清代王彦奎《柳南随笔》记载：清圣祖康熙皇帝，于康熙三十八年（1699）春，第三次南巡车驾幸太湖。巡抚宋荦〔luò〕从当地制茶高手朱正元处购得精制的"吓煞人香"进贡，帝以其名不雅驯，题之曰"碧螺春"。这即是碧螺春雅名由来的故事之一。后人评曰，此乃康熙帝取其色泽碧绿，卷曲似螺，春时采制，又得自洞庭碧螺峰等特点，钦赐其美名。从此碧螺春遂闻名于世，成为清宫的贡茶了。

碧螺春茶名之由来，还有一个动人的民间传说。云昔年，在太湖的西洞庭山上住着一位勤劳、善良的孤女，名叫碧螺。碧螺生得美丽、聪慧，喜欢唱歌，且有一副圆润清亮的嗓子，她的歌声，如行云流水般的优美清脆，山乡里的人都喜欢听她唱歌。而与隔水相望的洞庭东山上，有一位青年渔民，名为阿祥。阿祥为人勇敢、正直，又乐于助人，在吴县洞庭东、西山一带方圆数十里的人们都很敬佩他。而碧螺姑娘那悠扬宛转的歌声，常常飘入正在太湖上打鱼的阿祥耳中，阿祥被碧螺的优美歌声所打动，于是默默地产生了倾慕之情，却无由相见。

在某年的早春里有一天，太湖里突然跃出一条恶龙，蟠居湖山，强使人们在西洞庭山上为其立庙，且要每年选一少女为其做"太湖夫人"。太湖人民不应其强暴所求，恶龙乃扬言要荡平西山，劫走碧螺。阿祥闻讯怒火中烧，义愤填膺，为保卫洞庭乡邻与碧螺的安全，维护太湖的平静生活，阿祥趁更深夜静之时潜游至西洞庭，手执利器与恶龙交战，连续大战七个昼夜，阿祥与恶龙俱负重伤，倒卧在洞庭之滨。乡邻们赶到湖畔，斩除了恶龙；将已身负重伤，倒在血泊中的降龙英雄——阿祥救回了村里，碧螺为了报答救命之恩，要求把阿祥抬到自己家里，亲自护理，为他疗伤。阿祥因伤势太重，已处于昏迷垂危之中。一日，碧螺为寻觅草药，来到阿祥与恶龙交战的流血处，猛可发现生出了一株小茶树，枝叶繁茂。为纪念阿祥大战恶龙的功绩，碧螺便将这株小茶树移植于洞庭山上并加以精心护理。在清明刚过，那株茶树便吐出了鲜嫩的芽叶，而阿祥的身体却日渐衰弱，汤药不进。碧螺在万分焦虑之中，陡然想到山上那株以阿祥的鲜血育成的茶树，于是她跑上山去，以口衔茶芽，泡成了翠绿清香的茶汤，双手捧给阿祥饮尝，阿祥饮后，精神顿爽。碧螺从阿祥那则毅而苍白的脸上第一次看到了笑容，她的心里充满了喜悦和欣慰。当阿祥问及是从哪里采来的"仙茗"时，碧螺将实情告诉了阿祥。阿祥和碧螺的心里憧憬着未来美好的生活。于是碧螺每天清晨上山，将那饱含晶莹露珠的新茶芽以口衔回，揉搓焙干，泡成香茶，以饮阿祥。阿祥的身体渐渐复原了；可是碧螺却因天天衔茶，以至情相报阿祥，渐渐失去了原气，终于憔悴而死。阿祥万没想到，自己得救了，却失去了美丽善良的碧螺，悲痛欲绝，遂与众乡邻将碧螺共葬于洞庭山上的茶树之下，为告慰碧螺的芳魂，于是就把这株奇异的茶树称之为碧螺茶。后人每逢春时采自碧螺茶树上的芽叶而制成的茶叶，其条索纤秀弯曲似螺，色泽 嫩绿隐翠，清香幽雅，汤色清澈碧绿；洞庭太湖虽历经沧桑，但那以阿祥的斑斑碧血和碧螺的一片丹心孕育而生的碧螺春茶，却仍是独具幽香妙韵，永惠人间的。

太平猴魁与巴拿马金牌

太平猴魁,产于安徽省黄山市黄山区新明乡的猴坑、猴岗及颜村三村。该茶为什么称作太平猴魁呢?因如今的黄山市黄山区以前为安徽省太平县,茶又产以该县猴坑,故名。据当地传说,还有一段关于此茶的神话般的故事:

在太平县猴坑有一个凤凰山,山势峭拔,无路可上。每逢春天采茶季节,就看到有成群结队的猴子攀援于那悬崖缝隙之间。山下的人只闻到从高山之上有陈陈清香随风徐徐飘来。初起,人们尚不知其因。待当岁月推移,有人则先悟出其妙。即开始驯服猴子,教其采茶。在每逢采茶季节,即把经过训练的猴子身上佩携以筐篓或布袋之类的盛茶器具,放上山去。那些善于攀援悬崖峭壁的猴子,颇通灵性,竟然能将新展开的芽叶采回。用猴子采的鲜叶制成的茶叶滋味鲜醇,具有诱人的兰花香。这也许就是称之为"猴茶"的最富有传奇色彩的故事了。

故事之二:相传,在清光绪年间(1875—1908),从皖北来了一位农民,名叫王老二,在凤凰山麓垦荒种地,在田间劳动时常常被山上飘来的香气所袭引,决心开路上山。当他看到山上到处都长满野茶时,甚为欣喜。于是便率子在海拔 700 米以上的高山峡谷间背阴处开辟茶园,栽培茶树。经他栽培采制的"猴尖"被誉为"猴尖茶香百里醉"。

1914 年美国(根据与巴拿马 1903 年签订的条约)凿通了沟通太平洋和大西洋的重要航运水道——巴拿马运河。1915 年,美国为庆祝巴拿马运河通航,在巴拿马城举办了一次规模空前的万国商品博览会,中国送展的名茶太平猴魁、祁门红茶、信阳毛尖和云和惠明茶(即"金奖惠明")等同时荣获一等金质奖章。于是太平猴魁等中国名茶从此便蜚声海外,饮誉世界。

铁观音与白牡丹

一片芳茶,竟何以南海观音大士和名贵高雅的白牡丹来命其名呢?说来还是饶有兴味的。

铁观音,重要产区在福建安溪,一般称之为"安溪铁观音"。另在永春、南安、晋江、长泰、同安、龙溪等地亦有生产。闽南乌龙茶首推安溪铁观音。其名之由来,相传在二百多年前,清乾隆年间,安溪县松林头乡有一位信仰佛教的人,姓魏名饮。每天清晨必以清茶一杯敬奉在观音像前。他一日上山砍柴,在观音庙旁山岩上一石隙间,发现一株奇异的茶树,叶片闪闪发光,油绿肥壮,便将其挖回家,栽于庭院,精心管理，并以无性繁殖方法，插枝条加以繁殖。从这些茶树上采摘鲜叶制成的茶叶，色泽褐绿，重实如铁，冲泡品饮，异香扑鼻。于是魏饮更信为这茶是观音菩萨所赐，便取名为"铁观音"。他繁殖的茶树也称之为"铁观音"了。

故事之二：传说这个茶树品种是安溪尧阳南岩山王士琅发现的，移栽于南轩之圃，后制成茶，芳香越凡，进贡乾隆皇帝。因其条索紧结，身骨重实如铁，色泽乌润，香气清高，滋味醇厚回甘，乾隆赐其名为"铁观音"。

这些故事，孰是孰非，姑且勿论。但以"观音"象征其品高圣美，真可谓名符其实、无与伦比了。铁观音成品茶在冲泡时有馥郁的兰花香气。行家称誉其："绿叶红镶边，七泡有余香；既有天真味，又有圣妙香。"

白牡丹，于1922年以前创制于福建省建阳县水吉乡。白牡丹是以绿叶夹银白色毫蕊，形似花朵；冲泡后绿叶托着嫩芽，其形优美如蓓蕾初放，因而得此高洁雅称，其成品茶，毫心肥壮，叶张肥嫩，呈波纹隆起状，叶缘向叶背垂卷，叶背遍布白色茸毛，香毫显露，甘醇清鲜，汤色杏黄清澈。白牡丹，味温性凉，有健胃提神之效，退热降火之功。海外侨胞，视为珍品，常作药用。

中国皇后茶与英国饮茶皇后

这个故事，要从湖北宜昌红茶说起。因宜昌红茶制工精细，花费工时较大，亦称"宜昌工夫茶"。其成品条索紧结秀丽，色泽乌黑调和，香气清高纯正持久，滋味浓厚醇和，汤色明亮，叶底红匀。该茶历史悠久，至少已有1200余年的历史了。从十七世纪中叶即开始输往英、俄等国。由于宜红品质精纯、独具韵味，当时成为英皇室的珍贵饮品。这里，还有一个鲜为人知的逸闻趣事呢。公元1662年，嗜好饮茶的葡萄牙凯瑟琳公主嫁给了英皇查理二世。她特别喜欢饮中国茶，尤爱饮宜昌红茶，成为英国的第一位饮茶皇后，而中国的宜昌红茶，即被誉为"皇后茶"，享誉英国。宜昌红茶曾一时身价大增，传为佳话。

珍奇的武夷大红袍

大红袍，产于福建省武夷山。武夷山在崇安县城南15公里，是我国著名的风景区，素有"奇秀甲于东南"之誉。这珍奇的大红袍古茶树，即生长在这三十六岩峰、九曲溪水和古刹错落的天然美景的中心——天心岩。天心岩——据山志记载：全山百二十里度之，是峰居其中央，犹天之枢极也。故曰"天心"。天心岩是武夷山的产茶区之一。大红炮茶树即生长在天心庵（又名永乐禅寺）之西九龙窠山岩之上。古茶树现仅存四株，是我国岩茶中之珍品。素有"茶中状元"、"茶中之王"的美誉。

大红袍，属于乌龙茶，其名始于清代。关于这一茶名的来历，还有一些近乎神灵般的传说：有一副联语云："溪边奇茗冠天下，武夷仙人自古栽。"有的说，这株茶树生长在悬崖峭壁之上，人们只能望茶兴叹，无法攀登采取。于是有心计的农夫，便驯养了一只猴子，当春茶刚刚吐嫩芽之时，他便让这个贯善攀援的灵猴，身穿红衣，登上悬崖，采下了青翠鲜灵的嫩茶芽，焙出香茗，鲜醇异常。因为此茶为红衣灵猴所采，故称之"大红袍"。

故事之二：传说，清代有一位县官，得了一种无名之症，虽广求四方名医，均不见疗效。后来天心寺（即永乐禅寺）的一位禅师，采得此茶，制好送给县官，此茶味极美，县官只饮数次，久治不愈的病却很快好了。县官便请来僧人问何处得此仙茗？僧人告之。于是，这位县官便选择吉日良辰，亲临茶崖，焚香礼拜，并将自己的红袍披在树上。从此，人们便称此树为"大红袍"了。

故事之三：有的传说，则更加神奇了，说大红袍树上所产之茶，只在杯中放上一叶，泡开后，再把一粒米放入杯中，立即便消化了。

上述这些逸闻传说，都给"大红袍"蒙上了一层神秘的色彩，有些也就难辨其真假了。现在给予"大红袍"的科学解释是，因其春芽萌发时，嫩梢芽叶呈紫红，远望颜色如火，若红袍披树，故名。大红袍之所以品质超群，当然不是什么"红袍加身"之故，而是在于它生长在独特的自然环境里。这几株茶树，晨可沐朝阳，夜可沾玉露，终年云雾迷漫，且有一线岩泉滴滴滋润，真可谓独得天地之钟爱而成为稀世之珍。

且吃了赵州茶去

在杭州既是景区又是茶乡的九溪十八涧附近，有一副刻在"林海亭"石柱上的对联，云：

> 小住为佳，且吃了赵州茶去；
>
> 日归可缓，试同歌陌上花来。

在杭州西湖风景区众多楹联中，这是写得最为轻松、明快、潇洒的一副，至今仍广为传诵。

那么，这"赵州茶"究竟为何物？

翻开《五灯会元》卷四，即可看到这样一则故事：

从谂禅师问一位新来的僧人："你以前曾到过此间吗？"

僧人回答说："到过。"

从谂说："吃茶去。"

从谂又问另一位僧人："到过此间吗？"

回答是"不曾到过。"

从谂说："吃茶去。"

事后，一旁的院主问从谂："为什么到过也说吃茶去，不曾到过也说吃茶去？"

从谂听罢叫道："院主！"

院主应了一声，从谂说："吃茶去。"

从谂（778年—897年），俗姓郝，曹州（今山东曹县一带）郝乡人，幼小时出家，参南泉普愿禅师而得法。后住赵州（今河北赵县）观音院，其禅语法言传遍天下，时称"赵州门风"，并自立禅关称"赵州关"。

禅门中以饮茶作为机锋、禅案而广泛流传、颇具影响的，首推这桩"赵州茶"或称"吃茶去"的公案。

从谂所说的"此间"并非指他自己所在的禅寺，而是指参禅了悟了的境界。

从谂对于"曾到"和"未曾到"的僧人，对了悟了的人和未悟之人，都给予了"吃茶去"这样一个同样的回答，表现了他"了悟如未悟"的更高一层禅学境界，即抛却了一切分别执著，达到平等如水平的境界。

从谂这三声颇有回味的"吃茶去"，后来被禅门看成是"赵州禅关"，并成了禅林中的一大著名典故，经常在禅家的公案中为僧侣所喜闻乐道。据《五灯会元》记载，盛产茶叶的江西、福建和浙江的僧侣说法回答中，其机锋用语常常就用"吃茶去"。

在禅门中，许多禅师喜欢用"瞌睡汉"来责备未能"顿悟"的僧徒。尚未"醒悟"的是"瞌睡汉"，能使"瞌睡汉""醒悟"的是"吃茶去"。"瞌睡汉"与"吃茶去"是对待同一类人事的两种说法，而相比之下，"吃茶去"显得意味更为深长，而且对照禅门公案中许多非常粗鲁、粗俗，甚至呵祖骂佛的用语，则更显得典雅、亲切、自然，富有品味。这也是"吃茶去"之所以能成为禅门一大典故，且广泛流播、历久不衰的原因。

慧寂酽茶三两碗

禅宗传至六祖慧能时，即成为典型的中国化的佛教流派之一。禅宗主张明心见性，见性成佛，它告谕人们，佛在自身中，此心就是佛，如能识自心，人人都成佛。慧能更视日常"念经"、"功课"为无事忙，在其《坛经》中一再强调"一念如悟，众生是佛"，以及不出家同样可以修行悟道。于是，许多禅师不求于佛典悟道，而更重于生活中悟道。

《五灯会元》记有这样一则故事：居士陆希声有一天前来拜谒仰山慧寂禅师，慧寂乃出门相迎。两人刚走进殿门，陆希声便问道："您这佛殿三门都开着，我不知该从何门而入？"

对这含有禅机的问话，慧寂明白相告："从'信门'入"。

陆希声又问道："大和尚现在还持戒吗？"

慧寂说："不持戒。"

"那么，还坐禅吗？"

"不坐禅。"

不持戒，不坐禅，这算什么禅师？对陆希声的难以悟解慧寂说道："老僧有一偈，你仔细听好了：'滔滔不持戒，兀兀不坐禅，酽茶三两碗，意在镢头边'。"

这四句话的意思是说，你可以倨慢随意不持戒，可以高高而立不坐禅，但你每天别忘了喝几碗酽茶，别忘了田园稼耕之事（镢头，即锄头）。

在这里，慧寂以"酽茶三两碗，意在镢头边"来代替"持戒"和"坐禅"，意在借此向陆希声指明，你虽然没有出家，但日常生活即道，这是参悟禅机的奥妙所在。这也就是对"佛在自身中，此心就是佛，如能识自心，人人都成佛"的一种理解、诠释。

慧寂禅师（814 年—890 年），俗姓叶，韶州怀化（今广东怀集）人。少年即出家，后参谒耽源禅师，省悟禅旨。又拜沩山灵祐禅师为师，与其共创"沩仰宗"。后住袁州（今江西宜春一带）仰山，法席隆盛，故称仰山慧寂。圆寂后谥号智通禅师。

本先洗手漱口吃茶

《景德传灯录》中讲述的温州（今属浙江）瑞鹿寺的僧侣生活，是一个让人能感觉出茶禅一味的事例，很有意思。

瑞鹿寺有位本先禅师称寺内众僧的生活是：清晨起床，洗手、漱口，然后吃茶。吃茶完了，佛前参拜做佛事。午饭后归住处小睡片刻，起来后，洗手、漱口，然后吃茶。吃完茶做些杂事。晚饭吃罢，洗手、漱口，然后吃茶。吃完茶做些杂事。

本先禅师的"吃茶"貌似闲适，其实非常讲究，吃茶前必定是洗手、漱口，洗手、漱口与吃茶完全融合一体，这已不是单纯日常意义上的生活行为，而是借此参禅与了悟的精神意会形式。

《五灯会元》中记载：有位和尚问如宝禅师（五代时住江西吉州资福禅院）说："如何是和尚家风？"如宝回答说："饭后三碗茶。"《景德传灯录》中说：有人问子仪禅师（北宋初住杭州天竺山）："怎样修行才能符合于道？"子仪说："诵经时把帘子卷得高高的，睡醒后把茶水煎得浓浓的。"对照这两位禅师的语录，本先禅师的说法可谓与之一脉相传。

本先禅师（942年—1008年），俗姓郑，永嘉（今浙江温州）人，童年出家，后得法于天台德韶禅师，住温州瑞鹿寺。本先工于文辞，讲求"唯心所现（只因心中所见）"，认为眼见一切色，耳闻一切声，鼻嗅一切香，舌尝一切味，身体感触一切软滑，意念分别一切事物，都是心中所见，并认为这是很好的悟入门径（见《五灯会元》卷十）。有《竹林集》等著书传世。

黄庭坚分宁一茶客

欧阳修曾在《归田录》中这样说："自景祐（1034年—1037年）以后，洪州双井（今江西修水杭口乡）白茶渐盛，近岁制作尤精，囊以红纱，不过一二两，以常茶十斤养之，用避暑湿之气，其品远在日注（另一种名茶）上，遂为草茶第一。"

双井茶产于修江北岸，此地"绿丛遍山野，户户有茶香"。双井茶细者有白毛，状如银须，色碧味隽，故又有"白茶"、"龙须"、"云腴"、"凤爪"、"雪芽"等佳誉，名噪天下，遂为贡茶。

但双井茶的扬名，还得力于北宋文学家、书法家黄庭坚。

黄庭坚（1045年—1105年），字鲁直，号山谷道人，洪州分宁（今江西修水）人，宋代"江西诗派"的创始人，又擅行书和草书，与苏轼、米芾和蔡襄并称书坛上的"宋四家"。

黄庭坚的嗜茶，在其早时就以"分宁茶客"名闻乡里。《宋稗类钞》中记有这样一件事：

当时的宰相富弼听说黄庭坚多才多艺，诗文、书法样样出类拔萃，于是很想与他一会。终于，有一天两人相见相识了。也许是黄庭坚其貌不扬，富弼见到他后并不喜欢，两人不欢而散。偏偏这富弼好对人评头品足，于是还对人说："我还以为这黄某如何了得，原来不过是分宁一茶客罢了！"

"分宁一茶客"是富弼对黄庭坚的诋毁之言，当时即名闻遐迩。但以今天的眼光来看，黄庭坚这一"茶客"却是很值得为之大书一笔的。

比如黄庭坚以茶代酒二十年，堪称是茶人佳话。黄庭坚在40岁时曾写过以戒酒戒肉为内容的《文愿文》，文章说："今日对佛发大誓，愿从今日尽未来也，不复淫欲、饮酒、食肉。设复为之，当堕地狱，为一切众生代受头苦。"此后二十年，他基本上践言而行，做到以茶代酒，并曾多次规劝外甥洪驹父节制饮酒。

再者，在黄庭坚的竭力推荐下，双井茶终于受到朝野士大夫和文人们的青睐，最后还被列入朝廷的贡茶，奉为极品，盛极一时。南宋叶梦得在《避暑录话》中记载这件事说："草茶极品惟双井、顾渚，亦不过数亩。双井在分宁县，其地即黄氏鲁直家也。元祐间（1086年—1093年），鲁直力推赏于京师，族人多致之。"

这位"分宁"茶客还是一位痴于吟茶颂茶的诗人，在他的笔下，摘茶、碾茶、煎水、品茶以及咏赞茶功的诗和词比比皆是，从他留传至今的数十首茶诗来看，除了引茶入诗，抒发情怀之外，字里行间分明渗透着一位品茶高手所追求的茶艺和茶道。

苏轼妙言墨茶美

宋人饮茶的一个显著特点，便是更讲究"茶道"，饮茶不仅仅为品味解渴，而是嬗变显现出诸如朴素、廉洁、宁静、清雅、淡泊、无欲、无争等意义来。宋人追求的素雅清韵的风尚，使茶的这种特定的精神内涵得以约定俗成。而宋代的文人在这嬗变过程中，是主要的推波助澜者，其中尤以苏轼功勋卓著。

苏轼（1037年—1101年），字子瞻，号东坡居士，眉山（今四川眉山县）人，是我国北宋杰出的文学家和书法家。在政治上，他一生不得志，最初跟从司马光反对宰相王安石的变法，被贬官"流放"到许多地方任地方官。司马光执政后，尽废王安石新法，苏轼提出不可尽废之，又为"旧党"所恶而继续被贬谪"流放"，远至天涯海角。

苏轼一生不得志，但却一生嗜茶。他写诗作文要喝茶，睡前睡起要喝茶，夜晚办事要喝茶，还热心于采茶、制茶、烹茶、点茶的钻研，甚至对茶具、烹茶之水和烹茶之火也特有研究。

对茶的理解，并不仅仅是品其味，而是升华至品其理，这是苏轼的不同凡响之处，也是他对茶文化的突出贡献。

明人屠隆在《考槃余事》中记有这样一件事：

苏轼因为既爱饮茶，又擅书法，所以有一天司马光便问他说："茶越白越好，墨越黑越好；茶越重越好，墨却是越轻越好；茶越新越好，墨则是越陈越好——人们对这两者的追求恰恰相反，而您为什么却会同时喜好这两件东西？"

这是一个非常难回答的问题，司马光问得有道理（他敏锐细致地观察到了两者截然不同之处），同时也问得没道理（两者的不同之处与人的好恶毫无必然联系）。

但苏轼并没有被这种有意的"刁难"所难住,只见他淡淡一笑说:

"上好之茶与妙品之墨都有令人陶醉的香气,这是它们所共有的一种'品德';两者都很坚实,这可以说是它们的一种'节操'。打个比方,贤人和君子可能一个长得皮肤黝黑,一个长得白皙,一个漂亮,一个貌丑,但是他们的品德和节操却是一致的。"

短短一席语,让司马光钦佩不已。

在苏轼眼里,茶和墨(及书法)都有一种相同的哲理和道德内涵,事茶与事书最终是对人的品行道德的一种修炼。就茶而言,这就是"茶道"所追求的一种境界。

东坡三遇题茶联

这是一则颇为著名的民间故事:

熙宁四年(1071年),苏轼任杭州通判。在杭为官三年中,他经常微服以游。

一日,他到某寺游玩,方丈不知底细,把他当作一般的客人来招待,简慢说道:"坐",叫小沙弥:"茶"。小和尚端上一碗很一般的茶。

方丈和这位来客稍事寒暄后,感到这人谈吐不凡,并非等闲之辈,便急忙改口道:"请坐",重叫小沙弥:"泡茶"。小和尚赶忙重新泡上一碗茶。

及至最后,方丈终于明白来人就是本州的官长、大名鼎鼎的苏轼,便忙不迭地起座恭请道:"请上座",转身高叫小沙弥:"泡好茶"。

这一切,苏轼都看在眼里。

临别时,方丈捧上文房四宝向苏轼乞字留念。苏轼心里一转,即爽快地答应了,提笔信手写了一副对联。上联为:"坐 请坐 请上座",下联为:"茶 泡茶 泡好茶"。

方丈见此的羞愧、尴尬之色,一言难尽。

客来敬茶本是表达一种尊敬、友好、大方和平等的意思,而这位方丈不是不明苏轼之身份,而是不明这一"茶道"之理,是以为苏轼所讥,真是尴尬人难免尴尬事。

拗相公误将药作茶

王安石的变法触犯了大地主、大官僚的利益,两宫太后、皇亲国戚和保守派士大夫(以司马光为代表)联合起来,共同反对变法。他们把王安石为人的果敢、坚毅称之为"拗"，叫他是"拗相公"，包含了视他为固执、愚顽的评价。这反映在茶事中竟有这样一则故事：

宋人彭乘《墨客挥犀》中记载说，王安石还是一位小学士的时候，有一次去拜访蔡襄。蔡襄久闻这位学士之名，今天听说要来府上，那是非常高兴，不但取出平时舍不得喝的绝品之茶，而且还亲自洗净茶具，烹茶、点茶也都亲自操作，希望能得到王安石的称赏。

王安石呷了口茶，果然称赏不已。随后两人一边喝茶，一边聊天。聊着聊着，王安石下意识地从口袋里取出一撮名唤"消风散"的药来，竟神差鬼使投之于茶碗中，并端来就喝。

蔡襄见之大为惊异，好端端的一碗茶就这么被糟掉了，没等他要劝阻，王安石就茶已落肚，搁下茶碗，慢慢感叹道："这茶味太好了！"

王安石说这句话时，言语神情绝对真率，丝毫没有巧言令色，使蔡襄感到他确确实实、认认真真地在赞美这绝品之茶。这种怪诞的行为和滑稽的神情令蔡襄哈哈大笑。

王安石其实是精于茶事的，写下了许多咏茶、饮茶的诗文，如《试茗泉》云：

> 此泉地何偏，陆羽曾未阅，坻沙光散射，窦乳甘潜泄。灵山不可见，嘉草何由啜。但有梦中人，相随掬明月。

此外还有《鲍公水》、《东岭茶贻》等茶诗。以王安石雅好茶事论之，所谓误药作茶也太离谱，于常识常情不通，哪怕他当时是心不在焉。

相比之下，王安石的"政敌"司马光于茶事倒并不通晓。宋人笔记《曲洧旧闻》中有这样一则故事：

司马光和同他一起编纂《资治通鉴》的范祖禹各自携茶去游嵩山。到了嵩山，他们取出茶来准备烹以解渴，只见司马光的茶就包在纸中，而范祖禹的茶却藏在一个自制的小木盒中。

这小木盒并无特别之处，只是用来贮茶颇为适宜。但司马光见此木盒居然有些诧异，问道："您怎么会有这么好的贮茶之具？"

范祖禹见问颇觉不好意思，便将这小木盒留给了寺院和尚。

后来，宋代士大夫们刻意追求精丽的茶具，虽已极尽世间之工巧，而心犹未厌。他们说："假使温公（即司马光）看到今天这样的茶具，不知他又会说出什么话来。"

从这则故事可以看出，比之宋代茶文化的兴盛和发展，司马光倒是明显慢了半拍。

高太后禁造"密云龙"

中国历史上皇太后垂帘听政之事屈指可数，在宋代比较有影响的就数宋哲宗时的高太后。

元丰八年（1085年），正当王安石变法初有成效时，支持变法的宋神宗赵顼病死，其子赵煦（即哲宗）即位，年仅十岁，神宗母宣仁太后以太皇太后的身份垂帘听政。

宣仁太后姓高氏，宋英宗皇后。她是宫廷中反对王安石变法的后台，她掌握朝政大权后，便援引司马光、文彦博等保守派到朝廷中，聚集各种反变法的力量，接着，不遗余力地打击变法派，新法大部废除，许多旧法一一恢复。这一推翻王安石变法的事件史称"元祐更化"（元祐年间为1086年—1093年）。

高太后在"元祐更化"时，还作出了一个与废除新法并无关系的决定：禁造"密云龙"。

密云龙是一种比贡茶如大龙团、小龙团和双井等更为精心采焙制造的茶。当初建州每年进贡大龙团、团茶各两斤，以八饼为一斤。接着蔡襄为官建州时，又制成了十斤小龙团进贡皇上。小龙团比大龙团精致，每斤有十饼。但到熙宁末年，宋神宗传旨（福建转运使贾清）在建州制作密云龙，这是一个比小龙团更精致的茶，每斤有二十饼之多。密云龙造出以后，小龙团和大龙团的质量就开始下降了。宋神宗熙宁（1068年至1077年）以后，密云龙每年作为首批贡物进贡宫内。

当时，密云龙主要用于宗庙的供奉之品以及皇上享用，极少赐给臣下。但在元祐中宋哲宗对殿试成绩卓越者赐予密云龙后，皇亲国戚和权贵近臣便纷纷厚着脸皮求赐，于是密云龙走出宫廷，流于官绅之间。

据孙月峰《坡仙食饮录》记载说，密云龙之味极为甘馨，苏轼对此奉为至宝。当时苏轼门下有四位得意门生——黄庭坚、秦观、晁补之和张耒，号"苏门四学士"，苏轼待之极厚，每逢四学士来访，苏轼必令侍妾朝云取出密云龙来款待。有位叫宋瘳正、字明略的年轻人入苏门较晚，但苏轼对他的才学却钦佩之至，视为奇才。有一天，苏轼又叫朝云取出密云龙，煎水烹茶。苏轼家人以为一定又是四学士来了，但偷眼窥之，来客却是宋廖正。

苏轼以一位贬谪之官，尚能常以密云龙招待嘉宾，可见当时密云龙流传朝野之广。

而流传越广，求赐也越繁，终于使高太后烦恼不堪，无法招架。宋人周辉《清波杂志》记载说，元祐初年，高太后痛下决心，下令建州不许再造密云龙，连团茶也不要再造了，她说："这样免得经常受人'煎炒'，不得清静"，又说："拣这些好茶吃了，又生得出什么好主意？"

后人对高太后禁造密云龙的评价说："宣仁改熙宁之政（即元祐更化），此（指禁造密云龙一事）其小者。顾其言，实可为万世法。士大夫家、膏粱子弟，尤不可不知也。"（见清代陆廷灿《续茶经》引《分甘余话》）称禁造密云龙在整个推翻新法中不过是一桩极小的事，但却可为万代治世所借鉴，这样的评价有点高抬了高太后，但评价之语中以俭修身治天下的含义，却是很有道理的。

令高太后遗憾的是，密云龙并没有因为一道圣旨而果真不再制造了。禁令一传至朝野缙绅中间，密云龙之名更是炙手可热，人人都想居为奇货。而入贡朝廷之物中，没了密云龙，却来了个"龙焙贡新"。周辉《清波杂志》中说，南宋淳熙年间（1174 年至 1189 年），每年入贡朝中之贡品有十二纲，第一纲就是龙焙贡新，只有五十余铸（方寸大小的小块），比密云龙更贵重。周辉说："这是不是以龙焙贡新之名易密云龙之名？或者是否确为质量比密云龙更优的新品种，不得而知。"

高太后禁造密云龙，非但没使宋代制茶工艺水平停止不前，反而使之更上了一个台阶。这真是高太后始料所不及的。

宋徽宗以茶宴群臣

茶屡屡作为赏赐之物，这是宋代君臣关系中的特有现象。不但赐给近臣（如宋仁宗赐小龙团予欧阳修），而且恩泽颇有好感的地方官。《宋史·苏轼传》记载说，元祐初，苏轼第二次知杭州时，高太后因为对他有所好感，遣内侍赐以龙茶和银盒，慰劳甚厚。

宋人笔记《随手杂录》中也记载说，苏轼知杭州时，有一天朝中一位使者突然来杭，悄悄对苏轼说："我离开京师前向官家（即皇上，此为宋哲宗）辞行，官家说：'你向娘娘（此指高太后）辞行后再来我处。'我辞了太后再回到官家这里，官家带我到一个柜子旁，从柜里取出一包东西，悄悄对我说：'把这个赐予苏轼，不得让任何人知道'。"说着，使者取出那包东西。苏轼打开一看，原来是一斤茶，封口题字都是御笔。

但到宋徽宗时，赐茶的形式一变而以茶宴飨臣，在内涵上显得更为丰富，也更为奢靡。

宋徽宗赵佶（1082 年—1135 年），是北宋第八代皇帝，宋哲宗赵煦之弟。他在政治上腐败无能，生活上荒淫腐朽，最后成了亡国之君。但他在文化和艺术上却有多方面的成就，能书善画，书法上独辟一体称"瘦金体"，音乐、诗词俱通。

赵佶对茶艺也颇为精通，以皇帝之尊，写了《茶论》二十篇，后人称之为《大观茶论》（写于大观年间）。御笔撰茶著，这在历代帝王中是绝无仅有的。

当时，制茶之艺日精，斗茶之风日盛，分茶之戏日巧。北宋陶毂《荈茗录》记载说："近世有下汤运匕（匙），别施妙诀，使汤纹水脉成物象者，禽兽虫鱼花草之属，纤巧如画，但须臾即就散灭。此茶之变也，时人谓'茶百戏'。"宋徽宗这位皇帝，居然也擅这种分茶之道。

徽宗权臣蔡京在《延福宫曲宴记》中记载说，宣和二年（1120年），徽宗延臣赐宴，表演分茶之事。先是，徽宗令近侍取来釉色青黑、饰有银光细纹状如兔毫的建窑贡瓷"兔毫盏"，然后亲自注汤击拂。一会儿，汤花浮于盏面，呈疏星淡月之状，极富悠雅清丽之韵。接着，徽宗非常得意地分给诸臣，对他们说："这是我亲手施予的茶。"诸臣接过御茶品饮，一一顿首谢恩。

皇帝设茶宴赐待群臣，后来在清代乾隆年间还每年例行一次。每年到了上元节后三日，皇上便钦点王公大臣中能歌善舞者，曲宴于重华宫内，演戏赐茶，赋诗联句。有时还专设茶宴，款待外国使节，以示国粹。

宋徽宗沉湎百艺，政治昏庸，最终导致灭国之灾。靖康二年（1127年），北宋都城汴京被金人攻破，徽宗与其子钦宗俱被俘，押解北上。八年后，徽宗死于金五国城（今黑龙江依兰）。

《华夷花木考》中记有一则宋徽宗被押送金国时的奇遇故事：

徽宗和钦宗在北上路途中经过一座寺庙，两人进庙一看，只有两尊巨大的金刚石像和石盂、香炉而已，别无供器。忽有一位胡僧从内出来，揖拜，问："你们从哪来？"两人说："打南边过来。"胡僧便叫童子点茶给客人。那茶非常香美，两人喝了还想喝，再欲索饮时，胡僧与童子已往堂后而去了。过了好一阵子，仍不见胡僧他们出来，两人便入内相寻。但里面寂然空舍，只有竹林间一小室，里边有一尊胡僧石像，一旁侍立着二童子的石像。两人仔细辨认，俨然就是刚才献茶的人。

北宋亡于金人，却以胡僧为二帝献茶，这则故事或许就是对宋徽宗在茶事上铺张奢靡、过于沉湎的一种讥讽。

郑可简贡茶得官

贡茶一事在唐代就已有之，当时一些官吏为了得到皇帝的赏识，每年争先进贡新茶。如《旧唐书·刘晏传》记载："江淮茶橘，（刘）晏与本道（当地之义）观察使各岁贡之，皆欲其先至。"

但是到了宋代徽宗时候，不但贡茶者越来越多，而且竟然以贡茶作"敲门砖"，走向谋官求职之途。

宋人胡仔《苕溪渔隐丛话》等书记载说，宋徽宗嗜茶，宫廷斗茶之风盛行。为了满足其对茶的奢靡之需，各地的贡茶品目大增，数量日多，制作日精，而徽宗则对贡茶有功者重加禄用。

宣和二年（1120年），漕臣郑可简创制成银丝冰芽贡茶，做成方寸大小，因为这种团茶色白如雪，所以取名"龙团胜雪"。郑可简因此而倍受宠幸，官升至右文殿修撰、福建路转运使，专营"肥缺"。

郑可简有位侄子叫千里。受叔伯之命，千里不远万里到各地钻山窜谷，搜集名茶。终于有一天，千里访得一种叫"朱草"的名茶。

郑可简是个无情无义的流氓，听说侄子新获名茶"朱草"，便指使自己儿子郑待问巧取豪夺了"朱草"，上贡宫中。果然，郑待问也因贡茶有功而赢得了乌纱帽。

当时有人讥讽他俩说："父贵因茶白，儿荣为草朱。"

而千里因被夺走了"朱草"心存嫉恨，堂堂喋喋不休，痛骂郑家父子心黑手辣，毫无亲友之情义。

有一天，郑待问得官荣归故里，大宴宾客以示庆贺，亲姻毕至，众皆赞喜。酒席宴上，郑待问酒酣耳热，春风得意，洋洋自喜道：

"一门侥幸。"

这时，宴席中遽然冒出一个愤愤不平的声音：

"千里埋冤。"

众人闻声只好含含糊糊打圆场说："这句话对得真是工稳，妙！"

贡茶可以得官，宋徽宗的荒唐在此毕露无遗。而郑氏父子为得一官半职，不惜绝亲绝故，夺人之茶据为己有，冒名进贡。宣和君臣可谓荒谬透顶！

李清照戏说"茶令"

《中国风俗辞典》有这样一段叙述："茶令流行于江南地区。饮茶时以一人令官，饮者皆听其号令，令官出难题，要求人解答执行。做不到者以茶为赏罚。"

酒有酒令，茶也有茶令，这是一个非常富有文化意义的创举。应该说，茶令最早出现在宋代，它是宋代兴盛斗茶的产物。斗茶之初乃是"二三人聚集一起，煮水烹茶，对斗品论长道短，决出品次"（见宋人唐庚《斗茶记》）。随着斗茶之风遍及朝野，尤其是文人更为嗜好，斗茶由论水道茶变异出一种新的形式和内容，即行茶令。而茶令的首创者当推易安居士李清照。

李清照（1084年—1155年），号易安居士，济南（今属山东）人，是中国古代著名的女词人。建中靖国元年（1101 年），李清照与金石考据学家赵明诚结为伉俪。婚后，她以才智协助赵明诚编撰《金石录》，收集了大量的金石文物和图书，其间，夫妇诗词唱和，悠闲自得。在"酒阑更喜团茶苦"的生活中，李清照独创了一种我国特有的妙趣横生的茶令。

李清照在为丈夫所著《金石录》写的"后序"中，记叙了她与赵明诚品茶行令以助学问的趣事佳话：

为了撰写《金石录》，她与赵明诚回青州（今山东益都县）故第而居。夫妻俩每得到一本好书，即共同校勘，重新整理。得到书画、彝鼎等文物，也一起把玩赏析。在治学著文过程中，李清照对自己的强记博学颇为自负，于是忽发奇想，推行一种以考对方经中典故知识为主的茶令，赢者可以先饮茶一杯，输则后饮茶，与酒令之行大相径庭。

两人每次吃完饭，坐于"归来堂"，中，烹好茶，然后一人指着成堆的书籍，要对方说出某一典故出自哪本书的第几卷、第几页甚至第几行，以是否说中来决胜负，并确定谁先饮茶。两人在行茶令中，常常是李清照获胜，有一次赢后她举杯大笑，结果得意忘形，乐极"翻杯"，一杯满茶倾覆在怀里，非但"头口水"没得喝，还连累了一身衣裙。

饮茶行令，启智助学，使人兴奋，对著书立说大有裨益，赵明诚终于写出了我国第一部考古学专著《金石录》，成为考古史上的著名人物。

靖康元年（1126 年），金军南侵，李清照夫妇先后背井离乡，逃往江南。建炎三年（1129 年），赵明诚不幸病故，李清照只身漂泊，晚景更是凄苦。但茶令一事并未因李清照的落泊而绝迹，相反，它又在江南地区广为盛行起来。

南宋王十朋有诗道："搜我肺肠著茶令"，其自注云："余归，与诸子讲茶令，每会茶，指一物为题，各举故事，不通者罚。"

茶令之行，极大地丰富了中国茶文化。

岳飞巧制姜盐茶

陆羽在《茶经·四之器》中说："赵州瓷、岳瓷皆青，青则益茶。"该文说的岳州窑所产青瓷茶碗，是仅次于越瓷的饮茶精品。而岳州窑就位于今湖南省的湘阴县，因唐代湘阴隶属岳州，故称岳州窑。

湘阴县地处南洞庭湖之滨，历史悠久，人文荟萃，楚国诗人屈原的自沉之地汨罗江，就离县城三十余公里，而此地更有趣的是出产之物与"岳"字特有缘，除了建有著名的岳州窑之外，还有一种特产叫"岳飞茶"，这是一种至今在此仍为盛行的姜盐豆子茶，当地又简称为"姜盐茶"。

当代曹进的《湘阴茶略考》（载于《茶的历史与文化》）中说："湘阴的民俗学家及民众一致认为，姜盐豆子茶系岳飞所创，故又名岳飞茶。南宋绍兴五年（1135年），岳飞被朝廷授予镇宁崇信军节度使，带兵南下至汨罗营田镇，准备与杨幺领导的农民军作战。岳家军多来自中原，驻军江南后因水土不服，士兵中腹胀、溏泻、厌食和乏力的病人日见增多，影响了军队的作战能力和士气。岳飞平日喜读医书，他见该地盛产茶叶、黄豆、芝麻、生姜，便嘱部下熬含盐的姜、黄豆、芝麻茶饮。果然，军中疾病大为减少。军营周围的百姓依法炮制，从此在湘阴流行开来。"

岳飞（1103年—1142年），字鹏举，相州汤阴（今属河南）人，是南宋抗金名将，著名的民族英雄。岳飞治军赏罚分明，纪律严整，又能体恤部属，以身作则。岳家军号称"冻杀不拆屋，饿杀不打虏（掠）"，连金军也感叹道："撼山易，撼岳家军难！"

姜盐茶健脾胃，驱风寒，去腻强身，至今仍盛行于湘阴的每个家庭。据曹进于1986年的调查，湘阴县城 7 个居民聚居区的 101 个家庭，其中长年饮用姜盐茶的有100 户，惟一不饮此茶的是一个外省移民家庭。

但其实姜盐茶并不是到了岳飞之时才有的，它最早出现在唐代，唐人薛能《茶诗》云："盐损添常戒，姜宜著更夸。"据此可见唐人煎茶已用姜和盐了。苏轼《和寄茶》诗也说："老妻稚子不知爱，一半已入姜盐煎。"则北宋时也有姜盐煮茶之风，相传苏轼还曾用姜盐茶治好了宰相文彦博的疾病。苏轼之弟苏辙在《煎茶诗》中说，北方"俚人茗饮无不好，盐酪椒姜夸满口"。是当时的北方人在茶中除了添放姜和盐外，还有奶酪和辣椒等物，这茶真难以想象其味如何。而岳飞所制的姜盐茶除了姜盐"基调"外，不过再添了些黄豆、芝麻而已。

煮茶和以姜盐，其味不知会如何，但从中医而论，却不无道理，茶性寒，而姜性热，一寒一热，正好调平阴阳。杨士瀛《医说》中有姜茶治痢之方，其理正是本于此。

陆游茶读续《茶经》

陆游（1125年—1210年），字务观，号放翁，越州山阴（今浙江绍兴）人。他是南宋著名的爱国诗人。

陆游一生嗜茶，恰好又与陆羽同姓，故其同僚周必大赠诗云："今有云孙持使节，好因贡焙祀茶人"，称他是陆羽的"云孙"（第九代孙）。尽管陆游未必是陆羽的后裔，但他却非常崇拜这位同姓茶圣，多次在诗中直抒胸臆，心仪神往，如"桑苎家风君勿笑，他年犹得作茶神"，"《水品》《茶经》常在手，前生疑是竟陵翁"，所谓"桑苎"、"茶神"、"竟陵翁"均为陆羽之号。陆游自言"六十年间万首诗"，其《剑南诗稿》存诗九千三百多首，而其中涉及茶事的诗作有三百二十多首，茶诗之多为历代诗人之冠。

与一般咏赞茶事之作不同的是，陆游多次在诗中提到续写《茶经》的意愿，比如"遥遥桑苎家风在，重补《茶经》又一篇"，"汗青未绝《茶经》笔"等。陆游未有什么《茶经》续篇问世，但细读他的大量茶诗，那意韵分明就是《茶经》的续篇——叙述了天下各种名茶，记载了宋代特有的茶艺，论述了茶的功用，等等。

陆游曾出仕福州，调任镇江，后来又入川赴赣，辗转各地，使他得以有机会遍尝各地名茶，品香味甘之余，便裁剪熔铸入诗。如"饭囊酒瓮纷纷是，谁赏蒙山紫笋香"——讲的是人间第一的四川蒙山紫笋茶；"遥想解酲须底物，隆兴第一睿源春"——这是福建隆兴的"睿源春"；"焚香细读《斜川集》，候火亲烹顾渚春"——是说浙江长兴顾渚茶；"嫩白半瓯尝日铸，硬黄一卷学兰亭"——此言绍兴的贡茶日铸茶；"春残犹看小城花，雪里来尝北苑茶"——说的也是贡茶北苑茶；"建溪官茶天下绝，香味欲全试小雪"——这说的是另一个贡茶福建建溪茶。此外，还有许多乡间民俗的茶饮，如"峡人住多楚人少，土铛争响茱萸茶"——湖北的茱萸茶；"何时一饱与子同，更煎土茗浮甘菊"——四川的菊花土茗；"寒泉自换菖蒲水，活水闲煎橄榄茶"——浙江的橄榄茶。这些诗作大大丰富了中国历史名茶的记载，且多为《茶经》所不载。

陆游谙熟茶的烹饮之道，常常身体力行，以自己动手为乐事，因此，在他的诗里有许多饮茶之道。如"囊中日铸传天下，不是名泉不合尝"，又如"汲泉煮日铸，舌本方味永"，言日铸茶务必烹以名泉，方能香久味永。"矮纸斜行闲作草，晴窗细乳戏分茶"，讲当时的茶艺"分茶"（一种能使茶盏面上的汤纹水脉幻化出各种图案来的冲泡技艺），和分茶时须有的好天气、好心境。"眼明身健何妨老，饭白茶甘不觉贫"，则更是进入了茶道的至深境界：甘茶一杯涤尽人生烦恼。

茶之功效在陆游的诗中也得到多方面的阐述。"手碾新茶破睡昏"，"毫盏雪涛驱滞思"——茶有驱滞破睡之功；"诗情森欲动，茶鼎煎正熟"，"香浮鼻观煎茶熟，喜动眉间炼句成"——茶助文思；"遥想解酲须底物，隆兴第一睿源春"——茶解宿酒；"焚香细读《斜川集》（苏轼之子苏过的文集），候火亲烹顾渚春"——茶宜伴书。

有鉴于此，后人有诗云："放翁九泉应笑慰，茶诗三百续《茶经》。"

杨万里嗜茶如命

与陆游同时期还有一位著名的诗人，也留下了不少有关茶的诗文，他就是杨万里。

杨万里（1127年—1206年），字廷秀，号诚斋，吉州吉水（今属江西）人。他一生作诗两万多首，传世者仅一部分。其诗与尤袤、范成大、陆游齐名，称"南宋四家"，而其诗体则自成一家，称"诚斋体"。

杨万里有关茶的诗文和陆游的诗作有一明显差异，就是非常浓郁地表现了一种嗜茶如命的心境。

杨万里有一首《武陵春》词，在词中小序中他说："老夫茗饮小过，遂得气疾"，词中又说："旧赐龙团新作祟，频啜得中寒。瘦骨如柴痛又酸，儿信问平安"。由于嗜茶，"茗饮小过"，"频啜得中寒"，弄得人"瘦骨如柴"，但他仍不愿与茶一刀两断，他在另一首诗中说："老夫七碗病未能，一啜犹堪坐秋夕。"虽病不绝，只是少喝点罢了。

此外，杨万里由于夜里也好饮茶，故常常引起失眠，但他决不责怪饮茶。他在《三月三日雨，作遣闷十绝句》中说："迟日何缘似个长，睡乡未苦怯茶枪。春风解恼诗人鼻，非菜非花只是香。"其《不睡》诗又说："夜永无眠非为茶，无风灯影自横斜。"

杨万里嗜茶如命可见一斑。

但其嗜茶如命绝非是口腹之贪，他追求的是茶的味外之味。杨万里在《习斋论语讲义序》中说："读书必知味外之味，不知味外之味而曰'我能读书'者，否也！《诗》曰：'谁谓荼（即茶）苦，其甘如荠。'吾取以为读书之法焉。"将读书与饮茶作比较，由饮茶而想到读书，从这段话中可看出杨万里深得饮茶的味外之味，因此，即使他病得瘦骨如柴，仍不愿放下茶杯。

杨万里嗜茶如命，更难能可贵的是他从清澄如碧的茶水中悟出了为人处世之正道。宋人罗大经《鹤林玉露》中记载说，杨万里从常州知府调任提举广东常平茶盐时，将万缗积钱弃于常州官库，两袖清风而去。他致仕回乡后，"清得门如水，贫唯带（皇帝所赐的玉带）有金。"故居老屋三代未加修葺，只能挡挡丝风片雨。

杨万里一生清廉，其子杨伯儒也以清廉著称，在广东任官时，曾以自己的七千俸钱代贫户纳税。而杨伯儒病入膏肓、临终之际，却连入殓的衣衾也没有。

"故人气味茶样清，故人丰骨茶样明。"这是杨万里《谢木韫之舍人赐茶》中的诗句，他将茶的清雅、明澈，来称道知心朋友的气质、丰骨，把茶在精神方面的地位、作用和价值推到了一个新的境界。而即以其诗还颂其人，杨万里也当之无愧！

松山请茶"何必再招呼"

僧侣之间以茶说禅之外，僧俗之间也有以此相对禅机的事。《景德传灯录》卷八记载说：

有一天，松山禅师请居士庞蕴喝茶。庞蕴忽然举起茶托子问道："这茶人人都能喝上，人人都有份，为什么其中的禅旨不能说？"

松山答道："正因为人人都有，所以不能说。"

庞蕴话锋一转，问道："那么老兄你为什么却能说？"

松山随机应变说："总不能不说话罢！"

庞蕴找不出松山话中的破绽，只好说："那当然，那当然。"

松山回过头顾自己喝茶，庞蕴见状忽又发难问道："老兄喝茶为什么不招呼客人呢？"

松山反问道："谁是客人？"

庞蕴脱口而出："就是我老庞。"

松山淡淡一语道："何必再招呼呢？"

松山也是马祖道一的弟子，生平未详，约8世纪下半叶至9世纪上半叶在世。庞蕴，字道玄，衡阳（今属湖南）人，在世之时与松山相近。他曾参见马祖道一领悟禅旨。后游历至襄阳（今属湖北），爱其风土，与妻子儿女躬耕鹿门山下，后世称之为襄阳庞大士。

庞蕴仗着学过一点禅学，想以对应禅机难倒松山。佛家讲普渡众生，庞蕴即以茶为人人皆有之物，逼使松山点出茶中禅意。松山针锋相对，指出既然人人皆有，人人就能悟道得佛，所以不必多说。庞蕴无理取闹，继续发难，你说不必多说，这分明已经开口说了。松山却认为，就你庞蕴不知茶禅一味，所以我不能不说。

第一回合败阵后，庞蕴并未善罢甘休，还想反扑扳回，见松山自顾自喝茶，便挤兑说他只知喝茶，不知对客人的礼数，这茶不喝也罢。谁知松山机智地反问道："谁是客人？"大家喝茶都想了悟禅旨，又何来主人客人？面对庞蕴毫无禅机直言"我就是客人"，松山只能相告说，对你这种不知禅机的人，我何必再费劲和你打招呼！

松山以其学识和机敏，阻止了庞蕴的捣乱。

马祖"吸尽西江水"

在今天的日本茶道中，茶被比作"西江水"，茶人以为，一碗茶如西江水，包孕着天地乾坤，如果将其一口吸尽（即"吸尽西江水"），便会领悟到一些禅意。

这里"吸尽西江水"的禅语便是出自马祖道一和庞蕴的禅机对语中。

马祖禅师法号道一（709 年 – 788 年），俗姓马，故世称马祖，什邡（今属四川）人。他从南岳怀让禅师处得法后，往江西聚徒说法，创建禅寺，法席隆盛。禅宗六祖慧能的后世，以马祖道一的门叶最为繁荣，禅宗至此而大盛。马祖圆寂后，唐宪宗追加谥号大寂。

据《五灯会元》记载，唐贞元初年（785 年左右），庞蕴谒见石头禅师，问他道："不与万事万物为伴侣的是什么人？"

石头见问赶忙用手遮掩住庞蕴的嘴巴。

庞蕴见状仿佛豁然省悟。但他是个"滑头"，并不尽信石头的回答，后来参见马祖禅师时，又问道："不与万事万物为伴侣的是什么人？"

马祖说道："等你一口吸尽西江水，就回答你。"

庞蕴听罢，顿时领会了其中禅旨。

人世间是一个相对的世界，天地、阴阳、是非、善恶、利害、得失、大小、长短等等，都是相对的事物。禅宗认为，如果只知道相对的世界，就会为一点小事而喜而忧，就会烦恼不断。庞蕴的问题意思是说：惟一绝对的境界到底是个什么东西。马祖的回答意思是说："将西江水这个包孕了人世间一切相对之物一口吞掉，超越利害、得失、大小、是非这一相对世界，就会领悟那绝对的世界，也即禅宗所讲的驾驭在一切相对事物之上的"无"的境界。

马祖说的"一口吸尽西江水"在现实意义上是不能解释的，但禅宗却有其表现形式，即喝尽一碗茶。

另外，佛典《维摩经》中说："一毛吞巨海，芥子容须弥"，其意思与"一口吸尽西江水"在禅意上是相通的。

鲁迅内山共施茶

施茶是至今仍在浙江等地民间流行的一种善举。施茶者往往在盛夏酷暑之际，选择凉亭、路边檐下庇荫处备置茶水，免费供路人解渴消暑。江山（今属浙江）万福寺有块《茶会碑》，为乾隆二十四年（1759 年）当地民间集资施茶而会盟的碑记。

鲁迅先生与日本友人内山完造也有一段合作施茶的佳话。

鲁迅，原名周树人（1881 年－1936 年），字豫才，绍兴人，现代文学家、思想家。鲁迅嗜烟，但也爱茶。他在《喝茶》（收入《准风月谈》）这篇杂文中有一段妙论："有好茶喝，会喝好茶，是一种清福。不过要享受这种清福，首先就必须练功夫，其次是练出来的特别的感觉。"在《鲁迅日记》中，有多处茶事记载，譬如1933 年 5 月 24 日所记："三弟及蕴如来，并为代买新茶三十斤，共泉四十元。"一次买这么多茶，虽然部分系赠人礼品，也已足见鲁迅对茶之好。第二天（5 月 25日）又记道："以茶叶分赠内山、镰田及三弟。"

这里所讲到的内山，即鲁迅的日本朋友内山完造，他在上海临近现在四川北路的山阴路开了一家内山书店，鲁迅是他的常客，两人结交多年。1935 年，暑热早临。内山与鲁迅一合计，即行施茶善举，由内山在书店门口放置一口茶缸，并负责烧水，鲁迅则负责供应茶叶。《鲁迅日记》1935 年 5 月 9 日记载说："以茶叶一囊交内山君，为施茶之用。"

鲁迅逝世后，内山在一篇题为《便茶》的回忆文章中记述了这次施茶之举，尤为使他体会深刻的是在施茶过程中所见到的中国劳动人民的伟大品格。施茶原是无偿的，但内山经常发现在茶缸里有几枚铜钱。起初他还以为是颇皮小孩丢进去的，但后来他亲眼目睹人力车夫饮茶后将铜钱投进缸内，这才知道是人力车夫对他施茶的报答。

从鲁迅和内山合作施茶这一小事中，可以看出这两位不同国籍朋友之间的深厚友谊，同时也可以看到他们的善良之心、高尚人品，这件事还折射出当时中国底层穷苦大众朴实善良的精神品格。

老舍品味重"茶馆"

老舍，原名舒庆春（1899 年－1966 年），字舍予，出身于北京满族贫民家庭，现代小说家、戏剧家。

老舍最令人喝采的是写于 1958 年的话剧代表作《茶馆》。该剧作通过北京裕泰大茶馆的兴衰，生动地展示了新旧社会交替的北京风貌，并深刻揭示了其历史趋势。

茶馆古代有茶邸、茶坊、茶肆、茶舍、茶房、茶店、茶社、茶铺、茶亭、茶楼、茶寮和茶室等等名称。设馆饮茶始于 8 世纪初，唐人封演在《封氏闻见记》中记载过最早的茶馆："（开元中），自邹、齐、沧、棣，渐至京邑，城市多开店铺，煎茶卖之，不问道俗，投钱取饮。"这有点像现代茶摊卖"大碗茶"，完全是平民化、大众化的。茶馆这个名词的出现，一直要到明代，张岱《陶庵梦忆》中记载说："崇祯癸酉（1633年），有好事者开茶馆"，这是开在北京的一家茶馆。张岱还记述了扬州妓女在茶馆接客的情景。清代是我国茶馆的鼎盛时期，据各种文献记载，清代北京有名的茶馆就有30多家，江南茶馆更是遍布城乡，上海有66家，太仓璜泾镇有近百家，嘉兴新塍镇有80家，王店镇65家，新篁镇40家。茶馆文化到清代已成为中国特有的一种传统文化。

但是对这一传统文化历史上罕有文学著述。老舍的伟大贡献之处即以浓厚的北京味艺术地表现了北京一大茶馆的兴衰，展示了一幅真实、生动、深刻的北京市民生活风情图。

老舍在《茶馆》的开场白里说道："这种大茶馆现在已经不见了。在几十年前，每城起码都有一处。这里卖茶，也卖简单的点心与饭菜。玩鸟的人们，每天在溜够了画眉、黄鸟等之后，要到这里歇歇脚，喝喝茶，并使鸟儿表演歌唱。商议事情的，说媒拉纤的，也到这里来。……总之，这是当时非常重要的地方，有事无事都可以来坐坐。"另外，老舍还描述了在茶馆里可以听到最荒唐的新闻，听到某京剧演员新近创造了什么腔儿，听到煎熬鸦片的最好方法，也可以看到某人新得到的文物奇珍。老舍说："这真是重要的地方，简直可以算作文化交流的所在。"

老舍在《茶馆》中对茶充分解得"其中味"，但他在国外却碰到了一桩对茶不解其中味的事。老舍出访莫斯科时，当地人知道中国人好喝茶，非常周到地为他准备了一个热水壶。老舍每天一定得喝上一会儿茶，到莫斯科也不例外，他沏上一杯茶，美滋滋地喝上了几口后，将杯子放在桌上，正当他慢慢感觉、开始渐入佳境时，忽见服务员走来，二话没说，将茶收去倒掉了。

原来，外国人喝茶多是定时论"顿"的，除了俄国人外，英国人、荷兰人都是喝茶如吃饭，有专门时间，喝一定量。这位服务员只知道老舍要喝茶，却不知道中国人喝茶是"全天候"的，更不知道茶味妙在第二杯，茶之至味要慢慢品悟，以至于看到老舍喝剩半杯茶，将杯子放置桌上，便以为先生已经喝完了。老舍对此哭笑不得，茶之佳境美味如烟消云散，只得懊丧地骂了一句"他妈的，他不知道中国人喝茶是一天喝到晚的！"

粗话在老舍作品中的粗人口中时有所闻，但在现实生活中的老舍口中这却是罕见的一句粗话。这也可以看出老舍对茶的嗜好。

梁实秋买茶一棒喝

梁实秋（1902年－1987年），原名治华，笔名秋郎，原籍浙江杭县（今余杭），现代作家、理论批评家和翻译新，新月社的主要成员。

梁实秋自称不善品茶，不通茶经，更不懂什么茶道，从无两腋之下习习生风的经验。但其实于品茶特讲究。

他在其小品文《喝茶》中说，平素喝茶不是香片就是龙井，在北平时经常自己去买茶，在柜台前面一站，徒弟搬来凳子让坐，看伙计秤茶叶，分成若干小包，包得见棱见角，那份手艺只有药铺伙计可以媲美。茉莉花窨过的茶叶，临卖的时候再抓一把鲜茉莉放在表面上，叫作"双窨"。于是茶店里经常是茶香花香，郁郁菲菲。在这样的店里买茶，也是一种品茶和享受。

梁实秋还介绍了他私家秘传，外人无由得知的一种特别饮法。他父辈朋友有位叫玉贵的旗人，精于饮馔，经常以一半香片和一半龙井茶混合沏之，既有香片的浓馥，兼有龙井茶的清苦甘美。于是梁家也仿效这种饮茶方法，饮者无不称善。后来梁家便将此茶叫作"玉贵"，列入秘传之物。

梁实秋多次陪同其父亲游览西湖，每次来从不忘记要品尝当地的龙井茶。就在平湖秋月坐赏湖光山色，细啜龙井清茶，读亭前楹联"穿牖而来，夏日清风冬日日；卷帘相见，前山明月后山山"，梁实秋以为风味绝佳。

同样，他到洞庭湖，舟泊岳阳楼下，必购君山茶，以沸水沏之，先观赏杯中每片茶叶如针状直立漂浮，然后再品味其不俗之香。

粗粗数来，除了上述几种名茶之外，梁实秋还品饮过天津的大叶、六安的瓜片、四川的沱茶、云南的普洱茶、武夷山的岩茶等好茶。

但真正让他在饮茶上讲究起来，却是他初到台湾时在买茶中碰到的一件事。有一次，梁实秋想倾阮囊之所有在饮茶上豪华一下，便走进一家茶店，索买上好龙井。店主将他上下打量了一番后，取出八元一斤的龙井茶。梁实秋表示不满。店主便取出十二元的龙井。梁实秋仍然不满。这时店主勃然色变，厉声说："买东西，看货色，不能专以价钱定上下。提高价格，自欺欺人耳！先生奈何不察？"

店主这番话犹如一记棒喝，让梁实秋顿然有悟。从此以后，他于饮茶但论品味，不问价钱。这种但求茶的本质和内蕴，追求茶的真善美，即是一种更为讲究的饮茶，完全有别于并且更高于他在这之前于饮茶上的所有讲究。

吴觉农重撰新茶经

吴觉农，原名吴荣堂（1897 年 – 1989 年），浙江上虞人，为现代最富成就的茶学泰斗，人称"当代茶圣"。

吴觉农早年就读于浙江省中等农业技术学校（浙江农业大学的前身）时，就对茶叶的研究发生了兴趣。1922年，年仅二十五岁的他在日本农林水产省茶叶试验场学习时，在搜集、研究了古今中外各种茶叶资料后，以大量铁的事实撰写了论文《茶树原产地考》，第一个雄辩地论证了茶树原产于中国，驳斥了一百多年来许多外国权威认为印度是茶叶原产地的奇谈怪论。此后，十多年间，他先后撰著了《中国茶叶改革方准》、《中国茶叶复兴计划》（与胡浩川合著）、《世界主要产茶国之茶业》和《中国茶叶问题》（与范和钧合著），所著处处以振兴中国茶业为主旨。1938年，他主持翻译美国威廉·乌克斯编撰的六十万字巨著《茶叶全书》，在历经抗日战争和解放战争的烽烟战火后，终于在1949年告竣。

吴觉农是茶叶理论的巨匠，又是一位出色的社会活动家。1938年初，他在武汉代表财政部贸易委员会和苏联商务代表谈判，顺利地签订了第一个贸易协定。1940年，他通过活动，在重庆创建了我国第一个高等院校的茶叶专业系科——复旦大学农学院茶叶系。1941年，他又在福建武夷山麓办起了我国第一个茶叶研究所——财政部贸易委员会茶叶研究所，自己亲任所长。

新中国成立后，吴觉农被中央人民政府政务院任命为农业部副部长兼中国茶叶公司总经理，他如鱼得水，大展鸿图，立志重振中华茶业。吴觉农对我国茶业的贡献，只要看其主编《茶经述评》即可见一斑。

还在五六十年代时，农业出版社即有意把中国古代有关茶书加以整理、注释，汇印出版。由谁来主持这一继往开来的大事？出版社自然而然想到了吴觉农。他欣然接手这项浩繁的工作。但是，当他把古代一些茶书进行对照后发现，这些书大都围绕陆羽《茶经》而写，且多互相重复，如一一予以整理、注释，并无多大意义。后来又碰上"文革"，此事便耽搁下来。

可是吴觉农对此事并非简单处置，而心牵神挂，耿耿于怀。他认为，《茶经》一书的内容从现代科学发展的水平来衡量，可资参考的并不多，但鉴于其内容比较全面，可以通过评述《茶经》的形式，兼及其他古代茶书，以回顾历史经验，古为今用。这一想法直到"文革"结束后才有实现的可能。农业出版社知悉此设想后颇为赞同，并认为这种既述且评的方法较有新意，于是拍板由吴觉农主编这本书，书名即定为《茶经述评》。

1979年，吴觉农以八十二岁的高龄主持了《茶经述评》的编写工作。在整个编撰过程中，吴老真是精益求精，三易其稿。最初因为《茶经》原文较为古涩，于是用了较多时间来对照、校勘它的版本，研究它的文字，撰写中比较侧重于《茶经》的注释，后来添入一些新的评述内容，写成了第一稿。仔细研究后，吴老对第一稿很不满意，认为有的内容已超越了评述的范围。于是，又对第一稿加以精简，突出评述，写成了第二稿。但是为了反映最新的学术发现和观点，吴老再次加以修改补充，这便是后来出版的第三稿。

值得敬佩的是，吴老编撰这本书并非就关在书斋，足不出户，为了争取到令人信服的第一手资料，他不顾八十高龄，远行千里，跋山涉水，如为了对茶树原产地和我国生产红细茶的问题进行研究，他曾先后前往四川、云南、广西和广东等省区再次进行调查研究，并写出论文，提出建议，最后融汇在《茶经述评》之中。

经过五年紧张、艰辛的工作，在编撰成员的不懈努力下，《茶经述评》终于在1984年脱稿完成了。是年11月，陆定一在为《茶经述评》写的序言中说："后人的著述，只重复陆羽的窠臼，少有新意。人们多么希望看见二十世纪新茶经的出世。这个任务，现在由中国人自己来完成了。吴觉农先生的《茶经述评》，就是二十世纪的新茶经。……这部书无疑是茶学的里程碑。"陆定一非常敬佩吴老的人品，因此他在这篇序中还评价说："觉农先生毕生从事茶事，学识渊博，经验丰富，态度严谨，目光远大，刚直不阿。如果陆羽是'茶神'，那么说吴觉农是当代中国的茶圣，我认为他是当之无愧的。"

1989年10月28日，吴觉农因病逝世于北京。在他逝世前的一个多月（9月15日），他还不辞年高体弱，兴致勃勃地前往民族文化宫观看首届"茶与中国文化"展示周的展出。他看得很仔细，并与周围观众和蔼亲切地交谈，还为展示周题词留念，又发表了他生前的最后一次谈话。他说："我的名字叫'觉农'，为什么叫'觉农'呢？因为我的一生中，最关心的是农民的生活和他们的生产。现在农村里，茶农还有许多困难，希望你们到农村去看看，去帮助他们解决困难，特别是帮助茶农搞好科学种茶和制茶，增加经济收入，使茶农一天天地富裕起来。中国茶业的前途是很有希望的，茶叶生产发展了，中国茶文化也会兴旺起来。"

吴觉农的一生，是矢志不移振兴我国茶业的一生。他是中国茶业界的骄傲。

朱汝圭嗜茶拒赡养

清代文学家冒襄（字辟疆，号巢民）在《岕茶汇钞》一书中，记述了明代一位对茶有奇癖的老人。

这位老人叫朱汝圭，娄江（今江苏吴县东）人，是"吴门七十四老人"之一。他自幼嗜茶，打个比方就好比世人结脐于胎。他十四岁时即入岕山（即罗岕山，在今浙江长兴）采茶制茶，每年春夏两次，冒巢民给他算了下，在六十年中进山一百二十次，从未中辍过。当时有位对岕山茶极富研究的人叫于象明，号称"精鉴赏甲于江南"，并居家于岕山棋盘顶，每年其家人必亲自采制岕山茶，先后制成了庙后、棋顶、涨沙、本山等名品，冒巢民品尝后以为这些茶各有差等，但味道极真极妙，为二十年来不曾尝到的极品。

可是，有一年朱汝圭也携岕山茶来拜访冒巢民，让他大吃一惊，他发现，朱汝圭的茶与于氏之茶在味道上不相上下，但在种类上却要多出一种叫"花香"的茶。

更让人称奇的是朱汝圭嗜茶而轻家。他有位儿子在诸生中颇有点小名气，对其父也颇尽孝心，悉心赡养，但就是有一点让其父极不高兴——不喜欢喝茶。终于有一天，朱汝圭因儿子不嗜茶，觉得他一点也不象自己的后代，而宣布拒绝他的赡养。

朱汝圭以七旬之龄常常冒寒进山采茶，采回后即在街市大声叫卖。旁人经常见他一天到晚洗茶涤器，掇弄无休，完全到了一种痴迷的境界。后来又采茶供佛，金芽素瓷，精心治办，以求他生受报，往生"香国"。采茶供佛、为佛事，东西方均无此典，故始于朱汝圭。

张陶庵品茶鉴水

晚明时期，出现了一部至今让人感到意味隽永的散文小品文集《陶庵梦忆》，它的作者是自称"茶淫"的著名散文家张岱。

明初，由于朱元璋对团茶的生产（如龙团茶）采取禁止手段，所以团茶、饼茶逐渐消亡，取而代之的是散茶。明代中后期，出现了散茶的盛世，瀹茶之风大行，而张岱的一个突出贡献在于他记录了这个盛世的典型事例。

张岱（1597年－1679年），字宗子，号陶庵，浙江山阴（今绍兴）人。他精通历史，长于散文，著述颇多，堪称一代奇才。张岱出身富贵之家，故闲情极备，癖好极多，而诸多癖好中，嗜茶尤甚，自称"茶淫"，甚至以为七件常事中，可以不管柴米油盐酱醋，茶却是每日不可少的，视品茶为最大乐事。

在《陶庵梦忆》中，张岱叙述了他和善于瀹茶的名士闵汶水之间的一桩瀹茶故事。

闵汶水原籍安徽歙县，落籍福建，后居南京，极擅瀹茶，因其年事已高，人称"闵老子"。当时的名流雅士如董其昌、郎瑛等人，凡经过其地，识与不识，皆去拜访，以能尝到闵老子所烹之茶为人生一大快事。

崇祯十一年（1638年）秋九月的一天，张岱根据好友周墨农的介绍，乘船抵南京，前往桃叶渡拜访闵汶水。不巧，他一大早就出门了。张岱一等就是一天，直到天很晚这位闵老子才慢慢悠悠蹒跚回家，好是散漫。

两人见过礼，张岱刚说了一句话，闵汶水忽然想起什么事，起身自语道："啊呀！我的拐杖忘记带回来了。"也不与张岱说什么，径自出门去了。

空等了一大白天，现在又来而复走。不知啥时能回，让人焦躁不安。但张岱还是耐住了性子等待，并对自己说："今日岂能空手而去！"

又等了好久好久，直到初更时分，闵汶水才回来。进门后，见张岱还在，他感到有些奇怪，仔细打量了张岱一番后说："怎么您还在这里？您跑这里干什么？"

张岱恭恭敬敬说："久闻闵老的大名，今天如不能畅饮您老的茶，我决不回去！"

闵汶水一听，乐了，想不到天下还有这样的"茶癖"。于是他亲自当炉煮茶，款待客人。

闵汶水将张岱请进一小室。张岱环视之，窗明几净，案上摆设古朴的荆溪壶和成化、宣德官窑瓷瓯十多种，都是片瓷千金的精绝之品。灯下再看闵汶水奉上之茶，但见茶汤之色与瓷瓯之色无别，而香气逼人。张岱禁不住叫了一声："绝！"

张岱小呷一口，问闵汶水："这茶产于何方？"

闵汶水随口回答说："这是阆苑茶（产地在四川）。"

张岱再细啜了一口说："你呀别骗我，这茶是阆苑茶的制法，但味道却不像。"

闵汶水偷偷一笑说："那么您知道它产于何地？"

张岱举杯再品啜了一口茶后慢慢说道："真像是罗岕山的的名茶（罗岕山在今浙江长兴）？"

闵汶水闻言吃了一惊，吐吐舌头说："奇！奇！"

张岱又问道："这水是哪里的水？"

闵汶水说；"是惠山泉（在无锡）。"

张岱道："不要再骗我了！惠山泉运至南京路途遥远，千里致水而不见其水之老，这是什么道理？"

闵汶水道："我实在不敢再向您隐瞒什么，这真的是惠山泉，只是在汲水前必淘净泉井，待后半夜新泉涌至才汲之，并非得江风满帆才行舟运水，所以这水新嫩不生杂物，即使寻常的惠山泉与它相比犹逊一筹，何况其他的水？"说罢，闵汶水又情不自禁地吐了吐舌头，自言自语道："奇！奇！"

闵汶水言未毕即离席而去。过了一会儿，又持来一壶茶为张岱斟满上，说："您再品味一下这茶。"

张岱细细品鉴后说："这茶香气浓烈扑鼻，味甚浑厚，一定是春茶！刚才煮的茶则是秋茶。"

闵汶水哈哈大笑说："我已七十岁了，所见精于鉴赏茶的人没有一个能比得上您。"

于是两人遂成忘年交。

从张岱的这则故事可以看出，明代瀹茶之艺实为茶的一种鉴赏艺术，它讲究品茶环境的幽雅洁净，所用茶具古朴典雅，追求名茶名水，更重要的是茶人要有涵养，谙熟品饮之道，注重鉴赏功夫。如果说，宋代斗茶偏重游艺，其艺术性是外在的话，那么明代瀹茶的艺术性则偏重于内在。另外，瀹茶还有这样的风俗，如果客人品出了味道，点出了蕴藉，则主人以更好的茶相待。

张岱后来把自己所撰的《茶史》手稿与闵汶水细细研讨。但就在书稿即将付梓时，清兵大举南下，明朝土崩瓦解，江南大乱，《茶史》稿本也不幸散佚，只有序文还存于其文集中。这是中国茶史上的一大憾事。

康熙御题"碧螺春"

明清时期是我国茶文化由鼎盛而走向终极的阶段。这期间，由于清代几位皇帝对茶文化的推崇，使得团茶、饼茶逐渐边茶化，末茶几近衰落，而叶茶和芽茶开始成为我国茶叶生产和消费的主导方向。

清代康熙帝对"碧螺春"的题名，可以说是品味叶茶和芽茶成为世风时尚的一个标志。

据清代王应奎《柳南随笔》、陈康祺《郎潜纪闻》和《清朝野史大观》等书的有关记载说，"碧螺春"原是一种野生茶，产于江苏吴县太湖洞庭东山的碧螺峰石壁缝隙间，此茶清香幽幽，飘忽不散，时浓时淡，若有若无，于是，当地茶人用吴语惊呼道："吓煞人香！"于是，"吓煞人香"又成了这种茶的土名。

康熙三十八年（1699 年）春，清圣祖康熙皇帝（爱新觉罗·玄烨，1654 年 – 1722 年）南巡到洞庭东山，江苏巡抚宋荦派人购置了当地制茶名手朱正元精制的品质最好的"吓煞人香"进奉皇上。

康熙皇帝品尝后，顿觉清香醇甜直透肺腑，好茶！但一听说这茶名叫"吓煞人香"，又觉粗俗不雅，于是很想给它重新取个名。

取个什么名字？

在文化上早已被"汉化"了的康熙皇帝非常熟悉古代的一些咏茶诗词，如苏轼曾说："明月来投玉川子，清风吹破武林春"（《试焙新茶诗》），又如李清照说："碧云笼碾玉成尘，留晓梦，惊破一瓯春"（《小重山》）。"武林春"也好，"一瓯春"也好，都是指代茶叶。

于是，康熙皇帝根据此茶色泽澄绿如碧，外形蜷曲如螺，恰好又在春天采制于碧螺峰上，欣然将它题之为"碧螺春"。

这一改，确实富有诗意，文雅得多，也贴切得多。"碧螺春"从此成为贡茶，当地官吏每年必采办朝贡进京。

乾隆荷露煮香茗

无论是同宋徽宗、康熙帝等帝王相比，还是同陆羽、蔡襄等茶人相比，乾隆皇帝的嗜茶轶闻趣事要多得多。

乾隆帝即清高宗爱新觉罗·弘历（1711年－1799年）。乾隆六十年（1795年），八十四岁的乾隆帝决定次年让位给十五子颙琰（即后来的嘉庆）。一位老臣不无惋惜地劝谏道："国不可一日无君啊！"乾隆帝却端起御案上的一杯茶说："君不可一日无茶也！"嘉庆四年（1799年），乾隆帝卒时享年八十八岁，如此高寿与嗜茶养性不无关系。

乾隆帝秉承乃祖康熙帝的爱好，经常游巡江南，既是为了威慑南方，加强统治，也是为了游山玩水。其间，他于茶事留下了至今让人传说的许多佳话。他在杭州品尝了"龙井茶"后，一时高兴，敕封了当地龙井胡公庙旁的十八棵茶树为"御茶"，要求年年贡奉。在湖南品尝到洞庭湖名茶"君山银针"后，即御封贡茶，令当地每年进贡十八斤。在福建崇安品尝乌龙茶"大红袍"，初嫌其名不雅，知其由来后欣然为之题匾。在福建安溪品尝乌龙茶后，又御题赐名为"铁观音"。这些名茶至今名声响亮，香播遐迩，而且今人还每每端出乾隆故事，以助畅销。

此外，至今广泛流传的一种茶礼，即主人敬茶或给茶杯中续水时，客人以中指和食指在桌上轻轻点几下，以示谢意，相传这也源于乾隆下江南的故事。乾隆帝在苏州时，某日与几位侍从微服私访，行至一茶馆时，他茶瘾大发，也不等茶博士照料，拿起茶壶为自己、也为侍从斟起茶来。侍从见状不知所措，下跪接茶怕暴露了皇上身份，不跪吧又违反了宫中礼节。这时，一位侍从灵机一动，伸出手来弯曲中指和食指，朝皇上轻叩几下，形似双膝下跪，叩谢圣恩。乾隆一见龙颜大悦，轻轻嘉许。这一茶礼从此便逐渐流传起来，至今不废。

但乾隆帝在许多茶事中，以帝王之尊，至高无上的权力，穷奢极欲，倍求精工，又流于宋徽宗式的奢靡铺张。

据徐珂《清稗类钞》等文献记载，乾隆帝曾特制了一银斗，专以用来衡量各地泉水的轻重，品较天下名水名泉的优劣。衡量的结果是京师（即北京）玉泉山之水每斗重一两，塞上伊逊之水（伊逊河即古索头河，一名伊松河，在河北承德避暑山庄一带）也是每斗重一两，济南的珍珠泉重一两二厘，镇江金山泉重一两三厘，无锡惠山泉和杭州虎跑泉都是重一两四厘，等等。按照水以轻为贵的准则，乾隆帝逐定京师玉泉为第一，并御制《玉泉山天下第一泉记》，讲述了这次耗时耗力耗财的品泉过程。

从此，乾隆帝每次出宫巡游，必随载玉泉水以备需用，而且为了避免因经时稍久，舟车颠簸而使玉泉水色味有变，还研究出一种"以水洗水"的办法。其法是这样的：先将玉泉水储于一个边上刻有分寸的大容器中，记住水的容量刻度，然后再注入其他水搅一下，待水定而污浊之物沉淀以后，再按玉泉水的容量而倒出容器中的上层水，这时取得之水即清澈甘纯的玉泉水，其"原理"是玉泉水较轻，而其他水质重，轻浮重沉，故玉泉水必在上层。这种方法与陆羽分辨南零水其理如出一辙，是缺乏科学依据的。而与陆羽辨水相比，乾隆之法又显得笨拙之极。

乾隆帝有一首《荷露煮茗》诗云："平湖几里风香荷，荷花叶上露珠多。瓶罍收取供煮茗，山庄韵事真无过。"诗前还有一段小序道："水以轻为贵。尝制银斗较之，玉泉水重一两，唯塞上伊逊水尚可相埒（相等之义），……轻于玉泉者唯雪水及荷露。"

雪水据说比玉泉水每斗还轻三厘，但雪水不常有，又非地下所出，所以不是"人品"之水。于是乾隆帝除了玉泉水之外，又常在夏秋之际选取荷露以作烹茶之水。

《荷露煮茗》写于承德避暑山庄。这是清朝皇帝的行宫，群山环抱，风景秀丽，建筑精巧，规模宏大。乾隆帝每年五月至九十月间，都要来此避暑，处理政务。而此时正是山庄湖区莲荷茂盛的时候，乾隆帝嫔妃相从，坐于"烟波致爽"，行于"云山胜地"，赏荷风莲香，品荷露清茗，何等惬意，何等韵事！只苦了仆役们，捧着瓶罍，为他一滴一滴汲取荷叶上的露珠。此茶颇韵，此事极奢！

蒲松龄路设大碗茶

清康熙初年的一个盛夏季节，在山东淄川（今属淄博市）的蒲家庄大路口的老树下，一位三十来岁的汉子摆了一个凉茶摊。他长得很瘦，开襟的粗布短衫显现出这人家道的清贫。而这个茶摊除了一小缸粗茶、四五只粗瓷大碗外，让人纳闷的是摊桌上竟搁着笔墨纸砚文房四宝，与卖茶怎么也不沾边。

这位瘦汉便是中国古典名著《聊斋志异》的作者蒲松龄。

蒲松龄（1640年－1715年），字留仙，一字剑臣，别号柳泉居士，山东淄川人，为清代文学家。蒲家号称"累代书香"，蒲松龄出生时正值明末清初的大动乱之时，家道中衰，家境维艰。

蒲松龄一生刻苦好学，但却屡试不第，不得不在家乡农村过着清寒的生活，做塾师以度日。在艰难时世中，他逐渐认识到像他这样出身的人难有出头之日，于是他将满腔愤气寄托在《聊斋志异》的创作中。至康熙十八年（1679年），这部短篇小说集已初具规模，一直到暮年方才成此"孤愤之书"。

《聊斋志异》的故事来源非常广泛，有出自蒲松龄的亲身见闻和自己的虚构，还有很多则出自民间传说，其中设置茶摊便是蒲松龄征集四方轶闻轶事的一个办法。他将这个茶摊设在村口大路旁，供行人歇脚和聊天，在边喝茶边海阔天空乱聊中，蒲松龄常常捕捉到故事的题材和素材。后来蒲松龄干脆立了一个"规矩"，哪位行人只要能说出一个故事，茶钱他分文不收。于是有很多行人大谈异事怪闻，也有很多人实在没有什么故事，便乱造胡编一个。对此，蒲松龄一一笑纳，茶钱照例一个不收。也不知道耗去了多少茶钱，蒲松龄攒集到许多故事素材，最后以自己丰富的想象和生活经验，将许许多多牛鬼蛇神、妖魔狐仙充实、完美成一篇篇小说。

蒲松龄以茶换故事一事又通过许许多多的行人传播而声闻遐迩，于是又有许多人虽不曾喝过蒲松龄一口茶，却纷纷将自己的珍闻捎寄给他。蒲松龄又几经修改和增补，终于完成了这部不朽的文言篇小说集。

纪晓岚茶谜救亲家

纪昀（1724 年 – 1805 年），字晓岚，一字春帆，直隶献县（今属河北）人，乾隆进士，官至礼部尚书、协办大学士。他是清代著名学者和文学家。

乾隆间辑修《四库全书》，他任总纂官，并主持写定《四库全书总目》二百卷，论述各书大旨及著作源流，考辨文字得失，为代表清代目录学成就的巨著。由于负责纂修《四库全书》，使他经常要与乾隆皇帝论谈嚼舌头，这也使他具备了机敏善辨的素质，有清一代学者中，长于应变者罕有其比。他以一个"茶谜"作暗示，救了亲家卢见曾的故事，便是他机智敏捷的一个典型例子。

卢见曾，字抱孙，号雅雨，德州（今属山东）人，康熙进士。他和纪昀是两亲家，纪昀在京做官，他则放外任职。其性偏又爱才好客，喜聚四方名士，后来任两淮转运使这一"肥缺"时，更是广交名流，义结豪杰，家中常是宾客盈门，座无虚席，铺张挥霍，一掷千金，极一时之盛。后来渐渐财力不济，以至盐税发生亏空。

朝廷得悉这一消息后，决定对他抄家处罚，没收全部资财。纪昀知道这件事后，急忙派遣一位心腹漏夜赶往卢府送信。

卢见曾收到来信拆开一看，只见一空信封内装着少许茶叶和盐，此外别无他物。卢见曾略作沉思，便悟亲家所示，急忙发动全家人将家财转移寄放他处。不数日，朝廷派来抄家的人赶到时，卢府之中资财已寥寥无几。

原来，纪昀这一"茶谜"的"谜底"是：以茶指"查"，意谓"茶（查）盐（盐帐）空（亏空）。"卢见曾知道已东窗事发，便赶忙转移财产，终于未遭倾家荡产。

王世懋夜茶风味

王世懋（？-1588年），字敬美，江苏太仓人，嘉靖进士，累官至太常少卿，是明代文学家、史学家王世贞之弟，好学善诗文，著述颇富，而才气名声亚于其兄。

王世懋在其《二酉委谭》一书中，记载了自己在江西做官时的一件茶事：

那是一个三月中旬的日子里，他在著名的滕王阁宴请宾客。这年暑热天气早得出奇，日出如火，热浪扑面。本来就惧怕天热的王世懋此时是流汗接踵，头上油汗涔涔，碍于礼节又不能脱下帽子，热燥难耐，几不知所措。

宴罢回府后天色已晚，尤自烦闷不已。妻子见状，为他准备了热水洗澡。洗完澡后心境略好，他便小榻一张，坐于明月之下纳凉。

这时，好友张右伯为他送来西山云雾新茶。细观其茶，又白又大，更有一种豆子香。王世懋急忙命侍儿汲新水烹茶以尝。

此时，风清月白，夜深人静。王世懋几盏入口，但觉一股清香甘饴之味慢慢润泽于肺腑，渗透至四肢，于是习习然如两腋生风，飘飘欲仙。就在似醉欲仙之际，他忽然悟到：此境此味，非仕途之人所有，繁文缛节，冗事虚礼决然不会让人心入此境，而仕途中的尔虞我诈，乃至腥风血雨，更是与此境此味风马牛不相及。

此境此味更使王世懋联想起父仇家恨来。嘉靖三十八年（1559年），王世懋的父亲王予因为滦河失事而被政敌严嵩所陷害，下狱论死。王世懋与兄世贞闻讯后奔赴京师告免，兄弟俩伏跪在严府大门前，央求严嵩为其父放一条生路。严嵩对王家两位后生看都不看一眼。王予最后还是被处斩。兄弟俩眼见父亲被置于死地而相救不能，悲愤之极，却又无奈之极，两人相泣号恸，持丧而归。

嘉靖四十五年（1566年），明世宗服丹中毒而死，其子载坖即位，是为穆宗。次年，王氏兄弟再次进京讼父冤，几经争辩，终于使朝廷为其父平反。

这一惨痛经历使王家中人刻骨铭心，终身难忘。而这一杯夜茶，却勾起了王世懋对仕途的厌倦和对归隐的向往。但是，人在仕途，也是身不由己，王世懋对"此境此味"的追求，最后只好付诸笔端而已。

李德裕明辨建业水

陆羽鉴别南零水和谷帘泉的神奇故事在当时即被视为佳话，而且影响甚大，以致于在他之后又出现一位辨水高手，这便是唐代宰相中较著名的李德裕。

李德裕（787年–850年），字文饶，赵郡（今河北赵县）人，唐宪宗时任宰相之职，封卫国公。他在政治上竭力强化朝廷权威，在抑制不服朝命的藩镇割据势力，抵御北方回鹘的扰掠方面，取得了重大的军事胜利，并于唐武宗时支持了著名的"会昌废佛"行动，遏制了寺院经济的恶性膨胀。此外，他还削弱了一度专横跋扈、凶焰日盛的宦官势力。

史载，李德裕少好学，精通《汉书》及《左氏春秋》，是一个颇有才学的人。而在饮茶一事上，他鉴水的精明程度，似更为突出。五代南唐尉迟偓《中朝故事》记述了李德裕精辨长江水的故事：

李德裕饮茶对水特别讲究，身在长安京都，却嗜好江南之水。有一天，他的一位好友要去京口（今江苏镇江市）公干，李德裕知道后喜形于色，便对他说："你哪天回来的时候，请为我取一壶金山（在镇江江边，当时的金山尚在江心）附近的南零水。"

那人答应而去。至京口数日以后办完事便欲浮江而上，赶回长安。没想到那人兴许事情办得顺当，上船后便开怀畅饮，贪杯而醉，早把宰相所托之事抛于脑后。及至船抵建业（今南京），他才醉梦方醒，猛然想起为宰相取水的事还没办呢！咋办？那人向舱外望去，但见一江春水向东流，自忖此时此地的长江水，要不了多久即是下游方向的金山南零水，又何苦再返舟取水！反正都是一江水，在此灌上一壶得了，只要没人看见，李大人不会知道。于是，他赶忙汲了一壶建业石头城下的江水，返京送给李德裕交差。

李德裕见水取到，即刻烹茶品茗。谁知他呷了一口，顿露惊讶之色，叹道："唉！江南的水怎么大不同于往年，其味差多了。"俄顷又说："这水太像是建业石头城下的江水！"

那人闻言也吃了一惊，看来在李德裕跟前卖不得"荒秤"，便吐露真相，一再谢罪。

与陆羽鉴水相似，这则故事也把李德裕说得有点出神入化了。

李卫公"水递"惠山泉

李德裕是个颇有作为的宰相，但度量不宽。在有名的"牛李党争"中，他是李党的领袖，他与牛党领袖牛僧孺等人相互排斥、倾轧长达二十多年，最终败落被贬为崖州（今海南琼山东南）司户，郁闷而卒。而他当朝时在生活上的奢侈过度，也遭来了非议和抨击。

宋代唐庚在《斗茶记》中讲述了一则李德裕嗜惠山之泉成癖，而不惜代价以求的故事：

无锡惠山寺石泉水曾被陆羽列为天下第二泉，仅次于庐山康王谷水帘水（见张又新《煎茶水记》）。这李德裕除了雅好南零水外，还特别"垂青"于惠山泉。但无锡与京师长安远隔数千里，惠山之泉如何能得？像南零水那样请人顺便捎带则机会不常有，还得防人偷懒，弄些假冒伪劣产品搪塞。也许他想起在唐德宗贞元五年（789 年）时，宫廷里为了能喝到上等的吴兴紫笋茶，曾传旨吴兴地方官，每年贡茶必须一日兼程，赶在清明节前到京，是为"急程茶"。后来，李郢有诗道："一日王程路四千，到时须及清明宴。"终于，他看到了自己身为宰相的权势，便传令在两地之间设置驿站，建起了一条惠山泉的特快专递线，从惠山汲泉后，即由驿骑站站传递，停息不得。时人称之为"水递"。这也真有点像唐玄宗时杨贵妃的千里快骑送荔枝的穷奢极欲。

后来有位僧人对李德裕说："我已为相公通了一条'水脉'，现在京师长安城里有一眼井，其水与惠山泉泉脉相通，汲之以烹茗，那味道没一点差异。"

李德裕听罢十分惊异，问："这井在城里什么地方？"

那僧人说："昊天观常住库后面的那口井就是。"

李德裕将信将疑，为了一辨僧人之言的真伪，他派人取来惠山泉和昊天观井水各一瓶，混杂在其他八瓶水中，让僧人辨认。这僧人颇有些本事，他只取装有惠山泉和昊天观井水的两只瓶子，使李德裕大为叹奇。

这则故事的僧人通"水脉"一节自然荒诞。唐庚对李德裕"水递"一事评论道："水不问江井，要之贵活。千里致水，伪固不可知，就令识真，已非活水。……罪戾之余（大动干戈、兴师动众以后），得与诸公从容谈笑于此，汲泉煮茗，以取一时之适（快活），此非吾君之力欤！"

明代屠隆在《考槃余事》中对此事更是一针见血地指出："清致可嘉，有损盛德！"

蔡襄"龙团"细分明

宋代在中国茶史上是一个大发展的重要时期，饮茶尚好技巧，追求精致，故尔茶人辈出。在众多茶人中，蔡襄是一位既懂得制茶，又精通品饮，更有茶事艺文和茶学论著留给后人的茶博士。

蔡襄（1012 年 – 1067 年），字君谟，兴化仙游（今福建仙游）人，擅长正楷、行书、草书，是北宋著名的书法家，与苏轼、黄庭坚和米芾并称"宋四家"。

苏轼有首诗说："武夷溪边粟粒芽，前丁后蔡相宠如。争相买宠各出意，今年斗品充官茶。"诗中说的"前丁后蔡"即指丁谓和蔡襄，意谓两人为争宠皇上，各出绝招，研制大、小龙团茶作贡茶。清代《广群芳谱》引述几种记载说："建州（治所在今福建建瓯）有大小龙团，始于丁谓，成于蔡君谟。宋太平兴国二年（977年）始造龙凤团茶。咸平初（997年左右），丁为福建漕（即转运使）监造御茶，进龙凤团。庆历中（1041年-1048年），蔡襄为漕，始制小龙团。"

龙凤团茶因制成团饼状，饰有龙凤图案，故冠名"龙凤团茶"。据南宋叶梦得《石林燕语》记载说，丁谓所制的大龙凤团茶以八饼为一斤，而蔡襄所制的小龙团却以十饼为一斤，使小龙团的研造更为精致。

蔡襄善制茶，也精于品茶，具有高于常人的评茶经验。宋人彭乘撰写的《墨客挥犀》记载说：

一日，有位叫蔡叶丞的邀请蔡襄共品小龙团。两人坐了一会儿后，忽然来了位不速之客。侍童端上小龙团茶款待两位客人，哪晓得蔡襄啜了一口便声明道："不对，这茶里非独只有小龙团，一定有大龙团掺杂在里面。"

蔡叶丞闻言吃了一惊，急忙唤侍童来问。侍童也没想到隐瞒，直通通地道明了原委。原来侍童原本只准备了自家主人和蔡襄的两份小龙团茶，现在突然又来了位客人，再准备就来不及了，这侍童见有现成的大龙团茶，便来了个"乾坤混一"。

蔡襄的这种精明使蔡叶丞佩服不已。另一方面也说明他对大、小龙团茶的特性早已"吃透"。唯其吃透，方能研造出更精于大龙团的小龙团来。

晋惠帝瓦盂饮茶

发明了"以茶代酒"的孙皓，在公元280年（晋太康元年）率吴国臣民向晋朝大军投降。晋武帝司马炎平定吴国，一统南北，结束了鼎足而立长达半个多世纪的三国历史。

但是好景不长，仅过了十年，元康元年（291年），愚笨无能的晋惠帝（司马衷）继位后，黄河南北广大地区即陷入历时十六年之久的战乱，八个司马氏宗室以夺取朝政大权为目的，展开了殊死拼杀，史称"八王之乱"。

晋惠帝在这场战乱中，自始至终扮演了一个傀儡的角色，先是朝政落在汝南王亮手中，接着大权又旁落于凶狠狡诈的贾后之手。永宁元年（301年），赵王伦起兵杀贾后之后，惠帝即被赶下皇位。后因其他宗室起兵杀死赵王伦，他才得以复位。但后来权柄相继落入齐王冏、长沙王乂、成都王颖手上，其中在太安二年（303年），东海王越率军挟惠帝进攻邺城的成都王颖，结果在荡阴（今河南汤阴）一战，惠帝被俘入邺。接着，成都王颖在其他诸王的联合进攻下战败，挟惠帝逃至洛阳，后又逃到长安，直到光熙元年（306 年），东海王越消灭起兵诸王，独揽大权，惠帝才结束了动荡流亡的生活，回到了洛阳。

惠帝作为一个傀儡，被诸王玩弄于掌间，以泪洗面，以斥佐饭，并经常随乱军颠沛流离，风餐露宿。他作为九五之尊，感到最愉快的一件事竟是喝到了一碗茶。

八王之乱结束后，惠帝回到了洛阳宫里。但他的非人生活却没有结束，大权在东海王越之手，饮食起居，一切都身不由己。

有天晚上，一位近臣偷偷给他送了一碗茶。盛茶的茶具不是什么金银之器，只是一只瓦盂。但是在黑夜之中，这位皇帝尝到了这碗茶的甘美，他不禁连连叫好。

这碗茶，远无周武王作为贡品时的声价，近无孙皓"以茶代酒"的佳遇，仅是孤臣无以贡奉、万般无奈之下，聊为君王解渴之用，且盛以瓦盂，进于夜幕，其景悲夫！一段残乱历史的写照，一个困苦帝王的缩影，这是我们今天从这碗茶中所看到的。而惠帝的愚蠢之处是他在这碗茶中感受到的只是"味道好极了"，全不见八王之乱的残酷和自身处境的险恶。

果然，这碗茶没有真的给他带来"苦尽甘来"，就在他回洛阳这年，东海王越六亲不认，犯上作乱，将他毒死了。

刘琨茶解烦闷

茶之于无能之辈如晋惠帝，不过是解渴之物，但对于壮志未酬的英雄豪杰像晋朝大将刘琨，却成了解闷之物。

晋惠帝永兴二年（305 年），也就是八王之乱的末期，东海王司马越在与诸王的混战中取得了决定性的胜利，滞留在长安的晋惠帝即被东海王越"请"回京都洛阳。当时奉命前往长安迎还惠帝的便是刘琨。

刘琨（271 年 – 318 年），字越石，中山魏昌（今河北无极东北）人。青年时与祖逖为友，两人枕戈待旦，意气雄豪，"闻鸡起舞"一典即出自他和祖逖。

当时北方匈奴见西晋八王倾轧，战乱频繁，即乘虚而入，蹂躏北方并州、冀州一带。光熙元年（306 年），刘琨任并州刺史，他剪除荆棘，招徕流亡，孤军坚守并州近十年。建兴三年（315 年），刘琨都督并、冀、幽三州诸军事，与代王拓跋猗卢约定共讨匈奴，但次年猗卢被其子所杀，部落星散，刘琨功亏一篑。匈奴羯人大将石勒率军袭来，刘琨悉发其众反击，石勒据险设伏，结果晋军覆没，刘琨被迫放弃并州。

刘琨作为一位志士，眼见晋室内讧，天下大乱，北方匈奴等胡族又乘虚而下，攻城略地，天无宁日，后来竟在建兴四年（316 年）灭了晋朝（西晋）。他自己虽率军于最前线与匈奴抗争，终因势单力薄，丧师失地，因此，内心时常愤闷不安。常言道：解闷以酒。但刘琨却以茶解闷，而且不喝则已，喝必好茶。

当时在北方边地的刘琨曾在一封给他的侄子南兖州刺史刘演的信中说：以前收到你寄来的安州干姜一斤、桂一斤、黄芩一斤，这些都是我所需要的。但在当我感到烦乱气闷时，却常常要靠喝一些真正的好茶来解除，因此，你可以给我买一些好茶寄来。

南兖州在今江苏江都县东北一带。刘琨喝茶要寄信给在南兖州当官的侄子捎带，说明在那时南兖州地区产茶，而且是好茶。刘琨长期行踪于只见刀光剑影，不晓品饮茶事的北方边地，却能知茶涤虑，千里求茶，这在当时是非常难能可贵的。

但是当时天下大乱的形势下，浅浅一盏茶，又怎么能慰藉孤臣之心呢？建武元年（317年），与刘琨结为兄弟的幽州刺史段匹磾（鲜卑族）推举刘琨为大都督，歃血为盟，传檄各地共讨石勒。后来却不料祸起萧墙，段匹磾的堂弟被石勒收买，从中离间，刘琨竟遭毒手，被段匹磾缢杀。刘琨终究是壮志未酬，遗恨千古。

陆纳以茶待客

一生中就喝过一碗茶的晋惠帝在光熙元年（306年）被东海王越毒死后，后晋王朝由于连年战乱，元气大伤，勉强维持到建兴四年（316年），终于被匈奴刘氏所灭。318年，司马睿在建康（今江苏南京）即帝位，是为东晋。

随着晋王朝政权的南移，当时在北方的士族、大族也纷纷南迁。在南北方人杂处相交过程中，茶作为饮食文化的一部分，显示出在南北方发展的差异。

四川曾是饮茶之风盛行的地方，但从三国时孙皓的"以茶代酒"一事来看，江南也风行饮茶。而在北方，饮茶之事却罕有所闻。到了东晋时期，茶在南方的发展远远超过北方，北方人因对茶尚处于一知半解的境地，所以甚至闹出了笑话。比如《世说新语》中记载说，东晋新安（今河南渑池）人任瞻（字育长）年少时即颇负声望，后因新安被北魏所占，被迫渡江南迁。有一次，任瞻在与众人一起饮茶时，问人说："这是茶，还是茗？"当他感觉到对方露出奇怪的神色时，就赶忙辩解说："我刚才是问这茶是热的还是冷的。"茶是冷是热还需相问？任瞻露出的这只"马脚"一时被传为笑柄。下面这则发生在东晋孝武帝（372至396年在位）时的故事更能看出，南方饮茶之风远甚于北方。

在淝水之战（383年）中卓有政绩的谢安与吏部尚书陆纳颇为交好，谢安常去陆纳家拜访。对这位已位居卫将军之职的贵客的上门，陆纳并不大肆铺张、盛席相待，只是清茶一杯，辅以鲜果而已。对此，陆纳的侄子陆俶非常看不惯，背地里常埋怨叔父不会做人，但又不敢当面相问，于是有一次陆俶自作聪明，暗地里准备了足够十多人吃的菜肴。谢安来了，陆纳照例是以茶果款待客人，而陆俶却为谢安一行人摆出了丰盛的筵席，山珍海味，美酒佳馔，好不诱人。席间，陆纳没说什么。谢安走后，陆纳便火冒三丈，叫人把陆俶狠狠打了四十棍，并且怒斥道："你这小子不能给叔父增半点光，却为何来沾污我一向谨持的朴素之风！"

谢氏一族原是北方陈郡的世家大族，而陆氏在孙吴之后即为江南大族。陆纳认为客来敬茶是最好的礼节，而且颇能显示自己的清廉之风和高雅之举，在像谢安这样的权贵面前尤其能展示一种不卑不亢的风范，是以陆纳在官场交际中，视茶为举足轻重之事，是以陆俶的弄巧成拙才招来一顿乱棒。但陆俶之举也足以证明，当时珍馐必具的盛筵风行于官场之中。作为北方士族的谢安，只有在陆纳家中碰到这样特殊的礼遇，而在更多的地方，所遇必佳肴盛馔。

从孙皓的"以茶代酒"，到陆纳的"客来敬茶"，显示了饮茶在江南地区已有深厚的基础，而当时在北方、在已经南迁的北方人中，饮茶还是一件令人陌生的事。

桓温宴客举清茶

如果说陆纳的以茶待客真如他所说的是一种朴素之风，那么，桓温宴客时所摆的清茶，就绝对不是秉性节俭的表现，而是借此提高自己在朝野的声望，最终达到代晋称帝的目的。茶在桓温手中完全是一种沽名钓誉的幌子。

桓温（312年－373年），字元子，东晋谯国龙亢（今安徽怀远西北）人，出身士族，娶明帝女南康公主为妻，拜驸马都尉。他曾三次率大军北伐，借收复中原来收揽人心，提高个人的威望，觊觎帝位。由于带有极端个人利欲目的，所以他的三次北伐均以失败告终。如永和十年（354年），他首次北伐率军进至与前秦之都长安仅一步之遥的灞上，便想坐待秦军自溃，以不战而胜来抬高自己的威望，结果是被秦军抢收了春麦，坚壁清野，晋军因军粮不继而被迫南撤。第二次北伐在攻下洛阳后，为了威胁朝廷，桓温建议迁都洛阳，并主张将东晋立国以来流寓江南的北方人全部迁回河南，因此引起了朝廷大臣的猜忌、牵制和南下士族的反对，力量内耗，洛阳终于得而复失。第三次北伐曾一路所向无敌，进至离前燕之都邺城仅两百余里时，桓温又一次妄图坐取全胜，以赢得朝野之口碑，结果坐失良机，敌援大至，惨败而退。

兴宁二年（364年），已位进大司马、都督中外诸军事的桓温又被加官为扬州牧。此时的桓温，一举一动都顾及自身形象，为了表示在生活上一贯清廉节俭，每逢请客宴会，用以招待的只有七盘茶和果。陆纳出任吴兴太守之前，支向桓温辞行，谈话间问及桓温可饮多少酒,桓温说:酒不过三升,肉不过十块。桓温的这种虚伪的简朴具有很大的欺骗性,至少记载了宴客以茶一事的《晋书》的作者是受了他的蒙骗,以为桓温是"性俭"而有此举。

其实,桓温可以称得上是中国历史上第一个利用茶来玩弄政治权谋的人。

太和六年(371年),桓温废晋帝司马奕,改立简文帝,自己专擅朝政。次年简文帝死,野心勃勃的桓温要求加九锡,作代晋称帝的最后图谋。此时,一代名臣谢安出山,他得知桓温已染重病,便与他巧妙周旋,拖延时间。桓温终于未能加九锡而"抱憾"病死。

桓温的"尚茶"之风在当时的影响或还可从一位督将的故事来见一斑。桓温部下有位督将因身体虚热,喝上了茶,后来越喝越厉害,经常非得喝上一斛二斗(即十二斗,一斛为十斗)才感到舒服,略减个几升便觉得不满足,以致后来家境贫困。有人问:这是什么病?一位"有识"之士说:这个病叫作"斛茗瘕"。

这事出于《续搜神记》,实属怪诞、夸张,姑妄言之,姑妄听之。

王子喝茶不认茶

茶在两晋南北朝时期远没有受到普遍欢迎,在当时政治、经济的中心江南地区,虽然早已有栽种茶树的历史,但茶的引人入胜仅限于很少部分人中。这倒并不是人们不知道茶,实在是对茶的苦涩难以忍受。现在尚无法考证那时茶的采制工艺和煎泡手艺,但大致可以肯定,其工艺和手艺尚未达到能让人普遍接受的境地。

然而,此时的茶在山林寺观中却显示了不同寻常的美感来。

记述南朝刘宋史实的《宋录》中有这样一个故事:宋孝武帝时,新安王刘子鸾和他的哥哥豫章王刘子尚,一起前往八公山(今安徽寿县城北)访昙济道人。昙济以茶相待,两位王子饮后啧啧称奇,但他们不相信这就是茶,刘子尚说:"这真是甘露啊,岂能说是茶!"

这两位王子也曾饮过茶,但其茶苦口不堪。现在八公山上昙济之茶美如甘露,反而不相信这也是茶。可见当时好茶难见,佳茗难求,这从一个方面也可以看出当时为什么茶事不见繁荣的原因。

王蒙客称"水厄"

东晋之初,北方士族如任瞻之流因对茶事的一知半解而出洋相,不过让人一笑而已。而更有甚者,却因不惯饮茶而对茶大加贬说,尤其无知而可笑。

东晋初年，司徒长史王濛是位饮茶成癖者。人家大讲"己所不欲，勿施于人"，他却是己所癖好，必施于人，于是凡有客来，无论是谁，王濛必敬之以茶。客人中有很多人不知茶事，不惯茶饮，难忍其涩，但又碍于情面，不能不饮，真是深受其苦。久而久之，这些人有时不得不去拜见这位司徒长史，便在背后苦笑说："今天又有'水厄'了！"即今天又要遭遇那强饮苦涩茶水的厄运了！

"水厄"，这是茶在中国历史上第一次得到的一个贬称。

值得回味的是，西晋人张孟阳去四川成都游览了名胜白菟楼后，在所赋的《登成都白菟楼》诗中赞道："芳茶冠六清，溢味播九区。"这是说在水、浆、米酒等六种饮料中，茶最为芳香，且蜀地茶香早已飘溢各地了。

在成都人们称赞茶为"芳茶"，誉其"溢味播九区"的几十年之后，在东晋之都建康（今南京）的许多官吏，居然对饮茶还深以为苦，这充分反映了茶在不同地区的发展情况。由于从三国到两晋这两个世纪中、天下你割我据，兵戎不断，阻碍了文化的传播和相融，所以各地区之间的茶文化相距甚远，差异非常显著。

从"水厄"之事以后，经半个多世纪，到了南朝刘宋之初，女文学家鲍令晖（鲍超之妹）写出了《香茗赋》，极言茶之香，茶苦之说在江南这才少有市场了。

王肃谬论"酪奴"

茶在南方名声不振，竟被人称之为"水厄"，在北方就更是为人所耻，打个比方，与那些北方人喜好的食品奶酪摆在一起，茶充其量只算得上是个奴婢。这就是两晋南北朝时期茶在中国大部分人心目中的地位。

北魏杨衒之的《洛阳伽蓝记》中记载了这样一件事：

南齐琅邪临沂（今山东临沂）人王肃字恭懿，是雍州刺史王奂之子，赡学多通，才辞美茂，任秘书丞之职。太和十八年（494年），王肃因父兄被齐武帝所杀而投奔北魏。

王肃原在南齐时便极好喝茶，投靠北魏后，饮食上初时仍习惯于喝茶，吃饭菜偏爱鲫鱼羹，对羊肉和奶酪之物碰也不碰。他因善饮，据说一次能喝茶一斗，所以洛阳（北魏之都）人给他取了个绰号，叫"漏卮"，意谓这张嘴好像破漏的杯子，喝了还要喝，老添不满，永无厌足。

几年以后，王肃对羊肉、奶酪之类已能接受。有一次，他在宫里用餐，居然吃了很多的羊肉和酪粥。魏孝文帝元宏见状甚感奇怪，于是问他说："以你汉人的口味比较，羊肉和鲫鱼羹，茶和奶酪，究竟哪个味道好？"

王肃的回答很不一般，他说："羊是陆产之物中味道最鲜美的，鱼则是水产中的第一美味，两者各有至味，都可称得上是佳肴珍馐。如一定要比一下，那只能说羊肉好比是齐鲁这样的大邦，鱼则是像邾莒之类的小国。这里只有茶是最不中用的东西，它最多只能给奶酪当个奴仆。"王肃这番"精彩"的奇谈怪论引得孝文帝哈哈大笑。

当时在一旁的彭城王元勰对王肃说："你不怎么看重'齐鲁大邦'，而偏爱于'邾莒小国'，这是为什么？"

王肃仿佛乡情难忘似的说："这是我们家乡最好的东西，我不得不偏好啊。"

元勰又对他说："那么你明天到我府上来，我专门为你摆一'邾莒之食'，还有'酪奴'。"

"酪奴"作为茶的一个别称，因此而传开了。

王肃如此这般地贬茶，在当时曾产生了极恶劣的影响。孝文帝是一个较为开明的皇帝，尤其心仪汉民族文化，如改原来的姓氏拓跋为汉姓元，请汉人做官，与汉人通婚等等。当时朝廷大臣中已有不少汉人，为了照顾像王肃这种喜好饮茶的人的习惯，朝中宴会上都设有茶水。但是因为有"酪奴"之比，居然所有的人都视茶为耻，决不再喝，只有一些新近从江南投奔来的人因不知此典才好饮茶。

当时有位叫刘缟的朝臣钦慕于王肃的好饮之风，也专门研究起喝茶来。元勰知道后，对他好好冷嘲热讽了一番，说："你不去仰慕席设八珍的王侯之风，而去追求奴才下人的'水厄'之事，太没出息了！古时候海上有逐臭的蠢夫，村里有学颦的丑妇，而现在你就是这种人。"把刘缟说得脸上红一阵、白一阵的，极为尴尬。

"水厄"一典出自东晋王濛，北方人原是不知道的，但因为元勰家中有来自江南的奴仆，所以他倒知晓这一典故。但奇怪的是南朝一些皇亲权贵者对此却毫无所知，以致闹出笑话来。如梁武帝之子西丰侯萧正德投奔北魏后，有一次宗室元乂打算以茶招待他，先问他道："卿于'水厄'多少？"意谓你的茶量怎么样。却不料这萧正德肚中原来没一点学问，答非所问说："下官虽出生于水乡之地，但从来没有在水上碰到什么灾难厄运。"元乂和满座宾客闻言皆为捧腹。

王濛嗜茶而被人称为"水厄"，王肃嗜茶又自贬茶为"酪奴"，可见其时无论南方、北方，茶之境地"苦"不堪言。

齐武帝设茶作祭品

南朝宋刘敬叔撰有《异苑》十卷，这是一本记载了许多奇异故事的书，其中有这样一件事：

浙江剡县（今嵊州）陈务之妻年轻守寡，和两个儿子住在一起。陈务妻有个嗜好就是喜欢喝茶，而且因为宅地有个古墓，她每次在喝茶之前总要先用茶祭祀一番。两个儿子对她的这种行为很是讨厌，要把古墓扒了，后经她苦苦劝阻方才作罢。结果那晚有人托梦感谢她，说要报答她。天亮后，她果然在院子里发现十万铜钱。两个儿子知道后很是惭愧。从此以后，他们以茶祭奠更加虔诚了。

撇去这则故事的迷信色彩，我们可以看到，在南北朝时茶在民间已有用作祭祀之举。而稍后一些时间的南朝齐武帝萧赜也把茶作为祭品，则说明了茶也参与了宫廷祭祀活动。

据《南史·齐本纪上》记载，刘武帝在死前的遗诏里说："我死之后，在我的灵前千万不要用牺牲来祭我，只要供上些糕饼、茶酒和果脯就可以了。"他还以己推人，广为推行，要求这不但对他是如此，天下无论贵贱，都要按照这样的方式去做。

齐武帝萧赜是南齐第一代君主高帝萧道成的长子，公元 482 年至 493 年在位。他是一个比较开明的帝王，又是一个佛教信徒，不喜游冶会宴。相传南朝刘宋时的僧人法瑶吃饭时少不了要饮茶，到齐武帝时法瑶已七十九岁了，齐武帝还传旨吴兴的地方官请法瑶到建康（今南京，当时为齐都）来一晤。齐武帝在位十年间南朝无大战事，百姓得以休养生息。

齐武帝以茶作为祭品，乃是受法瑶的影响和出于其佛教徒的身份，表示一种对简朴的推崇，即使在祭品中也"忌荤"。茶在这里充分显了它的两重性，既可登大雅之堂，被敬作祭品之用，又不失其简朴无华之风。萧赜算是慧眼识茶，即使以今人的眼光去看，他也算是个好茶而知茶的"茶人"。据《周礼》记载，先秦时周王室也用茶作祭祀，但这与萧赜之举相比，则显然少了简朴之意。而简朴之意，正是萧赜的难能可贵之处。

除了上述文献记载外，我们从现代考古发现中可以知道，在中国，把茶作为随葬物则已有两千多年的历史。考古工作者从湖南长沙马王堆西汉墓出土的随葬物清册中查实，在 1 号墓（墓葬时间为前 160 年）和 3 号墓（前 165 年）中，有"槚一笥"和"槚笥"的竹简文和木牌文。现已考证出"槚"即古文"檟"（茶的另一种名称）的异体字，所谓"槚一笥"和"槚笥"，就是"檟一箱"或"檟箱"。以茶祭祖的习俗，在我国一些地区一直沿用至今。

隋文帝饮茶治头痛

在南北朝之前，从目前已知的文献记载来看，饮茶之事以四川和江南地区相对为多，这与我国茶叶生产以长江流域以南地区为主相关。而在黄河流域，尽管三千多年前蜀人曾向周武王贡茶，还有春秋时齐国晏婴食茶之说，但从《洛阳伽蓝记》中那则王肃"酪奴"的故事以及其他很多文献来看，北方黄河流域的茶事相对要落后。

那么，黄河流域饮茶要到何时才比较普遍呢？隋文帝杨坚在此是个"关键"人物。

杨坚（541年－604年），弘农华阴（今陕西华阴东）人，北周武帝时袭爵隋国公，大定元年（581年）代周称帝，国号"隋"，改元开皇，是为隋文帝。开皇九年（589年），隋朝大军渡过长江天险，攻占陈都建康（今南京），俘获后主陈叔宝，陈朝灭亡。至此，西晋末年以来延续近三百年的南北分裂局面宣告结束，这是隋文帝的一大历史功绩。

茶之行世，常以廉俭为本。而据史籍记载，隋文帝勤于政务，自奉甚俭，茶却也侍于左右。《隋书》中曾记有一个颇为怪诞的事：某夜，随文帝做了个恶梦，梦见有位神人把他的头骨给换了，梦醒以后便一直头痛。后来遇一僧人，告诉他说："山中有茗草，煮而饮之当愈。"隋文帝服之以后果然见效。因为上有好者，下必甚焉，所以当时人们竞相采啜，并有一赞云："穷春秋，演河图，不如载茗一车。"意为做人苦心钻研孔子的《春秋》，殚精竭虑去演绎谶书《河图》——想出人头地——还不如有许多茶喝来得快活。

南朝齐武帝也是一个尊茶的君主，并明文规定天下无论贵贱，有祭奠必须供茶，但因南齐地偏南方，其上行下效的影响和成效却远不如隋文帝。隋文帝一统天下，结束了南北朝长期的对峙局面，南北的饮茶等风俗文化才得以迅速交融。而且以他帝王之尊而嗜茶（《隋书》的记载过于神化），于是普天之下（尤其是黄河流域）茶不再被卑视为"酪奴"。从茶文化角度来看，隋文帝同样立有一大历史功绩，尽管他当时对饮茶未必自觉，对其历史功绩也未必有意识。

> 茶之品鉴，唐始流布。
>
> 陆羽称神，茶经作书。
>
> 逮宋奢靡，君臣乐乎。
>
> 茶艺工绝，茶人辈出。

武则天茶喻祸福

饮茶之风盛于唐代。

传世的一幅唐代名画《唐后从行图》（张萱作）中，在雍容华贵的武则天被前呼后拥的出行场面里，画家"安排"了一个手捧茶托的侍女跟从在后。在宫廷里帝后的走动已离不开茶，需要有专人司掌茶具，饮茶在当时已成习俗由此可见一斑。

武则天（624年－705年），名曌，唐高宗李治皇后，天授元年（690年）代唐称帝，国号周，是中国历史上惟一的女皇帝。

武则天是否雅好饮茶，正史无有记载。但据明代屠隆《考槃余事》说，武则天博学有著述之才，但是对茶却生性讨厌，曾诋毁说："释滞消壅，一日之利暂佳；瘠气侵精，终身之害斯大。获益则收功茶力，贻患则不为茶灾，岂非福近易知，祸远难见。"从茶在短时间内对调理人体有益和长期饮茶可能导致耗损体质出发，来比喻福易见而祸难见，茶已不再停留在品饮的层次，而成为像武则天这样的帝王者在政治上的鉴戒。

在此须说明的一点是，北宋赵令畤《侯鲭录》也记有类似的言论，"作者"却是唐右补阙綦毋煚，而非武则天，说他也是博学有著述之才，因不喜欢饮茶而曾著有《伐茶饮序》，说"释滞消壅"，一日之利暂佳；瘠气耗精，终身之累斯大。获益则归功茶力，贻患则不咎茶灾。岂非为福近易知，为祸远难见欤。"

两段记载意思完全相同，文字小有差异，似《侯鲭录》所载较为确切。但从历史记载来看，武则天确实重视著述，自己著有《垂拱集》、《金轮集》，并召学士撰有《玄览》、《古今内范》、《青宫纪要》、《乐书要录》等十多种著述。而且，所谓"福近易知，祸远难见"，更附合素多智计、明于朝纲、通晓文史、卓有主见的武则天的"口吻"。

关于饮茶的利和弊，唐以后有多人论及，如苏东坡的《茶说》云："除烦去腻，世故不可无茶，然暗中损人不少，空心饮茶入盐直入肾经耳，且冷脾胃，乃引贼入室也。惟饮食后，浓茶漱口，既去烦腻，而脾不知，且若能坚齿、消蠹。"明代高濂在《遵生八笺》中也有同样的论说："人固不可一日无茶，然或有忌而不饮，每食已，辄以浓茶漱口，烦腻顿去，而脾胃自清。"明代顾元庆在《茶谱》中引《梦余录》的一段话对苏东坡的"损人不少"一说反驳道："东坡以茶性寒，故平生不饮，惟饮后浓茶涤齿而已。然大中三年（849年），东都（今洛阳）一僧一百三十岁，（唐）宣宗问服何药？云：性唯好茶。……以坡言之，必损寿，反得长年，则又何也？"从现代科学而言，饮茶利多弊少是毫无疑问的。

武则天在论饮茶的利弊时，显而易见认为弊大于利，这是她的局限之处。但从饮茶利弊之论引申到对祸福隐显的理解，这却是她的过人之处，让人领略到一个政治家的思辨。

积公必啜渐儿茶

陆羽辨水如神，而其师积公辨茶也如神。

积公即当时竟陵龙盖寺住持智积禅师，陆羽三岁时被遗弃，是他在湖边拾得后抱回养育，并为这孩子取名叫陆羽。

清代陆廷灿在《续茶经》中引用北宋画家董逌《陆羽点茶图跋》讲述了陆羽与他的恩人和恩师积公之间这样一段故事：

积公一向嗜茶，但是非渐儿（陆羽字鸿渐）煎奉不喝。陆羽后来离开积公远游江湖多年，这期间，因陆羽不再可能奉茶给他，于是积公就绝茶不喝了。

唐代宗此时闻积公大师之名，把他召进宫来，还命宫中烹茶好手为其煮茶款待。但积公只小啜一口就不喝了。

代宗初时还怀疑可能积公自居行家，故作姿态，及命人暗访知悉个中原委后，便设法找到陆羽，把他秘密召入宫中。

第二天，代宗在赐斋饭与积公时，密令陆羽煎茶相侍。当陆羽煎好的茶端上时，积公顿时喜形于色，双手捧着茶瓯一边细细品赏茶之香之色，一边慢慢啜饮回味，一瓯茶汤竟不知不觉地喝干了。

代宗大为惊异，问其原因，积公答道："这茶真像是渐儿所煎的，所以我很高兴地将它都喝了。"代宗由是叹服积公的知茶，命人唤出陆羽和积公相会。

仔细品味这则故事，你会发现，积公品茶已不是只品茶味，陆羽煎茶分明付之了一种追求或寄托，两人虽未谋面，茶却已使他俩心心相印。这种境界，也许可谓是当时茶道的最高境界。有道是"曾经沧海难为水，除却巫山不是云"，积公和陆羽无论谁离开了，剩下的一位便无论如何难入茶的境界了。

陆公怒焚焙茶奴

陆羽被后人尊为"茶神"大约肇始于晚唐。据晚唐时人赵璘《因话录》记载说：那时的卖茶店家，常常把陆羽做成陶制的塑像，放在炉灶和烟囱之间，祀为"茶神"。遇人相问，则说摆了这像，对茶的买卖颇有益处。此外，在河南巩县还生产一种瓷制的偶人，名字就叫"陆鸿渐"，当时顾客如果能买十件瓷茶具，便可额外奉送一个"陆鸿渐"，这往往成为茶商供奉的神像。

在当时，人们对陆羽可谓尊崇之极了。但另有截然相反的一则记载，却对陆羽贬责有加。

明代屠隆在其《考槃余事》中，引用了一部叫《蛮瓯志》的书的记载，说：有一天，陆羽采来越江的茶，用微火烘烤，使一个小奴子看着。结果这小奴子看着看着竟睡着了。等一梦惊觉，那茶早已烘过头，焦黑而不能吃了。陆羽见状是恶从胆边生，竟以铁丝缚住那小奴，将他投进火中。

小奴子被扔进火中有没有死,这一记载没有说,但即使不死,也够惨了。陆羽以一茶之失,痛下毒手,且以铁丝相缚,可谓残忍之极。故屠隆对此评说道:"陆羽残忍如此,其余脍炙古今的清风雅趣都不值得欣赏了。"

《新唐书》说陆羽为人是"闻人善,若在己;见有过者,规切至忤(触犯之意)人"。陆羽这种"见人为善若己有之,见人不善若己羞之,苦言逆耳,无所回避"的美德,在当时即为人们所称道。所以,所谓怒焚焙茶奴,实在是毫无根据之说,而屠隆也太信之了。

茶道讲平常心,崇尚自然。而对陆羽或敬奉为"茶神",或又谴责之极,是世人还远不知茶之三昧。

奚陟摆茶会

茶道兴起于唐代。

与陆羽同时代的太学生封演在他撰写的《封氏闻见记》中说:"因鸿渐之论(即陆羽《茶经》)广润色之,于是茶道大行,王公朝士无不饮者。"这是最早提到"茶道"一词的记载。按封演的说法,最先总结和阐述"茶道"的是陆羽。

但是,当时"茶道"在生活中是如何具体展现的,却很难找到详尽的文献记载。只有北宋之初宋太宗敕撰的《太平广记》记载的奚陟摆茶会一事,尚可见唐代"茶道"之一二。

奚陟为唐代宗大历末年进士,唐德宗时累进中书舍人,也为陆羽同时代人。

《太平广记》所说的奚陟摆茶会一事即发生于陆羽宣扬茶道之时。这则故事说:

奚陟成为吏部侍郎的时候,饮茶已为世人所推崇。奚陟这人本性奢侈,他备置了一整套在当时即使是公卿之家也不见得会有的稀奇而精致的茶具,如风炉、越瓯瓷盏、碗托和角匕等。

有一天天气正热,他邀请了官署里的一批同僚来家中大厅里举办茶会。当时来的客人有二十多人,奚陟坐在东侧首位,奉茶劝进的人却从西侧的客人处开始敬茶。二十多个人喝茶却只有两个茶碗,茶量又很少,客人喝茶时还不时嬉笑、闲谈,所以茶碗的传递越发慢了。

由于天热口渴,奚陟望着迟迟不过来的茶碗,渐渐烦躁起来。正在这时,一位不知趣的下属抱着一大堆帐本和笔砚进来,摆在奚陟前面的案桌上,要他签押。奚陟打量这人,只见他满脸油汗,长得又胖又黑。正处极度焦躁的奚陟厌恶之意油然而生,猛地一把将他推开,怒道:"拿到那边去!"这位不幸的下属冷不防被猛推一把,人与案桌一起翻倒在地,砚墨四溅,他的脸上以及那些帐本都被染得乌黑一片。

众人大笑。

从这则故事可以看出，这个茶会非同一般，而是很有些讲究的，比如要有一套很精致的茶具，二十多个人分坐在东西两侧，由专门的奉茶人按一定秩序为客人敬茶，客人只用两只碗悠闲地喝着，而且茶量不多。两只碗喝茶到底是像浓茶那样传递着喝呢？还是用两只碗替换着点一碗，喝一碗呢？这虽然不太清楚，但熟知现代日本茶道的人一定会看出，这茶会的礼仪和日本茶道中的一些"做法"是有相似之处的，如对茶具的重视、主客座位的位置、专门的奉茶人和敬茶的秩序等等。日本茶道从这一记载中似能看出其渊源。

当然，奚陟所摆设的这次茶会，离真正意义上的茶道还相距甚远，仅具茶道之形式，而无茶道之境界，更无茶道之精神，以这场茶会的主人溪陟的最后行为就足以说明这一点。

藏王数家珍

唐代饮茶之风的盛行，还表现在茶从中原向外的广泛传输。如《新唐书·陆羽传》记载说："回纥（当时建立于西北地区的游牧汗国）使者入朝，始驱马市茶"——这是茶之往北。《旧唐书·懿宗纪》记载说："安南（今越南）如圆、溪峒之间，悉岭北茶药"——这是茶之往南。《藏史》记载说："藏王松冈布之孙（即松赞干布）时，始自中国输入茶叶，为茶叶输入西藏之始"——这是茶之往西南。

在今天的西藏藏族中，还流行着一句谚语，称"宁可三日无油盐，不可一日不喝茶"。这与西藏高原气候干燥，高寒缺氧，而藏族多以食牛羊肉为主有关，因为茶能解渴去腻，帮助消化，所以藏族同胞比汉族更离不开茶。

茶叶从初唐传入西藏，到中唐时饮茶之风即已十分盛行。据唐代李肇（约825年前后）撰写的《国史补》记载说：

常鲁公奉旨出使西蕃（吐蕃为唐时藏族所建政权），在吐蕃时，有一天他在营帐中烹茶自饮。恰好藏王看到了，便问他在烹些什么东西。常鲁公回答说："这东西可以去人烦恼，解人干渴，我们称之为'茶'。"藏王听罢忽然明白了，说道："噢，这东西我这里也有"，即命人去取了好多茶出来，指点道："这是寿州出产的，这是舒州的茶，这是顾渚的，这是蕲门的品种，这是从昌明过来的，这是溟湖的特产……"

如今见诸记载的唐代名茶不过二十多种，而藏王即刻能拿出六种，并能如数家珍似地一一道明"身份"，这足以反映了当时至少在吐蕃王宫中饮茶已十分盛行。

溟湖（在今湖南岳阳市南）所产之茶即"溟湖含膏"，为唐代名茶，北宋范致明《邱阳风土记》说："沮湖诸山旧出茶，谓之'沮湖茶'。唐人极重之，见于篇什。"据记载，唐初文成公主带到吐蕃的茶叶即为这一名茶。

贞观十五年（641年），吐蕃松赞干布派宰相携带贵重礼品，到长安向唐太宗请婚。经过几次周折，唐太宗同意将宗室之女文成公主嫁给松赞干布，并派礼部尚书、江夏郡王李道宗主婚，持节护送文成公主入藏完婚。文成公主入藏时随带了大量嫁妆，如各式精美的工艺日用品和酒、茶叶等土特产，并教会了藏族妇女如何碾茶和烹茶。据说，当时带去的作物就有3800类，牲畜5500种，还有工匠5500人。这些数字显然是夸张的，但茶叶从此传入西藏却是可以肯定的。

据成书于1388年的《西藏王统记》中说，文成公主不仅为西藏带来了茶叶，还创制了奶酪和酥油，并以"酥油茶"待客。藏族同胞的主要饮料酥油茶的历史，由此可见到今天已有一千三百多年了。西藏山南地区至今还流传着一首《公主带来龙纹杯》的民歌，歌词大意是："龙纹茶杯啊，是公主带来西藏，看见杯子啊，就想起公主慈祥的模样……"这说明当时文成公主除了带去茶叶之外，还带去了茶杯、茶具等饮茶用具。

王褒《僮约》武阳买茶

茶为贡品、为祭品，已知在周武王伐纣时、或者在先秦时就已出现。而茶作为商品，则现在知道要在西汉时才出现。

西汉宣帝神爵三年（前59年）正月里，资中（今四川资阳）人王褒寓居成都安志里一个叫杨惠的寡妇家里。杨氏家中有个名叫"便了"的髯奴，王褒经常指派他去买酒。便了因王褒是外人，替他跑腿很不情愿，又怀疑他可能与杨氏有暧昧关系，有一天，他跑到主人的墓前倾诉不满，说："大夫您当初买便了时，只要我看守家里，并没要我为其他男人去买酒。"

王褒得悉此事后，当时就气不打一处来，一怒之下，在正月十五元宵节这天，以一万五千钱从杨氏手中买下便了为奴。

便了跟了王褒，极不情愿，可也无可奈何，但他还是在写契约时向王褒提出："既然事已如此，您也应该向当初杨家买我时那样，将以后凡是要我干的事明明白白写在契约中，要不然我可不干。"

王褒这人擅长辞赋，精通六艺，为了教训便了，使他服服贴贴，便信笔写下了一篇长约六百字题为《僮约》的契约，列出了名目繁多的劳役项目和干活时间的安排，使便了从早到晚不得空闲。契约上繁重的活儿使便了难以负荷。他痛哭流涕向王褒求情说，如是照此干活，恐怕马上就会累死进黄土，早知如此，情愿给您天天去买酒。

这篇《僮约》从文辞的语气看来，不过是作者的消遣之作，文中不乏揶揄、幽默之句。但王褒就在这不经意中，为中国茶史留下了非常重要的一笔。

《僮约》中有两处提到茶，即"脍鱼炰鳖，烹茶尽具"和"武阳买茶，杨氏担荷"。"烹茶尽具"意为煎好茶并备好洁净的茶具，"武阳买茶"就是说要赶到邻县的武阳（今成都以南彭山县双江镇）去买回茶叶。

对照《华阳国志·蜀志》"南安、武阳皆出名茶"的记载，则可知王褒为什么要便了去武阳买茶。

从茶史研究而言，茶叶能够成为商品上市买卖，说明当时饮茶至少已开始在中产阶层流行，足见西汉时饮茶已相当盛行。

在此还有必要赘述一点，美国茶学权威威廉·乌克斯在其《茶叶全书》中说："5世纪时，茶叶渐为商品"，"6世纪末，茶叶由药用转为饮品。"他如果看到王褒的这篇《僮约》，恐怕不会说如此武断的话，因为《僮约》提到"武阳买茶"这件涉及商品茶的事实的确切时间是公元前59年的农历正月十五，比《茶叶全书》所谓的5世纪要提前五个世纪。

孙皓以茶代酒

从前面几篇文章看来，我国最初的茶事多发生在今天的四川省一带。而作为现在茶叶的主要产区江南，茶事则相对要晚些。晋朝陈寿的《三国志》记载了这样一件事：

吴王孙皓每次大宴群臣，座客至少得饮酒七升，虽然不完全喝进嘴里，也都要斟上并亮盏说干。有位叫韦曜的酒量不过二升，孙皓对他特别优待，担心他不胜酒力出洋相，便暗中赐给他茶来代替酒。

这件事出现在该书的《吴志·韦曜传》。韦曜字弘嗣，原名韦昭，陈寿为了避晋武帝之父司马昭的讳，所以改为韦曜，吴郡云阳人，以博学多闻而为孙皓所器重。

但孙皓却是一个暴君，他是吴国的第四代国君，也是末代君主，在位之前被封为乌程侯，景侯死后他继为国君，性嗜酒，又残暴好杀。当他对韦曜颇为欣赏时，可以酒席之间暗中作弊，偷偷地用茶换下韦曜的酒，使之得过"酒关"。但是当韦曜一旦违逆其意，便翻脸不认人，拔刀以对。

韦曜为人却是耿直磊落，他可以在酒宴上暗地里玩些"偷梁换柱"、"暗渡陈仓"的把戏，但一旦事关国是，由一是一，二是二，实事求是。于是当他在奉命记录关于孙皓之父南阳王孙和的事迹时，因秉笔直书了一些见不得人的事，触怒了孙皓，竟被杀头送了命。

　　但是"以茶代酒"一事直到今天仍被人们广为应用，并称得上是一件大方之举、文雅之事，这无论是孙皓还是韦曜，都是始料未及的。

　　在此顺便再提一下，孙皓早先被封为乌程侯的乌程（今浙江湖州南）也是我国较早的茶产地。据南朝刘宋山谦之《吴兴记》说，乌程县西二十里有温山，出产"御荈"。荈即茶也。一般学者认为，温山出产"御荈"可以上溯到孙皓被封为乌程侯的年代，即吴景帝永安七年（264 年，是年景帝死，孙皓立）前后，并且还有当时已有御茶园的推断。

周武王茶称贡品

　　唐人陆羽在《茶经》中说："茶之为饮，发乎神农氏（我国古代传说中的三皇之一，也即炎帝）"，并且还引述了《神农食经》说，常常饮茶，使人精力充沛，身心舒畅。但有关神农氏之事毕竟太遥远，仅仅是传说而已，而且《神农食经》为何人所作、何时所写，也无可查考，所以，饮茶始于神农氏之说，并非确凿之事。就现在已知的可信文献史料来看，第一个把茶当回事的要算是周武王姬发了。

　　据《华阳国志·巴志》记载，大约在公元前 1025 年，周武王姬发率周军及诸侯伐灭殷商的纣王后，便将其一位宗亲封在巴地。这是一个疆域不小的邦国，它东至鱼复（今四川奉节东白帝城），西达僰道（今湖北宜宾市西南安边场），北接汉中（今陕西秦岭以南地区），南极黔涪（相当今四川涪陵地区）。巴王作为诸侯，理所当然要向周武王（天子）上贡。《巴志》中为我们开具了这样一份"贡单"：五谷六畜、桑蚕麻纻、鱼盐铜铁、丹漆茶蜜、灵龟巨犀、山鸡白鸐、黄润鲜粉。

　　即是贡品，一定珍贵。但巴王上贡的茶却是珍品中的珍品。《巴志》在这份"贡单"后还特别加注了一笔："其果实之珍者，树有荔支，蔓有辛蒟，园有芳蒻香茗。"上贡的茶不是深山野岭的野茶，而是专门有人培植的茶园里的香茗。

　　《华阳国志》是我国保存至今最早的地方志之一，作者是东晋时代的常璩，字道将，蜀郡江原（今四川崇庆东南）人，是一个既博学、又重实地采访的司马迁式的学者，他根据非常宏富的资料，于公元 355 年前撰写了这本有十二卷规模的书。

　　周武王接纳了茶这宗贡品后是用来品尝、药用，还是别有所为，目前还不得而知。但我们从《周礼》这本书中似可探知这茶还有别的用处。《周礼·地官司徒》中说："掌茶。下士二人，府一人，史一人，徒二十人。""茶"即古茶字。掌茶在编制上设二十四人之多，干什么事呢？该书又称："掌茶：掌以时聚茶，以供丧事；征野疏材之物，以待邦事，凡畜聚之物。"原来茶在那时不仅是供口腹之欲，而且还是邦国在举行丧礼大事时的必不可缺的祭品，必须要有专门一班人来掌管。

此外，《尚书·顾命》中说道："王（指成王）三宿、三祭、三诧（即茶）。"这说明周成王时，茶已代酒作为祭祀之用。

由此可见，茶在三千年前的周代时，即已有了相当高的地位。而在《诗经》中，"茶"字何以屡屡出现在像《谷风》、《桑柔》、《鸱鸮》、《良耜》、《出其东门》等诗篇中，便不足为怪了。

晏婴以茶为廉

晏婴是春秋时期著名的政治家，字平仲，后人称之为晏子，曾在齐灵公（前581年至前554年）、齐庄公（前553年至前548年）时为官，在齐景公时（前547年至前490年）任国相。

他在植物研究上看来是颇下了点工夫的，譬如"桔过淮南是为枳"的故事和"两桃杀三士"的故事，就足以证明这一点，前者以桔枳之事回击了楚王对齐人的讥讽，取得了外交上的成功，后者则仅仅以两枚桃子就为齐王除掉了三个飞扬跋扈的武士，取得了内政上的成功。这种智慧让后人钦佩不已。

晏婴任国相时，力行节俭，这点却为茶所证实。采集了晏婴事迹及其净谏言词的作品《晏子春秋》中说，晏婴担任齐景公园相时，吃的是糙米饭，除了三五样劳菜以外，只有"茗菜"而已。唐代"茶圣"陆羽把《晏子春秋》这段文字引入了《茶经》中的《七之事》里。

但是，已故当代"茶圣"吴觉农对此却不以为然。

吴觉农在其《茶经述评》中说：

> 在公元前六世纪的春秋时期，居住在山东的晏婴，是否能在吃饭时饮茶，是很值得怀疑的。这是因为从我国茶区扩展的历史来看，在春秋时期，除了茶树原产地的西南地区早已有茶外，我国的其他地区，包括山东，是还不可能产茶的。即使由于他身居国相，可能有人把茶作为礼品馈赠给他，但在战国或秦代以前，基本上还是茶的药用时期，晏婴是不可能把作为药物的茶与饭菜同时进用的。除此以外，又没有发现关于晏婴饮茶的其他记载，自也无法肯定他曾饮过茶。因此，陆羽把《晏子春秋》条列入《七之事》中，作为春秋时代茶的史料，是不适当的。另外'茗菜'二字，有的版本作'苦菜'，认为晏婴所吃的不是茶而是苦菜，那就更不应该把这条列入《七之事》了。

古今两位"茶圣"对晏婴吃茶一事看法截然不同，煞是有趣。

但更有人认为，"茗菜"就是茗菜，而不是茶和菜，也就是说，承袭上文，晏婴不是饮茶，而是吃一种叫"茗菜"的菜。这一说法的依据是至今云南西双版纳的基诺族等少数民族仍爱吃"凉拌茶菜"。这种茶菜叶色黄绿鲜翠，有咸辣之味，又有茶香，用以佐食蕉叶糯米饭，味道非常爽口。另外还有南方的名菜"龙井虾仁"、"碧螺虾仁"、"樟茶鸭子"等茶菜。远的如果不说，近在山东的孔府名菜"茶烧肉"也是一例。

不过，茶在周武王是为贡品，在晏婴却为低廉之物，一珍一廉，真是天差地别。但其实今天的茶人既求珍，也讲廉，品质上求珍，茶礼、茶道中讲廉，一点不偏颇，这是今人胜古人之处。

蜀王封邑名"葭萌"

我国现在以茶和茗命名的山、村、集、镇等地名约有30多处，在县名中惟一出现"茶"字的是湖南省茶陵县。

茶陵古称荼陵。陆羽《茶经》中引述《茶陵图经》（已佚）的记载说："茶陵者，所谓陵谷生茶茗焉。"

茶陵的命名始于西汉，当初是荼陵侯刘沂的封地，所以又俗称为荼王城。据《汉书·地理志》记载，当时长沙国有十三个属县，茶陵便是其中的一个。茶陵县在隋代被取消，其地并入湘潭，直到唐高祖时才得以复置。但随即在唐太宗时再度被取消，一直到武则天时又再度复置。

但茶陵并不是最早的和惟一的以茶命名的县，相比之下，四川省的葭萌更具悠久历史，只不过因为它用了茶的另外一个称呼来命名，所以易被人们所忽视。

葭萌位于今四川省剑阁的东北。成书于西汉的《方言》记载说："蜀人谓茶曰葭萌。"但在公元前4世纪时，"葭萌"还曾为人名和城邑之名。

据《华阳国志》记载，战国中期在周显王二十二年（前347年）时，蜀王把他一个名叫"葭萌"的弟弟分封于汉中地区，号苴侯，并把苴侯所在的那个城邑称作"葭萌"。

当时，蜀人的政治中心在成都，而东边的巴人则以重庆为中心，两个部族居相错，行相仿，但相互之间并不和睦相处，向为敌国。

葭萌封疆裂土后，不知出于什么动机和原因，竟与世仇巴王修好，友善往来。这一下触犯了兄长蜀王的禁忌，蜀王一怒之下向葭萌兴师问罪。葭萌以区区一侯的实力，哪打得过蜀王，只好逃往巴国避难。蜀王又岂肯善罢甘休，一不作、二不休，挥师直捣巴国。对这次战争毫无提防的巴王这时犯了一个大错，为了抵抗蜀兵，他和葭萌慌不择路地向北方秦国求援。

秦国世称虎狼之国，此时的秦惠王在谋士张仪的辅佐下，正大肆扩张兼并邻国。见巴国求援，秦惠王乘机出兵，于周慎王五年（前316年）攻灭了蜀国。接着也是一不作、二不休，又挥师东进，一举灭了巴、苴两国。

在这场战争中，秦国是渔翁得利者，大大扩展了领土，另外它还得到了一项好处，那就是秦人从此以后知道了茶的作用，正如清代顾炎武在《日知录》中所说的"自秦人取蜀后，始有茗事"。

从巴人早在周武王时即已以茶为贡，蜀人后来又以茶名地的史实来看，先秦时期在巴蜀两国不但饮茶已经约定成俗，而且这时的茶已成为两国比较普遍的一项生产事业。

此外，根据古蜀的历史传说，蜀王的名号往往与其业绩有关，比如"蚕丝王"，相传是一位驯育野蚕为家蚕的君主。又如"鱼凫王"，相传是驯养鱼鹰以助捕鱼的创始者。那么，这位以茶为名、以茶名地的葭萌，是否该是中国最早的一位茶叶学者呢？

君谟善别"石岩白"

唐代陆羽善鉴水，如南零水、谷帘泉等，有籍可案，但如何品鉴名茶，却少有记载。与陆羽相比，蔡襄对茶的研究更注重茶本身，堪称中国第一位品茶师。

《茶事拾遗》中记载着蔡襄的另一件品鉴茶茗的轶事：

建安（今福建建瓯）能仁寺院中，有株茶长在石缝中间。这是一株称得上优良品种的茶树，寺内和尚采制了八饼团茶，号称"石岩白"。他们以四饼送给蔡襄，另四饼密遣人到京师汴梁送给一个叫王禹玉的朝臣。

过了一年多，蔡襄被召回京师任职，闲暇之际便去造访王禹玉。王禹玉见是"茶博士"蔡襄登门，便让人在茶桶中选最好的茶来款待蔡襄。

这回，蔡襄捧起茶瓯还未尝上一口，便对王禹玉说："这茶极似能仁寺的'石岩白'，您何以也有这茶？"

王禹玉听了还不相信，叫人拿来茶叶上的签贴，一对照，果然是"石岩白"。见此情形，王禹玉只有钦佩的份了。

蔡襄在当时称得上是茶学大师，在茶界具有极高的威望，精于论茶的人谁碰到蔡襄都缄口不敢吭声了。

但有一位女子却不让蔡襄这位须眉。治平二年（1065年），蔡襄出任杭州知府。在杭期间，他遇到了一位叫周韶的妓女的"挑战"。周韶颇能写诗，又嗜好收藏一些"奇茗"。听说这位蔡知府茶学绝顶，她便倾其所藏，竭其才智，与蔡襄题诗品茗，斗茶争胜。结果令人大为惊异："君谟屈焉！"

又据宋人江休复《嘉祐杂志》记载说，蔡襄与苏舜元斗茶，拿出上好之茶，选用天下第二泉——惠山泉。苏舜元的茶劣于蔡襄，但他选用了竹沥水来煎茶，结果出奇兵胜了蔡襄。

不说强中自有强中手，却可见宋代茶人之多，学问之深。

欧阳修珍藏"小龙团"

蔡襄所造的小龙团茶不仅是制作精细，品质优异，更难得的是这种茶产量极少，第一年只造出十斤，主要是进贡给皇上享用，朝野臣民罕得其茶。小龙团茶当时估价为每斤黄金二两。可是在朝的高官权贵却说，黄金易得，而其茶不可得。

当时的仁宗皇帝赵祯对小龙团茶也极为珍爱，虽宰相之臣也不曾轻易赏赐，只有在每年的南郊祭天地的大礼中，中书省和枢密院两府中各有四位大臣，才共赐一饼。八个人一饼茶，只好一分为八，每人一份。蔡襄造小龙团以十饼为一斤（十六两），也即一饼只有一两六钱，而一两六钱的茶还要再分作八份，每份就仅有二钱重了。赏茶尤如秤金，好是可怜！八个人将这一点点黄金般的茶带回家后，还不舍得品饮，都当作传家之宝珍藏着，偶尔有贵客佳宾临门，仅拿出观赏一阵子，便算是极大的礼遇了。

但在有幸得到小龙团茶赏赐的大臣中，欧阳修算是一个更幸运的人，因为他得到的赏赐是完完整整的一饼小龙团茶。

欧阳修（1007年-1072年），字永叔，号醉翁、六一居士，庐陵（今江西永丰）人，为北宋著名的文学家和史学家，官至枢密副使、参知政事。

欧阳修非常爱茶，与茶有着不同寻常的关系，和蔡襄督造建溪小龙团贡茶一样，他在出任扬州知府期间，曾负责督造扬州贡茶。另外，他还有一首著名的《双井茶》诗，对产于分宁（今江西修水）的双井贡茶赋予了热情赞美。但最让他欣喜的却是宋仁宗赐给他一饼小龙团贡茶。

欧阳修在为蔡襄所撰《龙茶录》写的《后序》中叙说了当时中书省和枢密院的八位大臣才分赏到一饼小龙团茶，但在嘉祐七年（1062年），这种茶的产量已有所增加，所以两府中这年获得赏赐的八人才得以人茶一饼，而欧阳修恰巧成为这八人中的一员。

欧阳修以谏官之职入朝供奉，到官至枢密副使、参知政事，凡历二十余年，方才获得一饼小龙团茶，企盼已久，一朝见赐，令他百感交集，在家中时常拿茶观赏，而每一次捧玩，都令他涕泣不已。

得到这次令人激动的赐茶是在嘉祐七年（1062年），而写这篇《后序》时已是治平元年（1064年），可见欧阳修珍藏这饼小龙团茶已有两年。

宋人唐庚后来对欧阳修的珍藏小龙团茶之举不以为然，批评说："无论什么茶，最重要的是讲究新。现在一藏就是几年，还有什么可值得品味的？"其实，这种批评是有失公允的，欧阳修鞠躬尽瘁二十余年，方有贡茶一饼之赐，这茶对他而言，绝非只是口腹之事，而是其一生忠君爱国、任劳任怨的品味，是以他见茶如见一生，惟有涕泣而已。

唐德宗始创茶税

饮茶在盛唐时期出现了空前的盛况，王公朝士，无不饮者，穷日尽夜，殆成风俗。当时除了四川地区和江南地区茶风日盛外，黄河中下游的广大地区也是盛行饮茶，大凡交通沿线，随处都有茶摊、茶铺、不分道俗，投钱可饮，十分方便。江南各地的茶则源源北上，舟车相继，所在山积。不只江南和江北产茶，中原地区以至黄河之北也出产名茶了。

这时，有一位皇帝在大臣们的议论中，看到了茶已与盐、铁一样为百姓日常所需，有利可图，便开始了我国历史上的第一次茶税征收。这位皇帝就是唐德宗李适。

唐德宗李适（742年－805年）是唐朝第十代皇帝。大历十四年（779）唐代宗李豫死，李适即位。在即位之初，唐德宗就颇思励精图治。当时安史之乱平定后不久，天下依然纷乱，朝廷势弱。为了改变这一局势，必须强兵强政，加强中央集权。唐德宗宣布废除租庸调制及一切苛杂，实行两税法，按户等征居人之税，按土地征田亩之税，每年夏秋两征。这一新税制适应了土地集中、贫富不均的情况，具有进步意义。

建中四年（783年），户部侍郎赵赞敏锐地看到，饮茶的风气已在百姓中普遍形成，便向德宗提议征收茶税，十税其一。德宗很快就采纳了这一建议，于这年开始对茶叶征税，由负责对盐铁征税的盐铁转运使主管茶务。当时除茶之外，还有漆、竹、木等也被列为征税对象。茶税之法从此被建立起来，以后历朝历代多有修订，逐渐完善。

唐德宗开始征收茶税后的次年，由于改元为兴元（784年），大赦天下，大摆"阔气"，干脆把新开不久的茶税也免了。直到九年以后的贞元九年（793年）才恢复了茶税的征收，在产茶的州县和茶山外商人所经要路设置税场，每年即得钱四十万贯，茶税一举成为国家的一项重要财政收入。

唐德宗茶税一征，财源滚滚，却不知有人因此付出了生命。当时的益昌（今四川昭化）令叫何易于，开征茶税的诏令下达后，使他陷入了两难的困境，因为益昌是个穷困之地，不征茶税这里的百姓已不太活得下去，若要再强征什么茶税，百姓必定是死路一条。何易于对这首诏令审视再三，便叫一小吏把诏令搁置一边，不征茶税。但他们非常清楚，违拒诏令，这是要杀头的罪！

小吏思虑再三说："如果我来顶罪被杀头后，你能否免除被流放之罪？"

何易于却说："我既然不以保全自身一命来移害于百姓们，也决不会让你们来为我替罪。"言罢，他做出了令人决不可想象的举动：自焚。

何易于死后，其上司因平时对他颇为赏识，也就没有再上本参劾他。

这是由茶税之法引出的第一个死难者。

陆羽分辨南零水

茶税之法在唐德宗时的出现，标志着饮茶之风已真正广为播扬。而在此同时出现的一人一书，也同样成为饮茶盛行天下的一个标志。这就是陆羽及其《茶经》。

陆羽（733年-804年），字鸿渐，又名疾，字季疵，复州竟陵（今湖北天门）人，号竟陵子、桑苧翁、东冈子。陆羽一生嗜茶，精于茶道，以撰写了世界第一部茶叶专著《茶经》而闻名后世，对中国茶业和世界茶业的发展作出了卓越贡献，被誉为"茶仙"，奉为"茶圣"，祀为"茶神"。

有关陆羽的身世，据《新唐书》、《文苑英华》、《唐才子传》等文献的记载，陆羽三岁时被竟陵龙盖寺住持智积禅师在当地的一个湖水边拾得。积公以《周易》自筮为这孩子取名，占得《渐》卦，卦辞曰："鸿渐于陆，其羽可用为仪"，于是按这一卦辞给他定姓为"陆"，名"羽"字"鸿渐"。

天宝十一年（752年），礼部郎中崔国辅被贬为竟陵司马。这年，陆羽和他相识，两人常一起出游，品茶鉴水，谈诗论文。两年后，陆羽出游巴山峡川，考察茶事，一路上逢山采茶，遇泉品水，目不暇接，口不暇访，笔不暇录，锦囊满获。乾元元年（758年），陆羽来到升州（今江苏南京），寄居栖霞寺，钻研茶事。上元元年（760年），陆羽从栖霞山麓来到苕溪（今属浙江湖州），隐居山间，闭门著述《茶经》。期间常身披纱巾短褐，脚着藤鞋，独行山野，深入农家，采茶觅泉，评茶品水。广德二年（764年），陆羽完成了《茶经》初稿，世人竞相传抄。大历十年（775年），陆羽根据参与湖州刺史颜真卿编纂规模宏大的《韵海镜源》一书时掌握的新资料，对《茶经》作了修订，并于建中元年（780年）正式付梓出版。三年后，唐德宗李适制定了我国第一部茶税之法。

晚唐曾任衢州刺史的赵璘，其外祖父与陆羽交契至深，他在《因话录》中说，陆羽"性嗜茶，始创煎茶法"。

陆羽嗜茶，更讲究煎茶之水，这可以从元和九年（814年）考取进士第一的张又新之作《煎茶水记》中得知。

《煎茶水记》引述了一位"楚僧"的《煮茶记》记载的故事说，唐代宗时期，湖州刺史李季卿在赴任路过扬州时，偶尔与陆羽相逢。李季卿因倾慕陆羽已久，一朝相逢，倍感欣喜，便邀陆羽一起到扬子驿吃饭。

席间，李季卿说："陆君善茶，已是天下闻名；这扬子江的南零水也为天下第一名水，今天'二妙'相聚，可谓千载难逢，岂能虚度!"于是，命随军中一位可信之士带瓶坐船去取南零之水。陆羽则备好煎茶器具等候水至。

过了一阵子，那人取水来后，陆羽马上用勺取水，但看了一下后用勺扬了扬水说："这水江是江水，却不是南零之水，应该是临岸的江水。"

那人答道："这是我划船取来的水，有一百多人看见我取水了，怎敢说谎?"

陆羽没接话，默默地将瓶水倒出，至一半时忽然停住，又用勺取水扬了扬说："这才是南零的水呢!"

那人闻声大为惊骇，低下头说："其实我的确是取了南零的水，可船回岸边时摇晃得厉害，瓶里的水洒了一半，我怕您嫌水少，于是就在江岸边将水盛满。处士您的鉴别力真神了!"

李季卿和宾从数十人听罢都大为骇愕。

这则故事也让今人吃惊，这种鉴别力确实到了神奇的境地。我们姑且不论其真假，哪怕是非科学性的，但此事却充分说明在茶的品饮中，择水、鉴水已是很重要的一部分。同时也反映了当时人们把陆羽视为茶神，当作茶博士来崇拜的这一事实。

《新唐书·陆羽传》也记载此事，说李季卿见陆羽时，"羽衣野服（不合礼节场所的粗衣），挈具而入，季卿不为礼，羽愧之，更著《毁茶论》"。

茶神明鉴谷帘泉

陆羽犹如神技的鉴水本领并非只有分辨南零水一例，其鉴别庐山谷帘泉之事也可谓是"好事"成双，无独有偶。

李季卿在亲眼目睹陆羽辨别南零水后问道："由此看来，您所历经过的水可以判定出其优劣来了囉?"

陆羽回答说："可以这么说，天下以楚水（长江以南流域）第一，晋水（山西黄河流域）最下。"陆羽当即排出水的二十等级来："庐山康王谷水帘水第一，无锡惠山石泉水第二……"

庐山康王谷又名庐山垄。《星子县志》记载说:"昔始皇并六国,楚康王昭为秦将王翦所窘,逃于此,故名。"康王谷深山有泉,发源于汉阳峰,中道因被岩山所阻,水流呈数百缕细水纷纷散落而下,远望似亮丽晶莹的珠帘悬挂谷中,因名谷帘泉。

陆羽曾应洪州(今江西南昌)御史萧瑜之邀前往做客。两人闲谈中,萧瑜对陆羽判定谷帘泉为天下第一名泉而不以为然,他说:"天下名泉甚多,何以要评谷帘泉为第一呢?"陆羽为了让其信服,请萧瑜命士兵去康王谷汲取谷帘泉来亲自品评。

过了两天,士兵汲水而归,陆羽便亲自以此水煎茶。在场众宾客品茶后频频举盏,连连赞叹,都认为品尝到了佳泉美味,还有人说:"鸿渐兄真不愧为评泉高手,谷帘泉果然名不虚传!"

陆羽听后甚为欣喜,可当他自己举盏啜了一口,便皱眉惊问:"咦!这水——恐怕不是谷帘泉吧?"

众人闻言全愣住了。萧瑜急忙把汲水的士兵唤来询问,可那人一口咬定是谷帘泉。

正在这难以定夺的尴尬时刻,江州(今江西九江)刺史张又新赶到,他早就得知陆羽最爱谷帘泉,自己对煮茶也颇感兴趣,特地扛了一坛谷帘泉前来助兴。

陆羽便用张又新之水煎茶请众人重新品评。席上很快传来阵阵笑语:"不怕不识货,只怕货比货,这水才无愧于谷帘泉之名。"

一旁的士兵早已吓得说不出话来。原来,他当时确实取到了谷帘泉,但在返回途中经过鄱阳湖时,因风浪甚大,一不小心把满坛的谷帘泉给打翻了。为了不因误时受责,他便汲了一坛鄱阳湖的湖水来交差。不料却被陆羽一"口"识破。

就真实性而言,此事与分辨南零水一事相比,似较可信,因为两种水分贮于两个容器中,而能够鉴别出不同来,比较令人信服。但两种水贮于同一个容器中,却要鉴别出不同来,这就有点玄了。

可是如果比较一下历史的说法,这谷帘泉一事则只能算是轶事趣闻罢了,不必尽信了。因为据历史记载,陆羽卒于804年,而张又新要到814年才考取进士,其后才被迁为江州刺史,张又新焉能以江州刺史的身份与陆羽在一起品评谷帘泉呢?这则故事因与分辨南零水之事一样,应该看作是当时人们敬陆羽为茶神的一种"说法"。

嗜茶者名号种种

南北朝时,从南齐逃到北魏的王肃因茶量颇好,而被蔑笑为"漏卮",当时因嗜茶者罕有其闻，所以有关嗜茶者的绰号、名号也凤毛麟角，除此之外，更难找出第二个来。

但是茶事自唐代兴起之后，嗜茶者日众，而其绰号、名号也随之而来。

唐代诗人中嗜茶最著名的要算是卢仝了，他有一篇题为《走笔谢孟谏议寄新茶》的诗，写品饮七碗茶而后飘飘欲仙的感受，很是生动、传神。诗云：

> 一碗喉吻润，两碗破孤闷。三碗搜枯肠，惟有文字五千卷。四碗发轻汗，平生不平事，尽向毛孔散。五碗肌骨轻，六碗通神灵。七碗吃不得，唯觉两腋习习清风生……

卢仝对这首诗是颇为得意的，对嗜茶也颇为自豪，他给自己取了绰号叫"癖王"。

有趣的是这"癖王"当时还有一个"对子"，叫作"怪魁"。那是同样对自己沉湎于茶颇自负的诗人陆龟蒙为自己取的绰号。

晚唐诗人皮日休之子皮光业也最好饮茶。有一次，别人请他来尝新到的柑桔，并准备了盛宴。谁知他一到，也不对桌上的时鲜珍馐瞧上一眼，却一个劲地急呼要茶喝。急切之下茶盏没有，主人只好以巨觥盛茶相进。喝完了之后，他诗兴勃发，信笔写道："未见甘心氏，先迎苦口师。"众人取笑说："此师固清高，而难以疗饥也。"在这里，"苦口师"既是指茶，更是称皮光业。

五代时江南有位叫文了的僧人，因擅长烹茶，称绝一时。后来他云游荆南，在当地表演烹茶技艺，为人欣赏，称他是"汤神"。但到后来他茶艺卓绝而被封为华亭水大师时，人们又叫他是"乳妖"。神、妖居然一身兼。

宋人陶穀在《荈茗录》中记有这样一件事："宣城何子华在剖金堂宴客，席间，他取出一幅严峻所绘的陆羽像说：'世人常把过于迷恋骏马的人叫作"马癖"，把迷醉在钱里的人称作"钱癖"，把耽于子息的人称为"誉儿癖"，把热衷于读书的人叫作"《左传》癖"，那么像这位老者（指陆羽）沉湎于茶事，该叫什么癖呢？"客人杨粹仲接过话题说："茶是珍贵之物，但它还是草，可以说是草中之甘。像陆羽这样精于茶道的人，我们宜追称他为'甘草癖'。"此言一出，满座称好。

宋人曾几为自己取了个别号，叫"茶山"。明人许应元也给自己取别号叫"茗山"。都想取出宏大声势来。

明代之初有位宁波知府叫王琎。有一次，一位手下人来拜会他，他具茶相待。谁知这人来是为别人做说客，令他十分不快，大呼侍者："撒茶！"于是人们就叫他是"撒茶太守"。

明代还有一位包山（今属江苏）人张源，志甘恬淡，性合幽栖，因而世称"隐君子"。但他偏又是一个嗜茶如命者，不但耽于汲泉煮茗，而且竭精殚思几十年，将研茶心得著成《茶录》，于是人们又称他为"瘾君子"。

茶人名号，凡此种种。

明月清风，尽在杯中。

吾水既好，吾器既工。

盛极而衰，几近途终。

一代茶圣，吴氏觉农。

重风雅倪云林绝交王孙

宋人于茶之道讲究在制茶和烹茶上，所以有宋一代贡茶辈出，名茶广布，并且还出现了极具技巧和艺术特色的斗茶和分茶等茶艺。而明人则似乎更是讲求品饮上的境界，注重碗中盏里的意味。这一点从元明之际的倪瓒身上可以看到最早的迹象。

倪瓒（1301 年 – 1374 年），元代著名画家，常州无锡（今江苏无锡）人，原名珽，字元镇，号云林。与黄公望、吴镇、王蒙并称"元四家"。

倪瓒性情孤僻狷介，绘画上则讲求表现胸中逸气，其"茶道"之追求也然。明代顾元庆的《云林遗事》中记有这样一则故事：

倪瓒素好饮茶，曾居于天下第二泉惠山泉之畔，经常研茶鉴水。有一天，他忽有心得，用核桃、松子肉和以一些真粉，做成园林假山叠石形状，置于茶汤之中，雅号"清泉白石茶"。于是，倪瓒的清致之名噪于一时。

有位叫赵行恕的人乃是宋朝宗室后裔，因为仰慕倪瓒这种品味，有一天便亲自登门拜访。

因是王孙之辈临门，倪瓒便大礼相迎，延请上座后，叫童子供上"清泉白石茶"相待。

此茶之品，在于品泉之清，品"石"之白，体味倚石之茗，晃如蕉影之韵，感悟明泉之清，犹以静心之适，品出一个林泉之中的闲情逸趣。

但是，赵行恕显然不是一个"茶人"，他像喝大碗茶似地大口连啖。这在倪瓒看来，无疑是"牛饮"。

一番盛情雅意迎来的是如此粗俗之举，令倪瓒怫然离案，变色道："我因为你是王子王孙，所以取出这样的好茶来款待你，谁知你对茶之风韵致味一丝不晓，真是个俗物！"说罢，挥手请客。

从此，两人再也不相往来。

明代江南士人曾以家中有无倪瓒画来判雅俗和清浊。正如他的绘画格调和创作思想对明清两代文人画的影响一样，其茶道境界也为后人所推崇，影响了后世明清文人茶的特点。

倪瓒煎茶显洁癖

元末至正年间（1341年－1368年），江南灾荒连年，义军揭竿四起，元廷强征暴敛，局势动荡不安。家产殷实的画家倪瓒为逃避官租和义军，遂散其资财，循迹于五湖三泖之间，往来于宜兴、常州、湖州一带，栖居村舍和寺观达二十年之久，寄情山水诗画。直到朱元璋扫灭群雄，北逐元廷后，江南秩序恢复安定，倪瓒才于洪武初年返回无锡故里。

当时世人称倪瓒为"倪迂"，这是因为他爱洁成癖又性情孤僻。倪瓒结束浪迹生涯，返回故里后，生活安逸，其性格得到充分张扬。顾元庆《云林遗事》中还记有这样一则故事：

朱元璋最赏识的一统天下的功臣徐达，在无锡邓尉山构筑了一座养贤楼，专以"雅集"天下的文人墨客，一时间，名士趋之如鹜，麇集于此。

在如许人中，倪瓒算是名声最响亮的人物，而且所作所为常常使人不解，人叹为怪癖。譬如，有一次倪瓒来了茶瘾，他不取近在眼前的湖水，而是派随从去挑远在山里的七宝泉泉水。那随从辛辛苦苦挑来两桶泉水，准备倪瓒煎茶。谁知他上去只取了前桶水来煎茶，却哗地一下倒了后桶水来洗脚。这不是太浪费了吗？众人大惑不解，于是有人忍不住问他这是何意？

倪瓒的回答似乎很有道理，他说："前桶水不会碰上什么不干净的东西，所以我用来煎茶。但后桶水说不定就会被挑担人的屁所污秽，所以我只用来洗脚。"

这种洁癖最为无理！不说挑担人路途中换肩会使两桶水前后位置颠倒，就说用已秽之水来洗脚，又有何洁可言？一边在煎茶品茗，一边脑子里已秽之水还沥沥淅淅，其茶更有何洁、何香可以称道？甚至还不如后来江南富贵之家的取水之道：前桶水贮用，后桶水干脆倒光。

禁私茶朱元璋怒斩驸马

茶法的推行始于唐德宗建中四年（783年），其初衷仅仅是通过对茶叶的征税来增加国家的财政收入。到北宋时，茶法日益完备，并建立了茶叶专卖制度。此外，由于宋朝与北方契丹（辽）、西夏的战争不断，而且屡遭败绩，为改变这种积弱之势，宋朝开创了以军事为主要目的的茶马法。

我国的良种马多产于青海、甘肃、四川和西藏等地区，但是这些地区地处青藏高原，气候干燥，高寒缺氧，古时并不出产茶叶。而对以牛羊肉为主食的该地区民族来说，茶去腥除腻，帮助消化，是生活的必需品，故藏族有名俗话说："宁可三日无饭，不可一日无茶。"明代时大臣王廷相也说："其腥肉之物非茶不消，青稞之热非茶不解。"

宋神宗熙宁七年（1074年）开始，推行了茶马法，在四川成都置都大提举茶马司主其政，以官茶换取青藏地区少数民族的马区，以满足国家的军事需求，同时，也以此作为巩固边防、安定少数民族地区的重要策略。

明代之初，为了集中力量打击已退守漠北的元朝残余势力，太祖朱元璋更加重视茶马法，竭力想从中获取更多的马匹用于战争。洪武四年（1371年），明廷确定以陕西、四川茶叶易马，又特设茶马司于秦州（今甘肃天水）、洮州（今甘肃临潭）、河州（今甘肃临夏）、雅州（今四川雅安）等地，专门管理茶马贸易事宜。为了垄断茶马互市，以保证获得大量战马，明廷还严禁对这些地区走私茶叶，定期派遣官员巡查关隘，捕捉私茶，防范极严。

但是，由于明廷在茶马贸易中对少数民族商人实行"贱其所有而贵其所无"的政策，压低马价而抬高茶价，马贱而茶贵，使内地商人看到以茶易马的厚利，于是不顾禁令，纷纷偷贩私茶，就连一些边镇官吏和军民也私储良茶以易马。走私茶叶的日益猖獗，使茶马贸易受到很大冲击。官方互市而得到的马匹越来越少，马日贵而茶日贱。

洪武三十年（1397年），朱元璋对禁止私茶痛下决心，派遣官员每月巡查，调驻军队层层设防，严加把守，同时对偷运私茶出境与关隘失察者，都将处于极刑，禁止私茶的声势达到了空前的地步。

但就在如此"风紧"之时，居然还有顶风作案者，他就是朱元璋的女婿、驸马都尉欧阳伦。

欧阳伦是朱元璋女儿安庆公主的夫婿。他自恃皇亲国戚，无视法令，多次派家奴去陕西偷运私茶，出境贩卖，牟取暴利。这些家奴也倚势横暴，尤其是一个叫周保的家奴，更是骄横，他到哪里，哪里的官员就得小心侍候，并为其走私茶叶提供便利，否则即遭殴打或凌辱，虽封疆大臣也不敢半点违拗。

是年四月，欧阳伦瞒着皇帝丈人，命令陕西布政司发文通告所属各府州县，派遣车辆和民工为他前往河州运送私茶。这回又是周保自告奋勇出马押阵，走到哪里，就要哪里的衙门派车，先后征调了几十辆车子，组成了一支车轮滚滚、浩浩荡荡的走私大军。

但这支大军来到兰县（今甘肃兰州）河桥巡检司的时候，遇上了一桩"小事"。一位巡检司的小吏对他们侍候不周，略有怠慢。于是，手正痒痒的周保上前将他一顿狠揍。

明目张胆贩运私茶，还向地方官吏施暴，这位小吏实在无法忍受，便向朝廷状告揭露这一违旨不法行为。

小吏的状纸层层递送，很快就来到了远在南京的朱元璋的御案上。

朱元璋正在严禁私茶的兴头上，得悉此事，焉能不怒？欧阳伦虽是爱女的丈夫，但从维系法纲出发，他决定严厉裁处，决不宽恕。六月，朱元璋下旨对驸马欧阳伦赐死。同时，陕西布政司的官员对欧阳伦之事明知不报，也一并赐死。周保等几个家奴自然在劫难逃，都被处以死刑。所有茶货全部没官。

末了，朱元璋觉得这位小吏虽然位卑职微，但却不避权贵，敢于告发，精神殊为可嘉，便特地写了一通敕谕对他嘉褒。

自古以来，皇帝亲自赐死皇亲国戚本不多见，而处死购买私茶的驸马，这算是破天荒的第一次。

后来到嘉靖年间（1522 年－1566 年），才减贩运私茶之罪，止于充军。

朱权行茶破孤闷

宋代大为兴盛的斗茶之风，到元代开始日渐衰落。这一方面是由于当政的蒙古人对被征服者汉人的文化多加摒斥，世风已无意于那种偏窄繁琐的饮茶方式，另一方也因为新兴起的饮茶方式叶茶瀹泡法的推行，饼茶的制作开始迅速减少，而以饼茶为基础的斗茶技趣也随之消退。到明代初年，朱元璋下诏取消贡奉龙团饼茶，倡导叶茶，于是进一步促进了饮茶方式的转变，技趣性饮茶从此没落，同时也使自唐以来的以碾煎过程为主体的烹饮法渐趋消失，饮茶之道主要集中在品饮的过程中。

在这次饮茶方式的转变过程中，倪瓒是"先驱"，朱元璋是"后继"，真正确立新方式的则是朱权。

朱权（1378 年－1448 年），明太祖朱元璋的第十七子，自幼体貌魁伟，聪明好学，人称"贤王奇士"。朱元璋为防御蒙古，将朱权分封为河北会州（今热河平泉县南），称宁王，与燕王朱棣等王子节制沿边兵马。洪武三十一年（1983 年），朱元璋死，皇孙朱允炆即位，是为建文帝。次年，即建文元年（1399 年）朱棣进军南京，发动了长达四年的靖难之役。朱棣起兵前，曾胁迫朱权出兵相助，并许以攻下南京后，与他分天下而治。经过四年战争，朱棣打败建文帝，夺取了政权，即皇帝位，是为明成祖，年号永乐。

朱棣即位后，非但只字不提分治天下，而且还将朱权从河北徙迁至江西南昌，尽夺其兵权。朱权遭此巨创深痛，即求清静和韬晦，于南昌郊外构筑精庐，寄情于戏曲、游娱、著述、释道，多与文人学士往来，自号臞仙，又号大明奇士，涵虚子、丹丘先生。

朱权晚年信奉道教，耽乐清虚，悉心茶道，将饮茶经验和体会写成了一卷对中国茶文化颇具贡献的《茶谱》。

唐宋时期茶叶多以蒸青团茶为主，制法为先将鲜叶蒸一下，然后捣碎拍制成中间留孔的团饼，再串起来焙干、封存。朱权却不欣赏团茶及其烹饮方法，独创了蒸青叶茶烹饮法。他在《茶谱》序文中说：团茶"杂以诸香，饰以金彩，不无夺其真味。然天地生物，各遂其性，莫若叶茶，烹而啜之，以遂其自然之性也。"主张保持茶叶的本色、真味，顺其自然之性。的确，叶茶不但饮用方便，而且能让人享受到茶叶的色、香、味、形之美，更能品味到茶的本味。

清茶助清谈，清谈更品茶，所谓"泛花邀坐客，代饮引清言"，即刻画了饮谈相生的雅意。朱权还较为完整地构想了一套清谈开始前的行茶仪式：

先让一侍童摆设香案，安置茶炉，然后另一侍童取出茶具，汲清泉，碾茶末，烹沸汤，候汤如蟹眼时注于大茶瓯中，再候茶味泡出时，分注于小茶瓯中。这时主人起身，举瓯奉客，对他说："为君以泻清臆"（义即为您一抒胸臆）；客人起身接过主人的敬茶，也举瓯说："非此不足以破孤闷"。然后各自坐下，饮完一瓯，侍童接瓯退下，于是主客之间话久情长，礼陈再三，琴棋相娱。

这一焚香弹琴，烹茶待客的礼仪，是明代追求品饮境界的文人茶的生动写照。

朱权崇奉道教，嗜好茶学皆为自保之计。但是其后裔看来并未承袭这套家学，就在朱权死后70年，即正德十四年（1519年），宁王朱宸濠在南昌起兵十万，争夺皇位。这次叛乱很快即被扑灭，朱宸濠被处死，宁王之藩也被撤除。

但朱权对茶的诸多研究却是影响深远。他创制的蒸青叶茶促成了炒青的制成，使叶茶从此进入生活，茶的饮法也改变为像今天开水冲饮的形式。更值得一提的是那套待客的行茶仪式，对日本茶道有直接的影响。

文徵明竹符调水

宁王朱权为了免遭明成祖朱棣的政治迫害，自涵茶学及戏曲、游娱、释道，以作韬光养晦之计。但是到了其后裔朱宸濠时，偏偏颠了个倒，锋芒毕露，焰势直逼朝廷，分庭抗礼，图谋不轨。正德七年（1512年），宁王朱宸濠为了招徕天下名士，以重金相聘一位才华横溢的书画家，但却被他以重病推却，分文不受，令这位王爷尴尬不已。他就是明代中期著名的书画家和诗人文徵明。

文徵明（1470年－1559年），长洲（今江苏吴县）人，初名璧（一作壁），以字行，更字徵仲，号衡山居士。他才艺双全，书画、诗文无所不能，无所不精，是

"吴门画派"的代表人物。

　　文徵明为人正直，性格倔犟，不阿权贵，不交官府，有人说他"四方乞诗文、书画者接踵于道，而富贵人家不易得片楮，尤不肯与王府中人"。他自己也在一首诗中说："门前尘土三千丈，不到薰炉茗碗旁"，意思是说，即使门前聘邀的车马卷起尘土三千丈，他还是呆在茶炉、茶碗边，品茶自娱。对于宁王的重金强聘，他在《立春相城舟中》诗里说："未裁帖子试芳草，且覆茶杯觅淡欢"，表明他不愿涉足豪门，只求清茶一杯的乐趣。

　　文徵明毕业嗜茶，绘有名画《惠山茶会图》（作于正德十三年，即 1518 年）和《茶具十咏图》（作于嘉靖十三年，即 1534 年），并有一百五十多首茶诗。

　　为了躲避宁王之流的干扰，他常常沉湎于茶中，以致于有些"入魔"。譬如，他对水的要求非常之高，常派人进山汲取宝云泉来烹茶，但他又怕挑夫为图路途近便，随便汲取其他水源来交差，于是他就以"竹符"（一种竹制的筹码）为信物交给泉边寺中的僧人，待挑夫来汲泉时，将竹符随水一起带回。这就是所谓的"竹符调水"，相传为宋代苏轼所创。

　　文徵明在《煎茶》诗中就写道："竹符调水沙泉活，瓦鼎燃松翠鬣香。"有一次，宜兴之友吴大本送来一种叫"阳羡月"的新茶，文徵明喜不自禁，即称要"松根自汲山泉煮，一洗诗肠万斛泥"。他本来打算竹符调水，不料连日大雪，山路难通。正在他为好茶难觅好水而烦恼时，另一位友好郑太吉雪里送炭，为他送来号称"天下第二泉"的惠山泉。这下让文徵明兴奋不已，诗思泉涌，写下了《雪夜郑太吉送惠山泉》一诗："有客遥分第二泉，分明身在惠山前。两年不挹松风面，百里初回雪夜船。青篛小壶冰共裹，寒灯薪茗月同煎……"是夜，他即以名泉烹新茶。品味之余，他又写下了《是夜酌泉试宜兴吴大本所寄茶》："醉思雪乳不能眠，活火沙瓶夜自煎。白绢旋开阳羡月，竹符新调惠山泉……"文徵明嗜茶入魔可见一斑。

　　正德十四年（1519 年），宁王朱宸濠发动叛乱，但很快即被平定，朱宸濠自己也被处死。而文徵明清茗为友，品娱永日又四十年，谢世之时享年九十。

　　　　　　茶禅一味，心领神会。

　　　　　　百般机锋，清清一杯。

　　　　　　弱水三千，只取茶水。

　　　　　　请吃茶去，普天同惠。

降魔大师以茶坐禅

　　"茶禅一味"，这是宋代禅师克勤（1063 年 – 1135 年）书赠给参学的日本弟子的四字真诀。

千百年来，饮茶之所以能与佛禅形成深厚联系，达到彼此相融一体的境界，在于僧侣认为茶有"三德"：一是用以坐禅，可以清心涤虑，彻夜不眠；二是能助消化，轻神气；三是"不发"，即能抑制淫欲。所以，饮茶最符合佛教的道德观念，最宜参禅拜佛。

佛教自公历纪元前后传入中国（约西汉末年至东汉初年左右），由于教义和僧侣活动之需，茶很快就与佛教结下了不解之缘。宋人赵明诚《金石录》在记载考据汉碑时即发现，那时有位甘露大师（法名理真，俗姓吴），就在蒙顶山（今四川雅安一带）栽种茶树。据说所栽茶树为七株，每年采摘不过数钱。后仅供天子郊祀所用。

东晋高僧怀信在其《释门自镜录》中就自称居不愁寒暑，食不择甘苦，每天只是少不了"要水要茶"。《晋书·艺术传》也记载说，东晋敦煌（今属甘肃）人单道开（姓孟）在后赵都城邺城（今河北临漳）的昭德寺修行时，诵经四十余万言，就经常饮茶以提神防睡。陆羽《茶经》中还记载了南朝刘宋时的僧人法瑶用餐不忘饮茶和八公寺昙济道人以茶待客的故事。

南朝梁武帝普通年间（520年－526年），印度禅宗第二十八祖菩提达摩东渡中国传授禅学，是为中国禅宗初祖。到六祖慧能（638年－713年）时，禅宗开始大行天下。禅宗的主要修炼方法是坐禅。禅为梵语，意思是坐禅或静虑，所以晚间常要打坐。于是在唐代随着禅宗的盛行、寺院饮茶之风更烈。在此，降魔大师的以茶坐禅之法标志着佛门一代风尚的形成。

据唐代封演《封氏闻见记》记载说，唐开元年间（713年－741年），泰山灵岩寺有位高僧称"降魔师"，在此大兴禅教。他对门下僧人学禅提出了晚上务必打坐不寐，并且不吃晚饭的诫律。不睡觉，不吃饭，饥困交加怎么办？于是他提出可以饮茶相伴。于是僧侣们各备茶叶，以至出现了寺院内到处见人烹茶喝茶的情形。后来其他寺院也闻风郊仿，以茶坐禅便渐渐成为天下许多寺院中的一种"风俗"。

此风一开，那些文化修养高的僧人便从饮茶过程中总结出一套选茶、鉴水、煮茶的技艺，又讲究饮茶的方法和环境，逐步形成"茶艺"或"茶道"。于是茶从物质转变为精神，成为一种文化艺术和一种思想修养。

惟俨"点茶与这僧"

南宋有位高僧叫普济（1179年－1253年），俗姓张，字大川，浙江奉化人，他编撰了一部以记述禅师法语为主的重要典籍《五灯会元》（"五灯"指《景德传灯录》、《天圣广灯录》、《建中靖国续灯录》、《联灯会要》、《嘉泰普灯录》，中国禅语精华大半载于其中。在这部书中，我们可以看到许多有关茶的禅机禅趣。

据《五灯会元》卷五记载说，唐朝有位和尚从江西赶到湖南澧州（今湖南澧县）拜谒惟俨禅师。惟俨打量了他一番后问道；"从哪里来？"

和尚即答道："从江西来。"

惟俨闻声用拄杖敲了三下禅座。

和尚见状仿佛明白什么似地说："我大概知道了去向。"

惟俨抛下拄杖，看这和尚怎么说。

和尚无言以对，傻在那里。

惟俨回头召唤侍从说："给这位客人点茶（泡杯茶），他赶了很多路走累了。"

禅师对话讲究禅机，"从哪里来"即是富有深刻禅意的问语。这位和尚不明禅语锋锋，木木讷讷直问直答，惟俨以拄杖敲禅座提示，他仍答非所问，惟俨只好让他在茶中自己去醒悟了。这和尚如果真的以茶解乏，那就辜负了惟俨最后的"挽救"了。

惟俨禅师（751年－834年），俗姓韩，绛州（今山西新绛）人。他十七岁出家，先后参礼石头希迁禅师和马祖道一禅师，悟法之后往澧州药山，法席很盛。当时朗州（今湖南常德）刺史、文学家、哲学家李翱非常仰慕他，入山拜谒请教后，作《复性书》，把禅教义理融入儒学之中，开宋明理学的先声。惟俨圆寂后，唐文宗谥号弘道大师。

智常不让南泉吃茶

北宋禅僧道源编撰的《景德传灯录》（成书于北宋景德年间，即1004年－1007年）记载了不少有关僧人饮茶的故事。其中卷七讲述了这样一件事：

禅师智常与南泉一同行脚，有一天，两人要相别了。临别时，他俩煎茶品茗，作最后的一会。烧茶时南泉问智常道："从前与师兄研讨的一些禅语，彼此都已明白了，今后如果有人问起悟道大事，我该怎么回答？"

智常看着眼前一片地说："这块地方太适宜建一座庵堂！"

南泉说："筑庵的事我们暂且不谈，这个悟道大事该怎么办？"

智常一听，猛然将正在煎茶的茶铫打翻，自顾站了起来。

南泉不解地说："师兄这是干吗？你已经唱了茶，我还没有喝哩！"

智常却说："说出这样话的人，一滴茶水也不能享用！"

禅宗讲悟，既然是悟道之事，就该自己去悟，而不应该去问，比如一块旷地，为什么适宜建庵，也要自己悟，问旁人是问不出来的。智常见南泉相问悟道之事，便知平时两人所商讨的禅旨机语他根本没理会，白跟他费了许多脑筋、口舌，于是一怒之下，打翻茶铫，话说是不让他享用茶水，实际意思却是不值得与他讲禅。

智常禅师，生卒年未详，约8世纪下半叶至9世纪上半叶在世，俗姓陈，江陵（今属湖北）人。得法于马祖道一禅师，元和年间（806年－820年）住庐山归宗寺。他目有重瞳，曾用药去除，致双目皆赤，故人称"赤眼归宗"。圆寂后唐文宗谥号至真禅师。

南泉禅师法号普愿（748年－834年），俗姓王，郑州新郑（今属河南）人。得法于马祖道一禅师，后住池阳（今属安徽）南泉院，故称南泉禅师。南泉后成禅学大师，善于启发后学，他的示众之语曾在各地禅院中广为流传。

九、茶树种植技术

（一）栽培简史

茶树栽培史略

在谈栽培史之前，应先了解我们祖先开始是怎样发现和利用茶树的。在《神农本草经》一书中曾经指出："神农尝百草，日遇七十二毒，得荼而解之"。说是远在公元前2737—2697年神农所发现，并用为药料。这本《神农本草经》，是西汉时代有些儒生托名神农尝百草的神话，搜集了自古以来劳动人民所积累的药物（主要是草药）知识而编成的药物书籍。这无非是借神农之名，宣扬"茶"这种植物的功效而已。由此可见，上古劳动人民为了治病，采生的茶叶食之而治好病的事例。远在公元前1100年周公时代的学者编成一本《尔雅》（有说是战国时代作品，公元前475—221年）是当时包括许多动植物的一部字典，在公元277—322年，郭璞作了注释。尔雅释木篇中有："槚·苦荼"，《诗经》中有"谁谓荼苦，其甘如饴"，"有女如荼"，"予所捋荼"等，指明当时的苦荼就是槚的一种植物。又注释："树小如栀子，冬生，叶可煮羹饮，今呼早取为荼，晚取为茗，或曰荈，蜀人名之苦荼。"在这时期对茶的性质和利用的认识又前进了一步。以后陆羽《诗经》引了古书《晏子春秋》中齐景公时（公元前547—前490）有晏婴食"茗菜"的记载（有的写为苦菜、苔菜。从公元前到唐代对茶的称呼有十多种：槚、詫、诧、荼、苦荼、荙、荈、茗、选、游冬、苦檫、瓜卢、皋芦、过罗、蕣、茗菜、苦菜等。因物同而称呼不同，或因方言的不同，音韵转变，文字不同。但最常用的为：荼、茶、茗、荈、苦荼、槚等。因此，荼、茶两字之争论很多，有说荼是属于其他禾本科植物，不是茶树。经过长期的认识和考证，荼、茶均系茶树或茶叶之称，已为广大人民所知道；自秦统一中国后，由于同文同字，至八世纪（中唐时期）时才统一了名称，以茶字代表茶树名称，或以茶树叶子制成品也称为茶。现世界称茶主要有两种：一为 Cha，为槚、诧音韵而转变的，一为 Tea，为葭荼等音韵之转而来的。

茶的利用始作药料，系采自野生的茶树。唯用为饮料，可能是采自野生的，也可能采自栽培的。但何时开始作为饮料，史料极缺，只有公元前 59 年的王褒《僮约》一文，是一张对佣人的契约，其中曾提到"武阳买茶""烹茶尽具"等工作内容。指明茶叶在那时已成为商品，客来请茶，要把烹茶饮茶的器具先准备好。可证当时饮茶之事已成为富豪贵族的家常了。

从茶的利用和方言来看，蜀的西南称茶为葭，云南称茶为茗等，无疑是产自我国西南少数民族集住的地区，故宋朝范成大有诗"蜀士茶称圣"之说。在《神农本草经》也提到："苦荼，生益州川谷山陵道旁凌冬不死，"的茶树，其叶可治病。又据东晋（317—420 年）常璩于公元 347 年所写的《华阳国志、巴志》中说：周武王于公元前 1066 年联合当时居于四川、云南等地的"方国部落"共同伐纣之后，巴蜀所产之茶已列为贡品，并且有："园有芎蒻、香茗的记载。在川谷、山陵、道旁的茶树，属于野生的可能性较大，而在"园有香茗"，可能是属人为栽培的茶树了。《华阳国志》是汇集东晋以前的史籍编写的，其中有好几个地方谈到巴郡蜀郡山出名茶的记载："什邡县，山出好茶""南安、武阳（今的彭山）皆出名茶"；为郡南中志也有平夷、永昌郡山出茶的记载。南中郡系四川西南郡和云南各地。山出名茶，还不能证明是人工栽培的，但如照"园有香茗"推想，那末在公元前八百多年已有人工栽培，茶树栽培史到现在当有三千多年的历史了。据《四川通志》"名山县之西十五里有蒙山，其山五顶，形如莲花五瓣，其中顶最高，名曰上清峰，至顶上略开一坪，直一丈二尺，横二丈余，即种"仙茶"之处。汉时甘露祖师姓吴名理真者手值，至今不长不灭，共八小株……"说明我国至少在公元前二百年左右已有种茶的记录了。

我国在汉时疆域广大，农事已开始发达，已能利用水力，尤其是造纸的发明推动了文化的发展。由于经济文化的发达，茶树的利用就更广泛了，不但作为药料，还作为蔬食的羹饮，烹煮品饮茶叶的方式方法也多样化起来。用茶越广，需要越多，野生的茶树已不可能满足，势必引起了人们注意栽培茶树，拾采茶子，或掘取野生茶苗，加以繁殖，种在寺院、园庭、山谷、坡地等处。正如唐刘禹锡诗："此僧后檐茶数丛，春来映竹抽新茸。"因茶事的发展，就此起陶瓷器手工业的发展，进一步促进文化经济的发展。所以在晋以后，到了唐宋时代便有许多《图经》记录产茶的事。种茶地方也有不同的名称：茶山、茶坞、茶溪、茶坡、茶园、茶地、茶陵等。

如唐皮日休的茶坞诗："闲寻尧氏山，遂入深深坞，种莳已成园，栽葭宁计亩"，杜牧题宜兴茶山诗："山实东吴秀，茶称瑞草魁"，又宋代苏轼种茶诗："松间底生茶，已与松俱瘦。移植百鹤岭，土软春雨后，弥旬得连阴，似许晚遂茂。"从中可看到，茶种在松树间，生长不好，移植于土壤肥沃的百鹤岭，连日阴雨十几天，便可恢复生长，而且很繁茂，说明在宋代栽茶技术已有了很大进步。

从茶的发现和利用，茶的方言称呼，栽茶史实和成为商品，供销外地等史实来看，茶的发源地无疑是在当时的巴郡、益州（即现川云贵）所管辖的山地。

茶树的传播

各种植物在地球上的传播、蔓延和分布是有一定的规律，这规律是受着许多因素综合的影响，其中以植物特性和人类的文化、经济活动影响较为显著。茶树的传播也是符合这个规律的。

茶树在国内的传播，首先从四川传入陕西南部、甘肃和河南南部等地。因当时的政治文化中心是在陕西、河南，为了供应统治阶级的需要，朝着政治中心地发展，可是受了自然条件的影响，不可能大量栽培。自秦、汉统一了中国之后，又受了道、佛教的影响，饮茶之风，在长江以南各省也逐渐普遍起来。长江中下游各省的栽茶事业也就逐渐扩大。据史载，茶树由四川传到长江中下游和淮河流域，当在公元300年前的事。战国末年，秦于公元前316年占据四川以后，司马错于公元前308年率领巴蜀人民十万去伐楚，秦才得到统一全国。西汉初年刘邦也是先据有四川，后利用四川的人力、物力去伐楚，最后统一全国。在这两代，四川人民向东移动，四川与长江中下游地区经济、文化的交流联系逐渐密切。四川栽茶技术和茶子传播便随着蜀众而扩展起来。陆羽《茶经》也曾提到，需要茶子要到南中郡去采取（南中系指川、滇、黔交界地区）。

从三国到南北朝，历经三百多年的时间，由于佛教的兴起，提倡坐禅戒酒，在寺僧和士大夫之流饮茶较为普通，但多数在名山寺院的近傍山谷间种茶，很少成片的茶山。吴主孙皓每宴群臣，皆令尽醉，韦曜饮酒不多，皓密赐茶茗以代酒。晋时谢安诣陆纳，纳无所供办，设茗果而已。追溯到三国吴主皓已经有1700多年了。隋统一后直到唐代，饮茶风气被普遍重视，并传到北方和西藏各地。《封氏闻见记》："开元时太山有僧大兴禅教……，从煮茶驱睡，致人人转相仿效，遂成风俗，……茶自江淮运来，名额甚多，堆积如山"可见隋唐以后茶叶生产有了较大发展，已成为农村中重要的一项副业了，焙制工场也渐次出现。据《太平广记》（北宋李昉编的小说集）卷37引仙传拾遗提到民间茶园每年要雇用采工百余人之多。"初，九陇

（四川彭县）人张守珪，仙君山，有茶园，每岁召集采茶人力百余人，男女佣工者杂处。"一个茶园要雇用工人百余人，就全国范围来说，从事茶叶生产的人数就更为可观了。有的工人还要从外地招来的。如《太平广记》卷24记载："唐天宝中（公元741—755年）有刘清真者，与其徒二十八人于寿州（现在的皖北）作茶，人致一驮为赁至陈留。"被茶园主雇用的工人得到工资，除勉强维持最低生活外，还可易货带回河南去。因此在唐代（618—907年），江淮一带地区，由于产茶，促进了地方经济的起色。唐牡牧云："得异色财物，不敢货于城市，唯有茶山可销受。"说明产茶地区有较好的市场。又张途祁门县新修闾门溪记也谈到："……邑之编户籍五千四百余户，……邑山多而田少，……山且植茗，高下无遗土，千里之内，业于茶者，七八矣（公元862年）"。又元和志（806年）"贞元（785—804年）岁贡顾渚山紫荀茶役工二、三万余人，累月方毕"。一个茶山，采制茶工达二、三万余人，其规模之大可想而知。但这些茶园都为大地主所经营的。据史载唐末诗人陆龟蒙"置园顾渚山，岁取茶租"之说。还有专门进贡用的茶园，《吴兴记》"乌程（现吴兴县）西二十里有温山出御荈"。当时的江浙一带产茶已很盛行，多数为地主、官吏所操纵，借茶叶进贡为名，对人民进行残酷的剥削。

唐宋时代，茶叶已成为日常不可少的物品后，产地很广，据《茶经》记载，全国中道中有八道产茶，40多州、8个茶区，产茶省约达十几省份。北宋时产茶33州，到南宋时产茶已有66州，计242县（宋史食货志）。如宋代《天池记》（浙，莫干山等）有："土人以茶为业，隙地皆种茶"等语。同时在名山、名寺的范围内，多为僧、道之徒或富豪官吏、地主等所控制，有较大面积的栽培，雇工管理采制，制成名茶作为送客礼品，或专供帝王的贡品，故在唐、宋时代出现了不少名茶的名称。当时湖州、贡焙"年产近2万斤之多。

茶叶普遍成为商品后，产地逐渐推广，又产名茶，本应有较大的发展，但封建政权反而采用各种剥削办法来束缚茶叶生产，征重税，放高利，官营专卖，如历史上的茶法中的"茶马交易"、"茶引"、"榷茶"、"官焙"、"御茶园"，等等。因此，茶叶生产随着政治的兴起衰落而时兴时败，不能得到较好的发展。

茶税的抽征，始于唐朝783年，由户部侍郎韩洞倡议，初征茶税，翌年（784年）停止，于贞观9年（793年）正式实行抽税。规定产茶州、县和茶山就地征税，十抽其一（按量或按值未明）。835年唐代统治王朝，又以利源所在，实行"榷茶法"，设法独占茶叶生产，下令民间所有茶园收归官营，民间的茶树移并于"官场"或"官焙"，没有移植的要一概焚毁，置人民生活于不顾。因此激起民愤，引起了唐代有名的"甘露事变"的事件，这是压迫茶农所引起的结果。统治政权茶叶专营行不通，嗣后又准民间经营茶山，从中抽取重税，但不许民间多种茶，不许私藏茶叶，订有严酷法律，防止走私。

唐代灭亡之后，五代十国时，福建和浙江茶叶生产有较大发展。北宋初年采取欺骗农民政策，缓和阶级矛盾，变更了唐代的"茶法"，准许民间经营茶叶，只抽"贡茶"和"茶税"，并实行"茶本钱"（即变相的高利贷）。当时就有"官焙"和"民焙"之分。一个"官焙"可管几个茶山或茶园，但"民焙"茶叶，因得"茶本钱"的关系，须由官焙来征收，实行"茶引"由商人运销，从中取利，而茶农受了多层的剥削，生活日趋贫困，阶级矛盾更为激化。到了南宋时期，政治更为腐败，对"贡茶"特别重视，并实行专卖，卖不出去，即行摊派，提高茶价，每斤茶叶可抵二石米，茶价高，饮茶人日少，茶销不出去，就影响了茶叶继续发展。

南宋徽宗皇帝，是个荒淫无耻，贪得无厌的暴君。他亲自写了一本《大观茶论》，特别爱好福建茶，当时的福建建瓯、建阳、崇安一带的官办和私办的茶作坊约有千余所，雇用很多工人从事茶叶生产。"官焙"的工人不得自由，生活比奴隶更为悲惨，他们在采制茶叶时，还要把头发和胡须剃精光，而所得工钱只能勉强维持一个人最低的生活，更谈不上养家了。"私焙"大多掌握在地主富商之手，官商勾结，层层剥削更为厉害。真是茶叶愈出名，剥削愈严重，因而引起了1128年茶叶园户起义反抗的事件。类似这样情况，其他产茶省份屡见不鲜。如北宋太宗淳化四年（993年）四川青城县（今灌县）茶农王小波及其妻弟李顺发动的革命战争，1171年所谓两湖"茶寇"，1318年的淮西的山场茶户纷纷参加红巾起义，都是由于统治阶级压迫农民所引起的结果。

唐以后的各朝代，对茶叶生产的"茶法"（茶叶政策）虽然屡有变更，但总是换汤不换药的一套剥削制度，所以茶树栽培制度，变化不大，以茶为副业的还是占多数。到了清代中叶（1669年）帝国主义入侵中国以后，生产方式才起了一些变化，长江以南各省，尤其是东南诸省的茶叶生产有了较大的发展，除农家一些零星茶树外，很多大地主、富商经营较大面积的茶山，雇工经营，但最大面积也不过几十亩、几百亩而已。清王朝政治腐败，结果是对外屈辱，对内压迫。雅片战争之后，帝国主义者以掠夺茶叶为对象，茶叶运出国外销售数量增加，商人买办到外抢购运销，就刺激了茶叶生产一时的兴盛，据估计栽茶面积全国约达六七百万亩，产量达三四百万担。但帝国主义的本性是掠夺剥削为主，与反动统治相互勾结，横征暴敛，压迫备至，使茶叶生产日趋衰败。到了解放前，茶园荒废，茶园破坏不堪，在解放前夕茶叶产量全国不到一百万担。

由于政治经济的影响，茶树栽培制度也起了不断的变化，集中成片的茶园极为少数，多数为零散的副业，在副业中则出现了多种栽培方式，有条植、丛植、单株、穴播、林茶间作、果茶间作、桑茶间作、粮茶间作、茶园轮作、混作等适应不同山区特点的栽培制度。这些栽培制度有其优点，也有其缺点。在山区的自然条件，如何发场其优点，克服其缺点，纳入茶叶生产基地化的基础上，当待调查总结。

从开始发现利用茶叶到南北朝期间的三千多年的历史过程，利用茶叶方式也有所变化，由嘴嚼生叶，或作羹饮，以至作为日常饮料，栽培茶树是少量的，只有寺院或农家隙地间种植。南北朝之后，佛事盛行，提倡坐禅戒酒，饮茶之风逐渐推广，并成为商品，种茶事业也随之扩展。到了唐宋之后，在江南各省、淮河流域、西南、华南地区就较普遍栽培了。这时随着农业、工业的进步，茶叶栽培和制造技术都有所发展，鸦片战争之后，我国处于半封建半殖民地时期，封建地主、洋行买办和官僚之流结合为一体，大肆进行掠夺和剥削，使茶叶生产由一时的兴盛而到了极度衰败的阶段。

以上是茶树在国内传播的情况。向国外传播种茶事业，最早是日本，其次是印度尼西亚，再次为印度、锡兰（即斯里兰卡）等国家。中国给了世界茶的名字，给了茶的知识，给了茶的栽制技术，因此，世界各产茶国家直接间接与我国茶叶有了密切关系。

公元805年日本僧人最澄来我国浙江学佛，主要在浙江天台山国清寺，回国时携回茶子种植于日本贺滋县（即现在的池上茶园），由此传播到日本的中部和南部各县，最北达北纬40—41°的北海道的秋田岩手。日本主要产茶县有六、七个，其中以静冈县占最多。栽培制度还是以小农经济的经营方法为主，茶场多在平地、缓坡地为多数。以制绿茶为主。

德国人于1684年由日本运输茶子在印度尼西亚的爪哇试种，未见成功，后于1731年从我国运入大量茶子，分别种于爪哇、苏门答腊，于1875年又设置茶叶试验场于爪哇，茶叶生产才得到较大发展。现多数为资本家所经营，以制红茶为主。

印度于1788年由我国输入茶子试种，因种植不得法，以致失败，嗣后英国的专卖茶叶公司（东印度公司）特权取消后，英资本家就纷纷组织大规模茶叶种植公司，由我国输入茶子，雇用我国工人，在东北印度和南部印度一带发展茶叶生产。开始组织了一个印度茶业委员会，派员来我国收购茶子，深入我国内地搜集大量的茶叶资源，调查栽制方法，以低廉工资聘用了我国的熟练技工，为其效劳。在公元1774年，英国总督海司登士为了入侵西藏，用种种方法霸占普洱茶在西藏市场，派人到云南普洱地区引茶种在大吉岭种植。同时成立茶叶研究机构从事研究。

斯里兰卡种茶实早于印度尼西亚，开始由荷兰人由我国输入茶子试种，但到1869年咖啡业失败后，才大量改种茶叶。大部茶场茶厂为英、荷资本家所经营，产茶多集中于岛之中部和东南部地区，分为高山、低山、平地茶区。多产红茶。

孟加拉国种茶开始是由英国殖民统治者利用特权与印度同时在靠近印度东北部

的山区发展茶场。

越南、老挝、缅甸等国靠近我国西南边境的劳动人民，在很早以前已栽有茶树，采制为"盐腌茶"或"茶饼"，以为日常饮用。茶园多零星分散。1825年越南才由法国资本家经营大规模的茶场，1919年缅甸也创办茶场，从事制造红茶。

马来西亚于1914年由华侨在吉隆坡等地开始由我国引去品种开辟茶园，发展茶叶生产，嗣后由英资本家继续在金马仑高山地区发展茶叶。

十九世纪五十年代，英国利用殖民政策，在非洲的尼西萨兰、肯尼亚、乌干达、坦桑尼亚等国家开始发展种茶，追求更高利润，二十世纪初茶园扩展很快。二十世纪五十年代我国又帮助马里、几内亚等国发展种茶。

美洲只有南美洲于十九世纪末期由日侨在巴西开始设立茶场，经营茶叶。澳洲于1940年由我国输入茶子试种于塔斯马尼亚。

欧洲只有苏联种茶，开始只在黑海东部的格鲁吉亚发展茶园。1833年开始从国输入茶苗种植于克里米亚，1848年又从此移植于黑海沿岸的高加索地区，茶树生长良好，经过三十多年的经验，引起沙皇的注意。到了1883年，从我国湖北羊楼洞运去茶子和茶苗，在查克瓦地区大规模地建设茶园。十月革命后格鲁吉亚成为发展茶叶生产的主要区域，茶叶生产得到较快的发展。

古代茶树栽培的宝贵经验

我国劳动人民在茶叶生产上积累了极为丰富的宝贵经验，但在唐代以前没有认真发掘和总结，对茶的认识只有在诗赋中找到片言只语，或者一些传说、记奇，没有系统归纳成为一门科学的知识，直到唐代约公元760—780年之间，陆羽才从劳动人民中搜集有关的茶叶知识和实践经验，归纳写成一部世界闻名的《茶经》，传播茶的知识，为我国茶叶科学技术留下了光辉史篇。

自陆羽（729－805或733—805）《茶经》（成书于761年或780年）问世以后，随着茶叶生产的发展，有关茶事的书籍和资料就逐渐增多，比较著名的有卢仝的《茶歌》，温庭筠的《采茶录》，斐汶的《茶述》，顾况的"茶赋"。到了宋代（960—1279年）专门论茶的书不下二十余种，较著名的有蔡襄的《茶录》，丁谓的《北苑茶录》，周绛的《补茶经》，宋子安的《东溪试茶录》，赵汝励的《北苑别录》，宋徽宗的《大观茶论》，黄儒的《品茶要录》等。到了明清也有不少茶叶著作，如顾元庆的《茶谱》，许次纾的《茶疏》，屠隆的《茶笺》，罗廪的《茶荠》。清代的《虎丘茶经注补》，陆庭灿的《续茶经》等主要的有50多种。此外古书中如《农书》、《农政全书》、《广群芳谱》等也有不少片断的茶叶资料，在茶事中有不少记录、记载、诗词等。

古代劳动人民对茶树栽培的经验，扼要介绍于下：

1. 茶树生物学的描述

在《茶经》中，首先论茶的起源，指出茶是我国南方的一种很好树木，为研究茶树原产地问题提供了依据。对茶树各器官性状的描写，也很逼真："其树如瓜芦，叶如栀子，花如蔷薇，实如拼榈，茎（有的写为蒂）如丁香，根如胡桃。"又东汉时代（公元25—251年）《神农食经》中："苦茶……生益州川谷山陵道傍，凌冬不死，三月三日采干。"

在很早以前便已了解到环境条件对茶树生长发育和茶叶品质的关系，如《茶经》中："其地，上者生烂石，中者生砾壤，下者生黄土"；又如《茶解》中指出："茶地南向为佳，向阴遂劣，故一山之中，美恶相悬"。说明土壤、地形地势对茶树生育均有不同的影响。

2. 茶树种植经验

《茶经》中谈到种茶方法，"法如种瓜"，据《齐民要术》中的种瓜法，即挖坑深广各尺许，施粪作基肥，播子四粒。这与当前用茶子直播法并无多大差异。又宋《北苑别录》载："茶性恶水，宜肥地斜坡阴地走水处，用糠与焦土种之，每一圈可种六、七十粒，……三年可采，凡种相去二尺一丛"。指出播种方法方式，应选择用地，注意排水良好的地方，管理好，三年可采收。茶树用多子穴播，幼苗期对抵抗不良环境能力，有很大优越性，已为近代科学所证实，这对于高山地区或高纬度处发展茶叶有很大帮助。

至于茶子应用砂藏的催芽方法，唐末《四时纂要》、明朝徐光启的《农政全书》中载："熟时收茶子，和湿沙土拌，罗筐盛之，穰盖，不尔冻则不生"，应用砂藏催芽，既可保持茶子生活率，又可在种后提前出苗。惟据张秉伦考证茶子穴播和砂藏法在唐朝已有应用。

在山坡地扩展种茶，如何保持水土为一重要问题，我们祖先在各样坡地上广泛采用各式的梯级茶园，以保持水土，便利管理，至今仍是很宝贵的经验。种植后如何增加土壤肥力，利用客土、铺土、铺草和合理间作等，都是值得总结的经验。

3. 茶树品种的分类

祖国的茶树品种资源，极为丰富多采。自利用栽培茶树以来，就重视品种的选用，挖野生苗种植也要经过选株，在名山寺院经过僧侣选用各种单株、单丛加工。

宋代《东溪试茶录》中就福建一地就已分为七个类型的茶树：①白叶茶，②柑叶茶，③早茶，④细叶茶，⑤稽茶，⑥晚茶，⑦丛茶。依照茶树树型、叶的性状和发芽迟早进行分类的方法至今仍有一定的参考价值。

4. 注意茶叶采摘标准

茶叶采摘是茶叶生产中的重要环节。不同茶类有不同的采摘标准，在古茶书中很多论述了这个问题。《茶经》中："茶之芽者，发于丛薄之上，有三枝、五枝者，选其中之颖拔者采焉……"。又如《大观茶论》载："凡芽如雀舌者颗粒者为斗品，一旗一枪为拣芽，一枪二旗为次之，余斯为下……"。这是指制细嫩名茶而言的标准。又如明代《茶笺》中云："采茶不必太细，细则芽初萌，而味欠足，须至谷雨前后，觅成带叶绿色而团且厚者为上。"在采摘上如何提高劳动生产率，增进某茶类的品质，又能增加产量，还是值得我们今后应注意研究的问题。

新中国成立后茶叶
生产的发展和成就

尽管我国古代劳动人民对茶叶有不少的宝贵经验，并为世界各国发展茶叶生产作出贡献，但在解放前腐败政治的统治下，茶叶科学技术和经验得不到总结、发扬和利用，茶叶生产在帝国主义排挤和操纵下，日趋衰败。在二十世纪初期，清朝政府派员到印度、日本等国去考察学习，在国内主要产茶省设立茶叶改良场，种茶模范场，创办茶叶讲习班等，企图以技术革新来挽救我国日趋衰败的茶叶生产。如1905年两江总督郑世璜率人去印度考察，并在南京设立江南植茶公司。但在解放前的五十多年间，由于反动阶级的掠夺剥削越来越残酷，这些技术革新对茶叶生产都无济于事。

1949年，在中国共产党英明领导下，我国茶叶生产获得了恢复和发展，开辟新茶园，改造旧茶园，建设茶场和茶厂，实行科学种茶，培训茶叶科技人员，推动茶叶生产的发展。

1. 建设茶场

解放以来，各产茶省改造了一批旧有茶园，利用荒山秃岭开辟了一大批新茶园，有国营茶场，有集体办的茶场，集中成片，条栽密植，专业茶园面积小的数百亩，大的数千亩。这些茶场实行科学种茶、制茶，每年为国家提供了大量的优质商品茶和其他农副产品，许多茶场出现了以茶促粮，粮、茶、林、牧齐跃进的局面。

名山有名茶，是自古以来众所传颂的事实。新中国成立后，山明水秀，风景幽美的名山，重新整理，名茶重新整顿培育。在名山发展交通，便利游人，植树造林，美化风景，古迹文物，整理一新，有的成为避暑胜地，有的建为工人疗养所。山上名茶，改旧立新，扩大面积，增加产量，提高品质，供应游客和国内外人民的爱好。

在淮河南北，皖西北的大别山脉，桐柏山脉一带的山区，唐朝已为闻名茶区，但受封建剥削，茶业无法发展。1958 年以后，在长江以北各个产茶县，除积极改造旧茶园外，还开辟了大规模新茶场，茶树向北推进了一步。附近北方茶区的山东省原有种茶，由于旧中国统治的摧残破坏，加以气候、土壤条件的限制，茶叶始终得不到应有的发展。前些年，在鲁中南，胶东半岛和东南沿海地区发展种茶获得成功。到目前为止已有三十多县产茶，面积约达三万多亩。

西藏高原发展种茶，过去认为不可能的事，现在在林芝、察隅、山南等地种茶已初步成功。

我国适宜种茶的地方很多，发展的潜力很大，在边疆发展种茶受条件限制较大，只能作为一种探索性的研究。

2. 普及科学种茶

解放后，在恢复和发展茶叶生产的同时，整顿了旧有的茶叶试验研究机构，在主要产茶省先后设立茶叶研究所或茶叶试验站，从事茶叶的科学研究工作，总结劳动人民的宝贵经验，进行生产的有关各项试验，促进茶叶生产不断提高。在重点产茶区设立科研基地，因地制宜地进行各种试验，就地培训农工技术人员，边实践，边试验，边学习，边总结，使先进技术得到应用和发扬，科学种茶知识得到普及。现就科学种茶几个重要方面来论，要建设高产、稳产和速成茶园，一是开辟山地种茶的技术关键；二是种后的管理。大家已能充分认识到，科学种茶要掌握好四大关：山地开辟关，种苗应用关，种植技术关和种后的管理关。因此，大大改变了乱开土地，杂乱种植又不加管理的现象。

种茶之前，要因地制宜的拟订全面规划，做到山、水、田、路综合治理，粮、茶、林、牧、副全面发展；深耕园地，选用良种和合理密植，施用基肥等科学技术，各省茶区都在不同程度的推广普及中。

种茶后的管理工作，主要的为施肥、灌溉、修剪，合理采摘和病虫防治等技术，均能依据不同条件积极采用推广，为高产创造了良好基础。

3. 在栽培上的科研成果

在各地试验研究机构和全国茶叶专业人员共同努力、积极钻研下，在栽培科学技术上取得了不少成果，对茶叶生产起了有益的促进作用。比较显著有下列几项：

（1）经验总结 解放以来组织技术人员对群众的栽培经验进行科学总结，有关茶树繁殖如短穗扦插、压条方法、移值技术、茶子贮藏、包装等。有关茶园管理方面的，如铺草防旱、培土防冻、深耕改土、施用农家有机质肥料和不同茶类的采摘方法等。

（2）茶叶高产的综合栽培技术的研究 茶叶单位面积产量，出现了许多低产变高产，高产再高产的先进事迹。解放前我国茶叶单产极低，每亩干茶产量长期停滞在一二十公斤之间。现在不论北方或南方茶区，大小茶场都出现了大面积亩产一百五十多公斤干茶的茶园。高的可达二三百公斤，小面积茶园有的已达三四百公斤，多的已达五百公斤以上。近年来速成栽培试验，改变密植方式、程度，加强基肥和管理，二、三年内便可取得高产水平的成绩，为提前投产开辟了途径。但这项试验还在继续中。

探讨高产的因子和技术措施，已有初步结果，明确了土、肥、水和采是获得高产的四大关键。

（3）茶树施肥的研究 通过试验，证明了施肥的效果，改变了过去不施肥的习惯，提出施用农家肥料配合无机肥的增产效果。三要素肥料的比例对茶树生育和茶叶品质的关系。氮肥施用量的效应。明确了追肥时期、次数和方法。复合肥料、根外施肥、生长刺激素的应用等均得到初步结果，并在生产上应用。

（4）茶树剪、采的研究 对茶树修剪时期和技术，不同茶树的修剪方法均有所研究，明确幼年茶树的定型修剪，培养树冠的重要性。老年茶树的更新修剪应与采、培、养密切结合，这才能使茶叶迅速达到高产优质的目的。

采摘对当年和以后的增产、稳产关系极为密切，通过各地试验，明确了不同茶类的合理采摘方法。至于机械采茶也积极研究中，有的已在生产中应用。

（二）植物学特征

茶树在植物分类学上的地位

植物分类的主要目的在于区分植物种类和探明植物间的亲缘关系。种是分类的基本单位，相近的种集合成属，相近的属集合成科，相近的科集合成目，依次再集合成纲、门、界。在各级单位之下，根据需要再分亚级，即在各级单位之前加上"亚"字，如亚科、亚种等。茶树在植物分类学上的地位如下：

界　植物界（Regnum Vegetabile）

门　种子植物门（Spermatophyta）

亚门　被子植物亚门（Angiospermae）

纲　双子叶植物纲（Dicotyledoneae）

亚纲　原始花被亚纲（Archichlamydeae）

科　山茶科（Theaceae）

亚科　山茶亚科（Theaideae）

族　山茶族（Theeae）

属　山茶嘱（Camellia）

种　茶种 Camellia sinensis

茶树的学名最初由林奈（Carl von Linne）所定。他在《植物种志》（Species Plantarum，1753）第一卷中先定名为 Thea sinenis。此后近百年中，为茶树定的学名约 20 种，在植物界争论不休。直至 1950 年才由我国著名植物学家钱崇澍根据国际命名法，确定 Camellia sinensis（L）Kuntze 为茶树学名。从此，茶树在植物分类学上的地位才正式确定下来。但以后仍有部分学者持不同意见，认为茶花有梗，萼片宿存，蒴果开裂，并含有茶氨酸和咖啡碱等特有的生化成化，因而可与山茶属相区别，故主张另立茶属（Thea），并将茶树学名仍定为 Thea sinensis。

茶树变种分类与栽培品种

1. 茶树变种分类

茶树种以上的分类已基本确立，但种以下的分类（指变种分类）却长期不能统一，从林奈（1762）将茶树误分为红茶种（Thea bohea）和绿茶种（Thea viridis）开始，一直争论了 200 余年。

1807 年，Sims 将茶树分为武夷种 bohea、尖叶种 viridis 和广东种 cantonensis 三个变种。

1887 年，Pierre 提出分 5 个变种，即毛茸变种 var. pubescens Pierre，广东变种 var. cantonensis（Lour）Pierre，阿萨姆变种 var. assamica（Mast）Pierre，钝叶变种 var. bohea Pierre 和尖叶变种 var. viridis Pierre。

1900 年，Kochs 提出 4 个变种：全缘变种 var. integra Kochs，毛茸变种

var. pubescens（Pierre）Kochs，广东变种 var. cantonensis（Lour）Kochs，尼尔基里变种 var. nilgheren Kochs。

1908 年，Watt 提出 4 个变种：尖叶变种 var. viridis，武夷变种 var. bohea，直叶变种 var. stricta，尖萼变种 var. lasiocalyx。

1919 年，Cohen Stuart 提出 4 个变种：武夷变种 var. bohea，中国大叶变种 var. macrophylla，阿萨姆变种 var. assamica，和椑部变种 var. shan form。

1958 年，Sealy 将茶树和近缘种伊洛瓦底茶 C. irrawadiensis、大理茶 C. taliensis、毛助茶 C. pubicosta Merrill 与细柄茶 C. gracilipes Merrill 等合成茶组，在茶树 C. sinensis 下面分二个变种：中国变种 var. sinensis 和阿萨姆变种 var. assamica。

1971 年，К. Е. Бахтапзе 将茶树分为两个亚种：中国亚种 ssp. sinensis 与印度亚种 ssp. assamica。中国亚种包括日本变种、中国变种和中国大叶变种；印度亚种包括阿萨姆变种、老挝变种、那伽山变种、马尼坡变种、缅甸变种、云南变种和锡兰变种。

《日本新茶叶全书》（1970 年）把茶树分为四个变种：印度大叶变种 var. assamica、印度小叶变种 var. burmensis、中国大叶变种 var. macrophylla 和中国小叶变种 var. bohea。

1981 年，我国张宏达提出新的茶组分类系统。茶组分五室茶系、五柱茶系、秀房茶和茶系。其中茶系包括 5 个种：即（1）毛助茶 C. pubicosta Merr.、（2）狭叶茶 C. angustifolia Chang、（3）毛叶茶 C. ptilophylla Chang、（4）细萼茶 C. parvisepala Chang、（5）茶 C. sinensis（L.）O. Kuntze。其中茶以下分 3 个变种：普洱茶 var. assamica、白毛茶 var. pubilimba、长叶茶 var. waldenae。

同年，庄晚芳等总结了国内外茶树分类的资料和多年来调查研究的结果，根据茶树的亲缘关系、利用价值与地理分布等因素，提出了以下的分类系统：

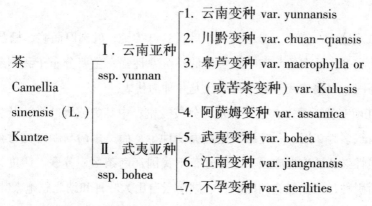

上表所列亚种与变种的基本性状如下：

　　云南亚种　乔木，分枝稀，叶大，花少，结实率低，茶多酚与咖啡碱含量高，抗寒性弱；包括云南变种、川黔变种、皋芦变种和阿萨姆变种等4个变种；主要分布于我国西南、华南以及印度、缅甸和越南等国的部分茶区。

　　（1）云南变种　乔木，树高3—10m，分枝稀疏；特大叶类，叶片栅状组织多为1层；种子大，球形；芽叶中茶多酚与咖啡碱含量高，合成简单儿茶素能力强；抗寒性弱；主要分布于我国云南、广东、广西等省和缅甸、泰国和越南等国；以云南勐海大叶种、凤庆大叶种、广东海南大叶种为代表。

　　（2）川黔变种　乔木，树高3—10m，分枝稀疏；大叶类，叶柄特长，叶面光泽性强，叶片栅状组织1—2层；花大，种子多为肾形，种皮厚，发芽率低，抗寒性与抗旱性均较强；主要分布于贵州、四川以及与川黔两省毗邻的广东、广西、云南等省（区）的部分地区；以贵州赤水大树茶和四川崇庆枇杷茶为代表。

　　（3）皋芦变种（又称苦茶变种）　乔木或小乔木，树高3—6m；叶大，叶尖特长，叶面平滑，光泽性强，芽叶多带紫红色，芽叶茸毛少，栅状组织多为1层；花较大，结果少，少数种子肾形；茶多酚与咖啡碱含量特高，而氨基酸含量很低，茶味极苦；抗寒性较强；主要分布于湖南南部、广西北部、四川南部以及江西、福建部分地区；以江华苦茶、临桂大叶茶和安溪苦茶为代表。

　　（4）阿萨姆变种　乔木，树高可达20m，分枝稀疏；特大叶类，叶肉薄而软，栅状组织1层；花少，茶多酚与咖啡碱含量高，合成简单儿茶素能力弱；抗寒性弱；主要分布于印度、斯里兰卡、老挝和我国台湾省；以印度阿萨姆种为代表。

　　武夷亚种　灌木，或小乔木，分枝较密；多为中叶或小叶类，少数为大叶类；花多，一般结实率高（也有结实率极低和不结实的）；芽叶茶多酚与咖啡碱含量较低，氨基酸含量较高；抗寒性强；包括武夷变种、江南变种和不孕变种三个变种；武夷与江南两变种分布于我国广大茶区以及世界许多产茶国家，不孕变种分布地区较少。

　　（1）武夷变种　灌木，分枝密；小叶类，叶尖钝，叶肉厚而脆，栅状组织2—3层；开花结实多；茶多酚与咖啡碱含量低；抗寒性强；主要分布于我国各茶区和日本、苏联等国；以福建武夷菜茶与浙江龙井种为代表。

　　（2）江南变种　灌木，或小乔木，分枝较密；中叶类或大叶类，叶尖急尖或钝状，栅状组织多为2层；开花结实比武夷变种少，而茶多酚与咖啡碱含量比武夷变种高；抗逆性强，适应性亦强；主要分布于我国江南茶区，苏联、印度、斯里兰卡等国曾先后引种；以安徽祁门槠叶种、湖南云台山大叶种和湖北恩施大叶种为代表。

　　（3）不孕变种　灌木，或小乔木，分枝较稀；大叶类，栅状组织多为2层；花大，有巨大花粉粒，一般不结实，或结实率极低，或形成果实而种子发育不全；茶多酚与咖啡碱含量较高；抗寒性较强；主要分布于我国福建、台湾、广东、江西等省部分茶区，以福建水仙、政和大白茶、佛手等为代表。

茶树变种分类见表9-1。

表9-1 茶树变种分类检索表

（庄晚芳等，1981）

A. 乔木，特大叶类或大叶类 ·· Ⅰ. 云南亚种

  B. 抗寒性弱，种子球形，栅状组织1层，芽叶茸毛多

  C. 合成简单儿茶素能力强 ·· 1. 云南变种

  CC. 合成简单儿茶素能力弱 ·· 2. 阿萨姆变种

  BB. 抗寒性强，种子肾形，栅状组织1—2层，芽叶茸毛少

  C. 茶多酚与咖啡碱含量较高 ·· 3. 川黔变种

  CC. 茶多酚与咖啡碱含量特高，茶味苦 ···························· 4. 皋芦变种

AA. 灌木，或小乔木，中、小叶类或大叶类 ·························· Ⅱ. 武夷亚种

  B. 开花结实多

  C. 小叶类，栅状组织2—3层 ······································ 5. 武夷变种

  CC. 中叶类或大叶类，栅状组织2层 ·································· 6. 江南变种

  BB. 开花不结实，或结实率极低

  C. 大叶类，栅状组织2层 ·· 7. 不孕变种

庄晚芳等提出的以上茶树变种分类系统，基本上能包括当前世界上已发现的全部茶树资源，是一个比较完整的茶树变种分类体系。但随着细胞分类学和化学分类学的研究进展，必将使茶树分类更趋完善与深化。

2. 茶树栽培品种

栽培品种是重要的农业生产资料之一。在茶叶生产上选用优良品种对提高茶叶单产，改进茶叶品质，增强茶树抗性，调节采制劳力以及适应机械化生产等方面，均有明显的作用。

我国茶区辽阔，种茶历史悠久，群众有丰富的选种经验，品种资源极为丰富。经过调查、整理、鉴定，先后提出了50余个地方良种。1984年11月，全国茶树良种审定委员会对各省（区）上报的茶树地方良种，进行了审定，认为鸠坑种、祁门种、黄山种、云台山种、勐库大叶种、勐海大叶种、凤庆大叶种、湄潭苔茶、早白尖、宁州种、宜昌种、凤凰水仙、乐昌白毛茶、海南大叶种、凌云白毛茶、宜兴种、紫阳种、福鼎大白茶、政和大白茶、毛蟹、铁观音、梅占、黄棪、大叶乌龙、大毫茶、水仙、福安大白茶、本山、上海州种、上饶大面白等30个地方良种作为全国第

一批茶树良种（表9-2）。

表9-2　全国茶树地方良种简介

序号	品种名称	原产地	树型	叶类	发芽期	抗逆性	适应性	适制性	适宜推广地区
1	勐库大叶种	云南勐库	乔木	特大叶	早	弱	弱	红茶	西南、华南红茶区
2	勐海大叶种	云南勐海	乔木	特大叶	早	弱	弱	红茶	西南、华南红茶区
3	凤庆大叶种	云南凤庆	乔木	大叶	晚	较弱	较弱	红茶	西南、华南红茶区
4	湄潭苔茶	贵州湄潭	灌木	中叶	中	强	强	红茶	长江以南红茶区
5	早白尖	四川筠连	灌木	中叶	早	较强	较强	红、绿茶	四川红、绿茶区
6	海南大叶种	广东海南	乔木	特大叶	早	较弱	较弱	红茶	华南红茶区
7	乐昌白毛茶	广东乐昌	乔木	特大叶	中	较弱	中	红、白茶	华南红茶区
8	凌云白毛茶	广西凌云	小乔木	大叶	中	中	中	红茶	广西红茶区
9	云台山种	湖南安化	灌木	大叶	中	强	强	红茶	长江以南红茶区
10	宜昌种	湖北宜昌	小乔木	中叶	早	强	强	红茶	长江以南红茶
11	宁州种	江西修水	灌木	中叶	中	强	强	红茶	长江以南红茶
12	鸠坑种	浙江淳安	灌木	中叶	中	强	强	绿茶	全国绿茶区
13	祁门种	安徽祁门	灌木	中叶	中	强	强	红、绿茶	全国各茶区
14	宜兴种	江苏宜兴	灌木	中叶	中	强	强	红茶	江苏茶区
15	紫阳种	陕西紫阳	灌木	中叶	早	强	强	绿茶	江北绿茶区

序号	品种名称	原产地	树型	叶类	发芽期	抗逆性	适应性	适制性	适宜推广地区
16	黄山种	安徽歙县	灌木	大叶	早	强	强	绿茶	安徽茶区
17	凤凰水仙	广东潮安	小乔木	大叶	早	中	较弱	乌龙、红茶	长江以南茶区
18	福鼎大白茶	福建福鼎	小乔木	中叶	早	强	强	绿茶	全国各茶区
19	政和大白茶	福建政和	小乔木	大叶	晚	中	中	红、白茶	长江以南茶区
20	毛蟹	福建安溪	灌木	中叶	中	强	强	乌龙、红茶	长江以南茶区
21	铁观音	福建安溪	灌木	中叶	中	中	较弱	乌龙茶	闽、粤、台乌龙茶区
22	梅占	福建安溪	小乔木	大叶	中	较强	中	乌龙、红、绿茶	长江以南茶区
23	黄棪	福建安溪	灌木	中叶	早	强	强	乌龙、红、绿茶	长江以南茶区
24	大叶乌龙	福建安溪	灌木	中叶	中	强	强	乌龙、绿茶	闽、台茶区
25	大毫茶	福建福鼎	小乔木	大叶	早	强	强	红、绿、白茶	长江以南茶区
26	水仙	福建水吉	小乔木	大叶	晚	中	较弱	乌龙茶	闽、粤、台乌龙茶区
27	福安大白茶	福建福安	小乔木	中叶	早	强	强	红、白茶	福建茶区
28	本山	福建安溪	小乔木	中叶	中	中	中	乌龙茶	闽、台乌龙茶区
29	上梅州种	江西婺源	灌木	大叶	早	强	强	绿茶	长江以南绿茶区
30	上饶大面白	江西上饶	小乔木	大叶	早	强	强	红、绿茶	长江以南茶区

　　从七十年代开始，我国茶叶科研与教学单位，通过系统选种与杂交育种，陆续育成一批茶树新品种，如中国农业科学院茶叶研究所育成的龙井43、碧云；浙江农

业大学茶叶系育成的浙农 12、浙农 21、浙农 25；杭州茶叶试验场育成的迎霜、翠峰、劲峰；安徽省茶叶研究所育成的安徽 1、3、7 号；福建省茶叶研究所育成的福云 6、7、8、10、23 号；贵州省茶叶研究所育成的黔湄 415、黔湄 419、黔湄 502、黔湄 601；四川省茶叶研究所育成的蜀永 1、2、3 号；湖南省茶叶研究所育成的湘波绿、槠叶齐；云南省茶叶研究所育成的云抗 10 号、云抗 14 号；广东省茶叶研究所育成的英红 1 号等。这些品种有的已在生产上大面积推广，有的在单产上或品质上表现出明显的优越性。

实践证明，不论原有地方良种或新育成品种，都不能忽视相应的栽培管理技术；也就是良种必须结合良法，从而使良种的种性能充分发挥出来。

茶树形态特征及解剖结构

茶树是由根、茎、叶、花、果实和种子等器官构成的整体。根、茎、叶为营养器官；花、果实、种子为生殖器官。营养器官的主要功能是担负养料和水分的吸收、运输、合成和贮藏；生殖器官主要担负繁衍后代的任务。茶树的各个器官是相互依存的统一体，它们在形态、结构和生理机能上都有密切的联系。

1. 茶树的根系

根的外部形态 茶树的根系由主根、侧根、细根和根毛构成。主根由种子的胚根发育而成，它垂直向下生长。从主根上直接发生的侧根称一级侧根，一级侧根上发生的侧根称二级侧根，依次类推。侧根上着生细根。主根和侧根呈红棕色，寿命长，起固定、贮藏和输导等作用。细根又称吸收根，乳白色，表面密生根毛，是根系吸收水分与无机盐的主要部分。细根寿命短，处在不断衰亡更新之中，少数未死亡的则发育成侧根。主根上的侧根是按螺旋线排列的，而且由于主根生长速度不均衡以及各土层营养条件的差异，致使茶树根系出现层状结构。

茶树根系在土壤中的分布，依树龄、品种、种植方式与密度、生态条件以及农业技术措施等而异（图 9-1）。主根可深入土中 1—2m，甚至更深；吸收根一般多分布在地表下 5—45cm 之间。根系的水平分布与耕作制度密切相关。在茶园行间经常耕作，根系的水平分布范围（主要指吸收根）往往与树冠幅度相仿；在免耕或少耕情况下，其分布幅度常常超过树冠。由于茶树根系还具有向肥性、向湿性与忌渍性，故有时根系幅度不一定与树冠幅度相对称。 茶树根系的分布状况与生长动态是制订茶园施肥、耕锄等管理措施的主要依据。"根深才能叶茂"。这充分说明培育好根系的重要性。

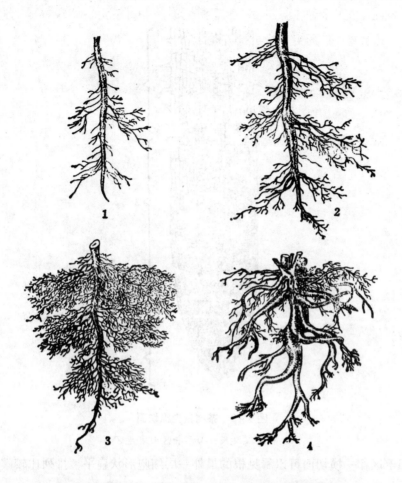

图9-1 茶树根系的形态（仿刘宝祥）

1. 一年生根系 2. 二年生根系 3. 壮年期根系 4. 衰老期根系

根的内部结构 茶树的根尖与一般植物尖相似，可分为四个区：在根的先端为生长点，此处细胞均为幼年细胞，能不断分裂，产生新的细胞。新细胞边长大，边分化，形成根的各种组织，故称为分生组织。在生长点的外面，有一群比较大的细胞，形似帽子，叫根冠，对幼嫩的生长点起保护作用。在生长点的上方，叶伸长区，这部分细胞，液胞迅速增大，细胞伸长很快。在伸长区的上方，叫根毛区，其特点是，外面密生根毛（图9-2），根毛是由表皮细胞延伸而成，是根的主要吸收工具。

茶树的根常与土壤中的真菌共同生活，形成菌根，在吸收根的外表，可以见到缠绕的菌丝，这种菌丝具有根毛的作用。据近年报道，在红壤茶园中已发现外生、内外生和内生三种类型的菌根。外生菌根只在皮层细胞之间延伸，而内外生菌根的菌丝，除在皮层细胞之间延伸外，有的已进入细胞内部，即内外生菌根的菌丝有在细胞内外分布的特点。内生菌根的菌丝分布在皮层细胞之间及细胞内部，有的还进入内层皮细胞。

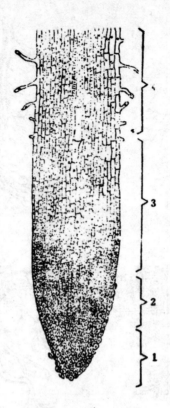

图9-2　茶树根尖纵切面

1. 根冠 2. 生长点 3. 伸长区 4. 根毛区

　　将根毛区作一横切面可以看见根的最外一层细胞形状扁平，排列比较整齐紧密，这一层叫做表皮。（图9-3）它常向外突出形成根毛，以扩大吸收表面。

　　表皮之内是许多大型的薄壁细胞，有细胞间隙，叫皮层。在皮层细胞内常常贮藏有淀粉粒，皮层最里面一层为内皮层，其特点是细胞壁有一部分增厚。

　　在皮层内，根的中央部分，叫中柱。中柱的结构比较复杂。在中柱外面通常有一层薄壁细胞将整个中柱包围起来，叫中柱鞘，其细胞有分裂的潜力，能够分裂产生侧根和不定芽。在生产中，可以用茶树的根来扦插进行繁殖。

　　中柱鞘内有木质部，韧皮部以及其他薄壁细胞。木质部主要是一些长管状的细胞，叫做导管和管胞，能够输导水分。木质部常排列成束，茶树常因品种不同而束数也不同，有5束、6束、7束、甚至12束的。一般认为束数较多的主根是茶树优良品种的特征之一，因其形成侧根的能力较强。

　　韧皮部与木质部间隔排列。韧皮部也是一些长管状的细胞，叫做筛管，能够运输叶片中制造的养料。因此导管和筛管是植物体内的输导组织。

　　在韧皮部和木质部之间，还有一些薄壁细胞。中央为髓部，髓十分发达，其中贮藏有淀粉粒。因此，茶树主根也是重要的贮藏器官，特别是在幼苗时期。

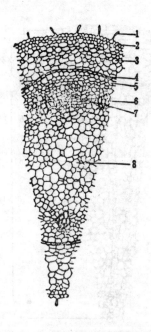

图 9-3 一年生茶树根的横切面

1. 根毛 2. 表皮 3. 皮层 4. 内皮层

5. 中柱鞘 6. 木质部 7. 韧皮部 8. 髓

在根毛区的上部、木质部和韧皮部之间的薄壁细胞可以转变为形成层，形成层的细胞具有分裂能力，不断向外产生新的韧皮部，向内产生新的木质部，使根不断地增粗。所以，形成层也是分生组织。根在增粗过程中，还能从中柱鞘产生周皮。

周皮起保护作用，周皮形成之后，其外围部分逐渐剥落。根由乳白色转变为褐色（图 9-4）。

2. 茶树的茎

茎的外部形态　茶树的茎包括主干、分枝和当年生新枝。它是构成树冠的主体。由于分枝习性不同，茶树可分为乔木、小乔木和灌木三种类型（图 9-5）。乔木型茶树，植株高大，有明显主干；小乔木型茶树，植株较高大，基部主干明显；灌木型茶树，植株较矮小，无明显主干。在生产上我国栽培最多的是灌木型和小乔木型茶树。

由于分枝角度大小不同，茶树树冠分为直立状、半开展状和开展状（又称披张状）三种（图 9-6）。

着生叶片的茎称为枝条。茶树枝条由叶芽发育而成。初期未木质化的枝条称为新梢。新梢较柔软，表皮青绿色，生有茸毛。随着新梢逐渐木质化，皮色由青绿→浅黄→红棕，进而出现皮孔，形成裂纹。二、三年生枝条变为浅灰色，老枝条转为暗灰色。

茶树分枝有单轴分枝与合轴分枝两种形式（图 9-7）。自然生长的茶树，一般

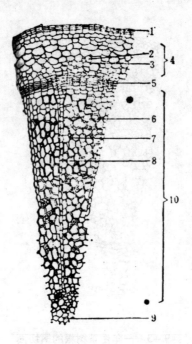

图9-4 二年生茶树主根的横切面

1. 周皮 2. 筛管 3. 伴胞 4. 韧皮部

5. 形成层 6. 导管 7. 木纤维

8. 髓射线 9. 髓 10. 木质部

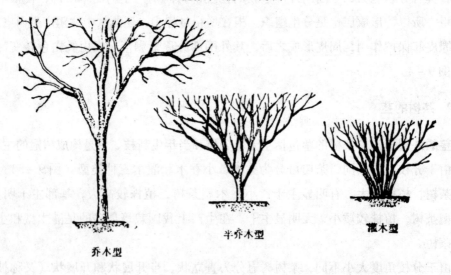

乔木型　　半乔木型　　灌木型

图9-5 茶树类型

在二、三龄以内为单轴分枝，其特点是顶芽生长占优势，形成明显的主干。一般到四龄以后转为合轴分枝，其特点是主干的顶芽生长到一定高度便死亡或生长很慢，近顶端的侧芽取代顶芽的位置，形成侧枝。侧枝上的顶芽又同样停止生长，再由它下面的侧芽所代替，依此发展，从而形成弯曲的主轴，使树冠呈现开展状态。

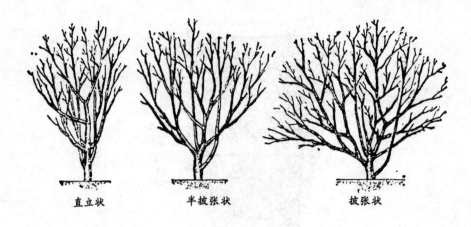

直立状　　　　　　　半披张状　　　　　　　披张状

图 9－6　茶树树冠形状

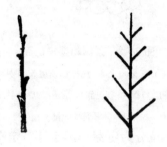

图 9－7　单轴分枝

（左）与合轴分枝（右）

茎的内部结构　茎的表皮是一层排列紧密的砖形细胞，气孔分布其间，表皮外有角质层和茸毛，表皮内为皮层，皮层最外 1—2 层壁较厚的细胞，含有叶绿体，故使幼茎呈绿色，表皮可转变为周皮。其内有 8—9 层薄壁细胞，细胞较大，有细胞间隙。中柱鞘由 2—3 层薄壁细胞组成。中柱硝之内为维管束，维管束由韧皮部、形成层、木质部三部分组成。韧皮部位于维管束外方，构成韧皮部的有筛管、伴胞、韧皮纤维和韧皮薄壁细胞。木质部位于维管束内方，由导管、木纤维、木质射线等组成。筛管主要运输同化产物，而导管主要运输水分和无机盐类。韧皮部与木质部之间为形成层，细胞呈长方形，排列整齐，有强烈的分生能力，向外形成新的韧皮部，向内形成新的木质部，所以茎部得以增粗。维管束之间有髓射线，呈放射状，内接髓部，外通中柱鞘，起横向运输作用。

茎的中心部分为髓，为不规则的椭圆形薄壁细胞所组成，占幼茎的大部分，起贮藏养分的作用（图 9－8）。

3. 茶树的芽

茶芽外部形态　茶芽分叶芽（又称营养芽）和花芽两种。叶芽发育为枝条，花

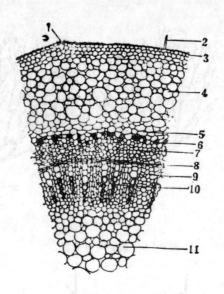

图 9 - 8　茶树幼茎横切面

1. 气孔 2. 表皮毛 3. 表皮 4. 皮层 5. 中柱鞘

6. 韧皮纤维 7. 韧皮部 8. 形成层 9. 髓射线

10. 木质部 11. 髓

芽发育为花。叶芽依其着生部位分为定芽与不定芽。定芽又分顶芽与腋芽。生长在枝条顶端的芽称顶芽，生长在叶腋的牙称腋芽。一般情况下顶芽大于腋芽，而且生长活动能力强。当新梢成熟后或因水分、养分不足时，顶芽停止生长而形成"驻芽"。驻芽和尚未活动的芽统称为休眠芽。处于正常生长活动的芽称为生长芽。在茶树枝茎及根颈处无一定部位长出的芽称为不定芽。不定芽均为潜伏芽。

按茶芽形成季节分冬芽与夏芽。冬芽较肥壮，秋冬形成，春夏发育；夏芽细小，春夏形成，夏秋发育。冬芽外部包有鳞片 3—5 片，表面着生茸毛，能减少水分散失，并有一定的御寒作用。

茶芽内部结构　将茶芽纵切，最外层有几片鳞片，如覆瓦状覆于生长锥上，鳞片上有茸毛。中央有一很小的圆锥状突起，称为生长锥，与根尖生长点相似，也具有分裂能力。在生长锥基部的突起叫叶原基，幼叶的叶腋有腋芽原基，生长锥以下组织已开始分化为表皮、皮层、原形皮层、导管和髓等（图 9 - 9）。

在扫描电镜下，可观察到芽上茸毛的微观结构，如广东乐昌白毛茶的茸毛上具有分叉的小刺或小毛；云南大叶茶的茸毛比较光滑，但略具瘤块；缅甸茶的茸毛呈不规则的斑块状；四川、广西的一些野生茶的茸毛也是分叉的。

4. 茶树的叶

叶的外部形态　茶树叶片分鳞角、鱼叶和真叶三种。鳞片无叶柄，质地较硬，

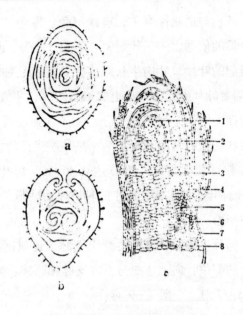

图9-9 茶芽的横切与纵切面

a. 冬芽横切 b. 夏芽横切 c. 茶芽纵切

1. 生长锥 2. 叶原基 3. 茶芽原基 4. 原形成层

5. 导管 6. 皮层 7. 表皮 8. 髓

呈棕褐色，表面有茸毛与腊质，随着茶芽萌展，鳞片逐渐脱落。鱼叶是发育不完全的叶片，因形似鱼鳞而得名。色较淡，叶柄宽而扁平，叶缘一般无锯齿，或前端略有锯齿，侧脉不明显，叶尖圆钝。每轮新梢基部一般有鱼叶1片，多则2—3片，少数无鱼叶。这是茶树叶片特征之一。

茶树叶片形态系指真叶而言（图9-10）。叶片形状一般为椭圆形或长椭圆形，

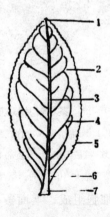

图9-10 茶树的叶片

1. 叶尖 2. 叶片

3. 主脉 4. 侧脉

5. 叶缘 6. 叶基 7. 叶柄

少数为卵形和披针形；叶色与适制性有关，有淡绿色、绿色、浓绿色、黄绿色、紫绿色等。叶尖是茶树分类的依据之一，分渐尖、急尖、钝尖、凹头等。叶面有平滑、隆起与微隆起之分；隆起的叶片，叶肉生长旺盛，是优良品种特征之一。叶缘有锯齿，一般 16—32 对，随着叶片老化，锯齿上腺细胞脱落，并留有褐色疤痕，这也是茶树叶片特征之一。叶面光泽性有强、弱之分，光泽性强的属优良特征。叶缘形状有的平展，有的呈波浪状。嫩叶背面着生茸毛，是品质优良的标志。

叶质有厚、薄和柔软、硬脆之分，厚叶达 0.45mm，薄叶仅 0.16mm，一般为 0.3—0.4mm，一般大叶种叶大而柔软，而小叶种则厚而硬脆。叶片硬脆，制茶品质不良，但有较强的抗逆能力。

茶叶主脉明显，主脉分生侧脉，侧脉再分出细脉，连成网状，故称网状脉。侧脉伸展至叶缘三分之二的部位，向上弯曲与上方支脉相联接。侧脉对数因品种而异，多的 10—15 对，少的 5—7 对，一般 7—9 对。

叶片大小以定型叶的叶面积来区分，凡叶面积 >60cm² 的属特大叶，40—60cm² 的属大叶，20—40cm² 的属中叶，<20cm² 的为小叶。叶面积的计算公式为：

叶长（cm）×叶宽（cm）×0.7（系数）=叶面积（cm²）

叶的解剖结构　将叶片横切面放在光学显微镜下观察，可见叶片包括上、下表皮，叶肉，叶脉三个部分（图 9 – 11）。

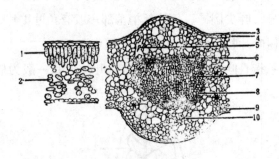

图 9 – 11　茶树叶片横切面

1. 栅状组织 2. 海绵组织 3. 角质层 4. 上表皮

5. 石细胞 6. 机械组织 7. 木质部 8. 韧皮部

9. 下表皮 10. 草酸钙结晶

上表皮由一层密接的长方形细胞组成，上面覆被一层角质层。小叶种表皮细胞较小，细胞壁较厚，抗寒力强；大叶种表皮细胞较大，细胞壁薄，抗寒力弱。嫩叶角质层薄，水分蒸腾较多；叶片成长过程中角质层逐渐增厚，水分蒸腾也减少。

下表皮有许多气孔（图 9 – 12），每个气孔由两个半月形的保卫细胞构成，水分与空气由此出入，蒸腾作用与呼吸作用也是通过气孔的调节进行的。气孔的密度和

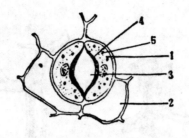

图9-12 叶片下表皮上的气孔

1. 保卫细胞 2. 表皮细胞

3. 气孔 4. 厚壁 5. 薄壁

大小，随品种而不同，大叶种气孔稀而大，小叶种气孔密而小。下表皮有些细胞向外突起，形成茸毛，茸毛基部有腺细胞，能分泌芳香物质，使茶叶具有特殊的香气。

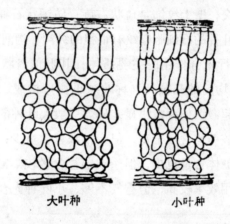

大叶种　　　　小叶种

图9-13 大叶种与小叶种叶片

解剖结构的比较

在上下表皮之间为叶肉，由栅状组织与海绵组织构成，栅状组织紧接上表皮，为1—3层排列整齐而紧密的圆柱形细胞，与表皮垂直，细胞含很多叶绿体。大叶种的栅状组织，大多数为1层，中、小叶种为2—3层（图9-13）。海绵组织位于栅状组织之下，是一些不规则的近圆形细胞，排列较疏松，细胞间隙大。海绵组织细胞中的叶绿体较少，而有大的腋胞，主要功能是贮藏养分和代谢产物，直接与茶叶品质有关的多酚类、糖类等物质，大都贮藏在液胞内。海绵组织愈发达，则内物特愈丰富，故制茶品质愈佳。部分海绵组织细胞中含有星状草酸钙结晶体。叶肉中还有一种细胞壁很厚，形状多种多样的硬化细胞（sclereid），又称石细胞或支持细胞（图9-14）。据严学成研究认为，树状硬化细胞为原始类型，星状、骨状和纺锤状硬化细胞为进化类型。

在扫描电镜下观察，发现石细胞的壁高度次生化，壁上花纹多样，如树型石细胞的纹饰大多为纵向沟槽；星型石细胞的纹饰有凸起，为波浪状沟槽，并有小

图 9 - 14　茶叶中的硬化细胞（石细胞）（仿严学成，1980）

1. 桂北野生茶 2. 云南大叶茶 3. 凤凰水仙 4. 小叶种

瘤；骨状石细胞壁无乳突，壁上纹饰是斑状右旋；纺锤状石细胞纹饰为块状，具凹穴，壁上有疏小刺，小叶种的石细胞壁纹有很粗的纵沟，沟间有小瘤。

叶绿体是叶肉中进行光合作用的主要质体，其形似盘状或碟状，一般大小为4—6μm。叶绿体由排列均匀的基粒（又称叶绿小粒）构成。叶绿小粒中包含叶绿素。不同品种叶绿体的超微结构存在明显差异。一般大叶种的叶绿体中基粒片层较多，光合膜系统复杂，核糖体含量丰富，但亲锇颗粒含量少；而小叶种的基粒数和基粒片层数都较少，核糖体含量也少，但亲锇颗粒含量较丰富。所以，在相同生态条件下，大叶种光合作用效率较高，但香气不够，小叶种光合作用效率较低，而香气较高（表 9 - 3）。

表 9 - 3　四个茶树品种叶绿体超微结构比较

（严学成，1980）

品种	基粒数	基粒片层数	基质片层	亲锇颗粒含量	核糖体含量
云南大叶种	20—60	26—64（102）	很多	少量	丰富
凤凰水仙	10—40	12—42	稀疏	丰富	丰富
乐昌白毛茶	10—20	10—30	很少	少量	丰富
小叶种	±20	20—32	很少	较丰富	少量

叶脉主要由维管束组成。在主脉维管束外面有 1—3 层厚壁细胞，增加支持作用，维管束中的木质部靠近叶的上表皮，韧皮部靠近下表皮。叶脉愈分愈细，其构造也愈来愈简单，到脉梢部分，木质部只有一个管胞，韧皮部就是一个薄壁细胞。主脉中木质部与韧皮部的比值可作为鉴定植株生长势的间接指标，凡比值大的品种，

一般具长势强、生长快、持嫩性强的特性。

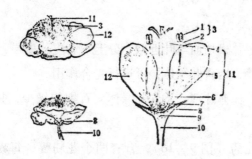

图9-15　茶花及其纵切面

1. 花药 2. 花丝 3. 雄蕊 4. 柱头 5. 花柱 6. 子房 7.
胚珠 8. 花萼 9. 花托 10. 花柄 11. 雌蕊 12. 花瓣

5. 茶树的花

花的外部形态　花芽与叶芽同时着生于叶腋间，着生数1—5个，甚至更多，花轴短而粗，属假总状花序，有单生、对生和丛生等。茶花由花柄、花萼、花冠、雄蕊和雌蕊五个部分组成（图9-15）。

花萼位于花的最外层，由5—7个萼片组成，萼片近圆形，绿色，起保护作用，受精后，萼片向内闭合，保护子房越冬，一直到果实成熟也不脱落。

花冠白色，也有少数花呈粉红色。花冠由5—9片发育不一致的花瓣组成，上部分离，下部联合并与雌蕊外面一轮合生在一起。花谢时，花冠与雌蕊一起脱落。花冠大小依品种而异，大花直径40—50cm，中花直径30—40cm，小花直径25cm左右。

雄蕊数目很多，一般每朵花有200—300枚。每个雄蕊由花丝和花药构成。花药有4个花粉囊，内含无数花粉粒。

雌蕊由子房、花柱和柱头三部分组成。柱头3—5裂，开花时能分泌粘液，使花粉粒易于粘着，而且有利于花粉萌发。柱头分裂数目和分裂深浅可作为分类的依据之一。花柱是花粉管进入子房的通道。雌蕊基部膨大部分为子房，内分3—5室，每室4个胚珠，子房上大都着生茸毛，也有少数无毛的。子房上是否有毛，也是茶树分类的重要依据。

茶花花式一般为 $K_{3+3}C_{(5)}A\frown G^{(5)*}$。按3、5基数的倍比法则变异，约有下列几种

$$K_{3+3} \quad\quad C_{(5)} \quad\quad A\frown \quad\quad G_{(3)}$$

$$K_5 \qquad C_{5+3} \qquad A^\curvearrowright \qquad G_{(3)}$$

$$K_5 \qquad C_{3+3} \qquad A^\curvearrowright \qquad G_{(3)}$$

$$K_5 \qquad C_{(5)} \qquad A^\curvearrowright \qquad G_{(5)}$$

花的解剖结构　萼片横切面与叶近似，分上下表皮、皮层、薄壁组织、维管束、石细胞和草酸钙结晶等，内含叶绿体，可进行光合作用。

组成花冠的花瓣，比萼片薄，不含叶绿体，石细胞极少，其他部分基本上与萼片相似。

位于花丝顶端的花药（图9-16），含有两个花粉囊，每囊被药隔分为两个药室，药隔中有一维管束为花药供应水分与养分，花药壁分4层：表皮层、纤维层、中层、绒毡层。药室内着生花粉粒。花粉粒具有两层壁，内壁薄，外壁厚，圆形，有三个萌发孔，里面有浓厚的厚生质和核。花粉粒的外壁透水性很强。阴雨天结实率低的原因之一，就是由于花粉粒吸水胀裂之故。

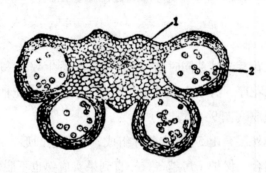

图9-16　花药横切面

1. 维管束 2. 花粉粒

花丝结构较简单，外为表皮，表皮上有一层角质层，中间是二层薄壁细胞组成的中柱鞘，细胞排列紧密，中央有一维管束。

花柱结构有表皮、角质层、薄壁组织、维管束、柱腔和拟柱头组织。

子房是雌蕊最主要部分，结构比较复杂，子房壁内外各有一层表皮，外壁由一层表皮细胞紧密排列而成，着生茸毛，内壁由一层角质化细胞均匀排列而成，内外表皮间为维管束。子房的中心是花柱腔，或叫子房腔。三个子房室呈品字排列，胚珠包括珠心、珠被、珠柄（图9-17）。

花柄结构由表皮、皮层、中柱鞘、韧皮部、形成层、木质部和髓组成，基本上与幼茎相似。

6. 茶树的果实与种子

茶果为蒴果，成熟时果壳开裂，种子落地。果皮未成熟时为绿色，成熟后变为

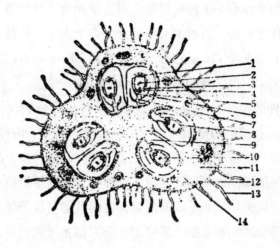

图 9 – 17　子房横切面

1. 反足细胞 2. 极核 3. 卵细胞 4. 助细胞

5. 外珠被 6. 内珠被 7. 珠孔 8. 珠心 9. 珠柄

10. 胚囊 11. 子房壁 12. 维管束 13. 茸毛 14. 胚珠

棕绿色或绿褐色。果皮光滑，厚度不一，薄的成熟早，厚的成熟迟。茶果形状和大小与茶果内种子粒数有关，一般一粒果为球形，二粒果为肾形，三粒果呈三角形，四粒果近方形，五粒果似梅花形（图 9 – 18）。

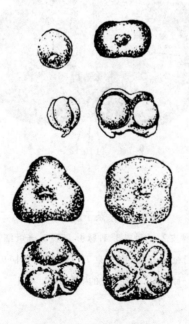

图 9 – 18　茶果形状

　　茶子大多数为棕褐色或黑褐色。茶子形状有近球形、半球形和肾形三种，以近球形居多，半球形次之，肾形茶子只在西南少数品种中发现，如贵州赤水大茶和四川枇杷茶等。球形与半球形茶子种皮较薄，而且较光滑；肾形茶子种皮较厚，粗糙而有花纹。前者发芽率较高，后者发芽率较低。茶子大小，依品种而异。大粒茶子直径 15mm 左右，中粒直径 12mm 左右，小粒直径 10mm 左右。茶子重量，差异也不小，大粒子每粒 2g 左右，中粒 1g 左右，小粒 0.5g 左右。

茶子由种皮和种胚两部分构成。种皮又分外种皮与内种皮，外种皮坚硬，由 6—7 层石细胞组成。石细胞的壁很厚，一层一层向内增加。内种皮与外种皮相连，由数层长方形细胞和一些输导组织形成。种子干燥时，内种皮可脱离外种皮，紧粘干种胚，并随着种胚的缩小而形成许多皱纹。种子内的输导组织主要是一些螺纹导管。内种皮之下有一层由拟脂质形成的薄膜，此膜可能与种子休眠有关。因为种子发芽时，膜上的脂类物质均被分解。采用 25—28℃温水处理，可以加速脂类物质的分解过程，使种子提前发芽。

种胚由胚根、胚茎、胚芽和子叶四部分组成。子叶部分最大，占据整个种子内腔，其余三部夹于两片子叶的基部，由二个子叶柄相连结（图 9 - 19）。

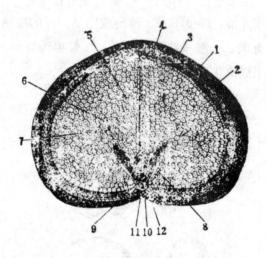

图 9 - 19　茶子的纵切面

1. 外种皮 2. 内种皮 3. 种脉 4. 胚膜 5. 子叶细胞内的淀粉粒 6. 子叶的维管束 7. 子叶 8. 子叶柄 9. 胚轴 10. 种脐 11. 通往合点的维管束 12. 珠孔

（三）生物学特性

茶树的一生有它自己的生长、发育规律，这种规律是按照茶树有机体的生理机能特性所支配发生、发展的。但它又同时受到外界环境条件的影响，从而在时间、质和量上有所改变。但是，外界环境条件并不能改变茶树生育的基本规律，这是客观事物发展的必然规律，这种规律就是由茶树的生物学特性所决定的。

茶树和其他木本植物一样，既有它一生的总发育周期，又有它一年中生长和休止的年发育周期。总发育周期是在年发育周期的基础上发展的，而年发育周期又是受总发育周期所制约，按照总发育周期的规律而发展的。所以它们是互相一致、互相补充、完整的整体序列。

茶树总发育周期

一株茶树的生命，是从一个受精的卵细胞开始的，从这时起，它就成为一个独立的、有生命的有机体。这个受精的卵细胞（合子），经过一年左右的时间，在母树上生长、发育而成为一粒成熟的种子。种子播种后发芽、出土而形成一株茶苗。茶苗不断地从外界环境中吸收营养元素和能量，而逐渐生长发育，长成一株根深叶茂的茶树，以至开花、结实、繁殖成新的后代。茶树也在人为的和自然的条件下，逐渐趋于衰老，最终死亡。这个生育的全过程，我们称为茶树生育的总发育周期。掌握这一周期各个不同生育阶段的特性，对于我们在生产中制订必要的、有针对性的技术管理措施，是非常有益的。而掌握年生长发育周期的规律，又是我们制订年生产计划的基础。

植物从种子萌发开始，随时间的推移，在形态、生理机能等方面，不断地起着量和质的变化，直至衰亡，这种过程称之为生物学年龄。

按照茶树的生育特点和生产中实际应用，我们常把茶树划分为四个生物学年龄时期，即幼苗期、幼年期、成年期、衰老期。

1. 幼苗期

高等植物的个体发育，应当是从受精卵开始的，但是，在生产上计算植物的生物学年龄时期，都是从种子萌发开始的。茶树幼苗期就是指从茶子萌发到茶苗出土，第一次生长休止时为止。这段时间，以长江中下游茶区为例，大约从 3 月下旬到 7 月上、中旬，约经过 4 - 5 个月的时间。

茶子播种后，吸水膨胀，茶子内（主要是子叶）的贮藏物质，趋向水解，供给胚生长、发育所需要的营养物质。种壳胀破后，胚根首先伸长，并向下伸展，当胚根生长约有 10 - 15cm 后，胚芽逐渐生长，最后破土而出，但此时胚根始终比胚芽长，到胚芽出土时，胚根大约比胚芽长 2 - 3 倍。这段时期，由于胚芽尚未出土，它生长、发育所需要的养分，主要来源是依靠种子中贮藏的物质，水解异化后而供给的。因此，它对外界环境的主要要求是要能满足水分、温度和空气三个条件。

茶苗出土后，鳞片首先展开，然后鱼叶展开，最后才展开真叶。当真叶展开 3 - 5 片时，茎顶端的顶芽，形成了驻芽，开始第一次生长休止。这一阶段，茶苗出土后，很快形成了叶绿素，根系又从土壤中吸收营养元素，这样茶苗自身就可以进行同化作用，制造生长、发育所需要的有机物质，从而由单纯地依靠子叶供给营养的形式，过渡到由子叶的异化作用和根系吸收矿质元素和水分，叶片进行光合作用的同化作用供给双重营养形式阶段，最后完全由同化作用所取代。由于这种营养形式，茶苗生育的物质基础有了保证，地上部分的生长速度加快，但总的来说，地下部分的根系生长仍然优于地上部分，向土壤深处伸展，从而可以吸收较深层土壤中的水分和营养物质。所以这一时期除了对水分、温度和空气有一定要求外，对土壤中要求有丰富的养分供根系吸收。

幼苗期茶树无论是地上部分还是地下部分，其总量都还是少的。因此，最容易受到恶劣环境条件的影响，特别是高温和干旱，茶苗最易受害，因为这时的茶苗较耐荫，对光照的要求不高，叶片的角质层薄，水分容易被蒸腾，而根系伸展不深，一般只有 20cm 左右，由于是直根系，更没有分枝广阔的侧根，吸收面积不大，如遇旱害，很难抗御，所以在栽培管理上，要力求促进苗期健壮，同时，适时适量地保持土壤有一定含水量，是苗期的关键问题。

2. 幼年期

从第一次生长休止到茶树正式投产这一时期称为幼年期。时间大约为 3 - 4 年，时间的长短与栽培管理水平、自然条件有着很密切的关系，完成这一时期后，茶树大约有 3 - 5 足龄。有的茶树七八龄仍然不能正式投产，主要是管理或其他条件不善，引起茶树生长衰弱的表现，不属以上范畴。

幼年期是茶树生育十分旺盛的时期，在自然生长的条件下，茶树地上部分的主轴生长旺盛，表现为单轴分枝的分枝方式，主轴不断地向上生长，而侧枝很少，当第一次生长休止后，在主轴上可能生长侧枝，但这些侧枝的生长速度缓慢，所以在茶树三足年生之前，常表现出有明显的主干，但在人为修剪的条件下，这种现象则不显著。

幼年期茶树地下部分的根系，开始阶段为直根系，主根明显并向土层深处伸展，侧根很少，但逐渐侧根发达，向深处和四周扩展，但此时仍可以看出较明显的主根。除此以外，一般在三年生前后，茶树开始开花结实，但此时开花数量不多，结实率也低。

由于幼年期茶树的可塑性大，这一时期在管理措施上，必须抓好定型修剪，以抑制其主轴生长，促进侧枝生长，培养粗壮的骨干枝，形成浓密的分枝树型。同时，要求土壤深厚、疏松，使根系分布深广。由于这时是培养树冠采摘面的重要时期，绝对不能乱采，以免影响茶树的生育机能，而这时茶树的各种器官，都比较幼嫩，特别是 1－2 年生的时候，对各种自然灾害（如干旱、冷冻、病虫）的抗性都较弱，要注意保护。

3. 成年期

成年期是指茶树正式投产到第一次进行更新改造时为止（亦即青、壮年时期）。这一生物学年龄时期，时间较长，大约经过 20－30 年左右的时间，管理条件较好的，时间更长。

成年期是茶树生育最旺盛的时期，是时其产量和品质都处于高峰阶段。成年期随着树龄增长，茶树分枝愈分愈多，树冠愈来愈密，到八九龄时，自然生长的茶树，已有 7－8 级分枝，而修剪的茶树，可达 11－12 级分枝。此时的茶树分枝方式，在同一株茶树上同时存在着单轴分枝和合轴分枝两种分枝形式，年龄较大的枝条已经转变为合轴分枝方式，而年龄较幼的枝条，仍然保持着单轴分枝的方式。茂密的树冠和开展的树姿，形成较大的覆盖度，充分利用周围环境中物质的能力扩大了，为高产创造了有利条件。同时，地下部分的根系，也随着树龄增长而不断地分化，形成了具有发达的侧根的深根系，而且以根轴为中心，向四周扩展的离心生长十分明显，一株十年生的茶树根系所占体积比地上部分的树冠约大 1－1.5 倍。所以产量也是随意年龄增长而增长。但是到了成年期的后期，由于不断的采摘和修剪，树冠面上的小侧枝，愈分愈细，并逐渐受到营养条件的限制而衰败，尤其是树冠内部的小侧枝表现更明显。但此时的茶树仍然有旺盛的生产能力，茶树树冠的四周仍然可以萌发新的枝条，但其萌发的能力，也随不断更新而逐渐衰退，顶部的枯死小细枝愈多，而且有许多带有结节的"鸡爪枝"，这种结节妨碍物质的运输，以致促进在下部较粗壮的枝条上，重新萌发出新的枝条，使侧枝更新，经过数次更新后，这些枝条又趋衰老，就会从根颈部萌发出根蘖（或称徒长枝）。这些根蘖具有幼年茶树的生育特性，节间长、叶片较大，枝条又恢复单轴分枝方式，从而以这些新的根蘖为基础形成了新的树冠代替了衰老的树冠，称之为茶树的自然更新现象。我国原有的旧茶园管理方法，多采用这种方式更新树冠。但是，新茶园都是采用修剪的方法，人为地进行更新的。

成年期后期，茶树在外观上表现为树冠面上分枝细弱，而且很多呈灰白色干枯状，茶树的生殖生长相应增加，故开花结实明显增多，而营养生长减弱，产量、品质逐年在显著的下降，就有必要进行树冠改造更新。

这一时期栽培管理的任务，就是要尽量延长这一时期所持续的年限，以便最大限度地获得高产、稳产、优质的茶叶。同时，要加强肥培管理，使茶树保持旺盛的树势，要在生产中不断地采用轻修剪和深修剪交替进行的方法，更新树冠，整理树冠面，清除树冠内的病虫枝、枯枝和细弱枝。当然在投产初期，注意培养树冠，使之迅速扩大采摘面，也是前期的重要任务之一。

4. 衰老期

衰老期指茶树从第一次更新开始到整个茶树死亡为止。这一时期的长短因管理水平、环境条件、品种的不同而不同。一般可达数十年，所以茶树的一生可达百年以上，但是经济生产年限一般只有 40－60 年时间。

茶树经过更新以后，重新恢复了树势，形成了新的树冠，从而得到复壮。但是，经过若干年采摘和修剪以后，又再度逐渐趋向衰老，必须进行第二次更新。如此往复循环，不断更新，其复壮能力也逐渐减弱，更新后生长出来的枝条也渐细弱，而且每次更新所间隔的时间，也愈来愈短，最后茶树完全丧失更新能力而全株死亡。茶树根系也随着地上部的更新而得到复壮，但当树冠重新衰老后，外围根系逐渐死亡，而呈向心性生长，以致形成在近主根部位有少量的吸收根，这种状况虽然随着每次地上部的更新而得到改善，但总的趋势，仍然是与地上部分一样，逐渐向更衰老的方向发展，经过较长时间的反复，最后完全失去再生能力而死亡。

衰老期应当加强管理，以延缓每次更新所间隔的时间，使茶树发挥出最大的增产潜力，延长经济生产年限。当经过数次台刈更新以后，茶树已十分衰老，产量仍不能提高的，应即时挖除改种。

茶树年发育周期

茶树的年发育周期是指茶树在一年中的生长、发育进程。茶树在一年中由于受到自身的生育特性和外界环境条件的双重影响，而表现出在不同的季节，具有不同的生育特点，芽的萌发、休止，叶片展开、成熟，根的生长和死亡，开花、结实等等。所以年发育周期主要是茶树的各个器官，在外形和内部组织结构以及内含物质成分等的生理、生化及生态变化。下面就各个器官的年生育情况分别予以阐述。

1. 茶树枝梢的生长发育

茶树树冠是由粗细、长短不同的分枝及茂密的叶片所组成的。枝条原始体就是芽，芽伸展首先展开叶片，节间伸长而形成新梢，新梢增粗，长度不断增长，木质化程度不断提高而成为枝条。枝条具有顶芽、腋芽、叶片、节间。发育成熟的顶芽或腋芽又能发育成新的新梢。幼嫩的新梢是我们栽培茶树收获的对象，制茶的原料。因此，了解茶树枝梢的生育过程和规律，对于人们栽培管理，制订合理的采摘和修剪技术措施，使之既增产提质又能培养好树冠，具有十分重要的意义。

茶树的分枝 茶树分枝方式是从幼年期的单轴分枝，逐步过渡到合轴分枝的，这种过渡是在成年时期逐步完成的，而且当从根颈部产生新的根蘖时，这两种分枝方式在茶树上可以同时表现出来。单轴分枝时期，主干继续向上生长，侧枝生长比主干细小、缓慢，所以茶树的幼年期及徒长枝属于这种分枝类型。合轴分枝时期，主干顶端的生长点，常生长缓慢，甚至停止生长，而侧芽则生育旺盛，形成了不断分枝的密集形式。这种分枝方式的改变，应该认为是合理的进化适应。因为，顶芽的生长阻碍了侧芽的发育，合轴分枝却改变了这种情况，使侧芽得到发育生长，新梢和叶片数量的增加，茶树的光合作用面积增大，是茶树丰产优质的基础。茶树分枝方式为什么有这样的改变，目前还没有完全清楚，大致有下列几种看法：

（1）由于茶树年龄的不断增长，枝条顶端生长点细胞由于不断地分生，细胞原生质发生变化，因而顶芽的分生能力衰退。

（2）随着年龄的增长，开花结果数量增多，养分的消耗很多，由于养分不能充分供应顶芽生长的需要，顶芽生长受到抑制。

（3）茶树不断长高，顶端和根系之间的距离愈来愈拉长，根系吸收的水分、矿质盐类等向上运输的距离远，从而消耗的能量也多，物质交换困难，因而限制了顶芽的继续生育。

自然生长的茶树与栽培茶树的分枝级数是不同的。自然生长茶树达到二足龄时，高度可达40－50cm，有1－2级分枝；三年生约有2－3级分枝，一般约每年增加1级，达到八年生时，一般有7－8级分枝。在正常情况下，到分枝达4－5级时，便趋向开花结果。到一定年龄时，分枝级数便不再增加，所以自然生长的茶树分枝不符合栽培的要求。栽培茶树希望有坚强的骨干枝，增加分枝级数，形成分枝茂密，树冠采摘面大的树型。所以，栽培茶树八年生可以有10－12级分枝。

随着茶树有机体的发育年龄不同，依次发育出来的新生器官（如叶片、枝条）在形态上和品质上都或多或少与先前的有所不同。这些变化是茶树体内物质代谢过程由量变到质变中的一些外观表现。恩格斯指出："植物、动物、每一个细胞，在其生存的每一瞬间，既和自己统一而又和自己有区别，这是由于吸收和排泄各种物质，由于呼吸，由于细胞的形成和死亡，由于循环过程的进行，一句话，由于不休止的分子变化的总和，这些分子变化形成生命，而其综合的结果则一目了然地出现于各个生命阶段——胚胎生命、少年、性的成熟、繁殖过程、衰老、死亡"。从这个精辟的论断中可以看出；植物在生长发育过程中，内部在不断地进行着新陈代谢。有机体不能看作是不变的东西，随着各个生命阶段的发展它有质的区别。所以一根茶树枝条其上端和下端由于发育阶段不同，也有着质的区别，即其生长发育有其阶段性，这是由它的内部质变和外界环境条件所决定的。植物生长发育所必需顺序经过的阶段最终是以分生组织细胞内部的质变而表现出来。这种内部质变并不一定立即在外部形态上发生变化，可是它却对以后的生理过程与形态建成有深刻的影响，而且这种内部质变多少带有不可逆的性质。分生组织经过这种质变就会向下传递，以后的组织又在原有质变的基础上向新的质变发展。

根据上述概念，我们可以知道，茶树枝条不同部位有阶段性，有着质的区别。一根枝条它的下端与上端是不同的，下端就其时间年龄来说是老的，上端时间年龄较幼，但就其生理年龄来说，下端却较上端年幼，因为上端的细胞组织，是由下端逐渐分生的，因而下端细胞相对而言更原始一些，上端细胞在生长点分生细胞的发育过程中，同化了外界环境条件和物质而充实自己。所以在生产中往往发现扦插苗的插穗，如果剪自徒长枝，则不会很快开花，如是从树冠上部剪取的枝条，扦插苗很快就会开花，说明了枝条上下端的异质性。愈近枝条基部，阶段性愈幼，生活力也愈强。改造衰老茶树采用重修剪或台刈的方法，就是利用这个原理，使从基部重新长出新的生理年龄幼的枝条更新树冠。

茶树的幼年时期，树条逐渐发育成为粗壮的骨干枝，这些骨干枝的形成，为造成宽大的树冠面打下了基础。这时由于树冠分枝不密，通风透光好，枝条生活力旺盛，所以一般没有细弱枝条枯死现象。成年期枝条由于分枝愈来愈密，在不断的采摘和修剪下，顶部枝条十分细弱，尤其是树冠内部，一些细弱的分枝养分状况、通风透光条件都较差，逐渐枯死，而在较粗的侧枝上，又会产生新的小侧枝，代替死亡的小侧枝，从而造成树冠不断向外扩展，在自然生长的条件下，这种现象较栽培条件下为迟，因为自然条件下生长的枝条向上生长，分枝密度小，而通风透光也好一些，随着树龄的增长，一些较粗的侧枝或者是骨干枝，生长缓慢以致停止生长，产生新枝条的能力减弱，老的小侧枝逐渐死亡，树冠愈来愈稀疏，造成了地上部与地下部的不平衡，而根系仍然有较强的吸收能力，从而刺激了骨干树中部的潜伏芽萌发，形成了侧枝的更新，当大的骨干枝衰老时，就会失去再生侧枝的能力。小侧枝枯死后，枝干渐渐光秃，从而刺激了根颈部的潜伏芽萌发生长，这就是根蘖。这种根蘖形成的枝条，由于阶段发育较幼，生活力强，生长迅速，叶片大，节间长等幼年茶树枝梢的特征，根蘖重新形成新的骨干枝，并在这些骨干枝上分生侧枝，从而逐渐形成新的树冠，这就是树冠的自然更新栽培型茶树由于不断的修剪更新，往往在树龄较幼时就会产生根蘖。

在一年中自然生长的情况下，枝条可以有春、夏、秋三次生长，所以有春夏秋之分，但采摘的条件下却不明显。

茶树新梢的生长　新梢是人们栽培茶树收获的对象。采茶就是从新梢上采下幼嫩的叶片和芽（常称为芽叶），进而加工成各种茶类，所以了解新梢的生长发育规律，对制订合理的农业技术措施是重要的依据。

每个枝条的顶端都有一个顶芽，每个叶腋间都有一个腋芽（或称侧芽），此外在皮层内还有一些潜伏芽，这些芽都有可能萌发而形成新梢，这种能萌发后形成新梢的芽，称之为营养芽。

冬季茶树树冠上有大量的营养芽，这些营养芽呈休眠状态，芽的外面被覆着鳞片越冬。第二年春季当气温上升达到10℃左右时，营养芽便开始活动（潜伏芽一般不萌动，只有在去除顶芽或侧芽，受到刺激时才萌发），此时芽的内部进行着复杂的生理生化变化，为细胞的分生和伸长创造条件。

表9-4　茶芽萌发后的物质变化

芽　叶	蛋白质（%）	多酚类（%）	儿　茶　素　(mg/g)					
			L－EGC	D.L－GC	L－EC + D.L－C	L－EGCG	L－ECG	总量
芽	33.81	26.84	8.67	5.83	8.52	104.96	19.32	147.35
一芽一叶	31.17	27.15	15.63	6.20	9.15	88.93	30.41	150.32

芽处于休眠状态时，细胞内自由水减少，原生质呈凝胶状态，脂肪物质增多，许多生理活动进行缓慢。但当芽开始萌动时，呼吸作用显著加强，水分含量迅速增加，从而促进各种器官贮藏的物质如淀粉、蛋白质、脂类等水解，提供呼吸基质，并为细胞的分裂和扩大准备组成物质。这种状况是随着温度的升高，水分含量的不断增加而加强。表9-4表明随着呼吸强度的加强，呼吸作用的产物多酚类物质增加，而蛋白质这种贮藏物质却随着芽的萌发而水解为氨基酸而去重新组建新的细胞。芽的膨胀使体积增大，达到一定程度时鳞片便逐渐展开。鳞片数不尽相同，多数为2-3片。第一片展开的是质硬跪、色泽黄、尖端呈褐色的鳞片，常在新梢生长过程

中脱落，只能看到一点着叶处的痕迹。以后展开的鳞片有的可能脱落，也有的可以发育成叶形狭长、叶色黄绿、发育极不完全的叶子而留在新梢基部。芽继续生长便是鱼叶展开，鱼叶的各种组织尤其是输导组织不发达，叶脉、锯齿都比真叶少，叶形也小，常呈倒卵形或狭长的柳叶形。鱼叶展开后才展开第一片真叶，以后陆续展开约4-7片真叶。真叶刚刚与芽分离时，叶上表面向内翻卷，嗣后叶面向外叶缘向叶背卷曲，最后逐渐展平。展叶数的多少，决定因素是叶原基分化时产生的叶原基数目，但同时受环境条件、水分、养分状况的制约。例如在气温适宜、水分、养分供应充足时，展开的叶片数多一些；反之，天气炎热、干旱或养分不足时，展开的叶片数就少一些。真叶全部展开后，顶芽生长休止，形成驻芽。驻芽休止一段时间后，又继续展叶，向上生长。从营养芽到形成新梢所经历的过程，大致与种子萌发的过程相似（图9-20）。

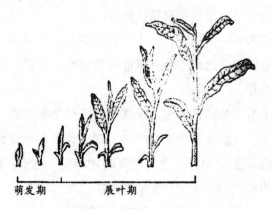

图9-20　新梢萌发过程

在我国大部分茶区，茶树新梢生长和休止，一年有三次，即越冬芽萌发→第一次生长→休止→第二次生长→休止→第三次生长→冬眠。第一次生长的新梢称为春梢，第二次生长的新梢称为夏梢，第三次生长的新梢称为秋梢。春夏梢之间常有鱼叶，所以区别比较明显，夏秋梢之间常无鱼叶，所以区别不甚明显。另外，并非所有的枝梢都是三次生长三次休止的，如树冠内部的一些细弱的小侧枝，一般只有二次生长，有的甚至在第一次生长后，即转为生殖生长、孕蕾开花，当年的顶芽就不再生长。个别生育力旺盛的强壮枝条，一年还可以生长3-4次。这种生长的周期性与气候和其他环境条件无关，与采摘也无关系（虽然采摘能影响其周期的长短），但是这种生长的节律对茶树来说具有生理学上的意义，对生产上又具有很实际的意义。

茶芽生长、体止周期性的原因，目前还不十分清楚，大致有如下几种看法：苏联的巴赫达兹认为，新梢的生长和休止是茶树的遗传特性，是生长的节奏性表现；日本的中山仰认为，茶树新梢生长的周期性，是因为芽要经过充实，并进行新叶和茎组织的分化和形成；斯里兰卡的庞特（Bond）认为，新梢顶芽的休止是由于生长点叶原基分化受到阻碍；印度的巴鲁（D·N·Barua）认为，由于茎的木质部组织的生长跟不上新档向上伸育的速度，导致了新梢顶部木质部范围激剧变化，组织之间面积比例失调，而产生"瓶颈"。木质部区域的变化夺去供应顶芽的水分和养料，影响了叶原基正常形成，随着叶片的连续展开，芽变小便进入了一种明显的休止状态。在休止阶段茎又逐渐变粗，木质部面积增加，新梢的水分和养料供应恢复，芽内新的叶原基开始分化。在下一个周期，芽膨大重新萌发，如此造成新梢周而复始的生长和休止。综合上述看法，我们认为新梢休止起主导作用的（指正常休止，不包括因为环境条件或养分条件不适而被迫的休止）是茶树自身的生理机能上的需要，同时在组织上要进行分化，为适应新的生长作准备，当然与外界环境条件也有着十分密切的关系。至于叶原基是否在休止期分化问题，我们从解剖一个休止芽可以看出，此时，各种鳞片、鱼叶、真叶的原始体和叶序都已生成不再改变，如果此时进行分化只能是新的下一轮的叶原基分化。

进行采摘的茶树新梢生育规律，受到采摘的影响发生了变化。随着采摘批次的增多，新梢的数量增加，不同的采摘标准，不采期的早迟与新梢生育期的长短有着密切的关系。因此，采摘的茶树新梢，生长期缩短了，表现出生育具有"轮性"的特征。越冬芽萌发生长的新梢称为头轮新梢，头轮新梢采摘后，在留下的小桩上萌发的腋芽，生长成为新的一轮新梢，称为第二轮新梢，二轮新梢采摘后，在留下的小桩上重新生育的腋芽，形成第三轮新梢，余此类推，（图9-21）。每一轮的芽是否生长、发育，取决于水分、温度的施肥尤其是施氮肥的情况，如果缺肥或其他条件不适宜，常致新的一轮芽不能发芽生长或即使萌发生长也很瘦弱。

我国大部分茶区，全年可以发生4-5轮新梢，少数地区或栽培管理良好的，可以发生6轮新梢，而最后一轮新梢多数只作留养，故采茶一般只采4-5轮。在生产中如何增加全年发生的轮次，特别是增加采摘轮次，缩短轮次间的间隔时间，是获得高产的重要环节。

凡是新梢仍然具有继续生长和展叶能力的都称为正常的未成熟新梢；当新梢生长过程中顶芽不再展叶和生长休止时，芽成为驻芽，称为正常的成熟新梢；而有些新梢萌发后只展开2-3片新叶，顶芽就呈驻芽，而且顶端的两片叶片，节间很短，似对生状态，称为"对夹叶"或称"摊片"，是不正常的成熟新梢（图9-22）。

新梢生长的叶片数及其成熟程度不同，它的物质代谢活动和所含物质的量有着极为密切的关系。当叶片逐渐老化后，与其老化外形有关的有机物质如粗纤维、淀粉、糖类含量增高。相反，没有成熟的嫩叶其有效成分含量多，如水浸出物、多酚类化合的、含氮物质、水溶性果胶，可溶性灰分等含量多（表9-5）。

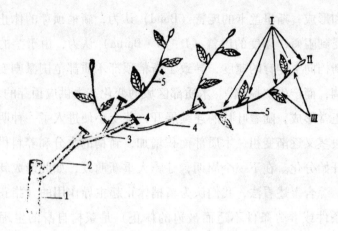

图 9 - 21　新梢轮次示意图

1. 去年老枝　2. 头轮　3. 二轮　4. 三轮　5. 四轮

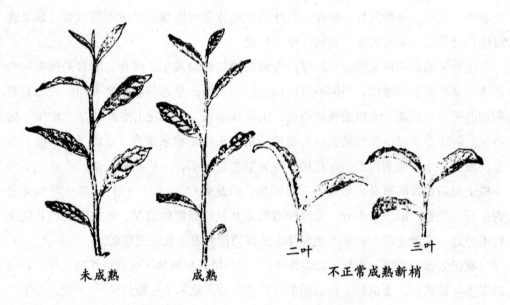

未成熟　　　成熟　　　二叶　　　三叶

不正常成熟新梢

图 9 - 22　茶树不同新梢的形态

表 9 - 5　不同嫩度鲜叶主要化学成分的含量（%）

（程启坤，1982）

成　　　　分	第一叶	第二叶	第三叶	第四叶	老叶	嫩茎
水　　　　分	76.70	76.30	76.00	73.80	–	84.60
水 浸 出 物	47.52	46.90	45.59	43.70	–	–
茶 多 酚	22.61	18.30	16.23	14.65	14.47	12.75

成　　　　分	第一叶	第二叶	第三叶	第四叶	老叶	嫩茎
儿　茶　素	14.74	12.43	12.00	10.50	9.80	8.61
全　氮　量	7.55	6.73	6.29	5.50	-	-
咖　啡　碱	3.78	3.64	3.19	2.62	2.49	1.63
氨　基　酸	3.11	2.92	2.34	1.95	-	5.73
茶　氨　酸	1.83	1.52	1.28	1.16	-	4.35
水溶性果胶	3.21	3.45	3.26	2.23	-	2.64
还　原　糖	0.99	1.15	1.40	1.63	1.81	-
蔗　　　糖	0.64	0.85	1.66	2.06	2.52	-
淀　　　粉	0.82	0.92	5.27	-	-	1.49
粗　纤　维	10.87	10.90	12.25	14.48	-	17.08
总　灰　分	5.59	5.46	5.48	5.44	-	6.07
可溶性灰分	3.36	3.36	3.32	3.02	-	3.47

　　新梢代谢活动最主要的生理活动：光合作用和呼吸作用都因新梢成熟度不同而有明显的差异。据陈兴琰等测定，一芽三叶以前呼吸作用消耗物质大于光合作用的同化产物，一芽五叶达到平衡，一芽六叶以后则光合作用同化产物大于呼吸作用所消耗的物质。酒井慎介（1959）、鲍罗（Paulo）（1977）等人的研究也表明，新梢生育初期，光合强度随生长而不断增强，至新梢成熟（出现驻芽）时达到最大值，随后随着组织的不断老化，光合强度逐渐下降，但在较长时期内效率稳定，变幅不大。原田重雄等（1959）的研究证实，新梢生育时光合作用的光饱和点也有类似的变化，如新梢萌发初期光饱和点为 $0.5cal/cm^2/min$，随着新梢生长光饱和点增至 $0.7cal/cm^2min$，此时同化量增大，生长加速，至采摘前新梢光饱和点达到最高 $1.0cal/cm^2/min$。Jain（1978）、袴田胜弘、酒井慎介（1980、1981）等研究表明，春、夏、秋梢生长期间，根、茎部贮藏的和老叶形成的光合作用产物主要向上运输，供给新梢生育的需要，当新梢休止时，根系生长加速，此时的光合作用产物主要向下运输，并以淀粉形式贮存于根部，其次是茎部，至翌年春梢萌发，根、茎、老叶中光合作用产物再迅速向芽梢生长中心运输。用 $^{14}CO_2$ 研究表明，春季越冬芽萌发时老叶形成的 ^{14}C 光合产物，主要向上运送，$^{14}CO_2$ 光合作用24小时至43天，叶片中的 ^{14}C 放射性强度由65%迅速下降到3%，而新梢中 ^{14}C 放射性强度却从3%猛增到53%。由此可见新梢是生长活动的中心，光合作用产物积累多，根据 Hadfield

（1975）的分析如表9-6。

表9-6 光合产物总量在各器官中的分配

（Hadfield，1975）

项 目	干物质产量(t/ha)	占总量比例(%)
总 量	37.1	100.00
采摘的嫩梢	2.8	7.55
叶 片	4.0	10.87
修剪枝条	3.4	9.16
永久性枝条	2.0	5.39
根 系	2.5	6.74
全年呼吸消耗	22.4	60.54

　　各轮新梢的萌发、成熟是很不一致的，它受品种、营养条件以及芽在枝条上所处的部位所支配。所以同一株茶树上同一轮新梢的形成有早有迟，因而新梢成熟延续的时间也很长。除头轮新梢以外，其他各轮次都有前后轮次间交替的现象。

　　由于顶芽所处的地位优于腋芽，养分供应充裕，所以顶芽萌发较早，生长活动快，形成一定叶数所需天数较少，而腋芽萌发则较迟，长到一定叶片所需的时间较长。浙江农业大学茶叶系对不同品种的顶芽和腋芽调查结果如表9-7。腋芽形成新梢所需时间，要比顶芽多3-7天。由腋芽形成新梢的大小和快慢，与新梢上叶片发育程度有关系，处于发育不充分叶子的腋芽或是鱼叶、鳞片处的腋芽，发育形成新梢就比较迟缓而弱小。

表9-7 不同品种的顶芽、腋芽形成新梢日期的比较

（浙江农业大学茶叶系,1963）

品 种	一芽三叶新梢形成日期及天数			
	顶 芽		腋 芽	
	形成日期	所需天数	形成日期	所需天数
水 仙	3/23-4/27	35	4/8-5/6	28
乌 龙	3/20-4/23	34	3/23-4/28	37
祁 门	3/20-4/17	27	3/23-4/29	38
龙 井	3/20-4/12	23	3/23-4/18	26

　　同一株茶树，由于新梢形成的时间不同，所以成熟的时间差异也很大。福建省茶叶研究所对当地菜茶品种观察的各轮新梢生育期及延续天数如表9-8。从表中可

知，头轮新梢形成一芽三叶的时间最长，4 轮和 5 轮延续时间最短，6 轮延续时间又较长。

表 9 - 8　各轮新梢(一芽三叶)生育期及延续时间

(福建省茶叶研究所,1964)

项目 \ 年份 \ 轮次	1	2	3	4	5	6	全年
新梢生育时期 1955	3/15 - 5/14	5/15 - 6/16	6/17 - 7/16	7/17 - 8/15	8/16 - 9/14		3/15 - 9/14
1956	3/15 - 5/15	5/16 - 6/15	6/16 - 7/15	7/16 - 8/10	8/11 - 9/5	9/6 - 10/10	3/15 - 10/10
每轮延续天数	60 - 60	30 - 32	30	26 - 30	26 - 30	35	200 - 226
轮产量 (%) 1955	22.2	19.6	13.5	23.1	21.6		100.0
1956	36.4	18.0	11.5	3.2	6.5	24.4	100.0
轮产量高峰期 1955	4/29	5/24	6/22	7/29	9/2	-	-
1956	4/21	5/31	7/5	7/20	8/15	9/25	-

但是，形成成熟的新梢其延续天数，比上表所列时间长。各轮新梢约比表中所列时间延长 10 - 20 天成熟。故 7 月份茶树上同时有 2、3 轮新梢，8 月份同时有 2、3、4 轮新梢。根据上述特性，生产中不能采用老嫩一把抓的采法，要分批采摘。

各轮新梢的生育过程，可以分成为两个发育阶段，即隐蔽发育阶段和生长活跃阶段。隐蔽发育阶段是指芽开始膨大到鳞片展开这段时期，此时外形上生长活动不很明显；生长活跃阶段是指从鳞片展开到新梢成熟的一段时间，此时期叶片展开，节间伸长芽生长活动较明显。根据苏联巴赫达兹的材料，各轮新梢隐蔽发育与活跃发育所需的时间不同（表 9 - 9）。从表中可以看出，头轮芽发育时期最长，这是因为越冬芽在萌动之前经过了长时间的越冬准备，所以隐蔽发育时期就要短一些，但因早春气温较低，而且常有不适宜生长的气候，故生长活跃阶段比其他各轮为长。第 3 轮的隐蔽发育期最长，主要是因为光照强，气温高，而且水分、养分供应情况不理想，故内部组织分化缓慢，隐蔽发育阶段则长。在生产中必须掌握各地区各轮新梢的生长活跃阶段长短，对活跃发育期短的轮次，应当及时采摘，避免在茶树上变粗老。

表 9 - 9　各轮新梢隐蔽和活跃发育期

(K. E. 巴赫达兹)

新梢轮次	发育期(天)			%	
	隐蔽	活跃	总计	隐蔽	活跃
1	18	23	41	44	56
2	41	11	52	80	20
3	59	7	66	89	11
4	42	14	56	75	25

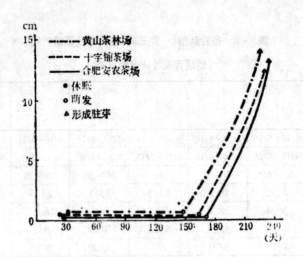

图9-23　茶芽萌发至形成驻芽的生长动态

不同地区由于环境条件不同，芽的休眠期、萌发期以及新梢的生长成熟期是有很大差异的，图9-23中虽然是同样为祁门槠叶种，但芽的休眠长短相差20余天，新梢的成熟相差12天。因此如何改善环境条件，使芽提前萌发也是很重要的课题。

新梢上的叶片展开所需要的天数为1-10天不等，视气候条件不同而异，春、秋季气温较低时，每片叶子展开所需要的时间约5-6天，夏季气温高，约需1-4天，一般多集中在3-6天。

茶芽的生长活动和外界环境条件有着极为密切的关系。在我国大部分茶区，影响春茶芽叶生长的主要因素是温度条件，茶芽萌发的迟早、新梢的生长速度都与温度呈正相关。据安徽农学院茶业系在黄山地区测定，春茶期间由于海拔高度不同，气温和地温都有显著差异，海拔200m与海拔840m平均气温分别为18.9℃和16.4℃，相差2.5℃，而地温平均为17.51℃和14.94℃，相差2.63℃都与新梢生长速度呈正相关，如表9-10。

表9-10　不同环境条件与新梢生育的相关性

(安徽农学院)

海拔	气　温		地　温	
(m)	相关系数 r	显著性 L.S.D P=0.05	相关系数 r	显著性 L.S.D P=0.01
200	0.692	0.666	0.86	0.798
840	0.67	0.602	0.769	0.735

而春季雨水充裕所以茶新梢生长与土壤水分、空气湿度没有相关性。根据各地观察结果综合，一般日平均气温在10℃左右茶芽开始萌发；14-16℃时，茶芽开始

伸长、叶片展开；17-25℃时，新梢生长旺盛；超过30℃生长受到抑制。如果在生长初期气温降到10℃以下，茶芽又会停止生长或者生长缓慢下来；如果气温突然降到0℃左右，就会使已经萌动的芽产生冻害，芽叶展开后，出现许多被冻坏的死细胞斑点，群众称之为"麻头"。据洰濑好充（日）认为，头茶从萌芽到采摘所需积温为460℃，约33天；二茶积温约为380℃，约19天；三茶积温为460℃；约18天。展开一片嫩叶所需积温约90-100℃，每次采摘后到开始下一轮再萌发需要积温约500℃。

另外，从新梢的日生长量和不同的季节性生长量都可以看出温度的影响。春季日平均气温较低，白昼气温较高，生长量大于夜晚。新梢的生长量当气温在15-25℃之间，随着温度的升高而增加；在夏季由于白昼于温高于夜晚，日平均气温较高，白昼已超过新梢生长适宜的温度，故白昼生长量小于夜晚。在一年中，从4月份至7月份生长量大，7月份以后随着气温的升高和水分状况的不利，新梢绝对生长量小，如图9-24所示，其生长曲线呈S形，由此可见，高温、低温季节生长都较迟缓。

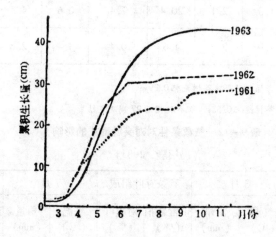

图9-24 福鼎大白茶新梢生长曲线

水分状况是影响夏茶新梢生长的主要因素，夏季水分蒸发量大，空气湿度小，土壤水分不足，加之茶树自身水分的蒸腾，往往呈缺水状态，芽叶生长迟缓，加之过高的气温，对茶芽生育不利。如果在夏季久晴之后，降雨或进行喷灌，湿度突然增加，茶芽生长速度会显著加快。

土壤的养分状况也影响茶芽的生育。如果在茶芽伸长过程中有足够的养分供茶树吸收利用，则会大大加快生长速度。从 S·Kulaseguram 等的试验中可以看出，随着施肥量的增加，新梢长度增加很快，差异很显著，在同样的半年生育时间里，相差约 2—10 倍（表 9—11）。

在上述外界环境条件不利于新梢生长时，新梢的展叶数少、长势差、瘦弱、节间短、顶芽被迫休止，这样顶端的两片叶子即成对夹叶。例如气温越高，嫩叶展开与增长增厚也越快，导致物理硬度增加，因为高温可以促进薄壁细胞增厚及液泡形成；促进厚壁组织纤维细胞增厚并木质化；促进新梢茎的木质部发育。同时嫩叶转变为绿色加快，而且多酚类物质含量增多而茶氨酸和氨基酸总量下降，使滋味苦涩，品质低劣，所以不同的气象条件对形成对夹叶有着明显的影响（表 9—12）。

表 9—11　肥料与新梢生长量的关系

（S. Kulasegaram 等，1975）

处理\项目	无性系 A				无性系 B			
	F_0	F_1	F_2	L. S. D. P = 0. 05	F_0	F_1	F_2	L. S. D. P = 0. 05
侧枝平均数	1.3	1.3	2.0	0.3	1.2	1.4	1.9	0.2
侧枝平均长度(cm)	1.3	2.1	20.4	7.4	0.6	4.5	9.1	5.0
保留叶片平均数	2.9	2.6	4.6	0.4	3.4	2.8	3.9	0.3

注：F_0：不施肥；F_1：每隔二周每珠茶树施肥 0.29g；

　　　F_2：每隔二周每珠茶树施肥 0.58g。肥料施用后 27 周测定结果。

表 9—12　气象条件对对夹叶形成的影响

（冯绍隆，1983）

处理\年份	3 月		春茶芽叶组成		7 月		8 月芽叶组成	
	气温(℃)	雨量(mm)	正常新梢(%)	对夹叶(%)	气温(℃)	雨量(mm)	正常新梢(%)	对夹叶(%)
1974	10.0	31.9	77.8	22.2	24.5	41.9	55.2	44.8
1975	10.6	19.7	72.8	27.2	26.0	88.6	62.5	37.5

当然对夹叶的产生不仅与外界环境条件有关，其他如营养物质的分配，茶树本身的吸收能力等都有密切的关系。从安徽农学院茶业系在广东红星、英德茶场调查的结果（表 9—13）中可以看出，产量超过亩产鲜叶 500kg 时，对夹叶的数量约占总数量的 50%左右，但重量所占比重却小得多，仅 20%左右，说明对夹叶数量多，但百芽重却轻，而且产量愈高，这种差距有愈大的趋势。管道施肥的茶园，由于水、

肥供应较充裕，这种影响的因子就不甚显著。所以如何抓好对夹叶，在生产上是十分重要的问题。

表 9 – 13　产量与新梢组成的关系

（安徽农学院）

轮次	产量情况	正常新梢		对夹叶	
		数量（%）	重量（%）	数量（%）	重量（%）
1	一　般	58.9	70.5	41.1	29.5
	丰　产	49.5	75.0	50.5	25.0
	高额丰产	21.3		78.7	
2	一　般	39.9	68.7	60.1	31.3
	丰　产	58.3	75.0	41.7	25.0
	高额丰产	36.0		64.0	
3	一　般	30.5	55.8	69.5	44.2
	丰　产	72.0	80.2	28.0	19.8
	高额丰产	31.5		68.5	
4	一　般	42.3	80.5	57.7	19.5
	丰　产	28.2	52.6	71.8	47.4
	高额生产	49.7		50.3	

注：1. 产量情况中一般指亩产鲜叶525kg；

2. 丰产为亩产鲜叶1894.5kg；

3. 高额丰产为亩产鲜叶2515kg的管道施肥茶园。

新梢生长过程中，它的形态、长短、粗细、重量和着叶多少是随着各项条件而变化的，同一品种在相同的环境下，新梢长度随着展叶多少而增减，展叶数越多新梢越长，但品种不同新梢长度差异很大（表9－14）。

表9-14　不同品种新梢长度比较

（单位：cm）

地点	品种	一芽二叶	一芽三叶	一芽四叶	一芽五叶	一芽六叶
安徽滁县	祁门群体	4.9	6.2	9.1	11.8	13.3
广东英德	云南大叶	7.5	11.0	13.1	14.6	16.4
河南信阳	中叶群体	4.2	5.5	8.9	10.4	

注：1. 数据为头轮新梢20个的平均值；

　　2. 长度为从叶腋间测至芽的基部；

　　3. 滁县、英德为77年测定材料，信阳为76年测定材料。

新梢上的叶片大小，是随着新梢的伸长逐渐增大的，接着又逐渐变小，因此，在同一枝新梢上真叶是两端小、中间大。所以新梢顶芽体止时，近鱼叶的真叶和近芽端的真叶小，中间的叶片长而宽，这和叶片展开时，中间的叶片处于新梢生育活动最旺盛的阶段有关系，此时养分供应也最充足，所以从叶片内含物含量分析也是处于中间的叶片，代谢产物丰富，而鱼叶和鳞片的变化则较小。

新梢上的节间长短与叶片大小分布有相同的规律，即中间长，两头短，据调查一芽六叶的几个品种的正常新梢其节间长短如表9-15，由表可见不同品种新梢的节间长短差异也很大。

表9-15　不同品种新梢节间长度的变异（春梢）

（单位：cm）

品　　种	鱼叶-6叶	6叶-5叶	5叶-4叶	4叶-3轩	3叶-2叶	2叶-1叶
安徽一号	0.5-0.9	2.1-2.9	2.0-3.0	2.1-2.8	1.8-2.4	1.1-1.4
安徽三号	0.6-1.2	2.4-3.0	2.6-3.1	2.4-3.0	1.6-2.2	1.0-1.3
安徽七号	0.5-1.0	1.6-2.8	2.0-2.9	2.0-2.7	1.4-1.8	0.7-1.1
福鼎大白茶	0.4-0.7	1.4-2.4	1.5-1.9	1.4-1.9	1.3-1.6	0.5-0.6

注：品种均为三年实生苗。

新梢节间长短在生产上有很大意义。节间长的比节间短的新梢产量高，据云南省西双版纳茶叶研究所对当地的品种调查结果，凡节间长的，全年生产量也较高，如云南大叶种的红叶型，节间平均长为 3.9 – 4.05cm，其产量为中等，大叶型节间平均为 3.9 – 5.4cm 的产量最高，细叶茶节间为 2.45 – 3.3cm 的产量最低。

新梢的重量除了因展叶数不同而有差异外，品种、管理水平、茶树树龄等都有影响。按一般红、绿茶的要求，采摘下的芽叶，在中、小叶种地区，一芽二叶或三叶重量约为 0.2 – 0.5g，一芽三、四叶约为 0.4 – 0.7g 但是肥、水条件好的或者是生育旺盛的幼年茶树及树冠改造后的茶树，新梢上采下的上述芽叶可增加 0.1 – 0.3g。品种间芽叶重量的差异更大，例如祁门槠叶种群体和生长在广东的云南大叶种群体一芽三、四叶比较如表 9 – 16，两者重量相差各轮次都约为 2 倍，而且同一品种，各轮次间重量也有不同，以头轮及 2 轮新梢重量略重些。

表 9 – 16　不同品种新梢重量比较

(单位：g)

轮次 品种	1	2	3	4	5	6
祁门槠叶种	0.88	0.98	0.86	0.89	0.78	
广东云南大叶种	1.87	2.30	1.81	1.85	11.70	1.05

注：1. 槠叶种为 7 年生，云南大叶种系 17 年生茶树；

2. 取样为一芽三、四叶各 50 个的平均值。

根据以上分析，要求高产的品种应当是：叶形大、展叶数多、节间长、生长迅速、新梢生育轮次多的茶树。

茶树叶片的生理变化　叶片是茶树进行光合作用与合成有机养分的重要器官，也是人们采收的对象。它含有许多无机和有机的成分，除表 9 – 17、9 – 18 所列以外，还有许多微量的成分，这些成分的含量都因叶位不同而差异很大，因而形成了千差万别的品质特点，也说明了叶位、叶龄不同其生理机能是不同的，所以研究叶片的生理生态变化规律是极为重要的问题。

叶片是茶树进行同化作用的主要器官。茶树最重要的同化作用——光合作用除了绿色嫩茎和一些木质化不久的枝条具有光合作用功能外，主要还是在叶片中进行的。叶片的老嫩、叶色、叶绿素含量，甚至叶片的温度、气孔的多少和每个气孔的大小等等都会影响光合作用的强度。Nanivel 研究表明叶片在生育初期光合能力较低，呼吸消耗较大，生长所需的养料和能量靠邻近的老叶和根部供给，随着叶片的生长发育，光合能力迅速增强，呼吸消耗相对减少，光合产物除供自身需要外，渐有累积，并开始向其他新生器官运送。Green 的研究认为，当叶温在 20 – 35℃ 范围内，光合作用较强，叶温继续升高超过 35℃ 时，净光合作用急剧下降，到 39 – 42℃ 时就没有净光合作用。Barua 认为叶片生长量达到最后大小的一半时，光合效率最强。光合效率的高峰期可维持6个月，而后随组织的老化而减弱。叶序不同光合效率也不一样，春季形成的叶片，在6－11月份光合作用较强，11月以后下降；夏季形成的叶片，则直至12月份光合效率仍较高，冬眠期虽也下降，但至翌年3－4月份又迅速加强。Magambo指出，叶片未成熟时其光合强度与叶绿素含量的增加呈正相关趋势（r＝0.955），成熟以后，则与可溶性蛋白质含量的减少呈正相关趋势（r＝0.956），青木智和Manivel都认为，叶片即使在最寒冷的冬天也有光合能力，但同一枝梢上不同部位留养的叶片，光合作用效率不同，以第一叶最强，二至五叶呈渐弱趋势，留养的鱼叶能提供几乎与真叶成叶相等的光合作用产物。

除了光合同化作用外，其他如氮素的同化作用也在叶片中进行。竹尾忠一（1981）用稳定性同位素^{15}N－硫酸铵作示踪试验表明，茶树吸收的氮素，其大部分是运转到叶部供叶片同化氮素的需要，当新梢开始萌发时，各器官中部分贮存的氮转运至新梢，根部吸收的氮则大量地输向叶部。一些生理活性物质在叶片中含量高也说明了叶片是物质同化代谢的主要器官。

表9－17　不同叶位的无机成分含量（%）（品种：朝露）

成　　分	第一叶		第二叶		第三叶		第四叶	
	5月8日	8月3日	5月8日	8月3日	5月8日	8月3日	5月8日	8月3日
SiO_2	0.056	0.126	0.069	0.210	0.084	0.216	0.074	0.218
P_2O_5	0.922	1.072	0.882	0.891	0.600	0.772	0.541	0.570
K_2O	2.812	2.786	2.775	2.795	2.712	2.739	2.375	2.743
CaO	0.133	0.274	0.165	0.281	0.161	0.369	0.229	0.307
MgO	0.281	0.312	0.262	0.232	0.282	0.199	0.234	0.206
Fe_2O_3	0.013	0.021	0.013	0.021	0.012	0.019	0.015	0.019
MnO	0.106	0.082	0.121	0.086	0.127	0.095	0.179	0.106
SO_3	0.311	0.316	0.321	0.297	0.222	0.288	0.243	0.260

表 9 - 18　不同叶位的有机成分含量（％）（品种：朝露）

叶　　　位	全氮量	多酚类	茶　素	可溶性成分	醚浸出物	粗纤维
第一叶	7.55	13.97	3.58	45.93	6.98	10.87
第二叶	6.73	16.96	3.56	48.26	7.90	10.90
第三叶	6.29	15.78	3.23	46.96	11.35	12.25
第四叶	5.50	15.44	2.57	45.46	11.43	14.48
茎	5.11	11.14	2.15	44.06	8.03	17.08

由此可见，叶片在它的发育过程中，随着内部结构的变化，其生理机能也逐步加强。初展时的叶片，呼吸强度大，同化能力低，生长所需的养份和能量，靠邻近的老叶和根、茎部供给，但随着叶片的成长，各种细胞、组织分化更趋完善，其同化能力有明显的提高（表 9 - 19）。

表 9 - 19　叶片生长发育过程中光合、呼吸强度的变化（g/m²/h）

（中国农业科学院茶叶研究所，1964）

累计生长天数 测定项目	10	20	30	40	50
有效光合强度	1.77	2.32	2.98	2.73	2.87
呼吸强度	2.02	2.21	1.68	1.87	1.88

反映出当叶片生长到 30 天左右时，其有效光合强度已达到高水平，而且这时的呼吸强度较低，所以干物质的积累也渐多。光合作用合成的物质，除供给生命活动的能量消耗外，在顶芽生育活动旺盛的时期，主要是用于充实叶片自身的细胞分裂、生长的组成物质。叶片成熟以后，逐渐老化，生理机能略有下降，当叶片完全老化时，它的光合产物不再需要供给自身的组成，除了贮藏一部分有机养分外，主要是供给新生的器官生长发育的需要。叶片制造的碳水化合物，很明显是向顶端运输的，成熟叶片的光合作用产物主要运送到本身叶腋间的新梢，也有少量运向上部的侧梢，但不向下部侧梢输送。在同一枝条上，则主要运向顶梢和中部长势旺盛的侧梢，而很少运向长势弱的侧梢，所以叶片的光合产物总是向当时的生长生理机能最活跃的中心输送的。据中国农业科学院茶叶研究所以[32]P 在 9 月份作标记处理后测定结果，

老叶吸收进去的^{32}P，首先向其叶腋间的新梢运送，然后送给侧枝的新梢，而且愈处顶端部位、生长愈幼嫩，养分的分配比例就愈大，5天后新梢吸收量即占总吸收量的89.37%，7天以后，新梢吸收量又增加至93.51%，而老叶的吸收量却相对减少。也说明了新梢萌发初期，其营养物质主要由老叶供给，可见老叶在新梢生育过程中的作用。袴田胜弘的研究指出，冬季休眠期老叶中形成的^{14}C光合产物很快就会向根、茎部运转，用^{14}CO$_2$进行光合作用后24小时，叶中^{14}C放射性强度由93%下降到66%，46天后下降到25%，与此同时，根、茎部^{14}C放射性强度大大增加，尤其是根系由0.4%迅速增加到58%，从而加速了根系的生长。春芽萌发所需的营养物质则从茎、根、老叶中向上运转。叶片的光合用产物在不同季节分配的比例也不一样，冬季约14%用于新梢，56%运向根系；春季光合作用产物约53%用于新梢生育，25%运向细根；秋季的光合作用产物只有11%用于新梢，而50%运向根系。冬、春、秋各季光合作用产物可以供给第二年夏茶新梢生长所需的就更少，约分别为0.6%、1.6%和0.4%。因此可以认为夏梢生长所需的营养主要靠当季叶片光合作用供给，而秋季光合产物的累积多少对春梢生育有重要的影响。Ⅲ aTHJIOB（1980）研究指出，在年周期中，茶树光合作用产物总量的58.9－75.1%是由上年老叶提供的，22.5－37.9%是当年留养叶提供的，只有2.4－3.2%是由茎等其他部分提供的。酒井慎介（1974）春茶50天测定结果，茶树光合作用产物每天每平方米叶面积上能积累7.6g干物质，但实际测定平均只有4g干物质，所以同化量和实际干物质增长量是有差异的，酒井认为其原因是光合作用只有在晴天测定，而根系的呼吸消耗又未计算在内（根系呼吸量在幼龄茶树为全株的1/3，成龄茶树为1/3－1/2）。图9－25可以看出其变化规律。

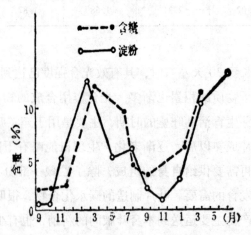

图9－25 叶片碳水化合物的季节变化

但是，茶树上的叶片过多，形成郁闭状态时，不通风透光，不但不能合成的有机物质，反而增加了呼吸强度，致使消耗大于积累，就会影响新档的生育。因此，生产上进一步探索各种条件下生育的茶树的合理叶面积指数（即茶树叶面积总和与茶园面积之比）是相当重要的问题。一般地说当茶园覆盖度在90%以上，叶面积指数在4左右时，每亩叶片数约有40万至55万片左右。当茶树上叶量增加时无疑会增强光合作用，但是两者并不完全成正比的关系，因为除了叶面积指数很小的情况外，随着叶量的增加，叶片之间的重叠程度也增加，各个叶片的光照方式（向光方式）也不同，据酒井慎介（1975）的研究，铗采茶园在采摘面下10cm处，直射光线只有2%左右，手采茶园，节间较长，叶片直立多，透光较好，受光率也只有4%左右，可见叶片重叠互相遮蔽光线，各叶片的受光量减少了，大多数叶片不能充分发挥其应有的光合作用能力。同时通风透光差，下层叶温度增加，呼吸作用加强，有效光合作用降低。所以结果并不是叶量增加多少，光合作用能力就增加多少。一般当叶面积指数小时，光合强度随叶面积指数增加而增加，当达到一定的适宜的叶量时，如果叶量继续增加，则有效光合作用强度下降，其关系呈抛物线。至于叶面积指数究竟以多少为宜，应当与树龄、茶树品种、茶树生长的环境条件、管理水平等有关，所以国外的研究叶面积指数多认为在3－7之间变幅。我国多数研究认为成年茶园中，小叶品种应当在4左右为好。

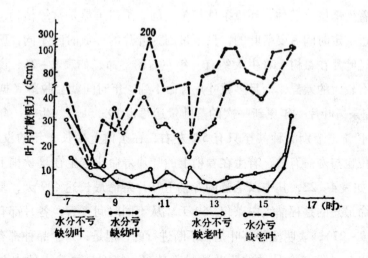

图9-26 叶片（最耐旱的品系DN）水分扩散阻力的变化（Sandanams 等，1981）

茶树叶片在茶树的水分生理活动中占有很重要的位置，它不但可以通过蒸腾拉力源源不断地把水和营养元素运输到各种组织和细胞中去，而且当土壤中水分不足时可以主动调节水分的向外扩散速度，降低水分损失。茶树叶片这种对水分的扩散阻力与叶龄和水分含量有关。一般幼嫩叶片的水分扩散阻力显著低于老叶，而当茶树的水分亏缺时，幼嫩叶片的水分扩散阻力常较老叶高（图9-26）。耐旱的品种气孔密度小，而幼嫩叶片的气孔密度几乎是老叶的二倍，而气孔大小方面，老叶又几乎是幼嫩叶的二倍（表9-20）。由于这种气孔的调节机制，形成叶片对水分扩散阻力的差异，茶树体保水能力不同，其蒸腾强度就不同，以致抗旱能力有明显的差异。

表9-20　不同品种嫩叶与老叶的气孔密度和气孔大小
（Sandanam s 等，1981）

品　　系	气孔密度		气孔大小（$mm^2 \times 10^{-6}$）	
	幼嫩叶	老　叶	幼嫩叶	老　叶
DN	293 ± 13	158 ± 11	247 ± 8	489 ± 13
TRI$_{2026}$	333 ± 8	202 ± 12	323 ± 15	550 ± 17
TRI$_{2026}$	420 ± 16	210 ± 20	230 ± 7	410 ± 13

注：1. 气孔密度为：气孔数/mm^2；

　　2. 气孔大小为：保卫细胞 长×宽；

　　3. DN 为最耐旱的品系；TRI$_{2025}$为比较耐旱的品系；TRI$_{2026}$为不耐旱的品系。

叶片的寿命是与叶片的着生部位、品种、环境条件相关连的。茶树虽然是常绿植物，但是它的叶片也是经过一定时间后要落叶的，只不过因为叶片的形成时间不同，所以落叶有前有后，而且叶片在茶树上着生大约有一年左右的寿命，如表9-21，说明各种品种叶片寿命有较大的差异，而且多数叶片寿命不到一年时间就会脱落（据 Goodckild（1960）研究茶树叶片一年更新一次的落叶量达每亩 193.5kg）。生长一年以上的叶片只占 25-40%，个别品种甚至只有 5% 左右，在茶树上生长 2 年的没有。另外，叶片着生部位也与寿命有关，着生在春梢上的叶片寿命比着生在夏秋梢上的生长多1-2 个月，如表4-22，其中以毛蟹的春梢上叶片寿命最长达 409 天，夏秋梢上着生的叶片寿命最短的是福鼎大白茶仅 259 天。从不同时间来看，各月都有不同数量的落叶（图9-27），表明全年落叶是在不断进行的，但是，每个品种都有一个大量落叶时期，以 5 月份各个品种的落叶数量都较多，特别是福建水仙占总落叶量的72.70%，其他品种也达到 20% 以上。每个品种的大量落叶期不同，如毛蟹在 8 月份，福鼎大白茶和政和大白茶在 3-5 月份，龙井种在 4-5 月份。

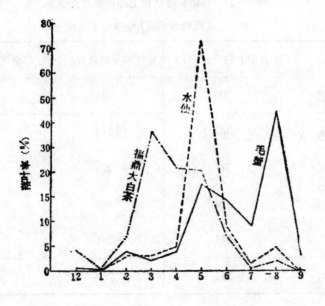

图9-27 茶树不同品种各月落叶率

表9-21 不同品种叶片的寿命

(庄晚芳等，1964)

品 种	不正常落叶数（％）	叶片寿命（正常落叶数）（％）		
		一周年以下	一周年以上	两周年以上
毛 蟹	2.5	56.2	41.3	0
福建水仙	1.5	66.7	31.8	0
政和大白茶	3.0	91.6	5.4	0
福鼎大白茶	2.1	92.6	5.1	0
龙井种	0.9	73.3	25.8	0
平 均	2.0	76.1	21.9	0

表 9 – 22　春梢和夏秋梢上叶片寿命比较

（庄晚芳等，1964）

品　　　种	春梢上的叶片（日）	夏秋梢上的叶片（日）	全年平均（日）
毛　蟹	409	331	356
福建水仙	367	287	325
政和大白茶	311	275	289
福鼎大白茶	324	259	299
龙井茶	347	291	337
平　　均	352	289	321

除了正常落叶以外，由于不良的气候影响、土层浅薄以及管理水平低，病虫危害等，都会引起不正常的落叶，有时甚至会全部落光，尤其在北部茶区，常常发生这种情况，这对产量的影响是很大的。

2. 茶树根系的发育

茶树的地上部与地下部是相互促进、相互制约的整体，地下部根系生长的好坏，直接影响到地上部枝叶的生长。所以我国有句古语"根深叶茂"，只有根系发达强大才能有茂盛的枝叶，也只有如此丰产才有基础。根系的生育活动、分布规律是制订正确农业措施的重要根据。

茶树根系对地上部分来说它起到支持和固定的作用，但它更重要的是从土壤中吸收水分和养分，供地上部分同化和生长。根系吸收的养分主要是矿质盐类，同时也可以少量地缓慢吸收一部分有机物质，如脲、天门冬酰胺、维生素、生长素等，但是绝对不能吸收不溶于水的高分子的蛋白质、拟脂、多糖等有机化合物。根系也可以从土壤空气和土壤碳酸盐溶液中吸取二氧化碳，输送到叶片中供光合作用。同时，根系也具有合成某些有机物质的能力，如酰胺类；茶叶中的特殊氨基酸——茶氨酸大部分是在根系中合成的。

茶树根系吸收铵态氮以后，在根部谷氨酸脱氢酶的作用下，与叶部光合作用输送来的光合产物 α – 酮戊二酸相结合形成谷氨酸，这是作为根部利用铵态氮的一种途径。茶树根部首先将铵态氮合成谷氨酸和谷酰胺，然后转运至叶部供叶片氮素养分的需要，当地上部谷氨酸的利用已处于饱和时，茶树体便将多余的谷氨酸经氨基转换合成精氨酸和茶氨酸。茶氨酸暂贮于根部，而精氨酸则往茎叶转运，这是茶树的特性。从根部氨基酸组成及其浓度变化分析，在茶树根部施用同等数量纯氮的铵态氮或硝态氮，茶树对肥料铵态氮的吸收利用率比硝态氮高。而且提高铵态氮的施用浓度，根部氨基酸浓度亦随之提高。由此可见，茶树根部以茶氨酸作贮存态氮，这在茶树氮素营养上有着特殊的意义（图9-28）。

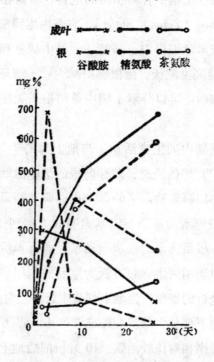

图9-28　施用铵态氮茶树体内
氨基酸浓度的变化

　　贮存于根部的茶氨酸和精氨酸，取决于肥料施用量与地上部养分需要量的差值。因此，高施肥量，根部养分的贮存量也随之增加，反之，则贮存量减少。根部养分贮存量的多少又支配着输送往新梢的养分量。

　　在茶树进入休眠期之前，施用的铵态氮肥，被茶树吸收利用转化成茶氨酸、精氨酸、谷酰胺贮于茶根中，翌年春茶萌发，输送到新梢中。夏茶之前追肥施用的铵态氮，同样能提高根部茶氨酸、精氨酸的浓度，并随新梢的伸育而下降。而且谷氨酸为茶树利用最快，茶氨酸贮存期长，它缓慢地被茶树体所利用。由此可见，茶树根系贮存的养分对新梢生育起着很大的作用。

　　根系贮存的碳水化合物对春茶新梢生育也有着重要的作用。当春季环境条件适宜时，根系贮存的淀粉一类高分子碳水化合物水解，除了自身用于生长活动消耗外，不断地输送到萌发的芽中。但也有人认为（青木智，1982），根颈部贮存的碳水化合物主要是消耗于新梢生育上，和新梢生育关系密切，而根部贮存的碳水化合物则是自身消耗。

除此之外，据近年来的研究证实，在根系的极复杂的生化变化中，还包括能合成蛋白质，这就为根系的生理作用增添了新的内容。

此外，木本植物的根系常与菌根（mycorhiza）共生，茶树也有类似情况，有真菌共生可使根系不受积聚在土壤中有毒物质的危害。根菌在印度发现有茶蚀根菌的一个种〔Rhizo－phagus thed（Zimm）Butler〕，它在内生菌根中以分枝状和囊泡状存在，而且只存在于白色或米色细根中。强光、土壤中缺氮和磷，菌根感染增加；光线低于全光照20％，土壤高度肥沃，菌根感染减少。土壤环境中微生物丰富，有利于菌根的生存和发展。根菌还可以分解土壤中茶树根系无法吸收的物质，使之能为茶树根系所吸收。

茶根根系在年发育周期内的生育活动，与地上部的生育活动有着密切的关系。根据津志田藤二郎（1982）等的研究，萌芽前根的细胞激动素含量最高，萌芽后逐渐减少，每一株苗的根中细胞激动素平的含量也以萌芽期最高，以后逐渐降低。研究还证实了活性最强的细胞激动素是与玉米素吸收光谱和比移值相一致的激动素。因此，说明了当萌芽时，根系所含的细胞激动素，通过木质部向芽中输送，促进芽生长点的细胞分裂，这对新梢的生育起着极为重要的作用。而且根系和地上部分生长和休止期有互相交替进行的现象。当地上部分生长停止时，地下部分生长最活跃；地上部分生长活跃时，地下部分生长就缓慢或者停止。5－6月份，地上部分新梢生育比较缓慢时，根系生育则相对比较活跃，10月份前后地上部渐趋休眠，此时则根系生育达到最活跃阶段。这种交替生长现象的产生，是由于根系生长是在碳水化合物丰富的情况下进行的，叶片通过光合作用合成的碳水化合物对芽的伸育作用较小，而主要是促进根系的发育，当新梢发育生长期间，碳水化合物又只能供地上部分的消耗，对根的输送就少，作用不大，当新梢伸育停止后，多余的碳水化合物就可以供给发根，从而造成发芽和发根的交替现象。据观察，在浙江杭州的气候条件下，茶树根系在3月上旬以前，生长活动很微弱，3月上旬到4月上旬，根系活动较明显，4月中旬到5月中旬，地上部分生长活跃时，根系的增长很少，以后6月上旬、8月中旬、10月上旬，根系的增长都比较快，尤其是10月上旬由于此时地上部分生长已开始休眠，故根系的生长特别旺盛。茶树根系的冬季休眠并不明显，在天气最冷的1－2月份里，仍然有一些白色的吸收根出现。日本大石贞男的研究，也证明了具有类似的生长交替出现的情况，如图9－29所示。

根系的死亡更新主要是在冬季的12－2月休眠期内进行。茶树的吸收根，每年都要不断地死亡，同时也不断地发生，这种担负着茶树主要吸收任务的根系不断更新，使它能保持旺盛的吸收能力。据观察，一年生茶苗的吸收根，12月份平均重量

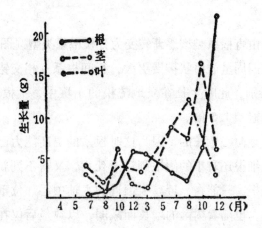

图 9-29 茶树各器官不同时期生长量

为 9.2g，到次年 2 月就下降到 8.6g，3 月份以后，新吸收根的生长则超过了死亡率。

茶树根系生长活跃的时期，也是吸收能力最强的时期。因此，掌握生长活跃开始的时期进行耕作、施肥就能取得良好的效果。

茶树根系可分为：主根、侧根、细根和吸收根。主根是由胚根生长发育而形成的根系，主要是向土壤下层伸展的；侧根上的分枝根系，随着树龄的增加，侧根分枝级数增加，它主要起支持和输导的作用；细根是由侧根上分枝的，根径在 3mm 以下的根系，它主要起输导作用；吸收根多呈乳白色，上面密布根毛，它起从土壤中吸收水分、养分的作用，是根系中最活跃的部分，其细胞多是薄壁细胞，输导组织也只有一些原生木质部和韧皮部，次生结构很不发达。这几种根系在不同的条件下，其形态和分布状况也是不一样的。

茶树根系在土壤中的分布，因茶树品种、年龄时期、环境条件和农业技术措施的不同而不同。

不同的茶树品种，在相同的土壤中生长，根系分布的深度和幅度有很大差异。据福建农学院在福安县的调查表明，在同一质地的冲积土中，同样为二年的大白茶和菜茶，根系分布却不同。大白茶根系分布深度比菜茶深 16cm，侧根分布范围比菜茶大 6 倍；安溪铁观音品种的根系分布则较广而深，而毛蟹品种的根系分布却多在土壤表层。

茶树年龄不同，根系的形态和吸收根集中的部位也不同。

幼苗及幼年期的茶树根系（图 9-30），为明显的直根系，主根比较发达，侧根在二年生以前，分布范围不广。二足龄以前主根长度超过地上部枝干长度。三年生茶苗侧根开始旺盛生长，向四周发展，分布范围超过树冠幅度，据浙江十里坪茶场对幼龄茶树观察，二龄茶树主根长度为 42 厘米，侧根水平分布为 30cm；三龄茶树主根长度为 56cm，侧根长度为 58cm，到第五年茶树侧根已布满整个 1.5m 的茶行间。

　　成年茶树的根系由直根系类型逐渐转变为分枝根系类型（图 9 - 30），由于侧根的级数不断增加，向四周呈放射状扩展更大，行间根系互相交错。而且侧根逐渐加粗与主根没有显著区别，此时生长在质地疏松的土壤中，主根可以深达 2m 以下，侧根分布范围约为树冠的 1.5 倍。

　　衰老茶树的根系是向心生长的。因为这时根系的更新能力已经很弱，离根颈愈远的根系如吸收根、细根还有小的侧根则逐渐死亡，又得不到新的根系补充，逐渐只剩下一些较粗的侧根，只能在靠近离根颈近的主轴中心部位重新发生新的细根或侧根，但是这种能力，也随着树龄的增长而减弱，以致最后仅在离主轴很小的范围内，有几根粗大的侧根，分生出成簇状着生的一点细根，而在根颈部附近着生的细根最多，说明这部分是分生能力很强的部位。人们常常利用这一部位，进行根系的更新。此时的根幅小于树冠幅度。

图 9 - 30　茶树的根系（左——直根系，右——分枝根系）

　　衰老茶树进行树冠改造更新，不仅可以促进地上部生长新的枝干，同时还可以促进地下部根系的更新，当然这种更新能力是随着管理水平、肥力情况和树龄等而变化的。

　　根据湖南省茶叶研究所对不同年龄茶树根系的观察，可以说明上述问题。

　　据观察可以说明：

　　（1）不同年龄的茶树，吸收根集中分布的深度不同。

　　（2）从幼年到成年阶段茶树吸收根集中分布的部位，由根颈部附近逐渐向行间发展，衰老茶树则逐渐向内缩减，台刈以后吸收根又再向外、向下发展。

（3）吸收根主要分布在土壤表层下 10 - 30cm 处，在 0 - 50cm 土层内，吸收根的重量超过吸收根总重量的 50%。

幼年期的侧根和细根多分布在地表层，深层很少，随着树龄的增长，下层分布逐渐增加。从水平分布来看，一般在六年生以前，在主轴附近分布多，但随着树龄的增长，主轴附近分布比率有所减少，树冠外缘部分却有增加的趋势，到八年生以后，没有树冠覆盖的行间细根的比率高。根量是随树龄增长而增加的。但是根系的发育、分布随品种、土壤物理性、管理水平、栽培方式等而改变的。

土壤的物理性和化学性，对茶树根系的生育状况，有着重要的影响，因为根系分布在土壤里，土壤的性状对根系的生育关系十分密切。不同的土壤质地，茶树根系伸展的浓度、范围不同。在粘重板结或底土为母岩的土壤上，根系不易向下生长，仅有少量侧根或细根，沿着缝隙向下伸展，所以根系分布很浅，易受环境条件变化的影响。而在砂性土壤上，根系既深且广。但是土壤砂性愈强，甚至含有砾石，其水分含量（毛细管水）少，就会形成根系深而长，但细根、吸收根很少。因为根系的生育不仅要求有适宜的地温（据日本研究认为，茶树根系生育最适宜的地温为 25 - 30℃，在地温 10℃ 以下时不发根），而且还需要土壤中有氧气，氧气含量在土壤中必须要求 10% 以上，根系才能迅速生长。土壤含水量应在 60 - 75%，才能促进新根生长。因此，土壤中的三相比关系应当恰当，一般认为土壤空隙度应当在 30 - 50% 左右是合适的，如果水分含量多，空气少，生长就差，甚至会烂根。如果水分少，生长也不会好。当土壤中空气含量和水分含量达到平衡时，根系就能很好地生长。

土壤的类型不同，根系分布也不同。在河谷冲积土上生长的茶树根系可达 2m 以上，而在粘土和有潜育层的土壤上有的还不超过 50cm，显见改良土壤的重要性。

土壤的 pH 值大小也影响根系的分布，生长在中性或微碱性土壤上的茶树根系发育不良，长势细弱，甚至在幼苗期根系就会萎缩而死亡。而在酸性土壤上生长的根系则比较发达。

茶树自身的性状差异和繁殖方式也对根系生育有很大的影响。据苏联 Лоядбед. В.（1982）的研究（图 9 - 31）可以看出，种子繁殖的根系比扦插繁殖的根系茂盛，尤其是吸收根发达，而且深层土壤中也有相当数量的吸收根，根的总量也低于种子繁殖的茶树。尤为明显的是扦插繁殖的茶树没有明显的主根，而是在插穗伤口愈合部位的周围轮生单层根系而发育成向四周伸展的侧根，所以扦插繁殖的茶树根系水平分布较好，而向土壤深层发展则较差。

即使同样是种子繁殖的茶树，柯尔希达品种的根系就大大超过格鲁吉亚 2 号，但格鲁吉亚 2 号品种的吸收根量和分布情况却接近于柯尔希达品种。

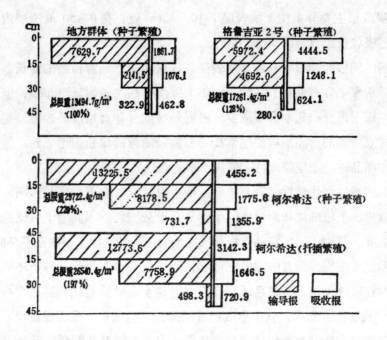

图 9 - 31　不同品种和繁殖方式根系的垂直分布

　　另外，根系有较强的趋肥性，肥沃、疏松的土壤根系密集，生长良好；而在贫瘠的土壤上生长的则根系少，尤其是吸收根总量少。施肥后，根系又向肥料集中的土层里伸展，这是植物与环境长期统一的结果，所以施肥能对根系发育起重要影响，在恰当的 N、P、K 配比下，根系重量相差 2－3 倍，特别是细根多对吸收有利。

　　在生产中，如果经常浅施化肥，而很少施用有机肥料，则吸收根多集中在土壤表层。经常深施基肥的，则相应吸收根集中部位向下层伸展。在坡地上，常只在上坡施肥的，则吸收根集中于上方。

　　茶树种植方式同样会影响根系的生育。在同一条幅的茶树株距间根系生长不良，而行间根系伸展则较好，所以双条播的茶树根系几乎只有一面较发达，其余三面根系发展受到抑制。

　　茶树根系被切断后，都有愈合和重新发根的能力。据福建省茶叶研究所的研究认为，以 7 月份根系被切断后发根最快，剪断后断面愈合时间仅 15 天左右，发根时间仅 25 天左右，最快的于剪断后 10 天即完全愈合，生出白色瘤状物，第 12 天即开始发根，从愈合组织上生出乳白色锥状幼根。切断后 6 个月时间，新根已经形成根径达 0.2－0.3cm 的细根 100 多根，所以根系的再生能力是很强的。

　　综合上述影响茶树根系生育的情况，影响最大的外部因子是温度、养分和水分。生产中如能正确调整好这三个因子的状况，尤其是抓好养分的供应，那么增产提质是有可能的。

3. 茶树的开花结实

茶树开花结实是为繁殖后代的生殖生长。茶树的一生是经过多次开花结实过程的，一般生育正常的茶树是从第 3－5 年开花结实，直到植株死亡每年进行。茶树开花结实的习性，由于品种、环境条件不同而有差异。有的茶树品种，如政和大白茶、福建水仙、佛手等品种是只开花不结实，或者是结实率极低的品种，即一般称之为不稔性（不育性），这些都是属于无性繁殖品系，但茶树多数品种都是可以开花结实的。不同品种其开花结实性状很有差异。在环境条件优越的情况下，幼年茶树营养生长旺盛，开花结实迟。但是在不良环境条件下生育的幼年茶树，如干旱、寒冻、土层浅薄、管理水平低等，常会引起早衰而提早开花结实。据在安徽皖东地区调查中发现一株四年生的茶树，开花数量达 2kg 之多，许多二年生的茶树就已大量开花。

茶树的花芽，是在当年生或隔年生的枝条上的叶腋间发育的，并且着生在营养芽的两侧，每个叶腋间可以着生 1－4 个花芽。花芽的分化，是在 6 月中、下旬。但是花芽的分化期的确定是很不一致的，如：Goff 认为，芽的生长点稍有不规则的发育，即是分化时期；Drinkard 认为，芽的生长点呈现有皱纹状态即为花芽分化期；Bradferd 认为，第一步是芽的生长圆锥体急速地伸长，生长锥顶部圆形，并且维管束和髓肥大；Tuftsand Morrnw 认为，圆锥体生长点决定性地增厚，就是分化第一步；江口认为，生长的圆锥体出现决定性增厚是分化第一期，生长点稍突出不规则的发育为第二期，生长点表面出现平坦为第三期，第一、第二是分化初期的特征，第三期是决定性特征；Elassman 和宫泽文吾则认为，生长点稍突出的顶点部分表面平坦而出现不规则的形状就是花芽分化期。从解剖情况来看，应是在芽的纵剖面上生长点出现不规则的突起就是花芽的分化期。

花芽发育成花蕾的过程是：首先花芽的生长锥开始分裂，其最外面的两个叶原基，发育成为苞片，花芽体积开始膨大；随着生长点细胞的不断分裂形成了萼片；当萼片分化发育的同时，出现花瓣的原始小突起；花瓣的不断分化形成，使外形体积增大，并使鳞片展开；当花瓣分化发育时也连同中同呈现凹凸状雄蕊的原始体；以后出现雌蕊原始体，并逐渐分化为花药、花丝、花柱和子房，完成一枚完整的花蕾。从花芽的分化到花蕾的出现约需 20－30 天时间。一般在 7 月下旬至 8 月上旬就可以看到直径约 2－3mm 的花蕾。

花芽从 6 月份开始分化，以后各月都能不断发生，一般可以延续到 11 月，甚至可以延续到次年春季，不过愈向后推迟，开花、结实率都极低。以夏季和初秋形成的花开花和结实率较高。

茶树的开花期，在我国大部分茶区是从 9 月中、下旬开始，有的在 10 月上旬开始开花，这样从花芽的分化到开花，大约需要100-110天的时间。9月到10月下旬为始花期，10月中旬到11月中旬为盛花期，11月下旬到12月为终花期。个别茶区如云南的始花期在9-12月，盛花期在12-1月。开花的迟早因品种和环境条件而异，小叶种开花早，大叶种开花迟；当年冷空气来临早，开花也提早。在天气好的情况下，还有少数花芽越冬后在早春开花，这是由于某些花芽形成时期较迟，遇到冬季低温，花芽呈休眠状态，待到春季气温上升，就恢复生育活动，继续开花，但是，这种花发育不健全，很快就会脱落。由此可见开花与气温条件关系很大。

一般花蕾膨大现白色到始花初开约需5-28天，平均约为15天。由初开到全开需1-7天。由始花到终花需60-80天，此时间的长短与当时的气候条件关系很大。开花时的平均温度为16-25℃，最适宜的温度为18-20℃，相对湿度为60-70%。如果气温降到-2℃，花蕾便不能开放，降到-5——-4℃时，就会大部分死亡。每天开花时间从早晨6-7点开始增多，11-13点是开花高潮期，午后逐渐减少（图9-32）。一天中开花最多的时间，往往也是昆虫最活跃的时间。据江西省修水茶叶试验站的观察，各个不同的品种，开花的持续时间和盛花期的延续时间是有较大的差异的，其中宁州大叶种花期最长可达78天，盛花期可以延续32天；最短的是团叶种，花期只有45天，盛花期只有15天。即使同一品种，由于花蕾的着生部位不同、花芽分化的气温不同，开花期也有显著差异。每朵花从乳白色的花蕾到花瓣完全张开，需要2-5小时不等，从花瓣张开到凋落约需要50小时。

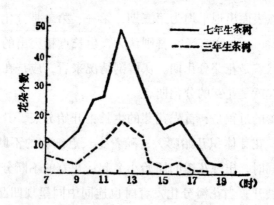

图9-32 茶树一天中的开花动态

茶花开放有一定次序，主枝上着生的花先开，侧枝上着生的花后开。就同一叶腋间，其开花次序则不太规则，一般是叶芽主轴上的花先开，由辅助花芽（即由花梗的鳞片处着生的花芽）发育成的花后开。通常先开放的花生活力较强，结实率也高。

当茶花尚未开放时，花药也未裂开，柱头也是干燥的，待花瓣开放后，雄蕊暴露于大气中，这时花药的膜内壁细胞失水而体积减少，由于内外侧细胞壁的厚薄不同，产生不均匀的收缩，使花药破裂，花粉粒散出。同时柱头湿润，蜜腺也分泌蜜汁，芬芳的花朵诱来了昆虫，借助昆虫的传播，将花粉粒传播到另外花朵的柱头上进行异花授粉，这就是授粉过程。

茶花在自然情况下主要是依靠蜜蜂、苍蝇、蚂蚁、甲虫等昆虫授粉，其中以蜜蜂最多。这些昆虫活动最旺盛的时期是在开花盛期，到终花期天气已较寒冷，昆虫活动不及初期多。另外在下雨或空气潮湿的情况下，也会大大影响昆虫的飞翔活动，由于这些原因茶花授粉率较低，这也是茶树花多而结实率低的原因。关于风力是否参与茶花授粉问题，一般认为茶花花粉直径有 $45\mu m$，重而大，潮湿而微带粘性，在一般天气，它从花药上落下来以后就撒到叶片、枝条和地面上，遇到下雨时就从植株上被冲洗到土壤中去了，很少在空气里飞扬，而只有在特别适宜的气候条件下，在干燥有风的日子里才有携带花粉的可能，因此，茶树风媒授粉是受到限制的。

茶花虽然是两性花，但自花授粉的情况是很少的。自花的花粉传到柱头后，花粉发育力极差，不能很好进行授精过程而结实；即使偶尔能结实，也容易落果，所能得到的种子生活力很弱，往往在幼苗的早期就死亡或者茶苗生长衰弱。

由于茶树具有异花授粉的特性，人们常用杂交的原理选育新品种。但是在授粉时必须注意到花粉粒的生活力。据湖南农学院观察结果，不同茶树品种花粉的生活力差异很大，从表9－23的结果中可知，前二个有性繁殖的品种，其花粉生活力较强，花粉管伸长好，所以结实率高，而后5个品种，在长期无性繁殖的情况下，花粉粒生活力极低，只有2－6%能萌发，而且即使萌发的花粉粒，其花粉管也很短，只有有性繁殖品种花粉管长度的1/25－1/20，所以结实率极低。另外，在进行人工授粉时，应当贮藏好花粉，因为花粉粒的生活力虽然很强，但在良好的条件下贮藏会大大提高花粉粒的发芽率，如湖南农学院试验结果认为，贮藏在干燥的条件下，虽然经过两个月，仍然有55%的发芽率，一般露天放置，经过24天也尚有77.2%的发芽率。

表9－23　不同茶树品种花粉生活力

（湖南农学院）

品种	花粉粒大小(μm)	萌发(%)	花粉管长(μm)
乐昌白毛茶	38.5	77.8	2310
坦洋菜茶	41.5	93.7	2586
奇　　种	37.5	4.3	81
白　观　音	37.2	3.8	128

品种	花粉粒大小（μm）	萌发（%）	花粉管长（μm）
毛　蟹	41.3	1.9	110
梅　占	37	5.9	100
政　和	36.7	3.2	
安化中叶种	33.5	15.8	2780

　　当花粉粒落在柱头上时，柱头上有各种糖类和酶，花粉粒由柱头上吸水于2-3个小时内就很快发芽，发育成花粉管。花粉粒的萌发和生长过程中，糖是其呼吸作用的基质和花粉管壁的材料，在花粉生长过程中，绝大多数有效糖是一般的蔗糖，成熟的花粉粒中游离态糖几乎都是蔗糖。在花粉萌发时一些可溶态糖酶的活性显著增加，直到花粉粒生长后期，酶仍保持高度的活化。当花粉粒生长过程中蔗糖含量迅速减少，所以花粉管生长时必需有外源糖的供给，才能使花粉管继续生长，此时柱头上的糖就成为花粉管生长必不可少的物质。

　　花粉管发育伸长，沿花柱内腔向下伸长至房到达胚珠，然后经珠孔进入胚囊。此时处于花粉管内的精核细胞，在花粉管破裂后，被溢出而进入胚囊内，其中一个与上卵细胞进行受精作用，发育成胚，另一个精核细胞与极细胞受精，发育成胚乳。受精后不久，花冠、雄蕊与花基部分离并脱落，柱头和花柱变成棕色，干枯而不脱落，萼片紧紧地把已受精的子房包裹起来，子房便开始发育。如遇低温寒冷时，子房便进入休眠状态。休眠期根据开花期的迟早，有3-5个月不等。没有受精的子房，开花后2-3日即行脱落。

　　受精的卵细胞称为合子，它首先横向分裂，形成两个细胞，以后靠近珠孔的一个细胞，进行连续分裂，形成胚柄。同时，使另外一个细胞被推向胚囊的中央，这个细胞进行反复的分裂，形成原胚；另外一个受精的极细胞也不断地分裂，形成许多含有大量营养物质的薄壁细胞——胚乳，从而为胚的发育，准备了大量养料。由于这些细胞的分裂、扩大，使子房增大，子房的外表皮逐渐发育成为果皮。

　　翌年4-5月份，原胚继续发育，首先分化出子叶，在两片子叶之间分化成胚芽，胚芽的下端细胞也分裂，逐渐形成胚轴和胚根，形成一个完整的具有子叶、胚芽、胚茎、胚根的胚。胚的分化形成，依靠胚乳供给营养物质，所以胚的发育过程中，胚乳逐渐被胚所吸收，最后完全消失。另外胚珠的外珠被分化形成外种皮，内珠被分化形成内种皮，内珠被外的维管束发育形成发达的输导组织。这些分化从4月开始到5月才能稳定。6-7月间果实继续生长，胚乳被吸收，子叶迅速增长。这时果皮内有石细胞，这标志着果皮组织已趋稳定，并且石细胞的数量愈到后期愈多，使果皮固定，而且使果皮的硬度增加，从外观上，果皮也由淡绿—深绿—黄绿—红褐色转变。

8-9月间，子叶吸收了所有的胚乳，种子内部已没有游离的胚乳存在，外种皮变为黄褐色，种子含水量在70%左右，脂肪含量在25%左右，此时的茶子已达黄熟期。

10月份外种皮变为黑褐色，子叶饱满而且很脆硬，种子含水量在40-60%之间，脂肪含量为30%左右，果皮呈棕色或紫褐色，果皮水分散失的情况下，开始自果背裂开，这是种子的腊熟期，此时即为种子可以采收的标志。

从花芽形成到种子成熟，共经过约一年半左右的时间，而且从6月到12月的6个月时间中，一方面是当年的茶花孕蕾开花和授粉，另一方面是上一年受精的茶花发育形成种子并成熟的过程，所以二年的花果同时发育生长，这是茶树生物学的特性之一，而且都是大量消耗养分的生理和生长活动过程，因此它对茶树养分的供应要求是很高的，往往会抑制营养生长，新梢不能生育。

茶树开花数量虽然很多，但是能结实的仅占2-4%，其主要原因是：

（1）茶树是异花授粉植物，柱头比雄蕊高，自花授粉困难，而且具有不育性。10月份以后气候渐冷，昆虫活动能力低，花粉传播受到限制，一些花芽分化时期晚的茶花，授粉机会少，所以9、10月份开花的结实率才较高。

（2）花粉有缺陷。根据科汉斯徒尔特在细胞学方面的研究认为，茶花花粉粒在其发育的最后阶段，会有发育不规则的现象，因为一般双子叶植物的花粉母细胞，在最后阶段经过3次减数分裂，而成为4个细胞，称为四分体，但是茶树这种分裂常出现不规则的现象，形成2个或3个细胞，这种花粉粒是处于退化的状态。不正常的花粉粒呈赭色或黑色，有缺陷的花粉是不能发芽的。

另外，也有的是因为胚珠发育不健全而引起落果，这种花即使授了粉也会落掉。

（3）外界不良环境条件影响。阴雨天气花粉的传播受到限制，即使在柱头上也易掉落或不能发芽。气温低也影响花粉粒发芽。另外养分供应状况也会影响授粉和落花落果。

据苏联K·巴赫达兹的研究，各个时期都有落果，特别是幼果阶段落果数量最多。

自然落果消耗养分，为了减少花果数，使养分集中于新梢生育，现在很多地方采用"乙烯利"进行疏花蕾，其方法是在盛花期的10月下旬至11月中旬，将乙烯利配成600-800ppm的溶液，喷洒在茶树上，可以除花，效果达到70-90%。但目前由于使用时间不长，对茶叶品质、产量以及茶树生育影响研究不多，尚须进一步探讨。

4. 茶子的萌发过程

茶子在茶树上到霜降前后成熟,大致在 10 月中旬前后即可采收。但刚采收后的茶子,播入土中并不能立即发芽(在适宜的条件下,只有少数可以发芽),因为刚采收的茶子,外表上虽然已成熟,但还需要经过一段后熟期,才能完全成熟,还需要在后熟期内,茶子进行一系列的复杂的生理生化变化,如水分进一步减少,各种酶的活性进一步降低,呼吸作用减弱,并使原生质胶体处于凝胶状态,从而促进种子呈休眠状态,这一过程称茶子的后熟作用。通过后熟期的茶子发芽率高。后熟期的长短主要决定于茶子内部的生理变化情况,以及外界环境条件影响程度。根据安徽农学院茶业系的试验,在外界条件适宜时,茶子经过 20 - 30 天,就能完成后熟期,但是在外界条件下适宜时,后熟期就要延长至四五个月之久。

茶子的寿命很短,大约只有一年左右。所以茶子采收后,应当及时去除果壳,并立即播入土中,或者创造适宜的条件进行贮藏,让茶子在良好的环境中通过后熟期,以提高其发芽率。

通过后熟作用的茶子,还必须有一定的发芽条件才能萌发。我国大部分茶区,从秋季茶子采收后立即播种的,大约经过 4 - 5 个月时间才能萌发;茶子经过贮藏春季播种的,在土壤中也要经过一个多月时间才能萌发(指未经催芽处理的茶子)。因为冬季和早春,气温很低,茶子的呼吸作用微弱,种子呈休眠状态,不能进行活跃的生长,即使在气温较高时播种的茶子,在土壤中还需要有吸收水分,进行活跃的生理活动的过程,亦即是茶子萌发生育的"准备"阶段,才能开始萌发、生长。

茶子从休眠状态到萌发,不仅仅是形态上的变化,而且是茶子中许多内含物,发生着深刻的生物化学变化。当茶子开始萌动时,酶的活性显著增强,茶子中贮藏的三大主要成分:脂肪、淀粉、蛋白质等高分子化合物都趋于水解,并转化为可溶性糖、酸和氨基酸。在转化过程中,物质的一部分被当作呼吸基质而消耗释放出能量,而另一部分则被分解、运转到胚内作为新分裂形成细胞的组成物质。据浙江农业大学茶叶系和中国农业科学院茶叶研究所 1964 年的研究,茶子萌发过程中子叶贮藏物质的变化如图 9 - 33 所示。由图可见三大成分在茶子萌发时都有明显的降低。而代谢的中间产物如有机酸的总量,却显著地增加,有机酸的种类也不断增多,象呼吸作用的重要中间产物柠檬酸、苹果酸的含量,都比茶子中的含量有很大增长,特别是丙酮酸的含量增加。证明此时茶子具有旺盛的代谢作用。从这一材料中也可以看出,根中的有机酸含量高,说明了茶子萌发初期胚根的生育是很旺盛的。

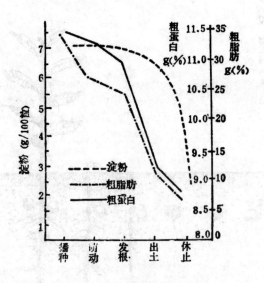

图 9 – 33 茶子萌发时有机贮藏
物质的含量动态

由于茶子萌发时尚不能由根系吸收外界的营养物质，只能依靠子叶中贮藏的物质，供给细胞分裂和呼吸作用，所以呼吸作用的加强，其物质来源都是消耗子叶中的干物质数量，故茶子萌发过程中干物质的变化是很大的，从一粒茶子到第一次生长休止时，子叶中干物质量的减少约 76%。

茶子内部进行一系列的生化变化的同时，在外部形态上，也表现出不同阶段的不同形态特征。图 9 – 34 是茶子萌发过程形态的变化。首先，茶子吸水膨胀，最后导致种皮破裂，这种种皮的破裂既便于种胚吸收水分，又造成了种胚直接与空气接触的环境条件，对茶子萌发很有利。在茶子吸胀的同时，胚在子叶中的贮藏养分，转化为可给态的条件下，胚的生育有了物质基础，则胚根首先开始伸长，当伸出种皮而接触土壤后，开始向下层土壤中伸展，这样就能使植株首先固定在土壤中，并加强吸收水分的能力。此时，子叶柄伸长，使子叶张开，胚芽便可伸出种壳向上生长。

胚根向下生长 40 – 50 天后，进入休眠期。休眠期很短，一般约 10 天左右。在休眠期里的根尖呈褐色，生长膨胀不明显，不分泌粘液，根冠干瘪或皱缩。在胚根休眠以前，上胚轴呈休眠状态；胚根进入休眠时，侧根开始发生，同时上胚轴也开始向上伸长，使幼芽钻出土面。胚根休眠是地上部与地下部交替生长调节的过程，而侧根和次生根的形成，又与地上部的活动密切相关。

胚芽在土壤中时，往往倒转呈鱼钩状，避免生长点被土壤碰伤，上胚轴伸长，将胚芽推出土面，这时的胚芽才能伸直向上生长。

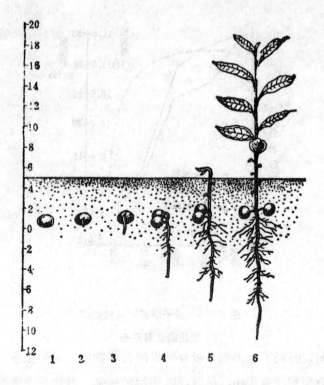

图9-34 茶子的萌发过程

1. 播种后的茶子　2-4. 种皮破裂胚根伸出　5. 上胚轴伸长出土　6. 展叶休止

　　胚芽在生长过程中，首先展开的是2-4片鳞片，鳞片的叶腋处，均有很小的胚芽，作为后备生长点，当顶芽受损失时，这些生长点均可发芽。随后再生出鱼叶，鱼叶展开后才展开真叶。鳞片和新梢的鳞片一样是发育很不完全的叶子，维管束组织不发达，分生组织很快就失去分生能力。因此，它在外形上表现的比较细小，不具有真叶的特征，它在种子时期就已形成，真叶的分生组织持续时间较长，直到叶片老熟时活动才减慢，它是在茎生长完全露出地面以后，并同化了环境条件，重新形成的叶原基发育而成的。鱼叶的发育程度比鳞片好，它的形态介于真叶和鳞片之间。

　　茶苗出土后，展开3-5片真叶时，顶芽即形成驻芽，此时称为第一次生长休止期。休止期约经过2-3周，随后即开始第二次生长。

　　茶苗第一次生长休止时，地上部分高度约为5-10cm，最高可达到15-20cm，根系长平均10-20cm，最长达20-25cm，但植株高度却因品种不同、种子大小、播种方法、各地气候、土壤条件及管理水平等因子影响而有差异。幼苗在第一次生长期间，为了尽快地从土壤中吸收水分、养分，地下部分的生长比地上部分大，因此，在第一次生长休止时，地下部分的长度一般为地上部分的1-2倍。

　　在长江中下游茶区，茶子在土壤中大约在4月中、下旬，胚根开始生长，5月上、中旬大部分茶子胚根可以萌动，并且上胚轴伸长，可以见到胚芽，到5月中、下旬，胚芽已大部分伸长，但只有少数出土，6月上、中旬茶苗大部分出土，并逐渐展开真叶，6月下旬至7月上旬前后第一次生长休止。南方茶区略有提前，北方茶区稍有推迟，但相差不太大。

茶子萌发过程必需的三个基本条件是：水分、温度和空气，三者缺一不可，播种后常因某条件不能满足需要而造成萌发延迟甚至茶子霉烂。

茶子萌发的首要条件就是要有足够的水分。因为茶子的外种皮很厚，子叶要充分吸水后膨胀才能机械裂开。同时，子叶内的贮藏物质需要水解，通过呼吸作用等生化变化转化为胚生长发育所需的组成物质，而且无论是胚根、胚茎或是胚芽，

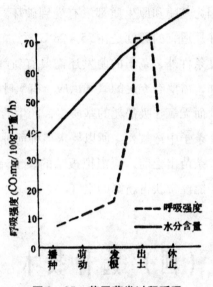

图9-35　茶子萌发过程呼吸
作用与含水量的关系

细胞的分裂、增长都需要水分，从图9-35可以看出，在茶子出土以前，随着含水量的增加，呼吸作用迅速增强，而处于休眠状态的茶子，含水量仅30-40%，其呼吸作用也很微弱。因为含水量低，细胞的原生质胶体具有较强的粘滞性，则一切生物化学变化和生理作用就不能顺利进行，呼吸作用也不能加强，只有当茶子从外界大量吸收水分后，便原生质从凝胶变成溶胶状态时，呼吸作用才能增强。当茶苗出土后，由于子叶中物质消耗很多，呼吸基质已很少时，呼吸强度才趋于下降，与含水量上升呈相反趋势。但是，土壤中含水量过高时，茶子也不能发芽，甚至霉烂，因为种胚全部浸泡在水中，长期不能通气，变为无氧呼吸状态，物质消耗大，而获得的能量小，多以热的形式散发出去，胚常中毒死亡。根据湖南省高桥茶叶研究所的测定，处于发芽的种子，含水量应在50-60%之间，所以土壤含水量应在土壤全容水量的60-70%以上，才能满足茶子萌发过程的需要。

即使有充裕的水分，如果温度不够，茶子仍然不能萌发。因为温度是影响茶子呼吸作用的重要因素，茶子萌发过程呼吸作用是随温度上升而增强的。因此，茶子的发芽率也随温度上升而提高。但是，当温度上升到一定限度时，发芽率反而低。因为低温时茶子内的酶促活性低，即单位时间内酶促转化的物质量少，随着温度上升，酶促反应速度亦逐渐增加，当温度增加到一定程度以后，如果继续增温，酶蛋白受到高温的破坏，酶就会发生变性，反而降低了酶促反应。同时，细胞的原生质，在高温条件下，也会产生蛋白质变性，所以上表中在45℃高温下不能发芽的茶子，重新置于最适温度条件下，也大多数不会再发芽，主要就是因为高温条件下蛋白质引起了不可逆的变性引起的。而在温度较低条件下不能发芽的茶子，移至最适温度条件下，仍可以发芽，因为其酶和原生质都没有受到破坏。根据观察，茶子一般在10℃左右开始萌动，发芽最适宜的温度是在25 – 28℃。

除了上述水分和温度条件外，茶子的萌发还需要有新鲜的空气，因为茶子在萌发时，呼吸作用逐渐增强，需要有充足的氧气供应。有氧呼吸可以产生较多的能量，供茶子萌发、生长活动。而无氧呼吸消耗的基质多，产生的能量少，而且生成乙醇，长时间的积聚这种物质使茶子中毒致死。所以要求播种前种子浸泡时，要经常换水，播种的茶园土壤要疏松，茶苗出土前，应当把板结的表土疏松，这一点在粘重的土壤上，尤应注意，使茶子能经常获得新鲜的空气。

（四） 选种技术

早在唐代，陆羽在《茶经》中就写到茶树性状与茶叶品质的关系。宋代宋徽宗赵佶所著《大观茶论》说："白茶自为一种，与常茶不同，其条敷阐，其叶莹薄。"这可视为茶树单株选种之始。公元18世纪，福建茶农创造出茶树无性繁殖法。从此，福建、台湾和浙南等茶区选育出一大批无性系茶树良种，有的至今仍在生产上发挥着良好的作用，例如福鼎大白茶、政和大白茶、武夷水仙、铁观音和毛蟹等。闻名中外的武夷名丛是茶树单株选择的范例。

随着科学的进步和生产上不断提出新的要求，茶树选种技术也有很大发展。从本世纪70年代起，茶树育种技术系统选种为主逐渐转入以杂交育种为主的阶段。此外，辐射育种、多倍体育种和组织培养等新技术也先后被引入到茶树选种工作中来，作为茶树选种手段之一。

但是，实践中仍主要采用系统选种和杂交育种法。如全国茶树良种审定委员会

1987 年认定的 22 个新品种，全部是采用系统选种法或杂交育种法育成的。

茶树系统选种

茶树系统选种是从现有茶树种质资源（即品种资源）中，按照选种目标，选出优良单株，分别进行无性繁殖，并通过品系比较试验，从而育成新品种的方法。

系统选种的技术关键是要善于区分茶树的优良性状和不良性状，了解哪些是遗传性状，哪些是非遗传性状。

从产量性状看，一个高产品种必须具备的基本性状是：树冠大，分枝密，萌芽早，生长期长，发芽轮次多，生长速度快，芽叶比较重。也就是"大"、"密"、"早"、"长"、"多"、"快"、"重"是构成茶叶单产高低的主要因子。

从品质性状看，情况更为复杂，因不同茶类对品质有不同要求。一般说来，红茶类要求汤色红艳明亮，香味浓强鲜；绿茶类要求汤色嫩绿明亮，香味馥郁鲜爽；乌龙茶类要求汤色橙黄明亮，香味清高醇厚。根据上述要求，联系到茶树的性状，其选种的一般标准是：适制红茶的良种要求叶片大，叶色淡绿，芽叶中茶多酚含量高；适制绿茶的良种要求叶片较小，叶色绿或浓绿，芽叶中氨基酸含量高。

为了保证育种的质量，提高系统选种的效果，在选种目标确定之后，各项选种工作都必须严格按照一定的程序进行。系统选种的育种程序大体是：

第一步，选择优良单株。在大量茶树的自然杂交后代（或原始材料）中，根据植株性状初选优良的单株进行单株观测。观测的项目主要包括植株高度、幅度、树姿、分枝数、新梢长度、着叶数、叶色、叶片大小、单芽重、发芽密度、发芽期、抗寒性、茶多酚与水浸出物含量、发酵性能和单株产量等。再从中选出较有希望的单株。

第二步，初步无性繁殖。对入选的单株，进行扦插繁殖，以供品系比较试验之用。

第三步，品系比较试验。对供试品系进行初步产量比较与适制性试验。

第四步，品种比较试验。对入选品系与对照品种进行品比试验，其重点是小区鲜叶产量鉴定和制茶品质鉴定。

第五步，品种区域性试验。区试的目的是为了摸清新品种的适应性，以便确定其推广地区。区试的布置与内容，基本上与品比试验类同。为了缩短育种年限，区试与品试可同时进行。

第六步，品种鉴定与繁育推广。通过区试表现的品种即组织专家鉴定，报请全国茶树良种审定组织审定，并进行繁育，在适宜地区推广。

一个新品种的育成，经上述程序，前后大约需经历18~20年左右的时间。

茶树杂交育种

将具有不同遗传特性的茶树，通过雌雄性细胞的人工交配，产生杂交后代，再按育种目标进行选择，从而育成一个新品种，这个过程便称为茶树杂交育种。杂交育种是茶树育种的主要途径之一。国外大多数育成品种都是通过杂交育成的。目前，我国茶树育种也已从系统选种转入以杂交育种为主的阶段。

茶花套袋

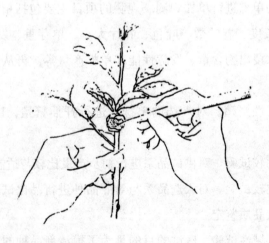

茶花去雄

杂交亲本的选配关系到杂交育种的成败和育成品种的水平。通过杂交，可使父母本遗传基因重新组合或产生相互作用，从而导致出现综合亲本性状的新组合，或

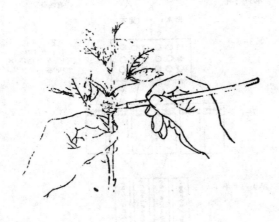

人工授粉

产生超亲本现象。基于这个原理，茶树亲本选配应掌握以下几个原则：一是父母本性状能相互取长补短；二是母本的结实率高，适应性强；三是双亲的开花期比较一致；四是根据选种目标进行选配，如要育成早生良种，则至少有一个亲本具有发芽早的遗传特性；五是亲本的亲缘关系远，一般亲缘关系愈远，出现超亲本的机率愈大。

茶树在杂交之前，应根据育种目标和亲本选配原则确定杂交亲本及杂交组织；并准备杂交用的工具和材料，如隔离纸袋（或隔离纱框）、授粉毛笔、小广口瓶、纸牌、剪刀、镊子和记录本等。在授粉前 1 ~ 2 天，从父本植株上采集含苞欲放的花蕾放入培养皿或牛皮纸袋中，携回置放于干燥之处。次日早晨，即可将花粉轻轻刷下，除去杂质，收集入小广口瓶中待用。为了防止自然杂交与自交，必须在母本花朵未开放之前进行套袋隔离与去雄，或用特制纱框进行全株隔离。隔离袋宜用不易破损的透明或半透明纸制成。隔离纱框用木架与尼龙纱制成。去雄工作在母本花朵快要开放时进行。去雄之后便可用毛笔进行授粉，因这时柱头分泌粘液，能使花粉获得良好的发芽条件，有助于提高杂交结实率。授粉工作要选择无风的晴天，最好在上午 8 ~ 10 时进行完毕。授粉之后，立即挂上纸牌，并写明父母本名称和授粉日期，以便查考。授粉后一星期左右，便可去袋（框），以利受精后的子房在自然条件下正常发育。据浙江农业大学茶学系观测，人工杂交幼果脱落率高达 60% 以上，每年 11 月到次年 2 月最落果最多的时期。因此，要加强授粉后的管理工作，特别应注意采取防冻措施。其次，还应提高磷、钾肥的比例，以促进茶果的生长发育。

茶树杂交育种程序如图 9 - 36 所示：

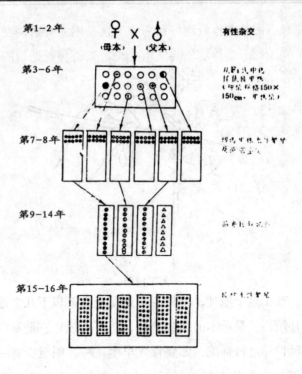

第1-2年　♀　×　♂　有性杂交
　　　　（母本）（父本）

第3-6年

第7-8年

第9-14年

第15-16年

图 9-36

茶树育种新技术

当前茶树育种虽然仍主要采用系统选种与杂交育种等常规育种技术，但茶叶商品生产的发展，对育种工作提出了许多新的更高的要求，仅仅依赖于自然界的变异已经远远不够了。随着现代科学技术的进步，茶树育种也开辟了许多新的途径。

1. 茶树辐射育种

茶树辐射育种是应用辐射线照射茶树或茶树器官，诱发其发生变异，然后经选择而育成新品种的育种新技术之一。辐射线有电离辐射和热辐射两类，茶树育种常用电离辐射，如 γ-射线和 β-射线等。

辐射育种的特点，一是可使突变频率比自然突变增加1000倍左右，因而大幅度地提高了选择的范围；二是能有效地改变品种的单一不良性状，在育成抗病品种上有特殊作用；三是具有打破某些性状连锁遗传的能力，有利于去除与优良性状连锁在一起的不良性状；四是能克服远缘杂交的不亲和性等。

辐射育种的程序包括亲本选择、材料处理、鉴定选择、品比试验和良种繁育等程序。品比试验和良种繁育与常规育种法基本相同，具体方法可分三个步骤进行：

①亲本选择　亲本材料选择适当是辐射育种成功的关键之一。应选综合性状优

良而只存在个别缺点的亲本作处理材料为宜。这是因为辐射诱变的基因突变和染色体畸变，只是个别或部分遗传物质的结构变化。茶树辐射处理的材料常用种子和扦插苗。

②材料处理　材料辐射处理可分外照射与内照射两类。所谓外照射系指辐射源置于被照射材料体外的照射；而内照射是指将放射性同位素引入被照射物体内进行照射。照射剂量与辐射效果的关系十分密切。照射剂量过低，则诱变效果小；照射剂量过高，则辐射损伤大，植株存活少。通常急性外照射采用半致死剂量（LD_{50}）或临界剂量（LD_{40}）。据研究，茶树休眠种子的辐射临界剂量为 4000～8000 伦琴；一年生茶苗为 3000～5000 伦琴；插枝为 1000～3000 伦琴。不同茶树品种的辐射敏感性差异很大。茶树生育状态与与敏感性有关，一般萌动芽比休眠芽敏感，扦插苗比实生苗敏感，叶芽比花芽敏感。慢性照射剂量率为 10～30 伦琴/日。日本安间舜 1974 年报道，用 γ 射线对薮北品种进行慢照射曾获得四倍体茶树。内照射常用的方法是，用 P^{32} 或 S^{35} 等放射性物质的溶液浸种，处理浓度为 0.02 微居里/毫升；处理茶芽时，把溶液滴在包裹有少许脱脂棉的处理芽上；或将处理芽的上部枝条剪去，再在其下方的茎上剥去皮层一小块（5×3 毫米），小心嵌入滤纸或少许脱脂棉，然后滴 15～20 微居里 P^{32} 溶液（见图 9－37）。

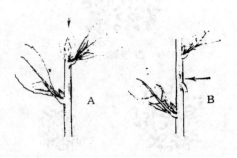

图 9－37　利用 P^{32} 处理茶芽的方法

A 点滴处理法　B 剥皮涂抹处理法

③鉴定选择　经处理后的种子长成的植株称为诱变一代（M_1 表示），从 M_1 上收获的种子长成的植株称诱变二代（以 M_2 表示）。M_1 代常因损伤效应而表现出发芽迟，生长弱，成苗率低，并出现各种畸形变异。茶树种子和营养器官都是多细胞结构，由于辐射处理后不是整个胚或营养器官都发生突变，所以在当代或后代会出现无性分离现象。如果有利变异，应及时用无性繁殖方法加以固定下来。诱发突变大

多数属于隐性突变，在 M_1 代中不能表现出来，故不应轻易淘汰。在 M_1 代也可能出现显性突变。所以也要注意按育种目标进行选择。

我国茶树辐射育种从 60 年代初开始起步，至今已近 30 年，经过许多科研与教学单位的共同努力，已取得可喜进展。基本摸清了 γ - 射线照射茶树的适宜剂量；初步发现经一定剂量处理的品种，其多酚类、氨基酸和儿茶素的含量均有提高，有助于改进红茶品质；培育出不形成花蕾的 M_1 代植株。值得特别提出的是，湖南省农业科学院茶叶研究所育成了适制优质红碎茶的"辐丰 20 号"和"辐丰 136 号"两个新品系，用其加工红碎茶，品质优异，经化学鉴评，得分均在 90 分以上。

2. 茶树多倍体育种

一般茶树绝大多数都属于二倍体，即体细胞中含有二组染色体（$2n = 2x$）。凡体细胞中含有三组或三组以上染色体的茶树，称为多倍体茶树。

所谓茶树多倍体育种，是指采用人工方法诱使茶树染色体数成倍增加，然后经过单株选择而育成新品种（如图 9 - 38）。

四倍体

三倍体

二倍体

图 9 - 38　茶树体细胞染色体

多倍体茶树的主要特点：一是器官的巨大性，如芽叶变大，枝茎增粗，花粉粒中出现大花粉粒；二是交配的难孕性，由于三倍体茶树在细胞减数分裂中染色体分配不均等，雌雄配子无法配对，所以只开花不结实；三是有很强的抗逆性，多倍体茶树的抗寒性、抗旱性和抗病性均比二倍体茶树强；四是旺盛的生理特性，多倍体茶树新陈代谢旺盛，酶活性强，有利于各种有机物质的生物合成。

茶树多倍体产生的方式有两种：一是天然的多倍体，二是人工诱导的多倍体。福建武夷水仙是天然的三倍体茶树。人工诱导茶树多倍体的特效诱变剂是"秋水仙素"（化学分子式为 $C_{22}H_{25}O_6N$）。应用秋水仙素诱导茶树多倍体的方法可分浸渍法、滴液法和涂抹法等（见图 9 - 39）。处理茶籽可用浸渍法与滴液法。先将茶籽浸种催芽后，用 0.5 ~ 1.0% 的秋水仙素溶液浸种 1 小时后，播种在营养钵内，三天内再用 0.5% 秋水仙素溶液滴 4 ~ 5 次。或待胚芽长到 0.5 毫米左右时，用脱脂棉包裹胚芽呈小球状，并将茶籽置放在铺有细沙或吸水纸的培养皿中，采用 0.2 ~ 0.5% 的秋水仙素溶液滴在小棉球上，处理胚芽 48 ~ 240 小时。处理完毕后，立即除去小棉球，用清水洗去残留在茶籽上的秋水仙素溶液，然后将茶籽播入营养钵中。也可采用类似的方法处理茶树的活动芽和插枝。处理茶芽时，宜遮荫以免暴晒影响药效。不论用茶树的任何器官，必须掌握在细胞分裂时期的部位进行处理，否则将是无效的；其次，关于药液浓度和处理时间，通常采用临界范围内的高浓度和短时间的办法。

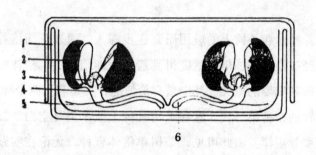

图 9 - 39　秋水仙精处理茶籽示意图

经过处理之后是否已形成为多倍体茶树，必须通过科学鉴定才能得出正确结论。首先可根据多倍体茶树的一般特点进行初步鉴定。在此基础上再通过细胞学观察才能最后确定。此外，通过有性杂交也是获得多倍体茶树的主要手段之一。确定是多倍体之后，再从综合性状，进行单株选择。以后的育种程序和方法，均与系统选种相似。中国农业科学院茶叶研究所已从绍兴茶树群体中分离培育出三倍体品系——绍兴5801。浙江农业大学利用武夷水仙（三倍体）作母本，龙井种（二倍体）作父本，经杂交获 F_1 植株，经细胞学鉴定为四倍体（$2n = 4x = 60$），其叶部性状酷似母本，但每年均能结实；而且其有性后代性状表现出高度的一致性。该品系很有希望育成为四倍体茶树品种。

茶树人们主要是利用其营养器官，多倍体茶树营养器官的巨大性和交配的难孕性，都是有利于茶树高产的性状；其次，多倍体茶树代谢能力的增强，有利于茶树的优质育种和抗性育种；第三，由于茶树具有无性繁殖能力，一旦获得多倍体茶树，便可用无性繁殖法将其性状保留下来。因此，同许多利用种子和果实的粮食作物和果树相比，开展茶树多倍体育种具有更多的优越性。

3. 茶树单倍体育种

所谓单倍体，是指体细胞中只具有配子染色体数的个体，称为单倍体，常用"n"表示。如前所述，一般茶树为二倍体，用"2n"表示，体细胞的染色体数为30，而茶树单倍体（n）体细胞的染色体数则为15。各种单倍体植物的植株比较矮小，生长势弱，所以培育茶树单倍体并不是育种的目的，而是育种过程中的一个环节。

众所周知，茶树是异花授粉植物，所以在遗传上是高度杂结合的，因此在有性繁殖的情况下，其后代往往出现性状分离，良种特性难以保持。早在本世纪初，有些茶树育种学家就试图自交得到纯系，从而达到育成纯种的目的。可是这项研究始终没有成功。

随着组织培养技术在茶树上的应用研究逐步深入，通过花药培养获得茶树单倍体已经成功；再经过染色体加倍，就能得到遗传上纯结合的二倍体或多倍体。这在茶树育种上具有极其重要的意义。其中最有价值的，一是利用两个纯系品种的杂交，可以获得性状一致的杂种第一代，这在茶树育种上至今仍是空白；二是有利于研究茶树性状的遗传变异规律。由此可见，茶树单倍体育种，无论在实践上和理论上都具有十分重要的意义。

根据植物细胞具有"全能性"的生物学原理以及花粉粒中含有单倍染色体的精细胞，所以通过花药培养是获得单倍体茶树的主要途径。茶树花药培养的基本方法如下。

①材料的选择　选择适当发育时期的花粉是能否诱导成功的关键之一。试验表明，选择单核中央期或靠边期较为适宜。检定方法可从花蕾大小（以直径 6～8mm 为宜）或压片镜检进行鉴定。

②愈伤组织的诱导　选择适当的培养基也是能否诱导成功的另一个关键。常用的基本培养基有 MS（Murashige and Skoog）、波来特氏（Blaydes）、改良怀特（White）和米勒（Miller）培养基等。附加成分有动力精、2，4 - D 和赤霉素等。总之，激素（包括生长素和细胞分裂素）的浓度和种类是影响诱导的重要因素。

③诱导愈伤组织分化成苗　由愈伤组织分化成苗的过程称为"再分化"。一般先长芽再长根较易成功。从愈伤组织形成芽还是形成根，主要取决于生长素与细胞

激动素的相对浓度，两者的比值高，利于长根，比值低，利于长芽。愈伤组织直径长至0.2厘米以上时，便从诱导培养基转移到分化培养基中。

④单倍体植株的培育　先将分化成苗的单倍体植株转移到渗透压较低且无生长素的培养基上，直到根、茎、叶生长正常时，再移沙培或土培。转移时要注意保温、保湿和遮荫。

将单倍体茶树的染色体加倍，就能培育出二倍体茶树。使染色体加倍的常用方法有二：一是在培养基上增加细胞分裂素；二是用浓度0.1～0.4%的秋水仙素处理幼苗生长点。

我国的茶树单倍体育种，开始于70年代初，当时主要进行的是茶树花药培养，但直至70年代末，均未获得完整的单倍体植株。1980年福建农学院在茶树花药培养上取得重大突破，分化出具有根、茎、叶的完整植株。1984年通过技术鉴定，确认是单倍体茶树。这是世界上首次培育成功的茶树单倍体植株。

茶树品种的早期鉴定

为了缩短育种年限，加速系统选种进程，专家们在育种初期，根据品种的有关经济性状进行早期鉴定。由于受茶树年龄和茶树数量的限制，早期鉴定一般均采用间接鉴定法，也就是利用某些相关性状来鉴定茶叶的产量和品质等。

1. 茶叶产量的早期鉴定

主要有以下几种：

①根据扦插苗性状进行鉴定：据浙江农业大学研究，扦插苗的抽梢率、根系和根干重均与茶叶产量呈极显著正相关，相关系数（r）分别为0.5621**、0.8558**和0.4624**，即苗的抽梢率愈高。根数愈多，根干重愈重，其以后的茶叶产量也愈高。②根据叶处解剖结构进行鉴定：据台湾省茶叶试验场研究，叶片栅状组织和海绵组织密度与茶叶产量呈显著正相关，相关系数分别为0.7698*、0.8513**，也就是叶片栅状组织和海绵组织的密度愈大，其茶叶产量也愈高。③根据叶片的光合强度进行鉴定：据云南农业大学研究，夏季单叶净同化率与茶叶产量呈极显著正相关，相关系数为0.960**，即叶片净同化率愈强，茶叶产量愈高。④根据幼年茶树定型修剪枝叶重进行鉴定：据杭州市茶叶研究所研究，定剪枝叶重与茶叶产量呈正相关，相关系数为0.742。此外，综合国内外研究资料，茶树高度、幅度、单株芽叶数、新梢着叶数、芽叶平均重、发芽密度和茶苗根冠比等，均与茶叶产量呈不同程度的正相关。

2. 茶叶品质的早期鉴定

目前常用的方法有以下几种：①发酵性能鉴定法。这是早期鉴定红茶品质的一种简易而可靠的方法。先从每个单株上采取嫩度一致的芽下第一叶 2~3 片，放入充满饱和氯仿蒸气的试管中，然后塞紧管口，待 1~2 小时后，观察叶色变化情况，凡变色愈快、愈红者，即表示发酵性能愈好，适宜加工红茶。②小量制茶鉴定法。采用微型杀青机、微型揉捻机、微型卷子揉切机、调温调湿箱和自控电热烘箱等设备，就可进行红、绿茶加工，每次只要有 0.5 公斤鲜叶，便能制出正常的成茶。③生化成分鉴定法。茶树芽叶中主要生化成分的含量及其比例，是决定茶叶品质的物质基础。据研究，氨基酸总量与绿茶品质、红茶品质均呈极显著正相关，相关系数分别为 0.6806** 和 0.5891**；茶多酚含量与绿茶品质呈极显著负相关，相关系数为 -0.6229**；茶多酚含量与红茶品质呈极显著正相关，相关系数为 0.7574**；酚氨比与绿茶品质呈极显著负相关，而与红茶品质呈极显著正相关，相关系数为 0.6129**。④芽叶解剖结构鉴定法。据台湾省茶叶试验场研究，叶片上表皮厚度与红茶汤色、红茶香味均呈负相关，相关系数分别为 -0.4257 和 -0.5635；上表皮厚度与绿茶形状呈极显著正相关，相关系数为 0.8552**；芽叶上茸毛分布和茸毛密度均与乌龙茶品质呈极显著正相关，相关系数分别为 0.802** 和 0.589**；茸毛分布与红茶品质也呈极显著正相关，相关系数为 0.387**。

3. 茶树抗性的早期鉴定

茶树抗性是指茶树的抗寒性、抗旱性、抗病性和抗虫性等。其中以茶树抗寒性的早期鉴定研究较多，据研究，叶片解剖结构与抗寒性强弱存在十分密切的关系。叶片上表皮厚度、栅状组织厚度均与茶树抗寒性呈高度正相关，相关系数分别为 0.78 和 0.81；栅状组织和海绵组织比值、栅状组织同叶片厚度比值也均与抗寒性呈高度正相关，相关系数分别为 0.85 和 0.84；而海绵组织厚度与茶树抗寒性呈中度负相关，相关系数 -0.38。

4. 茶树无性繁殖能力的早期鉴定

当前茶树良种繁育与推广工作已转入以无性系良种为重点，因此，在茶树育种工作中必须重视无性繁殖能力的早期鉴定。据研究，插穗母叶的自由水含量与扦插成活率呈显著负相关，相关系数为 -0.819*；插穗母叶的束缚水含量与扦插成活率呈显著正相关，相关系数为 0.858*；母叶中自由水同束缚水比值与扦插成活率呈极显著负相关，相关系数等于 -0.925^{**}。

（五） 适生条件

茶树长期生活在某种环境中，受到环境条件的特定影响，通过新陈代谢，在其生育过程中形成了对某些生态因子的特定需要，成为茶树的适生条件。因此可以说茶树的适生条件是长期对环境条件适应的结果。茶树的适生条件，主要是指气候和土壤环境中的阳光、温度、水分、空气和土壤等条件的综合。茶树生长发育的状况，直接受这些环境条件的支配。环境中的每个因素都在经常对茶树的生长与发育产生明显的影响和作用，这些因素就是生态因子。在自然界中，这些生态因子不是孤立地单独存在，而是相互影响，相互制约的，其中一个因子的变化，必然影响其他因子的变化。因此，茶树在生长发育过程中，实际上不是受一种生态因子的影响，而是受各种生态因子的综合影响。茶树的生长和发育状况，直接取决于对外界条件的满足程度。只有当环境条件得到满足时，才能最大限度地发挥茶树的增产潜力。

阳 光

光照是茶树生活的首要条件。茶树由根部吸收水分和无机养料，并从空中吸收二氧化碳（CO_2），依靠绿色叶子在阳光的照射下，才能进行光合作用。通过光合作用制造蛋白质、碳水化合物等有机物质，供茶树生长发育利用。光合作用制造有机物的整个过程是依靠阳光作为能量的源泉，没有阳光，光合反应就不能进行。茶树对阳光有严格的要求，包括光照强度、光照时间和光质等几个方面。由于茶树原产地的生态环境是大森林，经常处于漫射光条件之下，因此较弱光照条件下茶树也能达到较高的光合作用效应，说明茶树具有耐荫的特性。据试验，光照强度在50000勒克斯（即烛光）范围内，光合作用强度随光照强度增加而增加，但光照进一步增强超过一定范围时，茶树光合作用强度就不再增强或反而有下降的趋势，这时的光照强度说明已经达到了光饱和点；但如果光照过弱，光合强度过低，就会出现光合强度和呼吸强度处于平衡状态，此时茶树既不从外界吸收二氧化碳，也不释放二氧化碳，这时的光照强度就是茶树光合作用的光补偿点。据试验，茶树的光补偿点一般是1000勒克斯以下，过低的光照强度，光合作用强度就会出现负值，长期处于不良光照条件下，茶树就无法维持其生长。光照强度不仅与茶树光合作用和茶树的产量形成有密切的关系，而且对茶叶的品质有一定的影响。据研究，在适当减弱光照时，芽叶中的氮化物明显提高，而碳水化合物（可溶性糖和茶多酚等）相对减少，特别是在重要的含氮物质氨基酸的组成中，作为茶叶特征物质的茶氨酸含量以及与茶叶品质密切关系的谷氨酸、天门冬氨酸、丝氨酸等，在遮光条件下有明显的增长趋势。我国的许多名茶，如庐山云雾、黄山毛峰、狮峰龙井等往往生长在高山云雾之中，内质佳、香气高。在一些日照强烈的地方，茶园梯坎和主要道路两旁适当种上遮荫树，以减少直射光，不仅改善了茶叶品质而且也美化了环境，是十分必要的。

　　光照时间的长短对茶树生长发育的影响也很大，如果在花芽分化之前，对茶树进行遮光，茶花可提早开花，反之延长光照则推迟了茶花开放时间。光照长短与茶树生长、休眠也有一定关系，如果冬季连续 6 周每日光照短到 11 小时，即使温度、水分、营养等都能满足，茶树也会进入相对的休眠时间，如人工延长光照达 13 小时，就可打破某些茶树品种的冬季休眠。

　　人们生活中见到的太阳光是由不同波长的光谱所组成的，包括紫外线、红外线和可见光三大部分。波长短于 390 纳米（1 纳米〔nm〕 $= 10^{-7}$ 厘米）的为紫外线（平常看不见），长于 760 纳米的为红外线，介于 390－760 纳米之间的为可见光。可见光是茶树进行光合作用制造有机物的主要光源。在红、橙光的照射下，茶树能迅速生长发育。红外线虽不能直接被叶绿素吸收，但能作为土壤、水分、空气和叶片的热量来源，为茶树的生长发育提供必要的温度条件，对茶籽的萌发和芽梢的生长有促进作用。波长较短的紫外线对茶树生长有抑制作用。在紫外线照射下茶树叶片的含氮化合物较多，有利于芳香物质的形成，因此生长于高山密林或云雾之中的茶树，往往可获得较优良的品质。

温　度

　　温度是茶树生命活动的基本条件。它影响着茶树的地理分布，也制约着茶树生育速度。温度对茶树的影响，主要表现在空气温度和土壤温度两个方面。气温主要影响地上部的生长，地温主要影响根系的生长。但气温与地温是相互关联的。就气温而言，从热带到温带茶树都能广泛的适应，但作为生育来说，有三个基点温度，即茶树生长的起点温度，适宜温度和低限温度。

1. 生长起点温度

　　引起茶树萌芽的平均温度称之谓生长的起点温度，在生物学上称此温度为最低温度。多数茶树品种日平均气温需要稳定在 10℃ 以上，茶芽开始萌动。但也有少数品种或者由于其生态环境的不同，在不到10℃时已开始萌动，如浙江的碧云，龙井43，江西婺源早芽等茶芽萌动的起点温度是≥6℃，这类属早芽品种，开采期可比其他品种提早。

2. 最适温度

茶芽萌发以后，当气温继续升高到14~16℃时，茶芽逐渐展开嫩叶。茶树生长最适温度是20~30℃之间，若在此范围之内，则茶梢加速生长，每天平均可伸长1~2厘米以上。我国大部分茶区自清明（4月上旬）至霜降（10月下旬）以前，日平均气温都在20~30℃之间，正是茶树生长最适温时期，也是茶叶的采收季节。

在茶树生长季节生物学有效温度（日平均气温10℃以上）累积值，称之谓有效积温。茶树生长适宜的有效积温应在4000℃以上。我国茶区的年有效积温一般在4000~8000℃之间。有效积温越多，年生长期越长。我国南北各茶区由于气候条件的差别，茶树生育期也就各不相同，多数茶区茶树的全年生育期约为8~9个月，而可采期为7~8个月。

3. 低限温度

我国大部分山区，进入12月以后至次年2月一般平均气温低于10℃，茶芽停止萌发，处于越冬休眠状态，甚至有时出现严重的低温霜冻，对茶苗、幼树或抗寒性差的品种还会受到冻害。茶树能忍耐的绝对最低温度，因品种、树龄、器官、栽培管理水平、生长季节而异。如当气温降到-2℃时，茶花大部分脱落而死亡；气温下降到1~2℃时萌发的茶芽也会枯焦，而茶树的枝梢忍耐低温的能力较强，乔木型大叶种能忍耐-5℃左右；灌木型中、小叶种能忍受低温的能力更强一些，一般在-10℃左右，若处于大雪覆盖，则可忍受零下15℃左右的低温侵袭。又如，不同品种茶树的抗寒能力固然不同，但同一品种在不同生态条件下表现也不一样，如政和大白茶在福建能忍耐-7℃低温，而生长在皖南茶区却能忍受-8至-10℃的低温。一般说来，低于茶树所"忍耐"的低温限度时，就会产生冻害。茶树发生冻害的程度，除与温度高低直接有关外，与低温持续时间、风速、冻结时间也有密切关系。据浙江气象局在浙江嵊县的调查，茶树越冬期间，当气温降至-6℃左右，连续冻结6天，西北风风速每秒6~8米时，当地的茶树品种嫩梢就会受到不同程度的冻害；当最低温度降至-8℃，连续冰冻12天以上更会引起严重冻害，使茶嫩梢冻死老叶变黄。一般来说，在一定的低温条件下，低温和土壤冻结时间愈长，加上干燥的西北风或早春气候转暖后突然降温等，都会使冻害程度加重。

温度过低固然会使茶树遭受冻害而损伤，温度过高也会引起茶树的热害，但遇到的机会不多。如当日平均气温到35℃以上时，生长便会受到抑制，日极端最高气温到39℃，在降雨量又较少的情况下，有的茶树丛面成叶出现灼伤焦变和嫩梢萎蔫，这种现象为茶树热害。通常是新梢和嫩叶比老化的枝条更容易受到这种逆境的危害。

水 分

水分是茶树的重要组成部分，构成树体的水约占55～60%，芽叶含水量高达70～80%。在茶叶采摘过程中，芽叶不断被采收，又要不断地生长新梢，所以茶树需要的水分比一般树木要多得多。水分又是茶树生命活动的必要条件，营养物质的吸收、运输以及光合、呼吸作用进行和细胞一系列的生化变化都必须有水的参与。

水分的不足和过多，都会影响茶树的生育。当然水分不足时，茶叶就不易生长或延迟发芽，降低发芽率。有时虽能发芽，但抽生的新梢矮小，很快形成"对夹叶"。如果严重干旱，还会引起茶树体内一系列破坏性的生理变化，首先是新梢的顶端生长停止，顶芽和幼叶向树冠面上成熟叶子"夺水"，接着这些成熟叶萎蔫下垂，严重时焦枯脱落，甚至整个植株枯萎死亡。

茶树对雨湿条件的适应性较为广泛。一般适宜种茶地区要求年降水量在1000毫米以上，空气相对湿度80%左右。但从现有世界种茶地区的雨湿条件来看，有的年雨量高达4000毫米，个别地区个别年份高达8000毫米以上，最大月雨量也有多达1000～1500毫米的；也有连续4～5个月滴水未见的干热环境。茶树处于这种干热环境，通过种植遮荫树与灌溉也能正常生长。但就多数种茶区域看，年雨量在1000～3000毫米，年平均相对温度在70～80%之间，而且雨量分布均匀，湿度较稳定，尤其在3～10月生长季节平均月雨量达100～200毫米，相对湿度稳定在80%左右，基本能满足茶树正常生长发育的需要。干旱是与湿润比较而言，茶树需要比较湿润的环境，但过湿，尤其是地下水位过高，土壤湿度过大时，通气不良，氧气缺乏，会产生硫化氢等有毒物质，往往会阻碍根系的呼吸和养分吸收，致使根部受害，吸收根减少，输导根逐渐变为黑褐色而腐烂枯死。地上部叶子变黄色，枝干回枯，出现落叶枯枝等症状，造成茶树湿害。因此，地下水过高或积水时，应采取合理的排水或填土措施，以利茶树根系生育。

土　壤

土壤是茶树生长发育的基地，是提供水、肥、气、热的场所。茶树所需的养料和水分都是从土壤中取得的，所以土壤的质地、土壤的湿度、土壤的水分和土壤的酸碱度对茶树根系和地上部都具有极为重要的作用。疏松的土壤，通气和排水性能良好，根系发达，枝叶繁茂，适于茶树生长。粘重土壤，通气性差，排水不良，根系发育受阻，导致树冠生育不良。土壤质地一般以砂质壤土为好。砂性过强的土壤，保水力弱，土壤水分贮存量少，干旱或严寒时枝叶容易受害；质地过于粘重，虽然保水力强，但土壤通气性差，根系生育不良，吸收机能不强。

茶树对土壤的要求，一般虽土层厚达一米以上不含石灰或含量低于 0.5% 的，有机质含量在 1~2% 以上，具有良好结构，通气性、透水性或蓄水性能好，地下水位在 1 米以下的，均为茶树正常生长所需的土壤条件。我国唐代陆羽在《茶经》中对茶树生长的适宜土壤条件是这样描述的：上者生烂石，中者生砾土，下者生黄泥。所谓烂石，显然是指风化了的而且风化比较完善，发育良好的土壤，也可以认为是现在茶区群众所指的未种植过作物的生土，养份齐全结构良好适宜茶树生长发育。砾土是指含砂粒多，粘性小的砂质土壤，也就是指在山麓风化完善发育良好的坡积土。这种土壤孔隙率高，有机质丰富，石砾或砂粒多，排水透气性好。生长在这种土壤中的茶树根系发达。至于"黄土"，也可以认为是一种质地粘重，结构性差的黄泥土，在江浙一带也称"死黄泥"，这种土壤孔隙度少，粘粒含量高，俗称"大雨一团糟，天晴像把刀"，不加改良是长不好茶树的。

茶树对土壤酸碱度的反应，特别敏感。衡量土壤酸碱度的化学符号是 pH 值，以 pH7 为中性土，7 以下是酸性土，7 以上是碱性土壤。茶树是耐酸作物，以 pH 值 4.5~6.5 为适宜。茶树之所以适应酸性的环境，这与茶树根部汁液中含有较多的柠檬酸、苹果酸、草酸及琥珀酸等多种有机酸有关。这些有机酸所组成的汁夜，对酸性的缓冲力比较大，而对碱性的缓冲力较小。也就是说，茶树碰到酸性的生长环境，它的细胞汁液不会因酸的侵入而受到破坏，这就是茶树喜欢酸性土壤的重要原因。其次，从酸性土壤中所含的微量元素的情况看，它有两个突出的性质：一是含有铝离子，酸性越强，铝离子也越多。而且中性及一般的碱性土壤中，难以呈铝离子状态。铝对一般植物来说，不但不是一种必要的营养元素，而且多了反而有毒害作用。酸性强的土壤，对许多别的作物往往很不相适，其原因之一就在于铝离子过多。对茶树来说情况不同。化学分析表明，健壮的茶树含铝可以高达 1% 左右，这说明茶树要求土壤能提供足够的铝,而酸性土壤正好能满足茶树这一特定的要求。二是酸性土壤含钙较少。钙是植物生长的必要营养元素之一,茶树也不例外。但茶树对钙的要求数量不多,土壤活性钙的含量不得超过0.5%,过多就有副作用,而一般酸性土壤含钙量恰好符合这一要求。所以它就特别适于种茶。

由于上述这些原因,茶树不宜在中性土壤中生长,一旦土壤的pH值不适,茶树就生育不良,对产量和品质均有影响。而偏碱的土壤,则茶树难以生存。

了解当地土壤是否适应种茶,可用指示剂、酸度计等方法进行详细测定,也可以通过实地调查,酸性指示植物的方法进行判断。凡是地貌上有杜鹃花、铁芒箕、马尾松、油茶、杉木、杨梅、毛竹等植物生长的土壤都是酸性土壤,适宜于茶树生长。

我国秦岭淮河以南的山区,大部分土壤属红壤、黄壤、棕壤类型,部分是紫色土。但由于母岩种类、气候条件、地形情况等成土因子不同,土壤的物理、化学性质差别很大。这在我国偏北的种茶地区,如山东、苏北等地表现比较突出,在同一地区的土壤上,由于母岩的不同,往往出现有土壤酸碱交错的现象。又如同样都是石灰岩发育成的红黄壤,在长江以北丘陵山区,因年降雨量少,淋溶度弱,土壤中含钙量较高,土壤呈碱性反应,不宜种茶;而在长江以南的山地石灰岩地区的红黄壤由于气温较高,雨量充沛,强烈的淋溶作用,盐基淋失,多数发育成适于种茶的酸性土壤。就母岩来说,宜选择容易风化或已初步风化了的烂石,虽表土层不厚,但通过深翻和其他熟化措施仍然可以种茶。在许多老茶区,如浙江西湖龙井茶生产区的"白砂子土",湖南安化的"石渣子土"等,就是如此。因此在选择茶园土壤时,既要测定土壤的厚度,也要考察成土母岩的种类和风化程度,更要严格注意掌握和测定不同地段上的土壤酸碱度(见图9-40)。

图9-40 酸性土壤的指示植物

茶树根系庞大,吸肥力强(见图9-41)。一般栽培茶树,一足龄茶苗的主根长达30厘米以上,成龄茶树主根生长旺盛,可深及1米以下,且根系发达,在土壤表层四散分布。为了使茶树根系能向深广发展,不仅表土要好,底土的性状也有很大

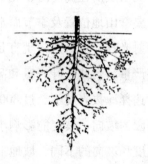

9-41 茶树根系

关系。如果遇到土层浅薄、肥力低、土质粘重或保水、保肥力差的土壤，都会使茶树根系发育不良，常常出现树势早衰，容易遭受旱害和冻害。一般来说，在潮湿、通气不良的土壤中，根系较浅；而在良好的土层内，则有较多的分枝和较广泛的根系。实践证明，选择种茶的园地，土壤深度一般不应浅于60厘米。这样有利于茶树根系分布深而广，同时施肥以后肥料的损失也较少，吸收率大，根深叶茂，有利于增强茶树的抗逆性，凡土层浅，底土有粘土层，硬盘层或铁猛结核的，常会引起临时性的滞水层，而致使茶树根系发育不良，应注意深耕改良。

地形、地势和坡向

我国现有种茶区域的地形是比较复杂的，山地、丘陵、平地、盆地都有茶的分布，但大多是在丘陵和山地。茶园的地形条件，主要包括海拔、坡度和坡向等几个方面。它直接影响到茶园的小气候和土壤状况，对今后茶园的机械化操作，水利设施以及农、林、牧、副、渔生产的全面安排都有密切的关系。同时也常和茶园区划、栽植方式、品种的配置有密切的关系。我国茶园除西南茶区外，分布在1000米以上的茶园不太多，大部分是在丘陵缓坡地带，如著名的"祁红"产区，海拔200～300米；乌龙茶产区、龙井茶产区的地势都不很高。

山地茶园，随着海拔高度的升高，气温大于或等于10℃的活动积温以及空气相对湿度都会起明显的变化。据浙江天目山区和括苍山区气温的观察，每当海拔高度上升100米，气温大多降低0.5℃左右，积温减少180℃左右。山愈高，气温愈低，积温愈少。如天目山麓的临安县昌化气象站（168.5米），年平均气温15.5℃，大于或等于10℃的活动积温是4840℃；而山顶上的天目山气象站（1496.9米），年平均气温只有8.8℃，活动积温为2523℃。降水量在各种高度上也是不相同的。在2000米海拔高度下，降水量随高度增加而递增的，而空气的相对温度随海拔高度的变化不大，但达到云层所在高度时，相对湿度显著增大。因此山地上相对湿度随海拔高度的变化，要看山地位置及季节而定。在一定高度的山区，雨量充沛，云雾多，空气湿度大，漫射光强，这对茶树生育是有利的。但海拔过高温度降低，积温减少生长期缩短冻害严重，会使茶叶产量和品质降低，因此茶树的种植高度，也并不是愈高愈好，一般选择海拔高度不超过 800 米，在千米以上时常有冻害发生。

由于山地茶园的坡向、坡度能影响小气候，因而也影响茶树的生长发育和产量、品质。如由于坡度和坡向的不同，坡地上日照的时间和太阳辐射强度都有很大的差异，因而获得的太阳辐射总量也不一样，这样就形成了不同坡向的小气候特点。我国位于北半球，产茶区域主要分布在北回归线（23.5°N）以北地区，阳光终年由南而照，所以偏南坡地（包括南坡、东南坡、西南坡）获得的太阳辐射总量，都比平地上多。事实上凡是背风向阳的半山坡茶园，冬季气温都要比谷地、沟槽地、平川地高。这一方面是向阳半山坡茶园受光面多，避免或减轻了寒风的侵袭；另一方面由于处于谷地、沟洼地的茶园，受冷空气下沉所出现的逆温（小于 2 级风情况下）和辐射霜冻的危害要比山坡茶园重得多。因此，为避免茶树受冻，必须把地形选择作为种茶的重要条件加以考虑。

北坡的太阳辐射总量比南坡或平地少得多，夏季南北坡地的差别较小，冬季差别颇为显著。东坡和西坡接受到的太阳辐射量介于南坡和北坡之间，差异不大。由于方位影响太阳光辐射，所以土温也受到方位的影响。土温最低温度几乎终年都出现在北坡；日平均土温以南坡最高，北坡最低，东坡与西坡介于南北坡之间。坡地方位对气温的影响，只局限于紧贴地表的极薄的气层内，晴天差异比较明显，阴雨天差异极小。日平均气温随坡向的变化规律与土温相同。由此可见，在我国主要产茶地区，阳坡（偏南坡）获得的太阳辐射及热量多，温度高，但湿度比较低，土壤较干燥；而阴坡（偏北坡）的情况正好相反。调查证明，在春季偏南坡的茶园，茶芽萌动比偏北坡早 1～3 天，因而春茶采摘期也相应提早；而北坡冻害比南坡重。因此从减轻冻害角度出发，亦应选择偏南坡种茶为好，这在我国江北茶区更是如此。我国南方一些产茶区，终年热量充足，南北坡都可以种茶，但一般来说阳坡茶树的生长势，春、秋季优于夏季，而阴坡茶树则夏季比春、秋季的长势为好。

此外，地形起伏对茶树的生育和冻害影响很大，在冬季晴天的条件下，由于冷空气向低洼地段汇集，谷底温度低，常引起茶树冻害。但在寒潮或冷空气南下时，坡顶迎风面的温度最低，谷底的温度都相对较高，受冻的地方不是在谷底，而是在坡顶，这就是"风打山梁，霜打洼"的道理，因此在冻害严重的地区，茶树应避免在坡顶和坡脚处种植；冻害中等的地区，在低洼处种茶，应选择耐寒性强的品种。

坡度大小对温度变化和接受太阳辐射有一定的影响。如同朝阳南坡，10°坡的直接太阳辐射量为平地的116%，20°坡为130%，30°坡为150%。坡度不同，在接受热量方面差异也较大。但随着坡度加大，土壤含水量减少，冲剧程度则越大，对茶树不利影响也越明显。所以选择地形时，一般要求在30°坡以下的山地或丘陵地。坡度太陡（30°坡以上），在建园时不仅花工大，对今后茶园管理也不利，不宜栽植茶树。

茶树的生育虽然对环境条件有一定的要求，但环境条件是不断地改变的，只要这种改变不超出一定的限度，茶树的生理功能是能正常进行的，它具有较广泛的适应性。人类通过辛勤劳动能够改造自然，把不利种茶的自然条件转化为有利的条件，如培育抗性强的品种与自然环境相适应，不良的土壤条件通过"改良土壤"，不良的气候条件通过设置挡风物，茶园铺草或丛面盖草、加强茶园管理等等，当然优越的自然条件也是应该加强培育管理才能最大限度发挥茶叶增产的潜力，获得高产优质。

（六）　生态条件

生态条件是植物生长发育必要的因素，对植物的形态、结构、生理和生化等特性均有重要的影响。

茶树是多年生植物，是中生代已有的古老植物之一，长期受环境因子的影响，发生了很大的变化，因此，它对环境条件的要求差异很大。同时环境因子非常复杂，有时某种因子起着主导作用，而另一时期，则变为次要因子，所以说生态因子对茶树生育特性的作用，应针对地点、时间及茶树本身状况加以分析研究，从而采取有效的农业措施，使栽培茶树能达到高产优质的目的。

气象要素与茶树生育的关系

茶树在生长发育过程中，按其本性对光照、热量、水分等气象要素均有一定的要求；同时，人们为了获得高产优质的制茶原料，更需要有良好的气象条件。探明各气象要素与茶树生育的关系，研究和掌握茶树的农业气象要素的最适指标，对于制订科学的茶树栽培管理措施将是非常必要的。

1. 光照对茶树生育的影响

茶树生物产量的90—95%是叶片利用二氧化碳和水，通过光合作用合成的碳水化合物而构成的。茶树经济产量的形成主要也依赖于光合作用。据研究，光质、光照强度和光照时间均对茶树的生育有显著的影响。

光质与茶树生育　光质对光合作用有很大影响。光由不同的电磁波所组成，波长在170—53000nm之间。波长360—760nm为可见光，由红、橙、黄、绿、青、蓝、紫等七种不同的单色光所组成。比红色光波长长的称红外线，比紫色光波长短的称紫外线。叶绿素吸收最多的为红、橙光，其次为蓝紫光。茶树生育中对不同光质反应是不同的，据日本试验结果，以黄色薄膜处理的新梢最长，叶面积最大，而叶片较薄，气孔密度较小；以红色薄膜处理的新梢最短，叶面积最小，而叶片较厚，气孔密度较大。紫外线为不可见光，其波的长短不同，作用也不同。紫外线对新梢生育和生化成分含量均有明显的影响。经波长3650·的紫外线处理的，新梢生长迅速，叶片大，节间长，芽头多，叶色嫩绿，一芽四叶长达13.7—19.0cm，均明显超过对照；而用波长2585·的紫外线处理的，新梢生长缓慢，叶片小，节间短，嫩芽卷曲，表现出衰老状态，一芽四叶长仅3.5—7.0cm。紫外线处理对生化成分的影响，在3650·紫外线处理下，促进了茶树的碳素代谢，使茶多酚和还原糖等含碳物质明显增加，而含氮物质有所减少；在2585·紫外线处理下，无论含碳物质或含氮物质均有下降，而且破坏叶绿粒，使第一层栅状组织中大部分叶绿粒消失。

光照强度与茶树生育　茶树的光合作用在很大程度上决定于光照强度。在一定条件下，光合强度随光照强度的增加而上升，但当达到光饱和点时，光强度增加，光合强度不再上升。据日本原田重雄研究，茶树的光饱和点与茶树年龄有关，幼龄茶树的光饱和点大致为0.5cal/cm^2/min左右，成龄茶树达0.7cal/cm^2/min。当光强度超过0.9cal/cm^2/min时，光合强度有轻微下降。另据中国农业科学院茶叶研究所研究，茶树的光饱和点和光补偿点还和不同茶季有关，以三茶的光饱和点最高（55000 lx），四茶的光饱和点最低（35000lx）。茶树的光补偿点较低，仅占全光量的1%左右，故茶树为耐荫植物。

在光照强度未超过光饱和点的情况下，如光量减少，则光合效率相应下降。但世界上不少茶区光照较强，有的茶区夏季晴天午后的光照强度超过1.2cal/cm^2/min，因此需要种植遮荫树来调节茶园的光照强度，使有利于茶树生长。关于在茶园中是否需要种植遮荫树的问题，长期来一直争论不休。据Wight（1959）试验，在印度阿萨姆条件下，种植遮荫树的茶园比对照增产。Choudhury（1974）指出，在日照过强和高热地区，合理栽植遮荫树是必要的。而 Shaxson（1968）的遮荫试验却得出了相反的结果。Hadfield（1968）认为，叶片大而着生水平的茶树需要遮荫；叶片小而着生半直立的茶树不需要遮荫。但是茶树是否需要遮荫应依据当地光照强度和茶树类型为转移；同时还应考虑遮荫树种及其排列方式与种植密度等问题。据广东省英德茶场研究，遮光度以保持30%左右为宜。刘卓清等（1983）对广东茶叶研究所遮荫茶园进行系统调查研究后指出，遮荫树种以豆科落叶乔木托叶楹为好；较理想的种植规格应以遮荫树成龄时最大树幅作株距，行距为株距的2—3倍，最大遮光度应小于50%。近几年来，云南、广东胶茶间作获得成功，结果表明，利用橡胶树适当遮荫（遮荫度30—40%），有利于干物质的积累和产量的提高（图9-42）。

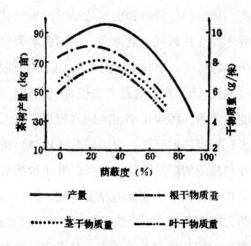

图9-42 胶茶间作中橡胶荫蔽度与

茶叶产量、干物质重量的关系

（龙乙明，1980）

茶树叶片在树冠上的位置不同，受光强度也不一样，因而使光合强度出现明显的差异。

总之，在栽培上除了种植遮荫树来调节光照强度外，还可采取选用不同株型、种植密度、茶行方向以及修剪树型等措施。

光照时间与茶树生育 茶树原产我国云贵高原，是一种短日照作物。苏联 Т. К. Кварацхеλца 等（1950）曾指出，栽培在格鲁吉亚的南方茶树品种往往不会结实，因该地的日照时间比原产地长得多。后来 Мерабен 曾用不结实的印度大叶种和中印杂交种进行试验，将日照缩短为10小时，致使大部分茶树开花结实。据童启庆（1974）研究，在花芽分化前（5月9日），当70%的新梢达一芽三叶时（供试品种：浙农25），用黑色材料将茶树全部遮光20天，同年12月6日调查，发现遮光处理比对照开花数增加，开花期提前。

2. 热量对茶树生育的影响

热量是茶树生育不可缺少的条件之一。热量状况一般以温度来表示。影响茶树生育的温度主要包括气温和地温。

气温与茶树生育　在茶树生育的每一个阶段，有三个主要的温度界限，即最低温度、最适温度和最高温度。当最适温度时，茶树生长发育处于最佳状态；在最低温度或最高温度时，茶树就停止生育；当小于最低温度或大于最高温度时，茶树将局部或整株死亡。

茶树的最低临界温度，依品种、树龄和出现低温时的天气状况而定。一般灌木型品种耐低温能力强，乔木型品种耐低温能力弱，例如灌木型的龙井种、鸠坑种和祁门种等能耐 -12— -16℃的低温，小乔木型的政和大白茶只能耐 -8— -10℃的低温，而乔木型的云南大叶种在 -6℃左右时便严重受害。就同一品种而言，幼苗期、幼年期和衰老期的耐寒能力较弱，而成年期耐寒能力较强。就同一地区而言，茶树在冬季的耐寒性往往强于在早春的耐寒性。簗濑好充（1975）指出，茶树的耐寒性还因不同器官而异，成叶和枝条的耐寒性较强，芽、嫩叶和茎基部较弱，根（特别是细根）的耐寒性最差。出现低温时，如伴随厚雪覆盖，则茶树能耐更低的温度或减轻低温的为害；如伴随大风和干旱，则将使茶树遭受更为严重的冻害。

茶树的最高临界温度为45℃。在自然条件下，日平均气温大于30℃，茶梢生长就会缓慢或停止，如气温持续几天超过35℃，新梢就会枯萎、落叶。这是由于在高温下蛋白质凝固，丧失了酶的活性，细胞原生质受到破坏，致使茶树受害。高温对茶树生育的影响也因品种和环境条件而异。据刘祖生等（1980）研究，发现一些带有南方类型基因的茶树品种，往往具有较强的耐高温的能力。中国农业科学院茶叶研究所指出，当日平均气温30℃以上，最高气温大于35℃，相对湿度60%以下，土壤相对持水量小于35%时，茶树生育就受到抑制，如果这种气候条件持续8—10天，茶树就将受害。

实践表明，无论低温或高温，如果突然出现时，往往对茶树的危害性更大，因为茶树生理上来不及适应。

茶树生育过程中进行得最活跃和最顺利时的温度称为茶树的最适温度。据Мелазе（1961）研究，新梢生长最快的日平均气温为22℃左右。中山和原田（1962）则指出，有些品种在20℃时生长良好，而另一些品种则需要30℃，甚至更高一些的温度。田中胜夫（1979）认为薮北种新梢生育最适宜的日平均气温为25—

29℃。我国湄潭茶叶研究所研究指出，新梢生长最适宜温度为20—25℃，此时日生长量达1.5mm以上，高于25℃或低于20℃时，新梢生长速度就较缓慢。据河南信阳茶叶试验站观测，气温稳定地维持在25—30℃，相对温度保持在75—85%时，信阳大叶种新梢生育最为良好。由此可见，茶树最适温度也随品种、地区以及其他气象条件为转移。

茶树新梢生育与昼夜气温变化也有关系。在春季，水分条件一般较好，气温成为影响新梢生育的主导因子，气温与生长量成正相比，通常是白天的气温高于夜晚，新梢的生长量也是白天大于夜晚，而夏秋季的情况恰恰相反，此时日夜气温均能满足茶树生育的要求，而水分成为影响生育的主导因子，所以夜晚的生长量往往大于白天的生长量。

茶树对热量的要求，除上述最低温度、最高温度和最适温度三个指标外，积温也是一个重要的指标。

所谓积温，即累积温度的简称，包含温度的强度和温度的持续时间两个方面的内容。积温一般分活动积温和有效积温两种。活动积温系指植物在某一生育期或整个年生长期中高于生物学最低温度（又称生物学零度）的温度之和。有效积温系指植物在某一生育期或整个年生长期中有效温度之和。有效温度乃活动温度与生物学最低温度之差。

茶树的生物学最低温度一般为10℃左右。有些早芽种低于10℃，有些迟芽种部高于10℃。据研究，生产性茶树全年至少需要≥10℃的活动积温3000℃。世界名茶区活动积温差异悬殊，如苏联乌日哥罗德年活动积温为3040℃，为世界上年活动积温最少的茶区之一。中国茶区的年活动积温大多在4000℃以上。浙江茶区除高山外，大量在5200—5800℃之间。据苏联研究，在降水量保证的情况下，活动积温愈多，采摘次数愈多，茶叶产量也愈高。据杭州茶叶试验场研究（1975），春茶采摘前，大于或等于10℃的积温愈多，则春茶开采期愈早，产量愈高。另据周子康（1985）研究指出，茶叶单产随积温的增加而呈指数规律递增（图9-43）。

茶树某一生育期的具体日期，在不同年份存在明显差异，但某一生育期所要求的有效积温则是相当稳定的。据 Мекагзе（1957）研究，从茶芽萌动到新梢成熟所需要的≥10℃的有效积温为112℃左右；据赵学仁（1962）观测，从茶芽萌动到一芽三叶需要≥10℃的有效积温为110—124℃；据山下正隆等（1979）研究，薮北种新梢生育所需要的有效积温，头茶约为150℃，二茶约为210℃，三茶约为240℃。由于有效积温能确切地反映出茶树生育期间对热量的要求，因此结合物候观测和当地气象部门的中长期天气预报，可以进行采摘期和茶叶产量的预测。

温差对茶树生育也有较大影响。温差包括不同日期的温差和同一天的日夜温差。一般情况下，温差大生育就缓慢，特别是早春茶芽已开始萌动，或秋冬季茶树进入休眠期之后，如温差过大，则茶树将会受害。在春季，日夜温差小，生育表现良好；在夏季恰相反，日夜温差大，生育情况甚佳。有些高山茶区和北方茶区，由于日夜温差大，新梢生育虽较缓慢，但持嫩性强，而且同化产物累积多，故有利于茶叶品质的提高。

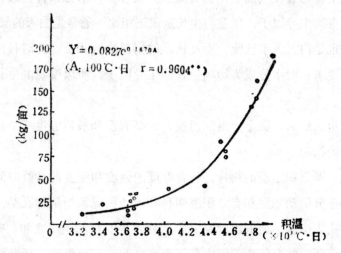

图9-43　天目山区茶叶平均亩产与≥10℃积温的关系（周子康，1985）

地温与茶树生育　地温即土壤温度，它与茶树生育的关系也是十分密切的，有时其影响甚至超过气温。土壤温度首先是对茶树根系生育有直接影响，而根系生育状况又必然影响地上部的生育。日本中山仰和原田重雄（1962），曾以二年生的中国变种茶苗作材料，研究地温（5—35℃）对根系生长的影响，查明根生长的最适土温为30℃左右，地温10℃时对根生长的作用是微小的。在南坦桑尼亚冷季，当地温（草面下30cm处）下降到19-20℃时，新梢生育受到抑制，当地温下降到17—18℃时，新梢完全停止生长。冷季之后，地温上升到20℃时，新梢仍未开始生育。据孙继海（1964）在贵州湄潭研究，地温在25℃时，新梢日生长量达1mm以上，地温12—17℃时，新梢日生长量仍可达0.2—0.8mm。

在茶叶生产上，为了有利于茶树生育，可以采取某些栽培措施来调节土壤温度。例如早春时在茶园浅耕，能提高地温，夏季在行间铺草或灌溉，可降低地温；秋季增施有机肥以及提高种植密度均能明显地提高冬季茶园土壤温度。

3. 水分对茶树生育的影响

水分既是茶树机体的重要组成部分，也是茶树生育过程中不可缺少的条件。茶树芽叶中的含水量高达70—80%，老叶含水量65%左右，枝干含水量45—50%，根系含水量50%左右，处在休眠时的种子，含水量也达30%左右。茶树光合、呼吸等生理活动的进行，营养物质的吸收和运输，都必须有水分的参与。水分不足或水分过多，都会不利于茶树生育。水分主要来自降雨和空气湿度。

降雨量与茶树生育　茶树性喜湿润，适宜经济栽培茶树的地区，年降水量必须在1000mm以上。生长期间的月降雨量要求多于100mm。如连续几个月月降雨量少于50mm，而且又未采取人工灌溉措施，茶叶单产必将大幅度下降。一般认为，茶树栽培最适宜的年降雨量为1500mm左右。

在热量条件基本满足的茶区，降雨量是影响茶叶采摘量的主导因子。在低纬度茶区，获得的太阳辐射能量，一般就能满足茶树对温度的要求。这些茶区的月降雨量与月鲜叶产量有着十分密切的关系（图9-44）。由图9-44可见，一年中鲜叶采摘量的高峰，云南勐海在7月，北印度都杜马在8月，南非姆兰吉在2—3月。而三地降雨量最多的月份分别出现在7月、7月和2月。降雨最多的月份与鲜叶采摘量最多的月份基本相吻合。云南勐海6—9月的月降雨量均大于100mm，各月的鲜叶产量均占全年的10%以上；北印度都杜马6—10月降水量最多，其鲜叶产量占全年的80%以上；南非姆兰吉12月至次年4月，月降雨量均超过100mm，每月鲜叶产

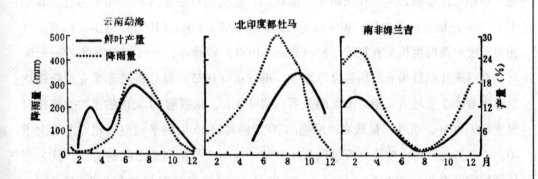

图9-44　各月降雨量与鲜叶产量的关系

（黄寿波，1985）

量占全年比重也都大于10%。　　我国长江中下游茶区，夏秋季的降雨量直接影响夏秋茶的产量。据许昌燊等（1983）分析，夏茶采摘期间（6—7月）的降雨量（x）与夏茶产量（Y）的关系为：

$$Y = -5.3062 + 0.0154x$$

$$r = 0.8181$$

据许允文（1981）研究，在浙江杭州茶区条件下，4—10月间的茶树需水量为850mm左右，但不同时期的耗水量差异很大，4—5月的日耗水量约为2.77—

3.21mm，7—8 月的日耗水量约为 5.80—6.90mm，9－10 月的日耗水量下降到 2.10—3.56mm。可见我国在茶树生长期中夏季需水量最多，夏、秋两季次之。

我国大部分茶区的年降雨量在 1200—1800mm 之间，按理已够茶树正常生育的需要，但由于月降雨量分布不均，再加以蒸发量过大，常常出现"伏旱"或"秋旱"，以致严重影响夏秋茶产量。据广东红星茶场研究，茶叶产量与降雨量和蒸发量呈显著相关，凡蒸发量大于降雨量的季节，其茶叶产量就明显下降，两者差距愈大，产量下降的幅度也愈大。

降雨量可分为小雨（小于 10mm/日，或 2.5mm/时）、中雨（10.0—25.0mm/日，或 2.6—8.0mm/时）、大雨（25.1—50mm/日，或 8.1—16.0mm/时）、暴雨（大于 50mm/日，或大于 16.0mm/时）四种。小雨、中雨对茶树生育有利，大雨、暴雨不利于土壤吸收，且易引起表土冲刷，故对茶树生育不利。我国有些茶区夏秋季雨量虽多，但多暴雨，而且蒸发量又大，故仍感水分不足。

降雨量过多对茶树生育也是不利的。如雨量过多，而土壤排水又不良，将使土壤水分呈饱和状况，甚至出现积水，从而严重影响茶树根系生育，致使茶树受湿害。

空气湿度与茶树生育　在茶树生育过程中对空气湿度也有一定要求。空气湿度通常以相对湿度来表示。在茶树生长活跃期，空气相对湿度以 80—90% 为宜，若小于 50%，新梢生长受抑制，40% 以下时，则将受害。Eden（1965）指出，提高空气相对湿度对茶树生长是有利的。МеАлдзе（1973）曾指出，空气相对湿度 73—85% 时对提高茶叶产量和品质均有良好影响。Бущин（1975）曾分析过苏联克拉斯诺达尔边区茶叶产量与空气相对湿度的关系，结果认为，采摘前 20 天内的平均空气相对湿度高于 80%，茶叶产量最高，采摘前 20 天内每日 15 时的平均空气相对湿度大于 70%，产量也较高。他还分析过该茶区夏茶产量与空气饱和差之间的关系，认为当日平均空气饱和差在 5.5—6.5mbar，或白昼 15 时的空气饱和差在 9.0—11.0mbar 时，表示茶园土壤水分缺乏，需要进行每日间歇性灌溉。如果日平均空气饱和差大于 6.5mbar 或白昼 15 时的空气饱和差大于 11mbar，表示茶园土壤和空气都较干燥，必须采取措施调节土壤和空气湿度。据研究，空气相对湿度影响茶树的光合作用和呼吸作用，当相对湿度达 70% 左右时，光合、呼吸作用强度均较高；当相对湿度低于 60% 时，呼吸强度增大，同化 CO_2 成为负值，故对产量和品质都有不良影响。根据孙继海（1964）研究指出，空气相对湿度大，新梢生长速度快，反之则生长速度慢（图 9－45）。

空气湿度能影响土壤水分的蒸发，也相对地降低了茶树的蒸腾作用，从而减少水分的消耗。我国云南地区，虽然年降雨量只有 1200mm 左右，但由于原始森林多

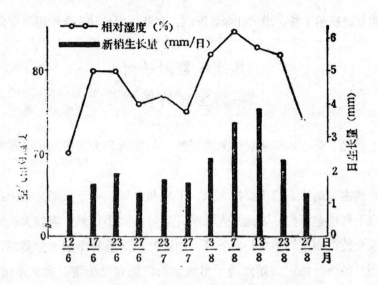

图9-45 空气相对湿度与新梢生长量的关系

和沿海季候风的关系，空气相对湿度大，茶叶产量和品质均甚优良。我国一些名茶，如黄山毛峰、庐山云雾、狮峰龙井、齐山瓜片、君山银针、洞庭碧螺春等产区，除了其他方面的优越条件外，多由于山高云雾缭绕，空气湿度大，或近江河湖泽，水气交融，茶叶品质极佳。

所以茶园四周如果有大量的森林或者茶园内种有遮荫树以及密植栽培的茶园，其周围的空气湿度，与空旷的无林地的茶园或丛栽稀植的茶园有显著的差异，因为：

（1）繁茂的林冠可以滞留大量的降水，使雨水不致直接落在地面造成地表面径流而流失，而是逐渐流到地面上，使水分可以更多的渗透到深厚的土层中去，提高土壤的含水量。并且树冠蒸腾到大气中的水分比无林地多，从而大大提高了空气湿度。

（2）在有雾的时候，大气中充满了许多悬浮的水滴，在空旷地上，由于没有任何阻挡，水滴就随风飘浮，不能降落，但如遇到林木，它们就被阻留下来。

（3）在放热时，特别是在夜间，茂密的树冠表面积较大，向大气放出热量较多，空旷地的表面积较小，向大气放出热量较少。因此，茂密的树冠冷却较快，在枝叶上凝结的露水较多，空旷地相对地冷却较慢，凝结的露水较少。

（4）在林地中，由于林木的阻挡，风速大大降低，从而减少空气对流，树冠上蒸腾的水分使空气湿度提高，这样才可以保持茶园内的小气候有较高的空气湿度，同时降低了土壤水分的蒸发和茶树的蒸腾作用，因为空气中的饱和差缩小了。

空气湿度提高，不仅影响水分的蒸发和蒸腾，同时也可以改变光的性质，在空气中相对湿度提高的条件下，漫射光增加，从而提高净同化率，使芽叶生长幼嫩，据苏联Ｂ·Ａ莫赫那贝格契娃等关于高湿度空气对茶树和气体代谢影响的研究，指出提高空气湿度能促进新梢生长，增加叶绿素形成，对茶树生长和光合作用都有良好的作用。

其他气象因子对
茶树生育的影响

除了上述光、热、水等主要气象因子外，与冰雹和大雪等因子对茶树生育也有一定的影响。

风对茶树生育的影响，主要指大风、干风和台风，由于大部分茶园都未设置防护林带，也不种植遮荫树，因此刮大风时，会对茶园小气候影响较大，尤其是来自西北的干风会使茶园空气相对湿度下降，加速叶面蒸腾和土壤水分蒸发，对茶树生育十分不利。冬季低温时，如伴随干旱风，茶树更宜受冻害。我国东南沿海茶园，在茶叶生长季节，有时会遭受台风的侵袭，在夏季干旱时，遇到台风可解除或减轻茶园的旱情，这是有利的一面；同时台风会使茶树枝叶尤其是嫩梢遭到机械损伤，这是对茶树生育不利的一面，至于来自东南的季风往往是湿润而缓和的，它能加强茶树叶片的蒸腾调节水分平衡，有利于光合作用的进行，对茶树生育是较为理想的。

冰雹对茶树的危害也是十分严重的。通常是在茶树生长期内发生冰雹，此时芽叶繁茂、幼嫩。茶树受到冰雹冲击，叶破梢断，如冰雹伴有强风时受害更加严重，会引起大量落叶，甚至树枝表皮也会受害。

前已述及，在低温季节，如有雪层覆盖在茶叶树冠上往往减轻或避免茶树受冻，但积雪过厚或时间过久，也会压断枝梢，使茶树被害。

土壤条件与茶树生育的关系

土壤是茶树一生扎根立足的场所，要使茶树获得高产优质，就必须让茶树在其生长的土地上有较舒适的环境。土壤环境条件包括物理环境、化学环境和生物环境三个方面。物理环境是指土层厚度，土壤质地、结构、比重、容重和孔隙度，土壤空气，土壤水分和土壤温度等因素。化学环境是指土壤的吸收机能，土壤酸碱度以及土壤养分等因素。生物环境是指人类的活动以及动植物、微生物对土壤形成和肥力的影响。影响茶树生育的这些土壤环境因素，其实质就是土壤肥力。就我国茶区的土壤来看，主要是红壤、黄壤，其他的土类尚有：山地黄棕壤，黄褐土，山地灰化棕壤，山地灰化土，还有部分紫色土和冲积土。由于气候、地形、岩石和母质、植被等成土因素的不同，以及农业活动影响的差异，各类土的环境条件均不一致。为此，在茶树种植前，应根据茶树生育的基本要求，妥善选择茶园土壤。种植后，应根据高产优质茶园的土壤指标，采用各种农业技术措施，不断地改良土壤，以提高、保持和恢复土壤地力。

1. 土壤物理环境

土壤物理环境能直接和间接影响茶树根系生存的基本条件，所以土壤好坏对茶树生育、产量、品质都有很大影响。

茶树要求土层深厚，有效土层应达 1m 以上。表土层或称耕作层（A'），是直接受耕作、施肥和茶树枯枝落叶的影响而形成。在这层土壤中布满了茶树的吸收根，与茶树生长关系十分密切。表土层的厚度要求有 20—30cm。亚表土层或称亚耕作层（A″），在表土层下。这层土层在种茶之前，经过土地深翻施基肥和种植后的耕作施肥等农事活动，使原来较紧实的心土层变为疏松的轻度熟化的亚表土层，厚度应有 30—40cm 左右，其上部吸收根分布较多，也是茶树主要的容根层。心土层（B），位于亚表土层之下，是原来土壤的淀积层，受人为的影响较小，此层土中茶树吸收根较少，却是骨干根深扎的地方，要求土层厚度达 50cm 以上。底土层（c），在心土层之下，是岩石风化壳或母质层。因为茶树是多年生深根作物，根系分布可伸展到土表的 2m 以下，所以，要求在 50cm 之内无硬结层或粘盘层；并具有渗透性和保水性的底土层。实践证明，土层深浅对茶树生长势的影响很大，如 1955 年庄晚芳等在祁门茶叶研究所调查资料，茶树生长在同一块茶地上，由于母岩的分布造成了土层的深浅，在土层深 140cm 处，茶树高度达 102cm，树幅达 106cm；在土层深 30cm 处，树高和树幅均只有 52cm。又中国农业科学院茶叶研究所调查资料证实，土层厚度与茶叶产量关系十分密切。

茶园土壤质地和结构与土壤松紧度有关，是影响土壤中固相、液相、气相三相比率的重要因子，也是影响土壤水、肥、气、热和微生物状态的重要因子。茶树生长对土壤质地的适应范围较广，从壤土类的砂质壤土到粘土类的壤质粘土中都能种茶，但以壤土最为理想。若种在砂土和粘土上，茶树生长比较差。土壤结构以表土层多粒状和团块状结构，心土层为块状结构较好。土壤松紧度，要求表土层 10—15cm 处容重为 1—1.3g/cm^3，孔隙率为 50—60%；心土层 35—40cm 处容重为 1.3—1.5g/cm^3，孔隙率为 45—50%。土壤的三相比：固相为 40—50%；液相为 30—40%；气相为 15—25% 较适宜。若以 0—20cm 范围之中来说，固、液、气三相之比以 40：30：30 为好。土壤的这些物理性状是综合地影响茶树生育和产量的。南京农学院土化系农田生态室（1981）曾对江苏镇江地区茶叶果树研究所的高产、中产、低产茶园土壤进行了物理化学性状的调查测定，茶树生长不仅要有良好的土壤剖面特征，而且还要有良好的物理性状。低产区及中产区茶园由于土壤容重较大（10—

15cm 土层的容重大于 $1.3g/cm^3$），总孔隙度较小，所以根系扩张困难，吸收根的分布主要在离根颈距离 10—15cm 之内，吸收根量占总吸收根量分别为 76.4% 和 71.3%，而高产区的吸收根分布范围较广，大部分分布在距根颈 50—70cm 的范围内，吸收根量占总吸收根量的 56.5%。茶园土壤三相比的组成不同，对茶树地上部分和地下部分的生长带来很大的差异。高产区的固、液、气三相比较为协调，表层（0—15cm）固相占 41.5%，液相占 34.2%，气相占 24.3%，因此，27 龄茶树每立方米土壤中的余根量达 10.85kg，为低产茶园的 3.5 倍。多年的平均干茶产量为 168.5kg，是低产茶园的 1.7 倍。

茶园土壤的质地与茶园土壤的水分状况有密切的关系。一般来说，砂性土壤通透性及排水性良好，但蓄积水分的能力较差；粘性土壤蓄水性好，而通透性及排水性较差。根据许允文等（1978）测定，茶园土壤质地不同，水分常数和有效水分有很大差异。如土壤含水率为 14% 时，就细砂土来说，土壤吸力仅在 1/10Pa 以内，已达到田间持水量状态，有效水分丰富，对茶树生长比较适宜；而对粘质壤土来说，14% 的土壤含水率，其土壤吸力已达到 15Pa 左右，已处永久萎凋湿度，很难为茶树吸收利用。土壤的水分物理特性也受土壤熟化度的影响。据苏联 А. Д. 奥夫恰联柯（1977）多年的研究结果表明，产量较高的茶园熟化土，在 0—50cm 内其水分物理特性的参数是：土壤容重为 $1.02—1.34g/cm^3$，总孔隙度为 52—60%，最大吸湿水为 6.5—11.9%，根据最大分子持水量所计算出来的凋萎湿度为 20.5%，总持水量为 32.3—40.4%，总持水量和茶树凋萎湿度之间的差额，即茶树生长的有效水分为 17.7%。但是，土壤中的有效水分随土壤熟化程度而异，如在 0—50cm 的土层内，熟化的茶园土中，总含水量达 1908t/ha，茶树有效水含量为 882t/ha，占总含水量的 46%；半熟化的茶园土中，总含水量达 1876t/ha，茶树有效水含量为 578t/ha，占总含水量的 31%；未熟化的茶园土中，总含水量达 1764t/ha，茶树有效水仅含 523t/ha，只占总含水量的 30%。由于水分物理参数是土壤肥力指标之一，也是茶园土壤水分管理的重要依据。因此，在提高茶园土壤肥力过程中，不仅要提高土壤的总含水量，而且还要不断降低土壤的凋萎湿度，这样才能提高土壤有效水分的贮藏量。

茶园土壤空气组成的变化，主要决定于土壤的温度和湿度。夏茶期间，由于温度高，湿度大，加上茶园土壤的"呼吸"现象比春茶期强，平均每昼夜放出的二氧化碳为 23—41kg/ha，（春茶期平均每昼夜放出的二氧化碳量为 15—31kg/ha），结果恶化了土壤和大气间的气体交换，二氧化碳大量地积累起来，严重时高达 5—6%。采用施有机肥，将修剪枝叶铺于行间等等，可以改善土壤总孔隙率和透水性等特性，以促进土壤与大气间的气体交换。土壤气体组成比例最好的是经多年熟化的花园土，经 A. Д. 奥夫恰联柯（1977）测定，其二氧化碳含量占 0.86%，氧气含量占 20.09%；半熟化的茶园土中二氧化碳含量占 1.39%，氧气含量占 19.56%；未熟化的茶园土二氧化碳含量占 2.56%，氧化的含量占 18.79%。同时，奥夫恰联柯认为茶园土壤水—气平衡条件，在熟化的茶园中最合适，在 0—50cm 的土层内，土壤水和气体的容积比为 2.2，而有效水和气体的容积比为 1.02；半熟化的茶园土的这两个比值参数为 3.2 和 0.96；未熟化的生荒土为 4.1 和 1.25。由此相应地在茶叶产量上反映出：熟化的土壤茶园产量几乎比半熟化茶园高一倍。此外，必须注意的是，茶园土壤的地下水位一定要低于土表 150cm，否则，由于土壤孔隙度被水分完全堵塞，而使根系不能深扎，即使原有的根系，由于处于淹水之中，根系正常呼吸受阻，促使缺氧呼吸的进行，以致酒精中毒死亡而烂根，严重的会导致茶树枯死，而使局部地块缺丛、缺株。

2. 土壤化学环境

土壤化学环境对茶树生长的影响是多方面的，其中影响较大的是土壤酸度、土壤有机质含量和无机养分的含量。

茶树是喜欢酸性土壤的植物。从各地茶区的土壤测定来看，pH 大致都在 4.0—6.5 之间。例如，浙江茶区土壤，经浙江农业大学茶叶系取样 252 个测定结果，0—50cm 土层内，pH3.5—5.5 者占 90.8%，>pH5.5 者占 8.8%。又如著名的龙井茶产地之一的梅家坞，其主要土类的表土（0—20cm）和心土（20—40cm）的 pH 状况表明，pH 均在 4.3—5.7 之间。此外，福建茶区土壤的 pH 为 4.7—5.5，贵州为 4.2—6.5，江西为 4.7—6.4，广东为 5.0—5.8，云南为 4.7—5.4。据国外资料报道，世界几个主要产茶国家的茶区土壤也是酸性的，如印度阿萨姆茶区的土壤 pH 为 5.4—6.0；斯里兰卡为 6.0—7.0；日本为 6.0 左右；非洲为 5.6—6.2；苏联为 5.0—5.5。虽然茶区土壤的 pH 范围很广，但对茶树生长最好的 pH 值，根据以往的文献报道，均认为是 5.0—5.5。中国农业科学院茶叶研究所方兴汉等（1979 - 1980）用硝态氮和铵态氮为氮源，进行了不同 pH 的水培试验，其结果大体也如此。试验的 pH 范围硝态氮为 3—9，铵态氮为 3—10，每 0.5 为一级。试验结果认为：茶苗对 pH 的反应相当敏感，硝态氮源最适 pH 为 6.0；铵态氮源最适 pH 为 5.5。两者的适宜范围是一致的，为 pH4.5—6.0。超过 pH6.0，茶苗生长不良，叶色发黄，有明显的缺绿症，叶龄缩短，新叶约长出一个月就枯焦脱落，严重的主茎顶芽枯死，根系发红变黑，伤害败死现象普遍，生理活动严重受阻。pH4.0 以下的茶苗，发生氢离子中毒症，叶色由绿转暗再变红，根系粉红色，处于气温 33℃、阳光强烈的环境下，3—7 天茶苗就死亡；处于气温 20℃、阳光较弱的环境下，1—2 个月也就死亡。从茶苗对三要素的吸收能力来看，硝态氮源处理中，氮的吸收以 pH5.0 处理最强；磷的吸收以 pH6.0 处理最强；钾的吸收以 pH6.0 处理最强。铵态氮源处理中，磷的吸收以 pH5.0 处理最强；钾的吸收以 pH6.5 处理最强。再从茶苗的干重和光合能力来看，都以 pH5.0—5.5 处理为最佳。如与茶叶品质有关的生化成分来看，pH6—6.5 中的茶苗，氨基酸含量最高，为 pH5—5.5 处理的 232.49%；茶多酚的含量为 pH5—5.5 处理的 99.04%；儿茶素为 92.26%，都与含量最高的 pH5—5.5 处理相接近。生产实践也证明，茶叶品质较好的产地，土壤的 pH 值大致在 5—6.5 范围内。如武夷岩茶产地的土壤共有四属，经福建省农业科学院茶叶研究所土肥室调查，茶坛土中的暗色茶坛土的 A 层（0—30cm）pH 为 5.3；茶坛土中的浅色茶坛上的 A 层（0—22cm）pH 为 6.1；岩丘红土的 A 层（0—30cm）pH 为 5.4；黄土 A 层（0—20cm）pH 为 5.1；冲积土的 A 层（0—15cm）pH 为 5.3。又如，汪琢成等（1983）的研究指出，在 10—20cm 的土层内，凡品质好的名茶 pH 值较高，如临安县境内海拔 350m 处的土壤 pH 为 5.0；安吉是境内海拔 650m 处的土壤 pH 为 5.5—6.5；而临安县境内海拔 700m 处的土壤 pH 为 6.5—7.0。从这三处采集的鲜叶样品，进行了影响茶叶品质的主要生化成分分析。其中氨基酸和茶氨酸的含量场随 pH 的升高而增高。

茶树喜酸的原因很多，首先，是由于茶树的遗传性所决定。茶树原产于我国云贵高原，那里的土壤是酸性的，由于茶树长期在酸性土壤上生长，逐步产生对这种环境的适应性，一代一代相传，形成比较稳定的遗传性。据测定，茶根汁液的缓冲能力在 pH5.0 时最高，以后逐渐降低，至 pH5.7 以上，缓冲能力就非常小了。植物体内的缓冲物质主要是有机酸和磷酸盐。有机酸中有柠檬酸、苹果酸、草酸、琥珀酸等，其缓冲能力一般偏酸性。而磷酸盐的缓冲能力则偏在中性和碱性，茶根中的磷酸盐含量较低，据分析，100g 根中仅含有 P_2O_5 25mg。这也是由于茶树长期生长在有效磷含量极低的红壤中，因而造成了根中含磷酸量较低，借以适应红壤的环境。其次，是由于茶树菌根的需要。李名君等（1984）研究，茶树菌根有外生菌根、内外生菌根和内生菌根三种，无论何种，它们的真菌原始体都存在于土壤中。真菌类微生物对酸性环境有一定的要求，如果在中性或碱性的土壤中，菌根菌的生长受阻，就影响了与茶树细根共生互利的作用。但如果土壤酸度过高（pH < 4.5），菌根菌的生长也受到抑制，反引起腐烂茶根的某些有害真菌如茶白绢病菌、茶白纹羽病菌、茶根心腐病菌的发生猖獗。第三，是由于茶树需要土壤提供大量的可给态铝。一般农作物的含铝量多在 100—200ppm 以下，而茶树的含铝量却在数百以至 10000ppm

以上。据国内外资料，茶树生长好的土壤，活性铝的含量也较高。而土壤的酸性与活性铝的量密切有关。当土壤 pH < 5.5 时，代换性 Al^{+++} 占盐基代换量高的可达90%以上，低的也有 20—30%；在 pH > 5.5 时，代换性 Al^{+++} 的含量便很低以致不存在。因为，Al^{+++} 本身是一种可用来表示潜性酸大小的离子。因此，可以认为在中性或碱性土壤上茶树之所以生长不好的原因与土壤中活性 Al^{+++} 的不足有极大关系。据浙江农业大学土化系土壤教研组试验，在水培的三要素混合溶液中加入 Al（营养液的 pH4.5—5.0）的处理，与三要素混合液中生长的茶苗（对照）相比，在株高、株重、地上部重和地下部重等诸方面均较优，各项目以对照为 100%，加 Al 处理分别为对照的 114.4%、151.1%、152.9% 和 150.0%。又据 Cheney 发现，碱性土壤上茶树叶片失绿，若喷 1% 硫酸铝或者向树体注射，绿色能恢复。第四，是由于茶树是嫌钙植物。茶树生长虽需一定量的钙，但又是嫌钙植物。当土壤中含钙量超过 0.05% 时，虽对茶树生育无明显影响，但对品质已有不良影响；当超过 0.2% 时，便有害于茶树生长；超过 0.5% 时，茶树生长受严重影响。土壤中活性钙含量与土壤 pH 有密切关系，pH 值愈高，活性钙含量愈高，如在浙江建德的几块茶园中测得：0—20cm 土层内，茶园土壤 pH 为 4.9，代换性钙含量为 3.07me/100g 土；pH 为 5.9，代换性钙含量为 4.98me/100g 土；pH6.5，代换性钙含量为 7.81me/100g 土。（注：me 为毫当量）。

近年来，为了探求高产优质茶园的土壤指标，不少学者对高产茶园的土壤作了调查测定，就土壤 pH 来看，极大多数为 4.0 ~ 5.5。例如，浙江、湖南、四川、广东等省的 21 块丰产茶园（亩产干茶在 250—500kg 以上）的土壤 pH 值，在 4.0 以下的为 2 块，占 9.5%；pH4.1—4.5 的为 14 块，占 66.7%；pH 在 4.6—5.0 的为 5 块，占 23.8%。又如杭州茶叶试验场投产茶园近 5000 亩，1975 年起亩产干茶始终稳定在 150kg 左右，该场 88.4% 的茶园土壤 pH 在 4.0—5.5 之间，而优良茶园的 pH 一般在 4.5—5.5 范围。所以，有人认为茶树最宜的土壤 pH 应为 4.0—5.0；也有人认为应为 4.5—5.5。而苏联曾有人提出应为 3.5—4.5。这些都无疑是客观事实，但不能忽略的是在长期的施用肥料，特别是施入大量的酸性肥料和氮肥都会促进土壤的酸化。因此，必须随时注意茶园土壤酸度的调整，如日本和苏联在土壤改良指标中都把 pH 定为 5—5.5，用苦土（氧化镁）、石灰改善土壤酸性已成为日本普遍应用的措施。在我国的高产茶园中，应用酸度（pH）的调整措施后，是否能使品质改良取得更好的优质茶和提高肥料的效益是今后值得研究的问题。

茶园土壤的有机质含量对土壤的物理化学性质有极大的影响，这可由茶树生长、产量上反映出来。所以有机质含量是茶园土壤熟化度和肥力的指标之一。从我国现有生产水平出发，含有机质量在 3.5—2.0% 的可为一等土壤；含有机质 2.0—1.5% 的为二等土壤；含有机质量 1.5% 以下的为三等土壤。高产优质的茶园土壤有机质含量要求达到 2.0% 以上。日本的土壤改良指标是 3% 以上。茶园土壤腐殖质的组成与自然土壤和农作土壤不同。茶园土壤腐殖质中的胡敏酸碳含量比例显著缩小，富里酸碳的比例增大。据孙继海等（1981）在一块低丘粘质黄壤中测定的数值来看，丰产茶园的胡敏酸碳占土壤的 0.15%（农作土壤为 0.25%），富非酸碳占土壤的 0.37%（农作土壤为 0.18%），胡/富比为 0.41（农作土壤为 1.39）。土壤有机质在 2% 以上，与有机质不到 1.5% 的茶园土壤比较，容重可减小 0.1—0.2g/cm^3，孔隙率可增大 3.5—9.0%，湿度常稳定在田间持水量的 80% 以上，三相比较为理想。土壤有机质是土壤微生物生活和茶树多种营养元素的物质基础。如全氮含量就与有机质含量有密切的正相关。孙继海等（1979）对 97 个茶园土壤样本进行测试统计。

茶园土壤的养分状况也是土壤肥力的指标之一部分。综合各地高产茶园的土壤营养测定结果，提出如下指标：土壤全氮含量在 0.14% 以上；碱解氮为 15mg/100g 上；速效磷（P_2O_5）为 10—20mg/kg；速效钾（K_2O）为 80—150mg/kg。

3. 生物环境

生物环境与土壤的形式和土壤肥力有密切的关系。近年来，这方面的研究虽有所发展，但报道还较少，如果深入下去，定对茶叶生产有良好的促进作用。

通过人类的活动，可以改变土壤的物理环境和化学环境，也可以创造良好的生物环境，不断满足茶树对土壤条件的要求。但是，有时也会带来不利的影响。如采茶，由于人为的在行间土地上践踏，致成表土层的容重增大，孔隙率减少，土壤毛管水易蒸发，三相比失调，而导致茶树吸收根量的减少。为了解决这个弊病，需通过耕作来解决，若耕作的时期、深度和范围选择不当，又会带来恶果，最后可能使土壤物理、化学、生物环境遭受破坏。

土壤是植物通常生存的基地，植物要在土壤中吸收水分和养分，并要土壤供应氧气和热量。但是，植物对土壤也会发生作用。在土壤形成过程中，植被也是主导因子之一，会影响到自然土壤有机质的含量；在未开垦的土地上，自然肥力的创造和提高离不开植物；在开垦种植茶树之前，通过种植前作熟化土壤；也是植物的功劳。种植茶树后，茶树的种植密度和覆盖度也成为土壤保护的因素，可以使雨水通过树冠渗入土壤之中，减少地面径流，减少杂草发生，根系又有固土作用。茶树的枯枝落叶和修剪枝叶留存于茶园之中，可以增加土壤有机质。又因茶树是一种富酚植物，可以抑制土壤中的尿酶活性和硝化作用的进行，从而提高氮的利用率，使茶树增产。幼年茶园的行间裸地上种植豆科绿肥，既可增加土壤有机质，又可固氮，提高表层土壤肥力，减少地面的曝晒和雨水的打击，使土壤物理化学性质得以改善。

土壤也是某些动物的栖身之地，如土壤中的蚯蚓，它就有松土、排泄有机物等作用，也能起到改良土壤的作用。

土壤微生物对土壤肥力的形成、植物营养的转化起着极其重要的作用。土壤的物理、化学环境影响着土壤微生物的种类、数量的分布，而土壤微生物的活动又反过来影响土壤理化环境。自然红壤、普通茶园红壤和高产茶园红壤中微生物的数量（0—20cm 范围内）是不同的，总的是随土壤熟化度的提高而增加。据福建农业科学院茶叶研究所郭专（1984）测定，自然红壤每克土中细菌、放线菌和真菌的数量分别在 16.44 万、10.87 万和 1.66 万个；普通茶园红壤每克土中分别为 288.0 万、46.40 万和 14.40 万个，高产茶园红壤每克土中细菌为 2016.0 万个，真菌有 882.0 万个。同一块茶园土壤中微生物的分布，以表层最多，土层愈深，微生物的数量愈少。且各类微生物随土壤孔隙度的增大而增加，有机质含量丰富微生物数量增多，土壤的氮素含量也增多。因此，土壤微生物可以作为茶园土壤肥力的一项生物指标。

综上所述，土壤的物理环境、化学环境和生物环境是相互关连、相互促进、相互制约的。在改善土壤环境、提高土壤肥力时，必须综合的考虑，正确的"用地"，不断的"养地"，才能达到栽茶的目的。

地形条件与茶树生育的关系

地形包括纬度、海拔、坡度、坡向、地势等等，对茶树生长的影响实为上述各项因子的综合影响。它不仅影响茶树生育，也影响着茶叶的品质。古书《茶解》中指出："茶地南向为佳，向阴遂劣，故一山之中，美恶相悬。"我国名茶大多产于高山大川，所谓"高山出好茶"是有一定根据的。在此，主要阐述一下地形对茶叶品质（对构成品质的主要化学成分）的影响以及茶园小气候的变化。

地理纬度不同，其日照强度、时间、气温、地温及降水量等气候因子均不同。我国茶区最北处于北纬38°，最南在北纬18—19°的海南岛，一般而言，纬度偏低的茶区年平均气温高，地表接受的日光辐射量较多，年生长期较长，往往有利于碳素代谢，故对品质有重要作用的多酚类积累较多，相反，含氮物质的量较低。如同为鸠坑种茶树，种植在马里和杭州，因纬度的差异，同为二级珍眉的化学成分不同。

海拔不同，各种气候因子也有很大差别，总的来说，海拔愈高，气压与气温愈低，而降雨量和空气湿度在一定高度范围内随着海拔的升高而增加，超过一定高度又下降。山区云雾弥漫，接受日光辐射和光线的质量与平地不同，常常是漫射光及短波紫外光较为丰富，加上昼夜温差较大，白天积累的物质在晚间被呼吸消耗的较少，因此，高山茶的品质是芽叶肥壮，滋味鲜爽，香气复郁，经久耐泡。但是，茶叶的品质也非海拔愈高愈好。根据中国农业科学院茶叶研究所的研究结果，认为海拔800m左右的山区有较好的品质（图9-46）。

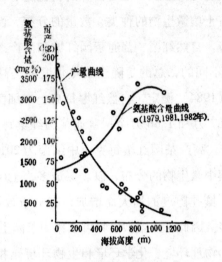

图9-46 氨基酸含量及亩产随海拔高度的变化

地形对茶园小气候的影响很大。茶园小气候是指从地表或土壤浅层到1.5—2.0m高的贴地层的气候，也称微域气候，微域气象。坡地对茶园小气候的影响，主要决定于斜坡的坡度、方位和地形状况，这是由于辐射差额的变化，从而形成了不同的气候特点。在温带区域，各种坡度的南坡所得的太阳辐射总量都比水平面上要多，而北坡所获得的总辐射量却比水平面上少，夏季南北坡差异较小，冬季差异大，东西坡介于南、北坡之间，无大差异。北坡属冷坡，终年土温和气温较低，霜冻出现机会较多，有霜期较长，但由于温度较低，蒸发较小，土壤湿度较大，空气湿度较低；而南坡属暖坡，由于温度高，蒸发较大，土壤湿度小，空气湿度较高，南坡一年中最暖的方位也有变动，一般冬季最高土温位于西南坡，夏季在东南坡，夏秋之间又移向西南坡。不同坡向的降水量受风的控制，对孤立而近圆形的山岗来说，风大的地方雨量小，风小的地方雨量大。在谷地和小盆地中，白天由于空气流动受阻，有利于太阳辐射能用于空气和土壤增热，夜间有利于冷却的空气沿着斜坡流向谷地或盆地堆积，所以不论白天的增热或夜间的冷却，盆地和谷地的下部都较顶部激烈。因此，种植在盆地或谷地的茶园，在冬季晴朗无风或微风的夜间，由于周围坡地上的冷空气向谷中流动，并在谷底堆积起来，辐射冷却强烈，而使谷底温度形成所谓"冷潮"，沿坡上升，温度增高，形成"逆温"，在"逆温"顶层附近的坡地，因夜间温度高，称为"暖带"。这种温度差别，就使"冷潮"处的霜冻最重，初霜期早，终霜期迟；而"暖带"处的霜冻最轻，霜期最短。这些地方在茶园开辟中，要注意选择种植抗低温的品种。水域对邻近地区的小气候有着一定的影响。因为水是一种半透明体，太阳辐射能透入几十米的水层，它的热容量比土壤大，水面上的水气来源充足，消耗于蒸发的热量比陆地多。因此，水的增热冷却比较稳定。水域上的气温变化比陆地缓和，日、年振幅小，无霜期长，空气湿度大。因而，水域邻近地区的茶园旱热害和冻害都比陆地轻些，无霜期和茶树生长期也较长些，且因水域邻近地区空气温度大，雾日多，对提高茶叶品质有一定好处。

生态条件主要因子对茶树生育及品质的影响是很明显的，故在栽培上如何选用地，保持水土，保证生态平衡是一项应首先解决的问题。

（七）茶树繁殖

繁殖的种类及其特点

我国农民对茶树繁殖有着丰富的经验，创造了多种多样的繁殖方法，归纳起来可概括为无性和有性两种繁殖方式。有性繁殖是利用茶子进行播种育苗，也称种子繁殖。无性繁殖是直接利用茶树营养体的一部分进行育苗，也称营养繁殖。这两种繁殖方式各具特点，可以根据生产上具体情况加以采用。

茶树是异花授粉作物，其种子具有不同的两个亲本的遗传性，因此种子繁殖的特点是：遗传性较复杂，适应环境能力强，有利于引种驯化和提供丰富的选种材料，幼苗主根入土深，抗旱、抗寒能力强，可在山坡地带的土地上育苗或直播，繁殖技术简单，苗期管理方便省工，在大面积建园中，比较经济易行，种子便于贮藏和运输，有利良种推广。其缺点是：经济性状杂，生长差异大，生育期不一，不利于管理，鲜味原料粗细不匀，嫩度不一，变异性大，也不适应建立整齐纯一的茶园的要求，还有些茶树品种结实率低，甚至根本不结实，就难以用种子繁殖。

营养繁殖是通过母体某一部分营养体育成新个体，具有母体的遗传性。其特点是：能保持良种的特征特性，后代性状比较一致，便于管理和机采，采摘功效高，繁殖系数大，有利于迅速扩大良种的数量，能克服某些不结实良种在繁殖上的困难。其主要缺点是：繁殖育苗要求较高的技术条件，所费劳力和成本也较多，容易从母株传染到病虫害，由于大量养枝与剪穗。对母树的芽叶产量有一定的影响。

种了繁殖和营养繁殖所建的茶园，在我国均有高产，只要根据各地区生产需要，在具体条件下，加以应用，于建园后采取相应的培育管理，都能获得高产效果。因此，在目前情况下这两种繁殖方法都要采用。一般来说，根据良种特性，在生产上属于有性群体品种，宜采用有性繁殖，属于无性系品种，宜采用无性繁殖，这样才能保持良种特性，有利于建立整齐纯一的茶园。由于茶叶是商品生产，不但要求产量高，而且品质需要达到一定标准，稳定产品质量的规格。近年来各主要产茶国家，为了适应这种情况，改变了育种方法，由育成种子繁殖改为经过杂交实生后代的单株选择，以扦插方法成为无性繁殖植株，进行栽培比较试验，最后选育成无性繁殖系。到七十年代初期，其新建茶园，有90%以上都采用无性繁殖系良种。现在我国新选育的良种，其繁殖方式也都是无性繁殖，这些新品种有的已在生产上大量推广。今后为了增强茶叶商品竞争能力及茶园管理与采茶机械化的普及，将逐渐趋向以无性系繁殖为主。

苗圃的建立

茶树苗圃的任务是为茶园提供优良的苗木。

苗圃可以集约管理，精细培育，尤其是无性繁殖，必须在苗圃培育，才能成活和育成壮苗。种子繁殖虽可以直播，但因播种后易受气候条件的变化、病、虫和杂草为害，使茶苗生长参差不齐，成苗率和苗木质量较难于保证，育苗移栽，有选择优良苗木的机会，所以建立苗圃是繁殖良种壮苗的必要措施。

1. 苗圃地的选择

苗圃地条件的好坏，不但影响管理的工效，而且影响到成活率和茶苗质量。所以选地要慎重。

苗圃位置要适宜，最好靠近母本园或今后准备移栽定植的茶园。如培育茶苗准备运出推广，就要选择交通方便的地方，以便苗木及时包装运送。但也不要靠路太近，因路旁尘土飞扬，容易覆盖茶苗叶面，影响光合作用，所以苗圃和公路应稍有一定距离。

苗圃的管理工作较精细，要尽可能选择平坦的地势，如限于条件，不得不设在坡地上时，应选择朝东南向或东向缓坡地，坡度一般不宜超过5度，如坡度较陡，应修筑为阔幅水平梯田。

土壤以红、黄壤的沙壤土、壤土或轻粘壤土为好。这类土壤，结构疏松，通气性良好，又能含蓄水分，保水、保肥力强，土温变化不会很大，降雨及灌溉时渗水均匀，有利种苗生长。土壤酸性反应，pH 在 4.5—5.5 之间。前作是烟草、麻类均不宜用作苗圃。茶园土壤，由于种植时间过长，亦不宜作为苗圃。

水源条件在选择苗圃地时应予以特别注意，茶苗不耐干旱，干旱时要供水，才能保证正常生长。尤其是采用短穗扦插育苗，在干旱的晴天，每日须浇水 2—3 次，需水量日达 5—10mm，所以需要有充足水源，尤其是干旱季节，水源要有保证，而且水源要近，否则浪费物力、人力。因此，苗圃最好设在小溪、小河、池塘边或水库的灌溉渠旁，并要注意水源可供应的日期和可供应的水量。苗圃地下水位不宜太高。地下水位高，根系发育不良，容易发生病害，适宜水位应在 1m 以下。

病虫害的发生与土壤情况、前作种类、附近所种农作物及林木有关。地下害虫分布多的地方，不宜作苗圃。所以选择苗圃地时，事先应作病虫害的调查，如地下害虫多，当地病菌种类多，应进行土壤消毒，以防病、虫为害。

2. 苗圃地的整理

苗圃地选好以后，即进行苗圃规划设计。一般每亩苗圃所育的茶苗，可供 50 亩新茶园的种植，按比例进行规划，以定所需苗圃面积。为了合理利用土地，便于管理，可以划分为营养繁殖区、种子繁殖区，根据不同品种再分小区。如育苗数不多，苗圃面积小，或只采用一种繁殖方式，可以不分区，而以畦为单位，分别培育不同品种，然后按田间规划设计，进行苗圃地的整理。

土壤耕作　为了改良土壤理化性质，提高土壤肥力，消灭杂草和病虫病，创造茶苗生长发育良好条件。苗圃地如为新垦土地，应先清除杂草、树根、石块等杂物，然后翻耕。一般分次进行。第一次进行全面深耕，约 25—30cm，第二次在作苗床前深耕，约 15—20cm。如用作物地作为苗圃，可于秋季作物收获后先行浅耕，约 4—5cm，经过二、三星期后，再行深耕，约 25—30cm，到作苗床前再行耕耙，整细。

开设排灌和道路系统　根据地形，确定道路和排灌沟的位置。目前多用明沟，很费土地，渗水较多，管理费工，但成本低，建造易，改造也易。为了节约用地，应尽可能将道路和排灌沟结合起来，所占土地面积不要超过 40%。

在每块苗圃的四周，建立排灌沟，一般沟深 25—30cm，宽约 40cm，并在沟中每隔 3—4m 挖一蓄水坑，以便蓄水、拦泥和便于灌水工作。灌溉主沟要高出地面，才便于把灌溉沟中的水顺利流入畦沟中，并在沟旁设路。在面积较大的苗圃，还应在苗圃中间，适当加设排灌沟和道路。

苗圃如用管道灌溉，其主干管及支管均埋于地下，其深度只要不妨碍耕作即可，支管道通到苗圃地端,装设龙头,可以采用流灌,也可采用喷灌。管道灌溉能充分利用土地育苗,节约用水,但其建设成本较高,铺设和维护工作较繁重。近年来农业推广喷灌。此种灌溉方式,有利茶苗生长,可增加空气湿度,改善小气候条件,又可节约用水和土壤不致板结,尤其是扦插育苗,可以减轻人工每天浇水的劳力。

这两种灌溉方式,依水源、动力、管件器材供应情况、当地劳力、资金和苗圃规模等情况而决定。

整地作畦 整地时,要先剔去杂草,把土块耙碎、耙平,按苗圃田间规划设计整畦作为苗床。根据地形、道路和排灌系统、田间管理要求等来确定苗床的排列布置,尽可能与道路垂直,以便管理,苗床东西向,以减少阳光从苗床侧面射入。苗床面宽100—120cm左右,苗床长度依地形而定,以15—20m为宜,畦面过高或过长,都不利于操作管理。床畦高度依土壤性质及育苗方式而异。凡土质粘重,排水不良的可以高些,反之可以低些。用短穗扦插育苗的畦要比种子育苗的要低约5cm,以备铺盖心土。畦间留沟道,底宽约40cm左右。

铺盖心土 作为短穗扦插育苗的苗床,必须铺红壤或黄壤心土。苗床整好后,在畦面上铺红、黄壤心土5—6cm厚作为扦插土。心土要取较上层的,pH不超过5.5,否则不利根的生长,铺前用1cm孔径的筛子筛过,每亩约需20m³。铺时应特别注意要铺匀,铺后稍加压实,使畦面平整,以利扦插时插穗与土壤能充分密接。

如果红、黄壤心土取用不方便的地方,也可用其他生土,只要土壤酸性,质地疏松,有良好的通透性也可以,据福建茶叶科学研究所的试验,直接用经过孔径1cm筛子筛过的水稻土作为扦插土,也不影响扦插苗的成活率和生育。杂草较多,可用除草剂进行化学除草,据试验用1%除草醚喷在备扦插的畦面上,效果相当于铺红壤心土,同样有减少杂草生长的作用。熟土含微生物多,可用1%的灭菌丹、代森锌或福尔马林于整地时进行土壤消毒。

搭棚遮荫 种子育苗,可不搭棚遮荫,但6—7月的夏季高温期,正当播种茶苗刚出土不久,遭到强烈日光照射,幼叶和顶芽均易现灼伤现象,生长受到抑制,据各地经验,遮荫的苗圃,幼苗生长旺盛,出土率高。而扦插育苗的苗地必须事先搭棚遮荫以避免日光强烈照射,降低畦面风速,减少水分蒸发,有利于扦插成活与茶苗生长。荫棚的形式很多,棚架有高棚和低棚的分别。高棚逐畦盖的,多采用65—100cm高(图9-47)。

在面积不大的苗圃,盖大遮荫棚,遮盖整个苗圃,高度则采用1.7m左右(图9-48)。低棚一般为35—50cm。湖南推广的低棚特别矮,只有20cm左右。棚顶各地都采用固定平顶式。低棚浇水即从帘上洒下,高棚直接向畦面浇洒。　　　不论采取

图9-47　扦插苗圃矮平棚（潘文甫）

图9-48　扦插苗圃高荫棚

哪种遮荫棚，其遮荫帘都要稀密适度，有一定的光照透入，夏插的遮荫度要大些，透光20—30%即可，一般使用透光45%。

荫棚材料可就地取材，采用杂木、竹竿作棚架，遮荫物用麦秆、芦苇、茅草等编成草帘，或用杉刺直接盖在棚架上。

为了节约材料和劳力，亦有不搭棚遮荫法。扦插育苗用铁芒箕直接插在苗床上遮荫，铁芒箕以三条为一束，直插行间，枝叶离畦面高25cm以上，密度为20—

图 9 - 49　铁芒箕遮荫

30%为宜，以保持适宜的透光率。插时，畦中应高些、稀些，畦的两旁应矮些、密些，夏插应密些，秋插可稀些。每亩需铁芒箕 500—750kg（图 9 - 49）。

种子繁殖

茶树一贯用种子繁殖。我国创造茶树无性繁殖方法，虽有数百年历史，而大规模推广却是本世纪五十年代中期以后。现在我国还有很多优良的有性繁殖群体品种，必须用种子繁殖。不少茶区在建立新茶园时，有很大部分采用实生苗。因此，种子繁殖在生产上仍值得重视。

1. 茶子生活力

茶子成熟采收以后立即播种到土壤中，不易在短期内发芽。一般认为，茶子成熟以后要有个较长的休眠阶段。影响茶子休眠的一个主要原因就是由于采收以后，还必须经过一个后熟过程，使其具有发芽能力。如果茶子没有完成后熟作用，就不能很好地发芽。但对后熟作用还有不同看法。据过去报道，我国茶树种子的后熟期约在 30—40 天。

郭元超以我国东南区系种群、西南区系种群和中部区系种群的代表品种进行观察，结果认为，刚采收的成熟茶子或接近成熟茶子，只要温度条件能满足，水分与通气保持正常，播后数天至十多天（去外种皮的 4—5 天，保留外种皮的 15 天左右）内，就能立即发芽，也就不需要几十天的后熟期。方开文在四川宜宾观察，在气温、土温、湿度适宜条件下，秋播茶子在播种后半个月就萌发，因而对茶子的"后熟作用"亦提异议。但茶子后熟作用是茶子成熟过程中的生理作用，有的在树上完成后熟，有的采下后继续完成。这种生理作用还须进一步研究。

生产实践上，秋播茶子，在年内可能发芽，而且还可出土；有的当年能长出幼根，但不能出土，长江流域茶区，秋季茶子成熟，即使播入土中，因冬季气候寒冷，不具备茶子萌发的环境条件，被迫处于静止状态，进入强迫休眠。这是由于茶树原产地在亚热带的森林里，种子成熟后，落到地上，在很短的时间内就必须受到冬季低温的考验，经过长期的自然选择所形成的抵抗不良环境条件的适应性。而在适合的环境条件下，在短时间内有发芽生长的能力。

茶子寿命很短，因脂肪含量很多，胚又很微弱，故它的寿命一般只有5—7个月（以发芽率不低于50%为准），最长也不超过一年。所以茶子采收后，最好能立即播入土中，使它在自然条件下保持其生活力。如不能及时播种，也应进行低温贮藏，创造条件，强迫休眠。经过夏季炎热天气，茶子发芽率显著降低，其生理原因，主要是种子内脂肪水解和蛋白质变性所致。据浙江农业大学研究，低温越夏可以克服这种困难。在5℃条件下，脂肪酸值控制在18以下，茶子越夏后仍具有较高的发芽率。

茶子的良好贮藏，最主要是控制茶子的含水量在30%左右，以及环境的温度和通气等几个环节，如控制得当，不仅可以保持种子以后有较高的发芽率，而且还可以适当的延长茶子的平均寿命。

茶子脂肪含量较多，当种子萌发时，脂肪被水解转化成糖类，需要大量氧气，子叶大，萌发时顶土能力弱，因此，播种时盖土不宜太厚。在生产上都采用密播，每穴播茶子3—5粒，靠集体顶土力量，使茶苗顺利出土。

2. 茶园留种

我国甚少设立专用留种茶园，一般都在采叶茶园中采种，经常发生有种就采，茶子杂乱，后代性状差异甚大，参差不齐，显然不符合繁殖良种的要求。因此，有条件地区应设立专用留种园。但当前，为了满足生产需要，必须利用现有采叶茶园，通过去杂、去劣、改造等措施，建成采叶采种兼用留种园。

兼用留种园的选择，一要择优良品种；二要选择茶树生长旺盛、茶丛分布比较均匀，没有严重的病虫害；三要选择坡度小、土层深厚肥沃，向阳或能挡寒风、旱风吹袭的茶园。兼用留种园选定后，为了提高品种后代遗传纯度，对于园中混杂的异种、劣种茶树，采取修剪、重采等办法，抑制花芽的发育，推迟花期，避开对良种授粉的机会。如果混杂的异种、劣种茶树不多，对茶叶产量影响不大，最好连根挖掉，补植同品种优良茶树。

专用采种茶园的建立，首先应考虑隔离条件，以防止传粉时混杂，保证良种的遗传纯度。要选择与一般生产茶园有一定距离或有山岭、森林作为屏障的山坞，建立专用留种茶园。土壤和小气候条件同一般丰产茶园的要求。采用无性繁殖良种苗木，进行单株种植。布置方式，每亩200—250丛。3×1m的行株距为宜。

3. 采种茶园的管理

采种茶园要茶树开花旺盛，座果率高而种子饱满，获得茶子丰产、优质。据各地的留种经验，采种茶园应采取以下主要管理措施：

采养结合 兼用采种茶园，采叶与留种是主要的矛盾。解决了这个矛盾，就可能达到茶叶、茶子都能获得较好产量。从生物学的观点来看，这个矛盾是有可能解决的。

茶树没有单独的结果枝，花芽和叶芽都长在一个枝条上，而且花芽大都生在叶芽的鳞片内，当花芽伸出鳞片，叶芽仍然存在，不过花芽形成时间，叶芽是潜伏的，有时因花芽发育势力强，引起叶芽萎缩脱落。但是在营养充足的条件下，生长势很强的茶树，其顶端叶芽亦能在花芽休眠期间迅速发育长成新梢，在这种情况下，就使一个新梢的基部有花柄。据安徽茶叶研究所试验，通过不同的采叶和管理措施，茶子产量，最高的每亩收了144.4kg，一般也在60kg左右，鲜叶产量，最高亩收550kg，最低也有268.5kg，说明加强肥培管理和采养，可使茶子、茶叶都能得到较高的产量。

茶树的花芽都在0—7月开始出现在当年生的新梢枝条上，因此，合理采摘、采养结合，是兼顾茶叶、茶子都能获得较好产量的主要措施。春茶要留叶采，采了春茶，可以抑制顶端优势，促进腋芽生长，增加结果率。如福鼎大白茶，自然生长的结果率只有1.5—6.5%，而采摘茶树可达23.5%。夏茶不采，才能增加茶树的夏秋梢。同时由于春茶留叶采，夏茶留养，可以加强茶树光合作用能力，增加养分的制造和积累，这样，对保花、保果和提高茶子质量均有很大意义。秋梢的腋芽虽也能孕育花果，但有寒流侵袭，多不能达到开花结实，所以可以采摘秋茶。采茶时要注意保护花、果，以免人为机械损伤，引起脱落，影响茶子产量。

加强对母树的肥培管理 合理施肥是为解决采叶和采种矛盾提供物质基础。根据茶树开花结果的习性，春梢是茶树花芽分化的场所，促进春梢健全地生长发育，对提高茶叶与花果数量和质量都具有极重要的意义。据研究，形成春茶生长主要营养物质是秋冬期间所积累，所以要于秋茶采后，早施基肥，施足基肥是提高茶叶和茶果产量与质量的重要环节。

一般每年3—10月是芽叶生长期，也是茶果发育期，尤其是6—10月，当年花芽大量形成和发育，去年受精幼果也在这时旺盛生育，迅速膨大，形成种子，因此，茶树需大量的养分供应，如果不适时追施肥料，必将造成养分脱节，以致引起大量落花、落果。

采种茶园须施适量氮肥，以增强茶树生长势。磷肥是形成花芽和茶果不可缺少的物质。适当增施磷肥，可以促使开花多、结果盛、防止落花落果，达到种实饱满。我国中部和南方红壤及黄壤茶园，氮素含量少，有效磷普遍缺乏，更要着重氮肥和磷肥的施用。据湖南高桥茶叶试验站的试验，在施用氮肥的基础上，增施磷钾肥料，可增产茶子40%。但采种茶园应增施多少磷肥和钾肥，因各地茶园土壤中所含三要素的比例不同，茶树生长情况不同。一般认为氮、磷、钾的比例以2：2：1或2：3：1较为适宜，茶树生长势较差的可以3：2：1。春茶前施用氮肥，以增强母株的生长活动。促进新梢仲长，春茶后离氮肥配合速效磷肥，以利母株生长活动，助长花芽的发育，有机肥料于秋季作为基肥施下。

施肥量应根据采种园的土壤肥力，茶丛数目和茶树生长情况而定，一般兼用留种园，氮肥按采叶茶园标准，磷肥和钾肥按比例增加使用。专用留种茶园，一般每丛年施厩肥或土杂肥2.5—3.5kg，硫酸铵100g，过磷酸钙100—150g。

适当剪修 幼龄期的采种茶种和采叶茶树一样要进行定型修剪，以促进骨干枝的形成。到了采种以后，留养枝条逐渐增多，如母株枝条过密，在春、夏季雨水多，降雨量也大的季节，常易引起落果。为了防止幼果脱落，便利以后昆虫活动，增加授粉机会，因此，在茶树休眠的冬季应剪去枯枝、病虫害枝及一部分由根颈处抽出的细弱枝、徒长枝，并剪短沿树冠面较突出的枝条。据调查有85%左右的茶果是着生在短枝上，在修剪时要注意这特点。

抗旱和防冻 茶树从花芽分化到茶果成熟的过程中，茶园土壤中要有足够的水分供应其生育的需要，尤其是在夏、秋季，这时正值花芽大量分化和形成及上年所结的茶果旺盛生长发育时期，更需要充分的水分供应。我国大部茶区，夏末和秋季，常有干旱现象，不但影响花、果的生育，并且引起大量落花、落果。所以留种茶园在旱季来临之前，即应加强中耕除草，在旱季进行灌溉。如果缺乏水源，不能进行灌溉，也要铺草防旱。

低温枝叶受冻，影响新梢的萌发，树势转弱，茶果发育也受阻碍，更易引起脱落，所以冬季也应和丰产采叶茶园一样注意防寒。

防治病虫害 茶园病虫害的发生，对茶树生育以及茶叶和茶子的产量和质量都有很大的影响，应注意防治。在留种茶园中，还要特别注意对为害茶花和茶子害虫的防治。我国各茶区发生较普遍的有茶子象甲（Curculio chinensis Chevrolat），成虫和幼虫均能为害茶果，造成大量落果和蛀子。据浙江省临海县调查，由于该虫造成茶子常年损失量达50％，为害严重的茶园甚至颗粒无收。主要防治方法，茶园秋季深挖，可以杀灭入土幼虫。成虫可利用假死性，摇动茶树，捕杀落地成虫。

促进授粉 茶树是虫媒异花授粉，虫媒少，授粉不足，常是茶树结实率不高的原因之一。为了增加授粉机会，提高结实率，有条件地区，可以进行人工授粉。据湖南省茶叶试验站报告，在开花期，喷射25％的甘油溶液，可以延长授粉时间。于开花季节，在留种园中放养蜜蜂，传播花粉，提高授粉率，因而增加结实率。但是茶花蜜含有较多半乳糖，一般西蜂幼蜂不能消化半乳糖，引起腹胀，大量死亡。而对中蜂并不构成威胁，因茶树和中蜂都是原产我国，长期共存，自然选择的结果，有消化半乳糖能力。因此，茶园放养蜂群，必须选用中蜂。

茶子采收

茶子品质的优劣，虽因品种固有特性，茶树的肥培管理情况和树势强弱等有关外，也与茶子是否适时采收有密切关系。

茶子在茶树上要经过一年左右的时间才能成熟。茶子趋向成熟期，其生理变化主要是可溶性的简单有机物质向种子输送，经过酶的作用，转化为不易溶解的复杂物质，如淀粉、蛋白质、脂肪等，贮藏在子叶内，随着茶子成熟，营养物质进一步积累，水分逐渐减少。可见过早采摘，由于茶子没有成熟，含水量高，营养物质少，采下的种子容易干缩或霉烂而丧失生活力，能发芽的茶苗生长也不健壮。如果采收过迟，则果皮开裂，种子大多落到地面，受到曝晒和潮湿的影响，种子内部贮藏的物质遭受损耗，也易引起霉烂和烂胚，丧失发芽能力，且拣拾落地茶子，很花劳力。因此，掌握茶子成熟时期，适时采种，甚为必要。

茶子成熟期依生长地势、品种和茶果着生部位而有迟早不同。例如高山区茶子成熟较晚，丘陵区成熟较早；北坡向阴的成熟晚，南坡向阳的成熟早，树冠内层成熟迟，树冠外层成熟早。产生这些差异的原因，主要是气温和阳光的影响。采收茶子，应随茶子成熟早晚，及时、分区、分批采收，以保证茶子的质量。

茶子是否成熟，可以根据外表症状来识别。成熟的茶子，果皮呈绿褐色或黄色，无光泽，有的果皮微裂开，种子壳硬脆呈棕褐色，有光泽。子叶饱满现乳白色。一般留种茶园中，有80％茶果呈绿褐色及4—5％的果壳开裂时，即可进行第一次采收，以后根据情况，每隔15—20天采收一次，一般可采三次。

我国茶区的茶树品种很多，茶子成熟期也不一致，但灌木型和小乔木型品种大体上相差不远，一般在"霜降"前后采收。南方茶区也有在9月初，茶子已开始成熟，就可开采，也还有茶子成熟延续到12月，仍可采收。采收时，应按不同品种分别进行采收、堆放，以便分别处理。

茶果采回后，放在阳光下晒半天至一天，翻动几次，使果壳失水裂开，便于剥取茶子。已脱壳的茶子要及时拣取，脱壳后的茶子，应放在阴凉干燥的地方，以散发过多的水分。摊放厚度约10cm左右，切忌摊放过厚和日晒，并经常检查翻动，以防种子温度太高烫坏种胚。阴干到种子含水量降到30%时即可，如含水量低于20%，也会降低发芽率。

经过适度阴干的种子，可簸去其夹杂物，把红棕色的不成熟种子、破伤子、虫蛀子和空子拣掉，按不同品种类型的种子大小，分别再用筛孔10、14、16mm的筛，筛去小子，把筛面的种子留作种用。

茶子品质检验

茶子品质优劣对幼苗出土和幼苗生长强弱关系很大。在播种前，应认真进行品质检验，为生产用种提供依据。

1. 茶子品质检验的标准

（1）发芽率不低于75%；

（2）夹杂物不高于2%；

（3）种子含水量为22—38%；

（4）种子已达成熟度，无霉变，虫蛀、空壳、破壳等现象；

5. 茶子分级标准（表9-24、9-25）。

表9-24　茶子分级标准

等级	茶子大小（mm）	每500g粒数（含水量30%±）
一级	>16	300以下
二级	14—16	300—400
三级	12—14	400—500
四级	10—12	500—600
级外	<10	600以上

表 9-25　种子鲜粒重（含水量40%）

（福建省茶叶研究所）

类别		小粒种	中粒种	大粒种
直径变幅（cm）		0.81—1.40	1.41—2.00	2.01 以上
分级标准（g）	一级	1.10±0.15	1.70±0.15	2.30±0.15
	二级	1.10±0.30	1.70±0.30	2.30±0.30

2. 茶子品质检验方法

（1）计算合格率　首先检查茶子外形，凡种壳呈棕褐色，有光泽，无破裂，种脐无异样，子粒沉重，弹跳力强，声音坚脆，无虫蛀的为好，是合格的茶子。种壳呈综红色、淡棕色而轻的茶子，往往没有成熟；外壳带灰色，无光泽，重量较轻，是无生活力的茶子，种脐有霉斑或粘糊均是霉变茶子，有孔的是虫蛀种子，都不合格。

把外形检验合格的茶子，轧碎种壳，检验内质。凡种仁饱满，新鲜呈乳白色，破裂处有油质而湿润的是有生活力的种子，为合格茶子。如果种仁皱褶，干瘪硬脆，颜色淡黄，有霉味的，都是不合格的茶子。

一般取茶子样品50—100粒，根据外形和内质检验结果。统计合格与不合格茶子数目，重复检验2—3次后，算出茶子的合格率：

茶子合格率（%）=

$$\frac{样品总粒数 - 不合格茶子数}{样品总粒数} \times 100$$

（2）测定千粒重　每次取茶子100粒，称其重量，重复3—4次，平均后乘以10即为千粒重。

在含水量相同的情况下，千粒重大的，表示种子饱满，所含营养物质多，对以后发芽和幼苗生长有利。所以一般农作物的种子都是以千粒重来衡量其好坏及确定播种量的标准。

（3）测定种子大小　取茶子100粒，将子粒最宽幅和最窄幅的平均直径求出而得。或将种子10—20粒密排于米尺旁，测定100粒，取其平均值亦可。同一品种，茶子越大，发芽率越高，幼苗生活力也越强。祁门茶叶试验站试验的结果如下（表9-26）。

表 9 - 26　茶子大小对发芽率及幼苗生长的影响

茶子大小	发芽率(%)	一年生幼苗高度(cm)
大	77.8	17.18
中	77.2	13.14
小	67.03	11.30

（4）测定茶子含水量　随意抽取茶子 50 粒，剥去种壳，称种仁重量，然后将这些种仁放入 80—90℃ 的烘笼或 105℃ 的烘干箱中，干燥 12—13 小时取出称重一次，以后再烘 2—3 小时再称重，一直干燥到重量不变为止。也可以用红外线水分测定器，更为简便。根据失去的水量，计算其含水率：

茶子含水率（%）=

$$\frac{烘干前种仁重量 - 烘干后种仁重量}{烘干前种仁重量} \times 100$$

（5）净度检验　将一定数量的样品，称其重量，除去夹杂物后，再称留下茶子的重量，这重量占样品总重量的百分率，就称为茶子净度：

茶子净度（%）=

$$\frac{除去夹杂后茶子重量}{样品重} \times 100$$

（6）测定发芽率　供试的种子中发芽的百分率称为发芽率。测定的方法，常用的有染色法和发芽试验两种。

①染色法　可以在短时间内测定种子的生活力。这种方法是利用活细胞原生质膜半透性，能阻止染料渗入，不会染色；死细胞原生质膜为全透性，染料容易透入染色。根据茶子着色有无和深浅，以鉴别茶子生活力。其方法是任取茶子 100 粒，剥去种壳，剔除坏粒，记下粒数。其余种仁用清水浸泡 3—4 小时，使其膨胀，剥去种皮，注意勿伤种仁。以后将种仁用 0.1—0.2% 的靛红溶液浸 2 小时后，倒去溶液，用清水冲洗，检查染色粒数。检查时要着重看胚的部分是否染色，其他部分轻微染色或受伤染色的种仁，一般仍有发芽能力，不列为染色粒数，按下列公式计算：

种子发芽率（%）=

$$\frac{茶子总数 -（坏粒数 + 染色粒数）}{茶子总数} \times 100$$

②发芽试验　利用种子发芽箱或恒温箱作发芽试验。任取茶子 100 粒，剔除坏粒，记下粒数，剥去种壳，用 20—25℃ 的温水浸 3—4 小时，在发芽盘内放一层吸

水纸，再放上干净细砂，将浸过的种子放在砂上，再盖一层细砂，使种子不露出砂面，并加少量清水，将砂湿润后，把发芽盘放入发芽箱或温箱内，温度保持25—30℃，经常加水换气。一般约经7天即可开始发芽，每天检查发芽数，经17—20天发芽结束，就可计算发芽率。

茶子发芽率（%）=

$$\frac{茶子总数 -（坏粒数 + 不发芽数）}{茶子总数} \times 100$$

茶子的贮运

采收后的茶子，其生命活动仍在进行，并与周围环境保持联系，若环境条件不适于种子生理活动，虽然时间短暂，也能使种子的生活力遭受损失。如将茶子放在强烈阳光下，几天之后，茶子的生活力就显著降低。茶子堆积过厚，也能迅速形成高温，使种子品质变坏。所以茶子采收，处理后，如果不能立即播种，必须很好贮藏。如果运往外地，还应注意包装和运输的安全措施，以防茶子劣变。

茶子的贮藏　贮藏就是创造适宜的环境，控制茶子的新陈代谢作用，使之缓慢进行，消除影响茶子变质的一切可能因素，力争继续保持茶子的生活力。

影响茶子生活力的因素，主要是茶子含水量、贮藏环境的温度、湿度和通气条件。

茶子含水量的高低对生活力影响很大，据中国农业科学院茶叶研究所的测定，茶子含水量对生活力的影响，结果如下（表9－27）。

表9－27　茶子含水量对茶子生活力的影响

含水量(%)	0—10	10—20	20—30	30—40	40—50	50—60	60—70
平均发芽率5%	20.8	41.2	72.5	86.5	77.2	23.0	8.0

据湖南省茶叶试验站测定，茶子含水量超过40%，不能达到贮藏目的，大都在贮藏期间即已发芽。茶子含水量低于20%，发芽率下降至80%左右，低于15%，发芽率降至70%，若低于10%，其发芽率最高不超过30%，低于7%，即全部损失发芽能力。由此可知茶子贮藏期临界含水量在20—10%，适宜的含水量应保持在30%左右。

在贮藏期中，茶子的呼吸作用是不停止的，茶子的细胞内部仍不断进行新陈代谢。在呼吸过程中，不断把种子中贮藏物质逐渐消耗，呼吸作用越强时，贮藏物质消耗越快。据夏春华、王月根、朱全芳的试验，茶子呼吸作用强度与环境条件有关，在自然条件下为 17.99，室温条件下为 21.70，低温条件下为 6.93（表 9 - 28）。

表 9 - 28　茶子贮藏过程中呼吸强度

（夏春华等，1965）

处理	呼吸作用强度	备注
自然条件	17.99	呼吸作用强度单位：
室温条件	21.70	CO_2 mg/100g 鲜重/h
低温条件	6.93	

不同贮藏环境条件，呼吸强度不同，茶子中干物质的消耗量也不同。

这种消耗是在呼吸作用和其他因素综合影响的结果，如呼吸作用产生二氧化碳与水分，同时放出热量。茶子在高温多湿的环境条件下，呼吸作用旺盛，新陈代谢也旺盛，种子内贮藏物质进一步大量消耗，生活力势必显著下降，同时由于温湿度都高，有利霉菌繁殖，能使种子霉烂，损失生活力。

由此可知，茶子在贮藏过程中，必须保持低温和不过湿的条件，以控制呼吸作用，减少种子内贮藏物质的消耗，才能保持茶子生活力。茶子贮藏的适宜条件是温度 5—7℃，相对湿度 60—65%，这样可防止生理活动过旺，减少种子内含物过分消耗，有利于保持茶子生活力。此外，在茶子贮藏过程中，还要注意通风，以调节温温度和保证茶子生理活动的需要。

我国各地贮藏茶子的方法很多，依当地条件、贮藏数量、时间长短而不同。现将生产上较通用的方法，简述如下：

（1）短期贮藏　凡贮藏时间在一个月以内，均属短期贮藏。准备外运的，可用麻袋装盛，放在干燥阴凉室内，斜靠排列，不要堆积。茶子不需运往外地，可将茶子摊放在地面不还潮的阴凉房间内，摊放厚度约 15cm 左右，上用稻草掩盖，以防干燥，保持种子新鲜状态。

（2）长期贮藏　贮藏期在一个月以上者，属于长期贮藏。茶子数量不多，可用砂藏法，选择阴凉干爽、无阳光直射、地面不还潮的房间，先在四周薄铺一层干草，再在底层铺上干净细砂 3—5cm，然后摊放茶子 10cm 左右再撒一层细砂，至不露茶子为度。如此种砂相间各二、三层，最后盖一层稻草。如铺放的层数较多，达五、六层，要在铺放时于堆中竖置数个竹编的通气筒，并经常检查堆内的温度和茶子的含水量，贮藏堆内温度一般以 5—10℃ 为好，茶子含水量保持在 25—30%。

种子数量多的可用室外沟藏法。贮藏前要使新鲜茶子含水量适当减少，要求在 25% 左右，以免贮藏期间发热腐烂。贮藏沟要选在地势高燥，排水良好的坡地。开掘贮藏沟，宽 1m，深 30—40cm，长依地形和茶子数量而定。沟底和沟壁要打实，以免水分渗入，并用火烤，使起干燥消毒作用。贮藏时，先在沟底和四周铺一层干草或松针，摊上一层 6—10cm 厚的茶子，上盖细砂至不见茶子即可，一层茶子一层砂，装到沟快满时，上面覆盖一层干草或松针。为了调节贮藏沟内的温度和通气，沟中每隔100—120cm斜插入竹筒一根，竹筒必须打通竹节，筒壁钻孔，筒口斜锯，切口朝下，并露出地面，注意竹筒下端必须插到茶子底层，不让竹筒堵塞。然后按层脊形堆上45—60cm高的泥土，面上土要打紧。为防雨水渗入，并在贮藏沟四周开排水沟（图9－50）。茶子贮藏时间，每隔15—20天抽点检查沟内温度和湿度。若温度过高时，可将沟顶泥土扒开，待温度降至一定程度，再行盖土。发现有霉变茶子应立即清除。

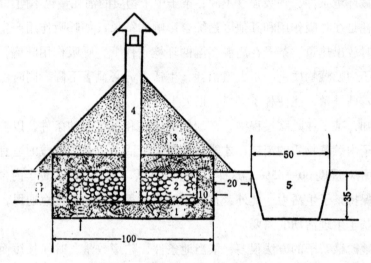

图9－50　贮藏沟横断面示意图

1. 干草或砂　2. 茶子　3. 泥土　4. 通气筒　5. 排水沟

贮藏沟的贮藏量，每米沟长约贮藏茶子80kg（即沟长×沟宽×茶子厚度×层数＝100cm×80cm×10cm×2）需贮茶子数量可参考这个标准来计算贮藏沟的长度。

如茶子不需外调，也可用畦藏法，此法比较简便，效果也好。选择排水良好、地势平坦的地段，整土作畦，畦宽1.3m左右，畦高13—17cm，畦长随茶子数量来决定。然后在畦面铺一层干燥细砂，厚约3cm，将茶子密播在上面，厚度约7cm左右，再铺一层稻草，次年早春便可取出茶子正式播种。

茶子包装运输　茶子调运到外地时，必须妥善包装，否则容易霉坏或干瘪，降低发芽率，造成损失。运输时要尽量缩短途中流转时间，力求早运早到，避免中途积压。

茶子的包装方法要根据运输距离和途中时间而定。短途运输可用麻袋和草袋包装，长途运输要用竹篓或木箱包装。每件装茶子25kg左右。

用木箱包装的，木箱长60cm，宽40cm，高30cm，板厚约1.5cm，箱四周衬以结实的纸，箱底铺放干净木屑或炭末，厚约2cm，再铺一层茶子约2.5kg，茶子上又铺一层约2cm厚的木屑或炭末，这样间隔铺放，最后上面盖上结实纸张，钉牢上木盖。

用竹篓包装的，竹篓口径长 50cm，横径 33cm，篓高 50cm，篓内壁衬上笋壳或笠叶等物。包装时篓内先放麻皮袋，然后把茶子倒入袋内封好，篓口再用竹篓或绳索绑扎牢固。

茶子包装后应立即起运，途中要防雨淋、日晒、潮湿、发热或温度变化过大。堆放搬运中，应注意勿使受压损坏。在包装外面要标明品种和注意事项。

播种前茶子的处理和技术

播种前种子处理的目的，是为了促进茶子发芽快而整齐，苗木健壮和提高成活力。在秋季播种，在选好健全的合格茶子，就可进行播种，一般不进行特别处理。春播的一般在播种前进行茶子处理。

清水选种、浸种 将茶子浸在清水中，每天换水一次，2—3 天后，除去浮在水面的种子，取出下沉的种子作为播种材料。经过远运或久藏的种子，水分散失多，浸种时间要延长到 5—7 天，7 天仍不下沉的即不作为种用。据福建省茶叶研究所报告，经过清水选种、浸种，出苗期可以提早 11 天，发芽率提高 12～13%。

催芽 将已浸过的种子取出放入木盘中。先在盘内铺上 3—4cm 厚的细砂，砂上放茶子 7—10cm 厚，茶子上盖一层砂，砂上盖稻草或麦秸，喷水后置于温室中，室温保持 30℃ 左右，催芽所需时间约 15—20 天，当有 40—50% 茶子露出胚根时，即可取出播种。据湖南省高桥茶叶试验站的试验证明，春播茶子经过催芽，比不催芽的提早 21—26 天，生长整齐，缺苗少，抗旱能力也较强。

其他化学和物理方法处理 随着植物生理学、化学、物理学的进展，为种子处理提供了新的方法，以影响种子内部代谢过程，促进发芽和幼苗生长。

我国目前茶子生长素处理，以赤霉素 100ppm 或 "802" 6000 倍溶液浸种，能显著提高出苗率和促进幼苗生长。微量元素处理，使用的有铜、钼、硼、硫、镁、锌等，处理时以其化合物溶液浸种，浓度依各种化合物而不同，如硫酸铜 10—100ppm、钼酸铵和硼酸 500—1000ppm，对茶子萌发出土和茶苗生长都有明显促进作用。超声波的处理亦有研究，湖南农学院和福建农学院的试验，均认为 22kHz 处理已浸种的茶子 10 分钟，发芽快，出苗整齐、强壮。

扦插繁殖

茶树扦插繁殖在我国已有 200 多年历史，福建省安溪农民从长枝条扦插改为带

2—3 叶的枝条扦插，后来又更进一步采用带一叶片的短枝扦插，这就是现在所称的"短穗扦插"，在福建省有的仍称"短枝扦插"。

短穗扦插具有营养繁殖法共同优点，能保持优良品种特征特性，而且还有其独特优越性：插穗短，材料省，繁殖系数高；一定面积内育苗数量多，土地利用经济，成龄茶树枝条、幼龄茶树修剪枝，均可利用，还可"以苗育苗"，取材方便；繁殖季节长，我国大部茶区，一年四季均可进行；扦插后发根成苗快，成活率高，根群发达，移栽易成活，生长旺盛，可以提早成园。福建省茶叶工作者于 1955 年将安溪农民的短枝扦插技术，进行系统总结推广，现在已成为全国各茶区运用最广泛的繁育茶树种苗的方法。世界上其他主要产茶国家，现在都在运用这种繁殖方法，以繁殖茶树后代。在五十年代以前，由于缺乏一个适当而经济的无性繁殖方法，使单株良种不能迅速繁殖后代，给茶树育种工作带来困难，由于应用短穗扦插而获得解决。

短穗扦插是茶树营养繁殖中技术性较强的繁殖方法。一段枝条扦插后，能长成为一个完整的植株，关键在于枝条必须迅速发根，形成苗木。现把发根原理和影响发根因素阐述如下：

1. 扦插发根原理

茶树扦插是利用茶树的再生作用和极性现象，将离开母体的枝条扦插来培育苗木的。当茶树短穗扦插入土后，先是在短穗两端切口表面产生愈伤木栓质膜，这种膜是由靠近切口的细胞间隙筛管分泌的油脂物质干燥而成。与此同时，下端切口木栓形成层的分生组织细胞进行强烈分裂，在夏插情况下，约经 20 天，在下端切口可以看到环状与瘤状的愈合组织。从插穗入土至愈合组织形成，称为愈合阶段。在插穗下端切口形成愈合组织的同时或前后，在木质韧皮部的髓射线区的形成层细胞，通过横向分裂而形成根的原始体。根的原始体继续分化和不断分裂，逐渐膨大生长，以其顶端从皮孔或插穗基部树皮与愈合组织之间伸出，成为幼根。这一过程称为发根阶段。

茶树扦插发根的内在原因，是由于植物本身固有的极性表现，在枝条形态学下端形成根，位于上面的部分则生长出新枝叶。植物枝条有这种极性现象，主要与植物体内生长素定向移动和积累有关。生长素在茎上端芽叶所形成，在未剪下的枝条中能正常地沿着韧皮部筛管由上而下的定向移动，而当枝条从母树上剪下作为插条以后，生长素正常移动就被阻碍而积累在下端切口处，插穗下端生长素浓度增大，从而促进下端切口及其附近的细胞分离机能，尤其是形成层及其附近的薄壁细胞强烈分生，有利愈合组织和新根的形成。生长素与激动素（kinins）的比值，对细胞分化具有调节作用，比值大时分化出根，比值小时分化出芽。植物合成激动素的主要部位在根尖。插条从母体剪取之后，生长素的极性运输积累于下端切口，插条又失去激动素的主要来源根尖，因之，下端比值增大，导致发根。

插条生极与枝条内在营养物质的供应有着密切的关系。插条内淀粉含量对发根有重要意义。一般认为碳氮比率大，就易于发根。当插条离开母体后，呼吸作用如常进行或甚至加强使含氮物质向上移动，插条下部含碳物质相对增加，因之，插条基部碳氮比率增大，有利于插条发根。

2. 影响扦插发根的主要因素

影响扦插发根的因素，虽然很多，归纳起来就是两个主要因素，插穗本身状况和外界环境条件，现从这两个主要因素对插穗表根的关系加以论述。

插穗本身的因素

（1）茶树品种间的差异　茶树品种不同，其枝条再生能力也有不同。据各地试验和生产实践结果表明，乌龙、梅占、毛蟹、福鼎大白茶、佛手、槠叶齐、高桥早、长波绿等生根容易，发根快，根群发达而且成活率高，其次为奇兰、上梅州种，而铁观音、云南大叶种、宁州早等发根能力弱，成活力低。不同品种发根效果有差异的原因，主要是遗传性所决定，而发根性差的品种，常具有茎的分生组织分裂机能弱，淀粉含量较低的特点。

（2）枝条老嫩程度　据浙江农业改进所用老嫩程度不同的茶树枝条作扦插的结果：当年生成熟枝条成活率达 84%，隔年生枝条仅有 47% 的成活率，三年生为12%，多年生枝条少至 2%。由此可见，老龄枝条，分生组织老化，代谢能力降低，淀粉和蛋白质含量亦下降，故生根能力弱。就是当年生的枝条由于生长期长短不同，其发根能力也有差异。有人认为新枝生长时间以 6 - 8 个月为最佳。福建省茶农经验，以经历一个生长期的枝条最好，两个生长期的枝条次之，三个生长期的枝条最弱。一般春梢夏插，夏秋梢冬插或翌年春插。同一季的枝梢，由于老嫩程度不同，发根能力也不同，这是因枝条由上而下成熟度逐渐加深，上部较嫩，下部较老。

枝条上段初木质化绿色硬枝作为插穗，生活力最强，发根快，出圃高，成苗亦壮，其次为中段半木质化红综色插穗，而下段全木质化麻杆的插穗较差。可见发根能力随枝条从上到下成熟度增加而减弱。枝条顶梢幼嫩未木化的绿色软枝，亦能迅速愈合，发根，但因含水量多，营养物质含量少，尤其是糖类、淀粉等积累不够，碳氮比率低，所以幼苗根系不发达，生长差，成活率也低。过嫩未木质化枝梢，扦插期间水分管理困难，过湿易于腐烂，干些又易枯萎。以绿色硬枝和红棕色枝，发根易，根群发达，成活率也高。

（3）枝条的粗细与长短　在老嫩适宜的同样条件的枝条，粗细与长短对发根的效果亦有不同。据福建省福安农校试验结果,枝条粗的比细的、短的比长的,在根数、根长及成活率均有显著优越性。

插穗粗的比细的所含营养物质多,能较好地满足插穗初期生长的需要,发根良好。短的插穗,下端入土较浅,通气条件好,上部叶片又靠近土面,起覆盖插穗基部土壤的作用,保持土壤湿润,有利于发根与成活。

(4)插穗留叶量 关于插穗上留叶量问题,看法不一。有的认为插条上的叶片贮藏有营养物质,同时进行光合作用,直接为不定根形成提供可塑性物质,在叶部形成生长素以极性传导方式达于插条下端,叶片的蒸腾作用,又使含氮化合物上升,可溶性碳水化合物下送,增大了基部碳氮比率;叶片多,蒸腾量大,使插穗中轻度水分亏缺,有促进发根作用。有的认为,因叶片蒸腾而失水,会影响发根。福建农学院曾作插穗不同留叶量试验,结果证明,一叶插的愈合较二叶插的快,而发根则无甚差别。多叶插的新梢有较短的趋向,但分枝较多,叶片多,苗矮而壮。根系的生长及根干重,多叶插优于一叶插。

但多叶插穗,蒸发量大,势必增加苗圃上管理的困难。我国插穗形成演变历史,从长穗多叶改为2—3叶的枝条扦插,现在普遍用带一叶的短穗扦插,看起来这是大规模育苗最方便和有效的方法。在穗源充足的情况下,可以考虑恢复采用留2—3叶的插穗。

短穗扦插只留一个叶片,有人主张,叶片大的,把叶片剪去一部分,以减少水分蒸发,易于保持插穗水分平衡,以利发根。结果不但损失母叶向新生器官输送的养分,也减少母叶光合作用制造养分的面积,还有因剪口溢泌损失水分和养分,使发根能力下降。

有人曾定期将短穗的母叶剪去或剪去一半,结果剪除母叶,抑制生长可达12周,而剪去母叶上一半,也能抑制生长8周,可见母叶在插穗早期生长的重要性。生产实践也证明,没有叶片的插穗或在插穗后没有发根就脱落,成活率均极低。

(5)腋芽动态 插穗上腋芽生育情况与发根有密切关系。据福建省茶叶研究所试验,腋芽已膨大的发根早,成活率高,茶苗生长良好。

这种现象的出现,可能是萌动状态的腋芽生长点能产生较多的生长素有关。在生产实践上,从枝条腋芽鳞片开展至鱼叶展开过程之间,都适宜作为插穗。

影响扦插发根的外界环境条件 扦插发根效果,主要是根据扦穗本身的条件,而发根过程的生理活动必须有适当的外界环境条件。主要是温度、湿度、光照和土壤性状等综合条件。

(1)温度 扦插发根需要一定的温度,因温度的高低对呼吸作用、蒸腾作用、酶的活性和分生组织细胞分裂能力等都有密切影响。据渡边明的报告,扦插发根最适宜的气温是 20～30℃，尤其是处在 25℃ 左右时最为理想，这时地上部与地下部均较整齐。温度偏高，地上部生育虽然较好，但地下部发育不良。

据各地生产经验，秋季扦插，一般先发根后长芽叶，这时地温高于气温，在春季扦插，又常是芽先萌发，而后发根，这时气温一般高于地温，所以在春季扦插，能提高地温，有利于促进发根。一般插穗发根在地温 20—35℃ 之间，地温低于 20℃ 或高于 35℃，发根均不适宜。

（2）湿度　插穗失水，即凋萎枯死，为了维持插穗体内水分平衡和正常代谢，对扦补充水分，成为影响扦插发根和成活的关键。水分的补充，一是循茎的输导组织，从苗床中吸水。由于扦插的发根过程中，新根未发生前，茎的吸水能力很薄弱，而呼吸作用旺盛，要求土壤有适当的空气供应，如土壤含水量过多，造成空气缺乏，呼吸困难，不能发根，所以土壤不能太湿，以含水量达到 60—70 为宜。另是通过叶片角质层膨胀吸收水分，因之对空气湿度要求愈大愈好，空气湿度大，叶片吸水易，减少叶面蒸腾失水，降低地面蒸发，保持土壤湿度，使细胞吸胀作用大，细胞分裂快，促进新根生长。

（3）光照　插穗的芽、叶在光的作用下形成生长素和营养物质。如果在完全缺乏光照的遮荫下，光合作用不能进行，插穗不能发根，而且不久就会死亡。但光照过强，又使叶片水分大量蒸发而枯萎，尤其是在扦插初期，光照尤其不宜过强，故在扦插苗圃应进行适当遮荫，据研究遮光度以 50—70% 为宜。

日照长短和光质对插穗发根也有影响。一般认为长日照比短日照好，发根早，根量也有增加、在光质方面，认为蓝紫波光对发根有利。苗圃遮荫，不但调节了光的强度，而且获得含青紫光较丰富的漫射光，所以对扦插发根有促进作用。

（4）土壤　土壤的理化性状和扦插发根都有直接影响，除上面所述的土壤温度、水分、通气等条件外，还有土壤反应、有机质和腐生微生物含量要少，这样分解释放的二氧化碳少，相对提高土壤中氧的含量，有利插穗呼吸，而插穗基部也不易发生霉烂。我国各地在生产上，广泛采用红壤或黄壤心土铺在苗床上，就是因为红、黄壤心土呈酸性，结构疏松，保水、透水性能与通气条件良好，含有机质和微生物少，创造了插穗愈合生根的有利条件。在插穗生根后，吸收能力增强，要从土壤中摄取营养元素供幼苗生长发育的需要。因此苗床上红、黄壤心土不宜铺得太厚，足够适应插穗入土深度即可，一般铺 3—4cm，使发根后，根系长入苗床原有的肥沃土壤中，吸收养分，促进幼苗生长。

3. 采穗母树的培育

我国一般是在无性系良种采叶茶园中留养新枝条供剪取插穗。为了获得较多健壮的枝梢，必须对采穗母树加强培育管理。

(1) 施肥 母树施肥要注意增加磷、钾肥比例，使产生具有分生能力强的新梢。据斯里兰卡茶叶研究所报告，以修剪前 16 个月不施肥、修剪前 13 个月每株每 3 个月施肥 85g 和修剪后 13 个月每株每 3 个月施肥 170g 进行对比，所用肥料均系复合肥（10.3% N，6.9% P_2O_5，7.5% K_2O，3.0% MgO）新梢的生长长度和叶面积与施肥量成正相关，不施肥的平均新枝长度为 54.9cm，叶面积为 43.9cm^2，每 3 月施 85g 的分别为 85.9cm 和 51.8cm^2，每 3 月施 170g 的则分别为 93.1cm 和 60.2cm^2。福建省茶叶科学研究所曾建议，在一般情况下，于修剪或台刈前，要亩施农家肥 2500kg 以上，配合化学磷肥 25kg 以上。在封园留养时，追施氮肥，如硫酸铵，亩施 25kg 以上。在枝梢生育过程或剪枝前 2—3 星期，结合喷药，用 0.5—1% 尿素溶液根外追肥，亩用量 1.5—2.5kg。

(2) 修剪 经适当修剪的茶树长出的新梢较长，叶片较多，可供较多数量的插穗，养穗母树的修剪程度应较一般采叶茶树为重。一般青、壮龄母树，可进行深修剪，剪去树冠上部细而密集的树梢；半衰老母树，离地 40cm 左右重修剪；衰老母树要台刈。幼龄茶树结合定剪培养新梢。

灌木型生长良好的壮龄母树，经过修剪，一亩采穗数量，可剪一叶短穗 20 万穗左右。

(3) 打顶 为了促进留养枝梢成熟时，积蓄较多的养料，并使腋芽饱满膨大，一般在剪取枝条前 10—15 天打顶，摘去顶端嫩芽叶。实践证明，打顶后的枝条剪作插穗，较不打顶的粗壮充实，插后发根快，茶苗生长良好。但打顶时间不能过早，否则腋芽萌发展叶，消耗养分，对扦插工作和插穗成活、幼苗生长均有不利的影响。

(4) 防治病虫 对采穗的母树，病虫害要及时防治，在新梢伸育过程中，特别要注意控制小绿叶蝉、螨类的危害。在采穗前一周，要用低毒长效农药喷一次，以防病虫从母树带入苗圃。

(5) 母树黄化处理 能够促进插穗发根成苗的进程。对难于发根的茶树品种，效果更为显著，可用黄化处理。据江西修水茶叶试验站试验报告，黄化处理采穗母树，可以提高枝条扦插的成活率，提早发根，促进根群发育。在春季采穗母树新梢长一芽二、三叶时，于茶丛上用黑色塑料薄膜覆盖，或用稻草覆盖，厚度以不透光为标准。覆盖物要高出茶丛 30cm，形如隧道，仅茶丛下部离地 20cm 以下空着，以利通气，其余全部密闭（图 9-51）。茶丛经过 2—3 周遮光后，撤除覆盖物，让其在正常情况下生长 2—3 周，即可剪穗扦插。

黄化处理能促进发根，一般认为枝条内吲哚乙酸含量增加，及碳氮比率改变有关。

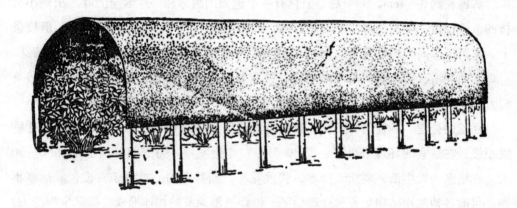

图 9-51 黄化方法（浙江农业大学）

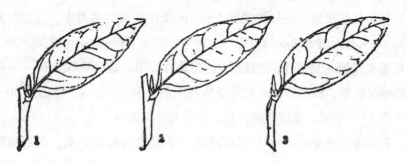

图 9-52 插穗的剪法（浙江农业大学）

1. 符合标准的短穗 2. 上端小桩过长 3. 上端过短，下端剪口相反

母树黄化处理后的插穗如再进行生长素处理，促进发根效果更大。

（6）生长素处理 当留养新梢成熟，于剪穗前 10 天左右，喷生长素溶液。喷时要求充分湿润枝叶，80ppmα-萘乙酸，50ppm2，4-D 或 30ppm 增产灵，每平方米树冠喷水溶液 500ml。

4. 插穗的剪取与处理

采穗枝条的选择与剪取 过嫩的插穗，水分管理困难，浇水多易腐烂，少浇水又易枯萎。硬化的插穗，细胞分裂机能旺盛，发根快，苗圃也易管理。以新梢逐渐硬化，下部 1/3 茎已变褐色，为剪取插穗适当时期。

从母树上剪下的枝条，要尽量保持新鲜状态，如失水达 20%，就显著降低扦插效果。所以采剪枝条最好在早上进行，这时空气湿度大，枝叶含水量多，易于保持新鲜状态。采下的枝条要放在阴凉潮湿的地方，及时处理。最好当天剪穗，当天扦插。如不能当天扦插或异地采运枝条，就需贮藏与运输。枝条贮放在阴凉潮湿地方，注意浇水；运输时要放在竹篮里，充分喷水，枝条铺放厚度以 5—10cm 为度，贮藏和运输都不能超过三天。

剪穗长约 3—4cm，一个短茎上具有一个饱满的腋芽和一片健全的叶。出现小分枝的，主枝留一叶，侧枝留一真叶剪取。通常一个节间可以剪取一个短穗。但枝条上、下两端节间太短的部分，可把两节剪成一个短穗，并剪去下端的叶片和腋芽。剪口必须平滑，剪口斜向与叶向相同，腋芽与叶片要完整无损，不可剪坏（图 9 - 52）。

插穗的处理　插穗剪好后，一般不经过任何处理就可以扦插了。由于茶树插穗发根慢，在适宜的环境条件下，要 30 天左右才会发根，完成第一回根系要 60—90 天。在根系未发生前，要天天浇水，管理花工，而且有的品种难于发根，成活率不高。目前各地常用植物生长素处理插穗，以促进根原基的加速形成，提高生根能力，一般可使插穗生根提早三分之一的时间，并且根多而旺盛。处理方法如下：

（1）插穗基部浸渍　将插穗基部 1—2cm 浸在生长素溶液中，浸渍时间与溶液浓度有关。α - 萘乙酸 300ppm 浓度，浸 3—5 小时，100ppm 则可浸 12—24 小时。

（2）插穗浸渍　将整个插穗浸在生长素溶液中。这种处理方法，溶液浓度要低，浸的时间要短，浸后要用清水洗净插穗上的芽和叶片。α - 萘乙酸 50—100ppm 溶液，浸渍 3—4 小时。浸渍时间过长，会引起叶片脱落。

（3）插穗基部速沾　为了克服浸渍既较烦又费时间的缺点，在插穗数量较多时，可将激素配合较高浓度的溶液，如 500—1500ppm，扦插时将插穗下剪口切面在药液中速沾一下即行扦插。此法行之简便，生产中便于采用。

生长素种型很多，萘乙酸、2，4 - D，吲哚乙酸、吲哚丁酸、赤霉素、增产灵、三十烷醇等，经国内外试验，处理插穗都有效果。其中吲哚丁酸药效活力最强，性质稳定，不易破坏，唯其价格较高，其余各药，对茶树插穗促进生根的效果亦好。但用生长素处理时要注意药液浓度，浓度低时，可以促进发根，浓度过高时，反有抑制作用，甚至使插穗或植株死亡。适宜浸渍剂量有：α - 萘乙酸 50—100ppm、2，4 - D 40—80ppm、赤霉素 50—100ppm、增产灵 30ppm、三十烷醇 8—12ppm 等。

5. 扦插时间与方法

扦插时期　我国茶区广阔，气候多样。露地育苗，在华南茶区，一般春插在 2—3 月，茶苗当年可以出圃。江南茶区春插就要略迟，要在 3—4 月。江北茶区就更迟，常在 4 月间开始。夏插多数茶区都在 6 - 7 月，在华南茶区管理水平高的也能在当年冬或翌年春出圃。秋插多在 9 - 10 月间。华南茶区低丘陵地带从 11 月至翌年 1 月还可冬插。高山地带和其他茶区，由于气温低，冬插发根慢，管理时间长，保温防寒工作要增加费用与劳力，较不经济，故少进行。所以扦插具体时间，应按当地茶树品种发芽的迟早，枝条成熟时间和气候情况而定。

扦插方法 扦插时，先将苗畦充分喷湿，待稍干后，按茶树品种叶片的长度进行划行。一般行距 7－10cm。然后把插穗直插或稍斜插入土中，露出叶柄，避免叶片贴土，边插边将土壤稍加压实，使插穗与土壤密接，以利发根。叶片方向宜向当季最多风向顺风排列，以减少风吹动摇，以利插穗固定发根。插穗株距，依茶树品种叶片的宽度而定，以叶片互不遮叠为宜，中小叶品种一般 2—4cm。插后立即充分浇水，要浇到插穗所达土层范围内都湿透，随即盖上遮阴物。每亩可插 15—20 万株。春插和秋插的生长周期短可以密些，夏插生长周期生，至翌年春夏，竞相生长，使部分苗木徒长，另一部分小苗生长受压制，甚至被淘汰，所以要稀些。

近年来各地应用营养钵扦插育苗。早在六十年代，广东、广西、江苏、福建等一些茶区开始应用，以粘泥浆和稻草制成"草泥钵"育苗，现多改用塑料薄膜制成，高 20cm，长×宽为 12×8 或 9×6cm 成长方形钵体，靠底部四周各打两个小孔。钵内下部装入肥沃表土，上部装红黄壤心土约 4cm，与一般扦插苗床相同。插前土要适当压实，以防浇水土壤下沉，使插穗因叶片靠在营养钵边缘而悬在空中，造成土壤空隙不足，排水困难。每钵扦插 3 条插穗，插后浇水，将营养钵排在苗床上，以后管理同一般扦插育苗。据陈炳环试验报告，夏秋季扦插可以用现剪插穗，直接插入营养钵内，而春季营养钵育苗，以使用上年秋冬季扦插在苗圃已有愈伤组织的插穗，移来扦插为适宜，不仅成活率高和良好生长。这是因春季枝条内含物少，加上扦插后腋芽早萌发，消耗养分，故发根较差，生长不理想。

压条繁殖

压条在茶树营养繁殖方法中历史最久，福建许多优良品种，大多用压条法繁殖而来，以后传入台湾，这种方法育苗成活率高，茶苗生长迅速，一般春茶后压条，当年冬前即可移栽，可以保持母树特性，操作技术简易，投资节省，不需要特殊设备和苗圃，即可育苗，又可用于茶园就地补缺。但易从母树带来病虫害，并对母树茶叶产量有一定影响。它的繁殖系数及移栽后生活力均不如短穗扦插育苗，故目前生产上应用不如短穗扦插广泛。

1. 压条发根的有关因素

（1）茶树品种与压条发根难易有关。据福建农民经验，水仙、梅占、乌龙、福鼎大白茶等品种发根较容易，桃仁和牡丹则较困难。台湾亦曾报告，黄柑、大叶乌龙发根较易，青心乌龙、硬枝红心发根较难，阿萨姆种和台湾山茶亦难发根。

（2）要使同化作用产物积累于枝条发根部位，促使快速发根，所以压条必须把各枝条基部扭伤，以阻止同化作用产物向下输送，大量积累于枝条损伤处。

（3）被压条的枝条顶梢要露出土面，使上面叶片能正常进行光合作用。

（4）供给压条生根的土壤以 pH4.5—5.5 之间为佳，有良好的保水性的红黄壤土。

2. 母树选择与培育

母树应选具有所要培育的优良品种固有特征，特性；生长健壮，无病虫害的茶树。为了便于操作和提高压条成活率，要选用离地面近，枝条粗壮的一、二年生的红棕色的枝条，因而以二、三年生幼龄茶树最为适宜，如茶树较衰老，或因枝条老化粗硬，发根不易，操作困难；或因枝条纤细，生长势差，亦不易发根，就是发了根，以后幼苗生长也很差。所以较衰老茶树，应进行台刈，为了使台刈后萌发的新枝长得壮而长，台刈前施足基肥，台刈后经过三、四个月，新梢已大量从根颈处抽出，这时对养分的需要非常迫切，应及时追施速效肥料，以促新梢生长。一般在春茶后台刈的，到第二年早春就可以进行压条。压条前要提早追肥，如春季压条，宜在上年秋季施追肥，夏季压条的，宜在春季施追肥，施肥量要求比一般茶园适当增加。压条前还要进行一次深耕，以促使压条后茶苗根系的生长。对于幼龄及台刈后的茶树，为促进分枝，还应摘顶；如枝条太密可适当疏除细弱枝，并及时防治病虫害。

母树茶园如土壤太粘、砂性太重、腐殖质过多或贫瘠茶园，应先在母树周围填上红黄壤心土 6 - 10cm，以后压条，可以提高成活率。

3. 压条时期与方法

压条时期 在我国茶区的气候条件下，全年都可以进行压条。一般春茶后，当年新梢已成熟，加上气候温暖，压条生根迅速，有利提高成活率。春茶前，可以利用上年秋梢压条，而且气候已开始逐渐温暖，对发根亦有利。9 - 10 月以后，气温较低，水分蒸发亦较少，亦可得到好成绩，但最为适宜的压条时期，应按各地气候情况而定。据生产实践，在浙江、安徽茶区，以 9 - 11 月和 2 - 4 月效果最好，经过半年到一年生长，压条可以从母树上剪下移栽；在福建茶区，以春茶后 5 月上旬至6 月上旬为最好，这时压条数量多，发根快，成活率高，春茶前压条次之，秋茶后也可进行。

压条的方法 各地应用的压条方法很多，归纳起来主要有轮状压条、伞状压条、堆土压条和弧形压条四种。其操作方法大同小异，均利用当年新梢为压条材料。

（1）轮状压条 在母树周围挖压条沟，深13—16cm，沟与树头的距离视茶树的高矮而定，树高的距离远些，树矮的近些。沟底施下一层肥，上盖红黄壤心土，采去母株枝条上老叶、茶果和新梢入土部分的叶片，其后，将大树条向四周逐枝扭弯徐徐压入沟内，用竹钩或木钩固定土中，盖土压紧，再将枝条上的每一新梢基部扭伤压入土中，盖土压紧，使每一新梢顶端都向上直竖，露出土面。在母树中央直径约30cm范围内不覆土，并留部分短矮枝条不压，让其自然生长，这样所压枝条向母树四周排列成环状，近似车轮。这种方法可以形成较多茶苗，母树中央部分枝条未压，母树树势易于恢复。

（2）伞状压条　亦称全丛压条。选用台刈后1—2年生茶丛，压条时，先在茶树周围适当的位置开沟。沟内施一层基肥，然后放上一层生红壤土或黄壤土，厚约15—20cm，铺成内低外高，然后将枝条向四周摊开，枝条基部稍为扭曲。在茶丛中央培上生红、黄壤土，高约50cm左右，并踏实堆成馒头状，枝条上部露出地面。方法与轮状压条基本相同，但这种方法所有枝条都被压覆土，茶树树势的恢复慢，然而压后获得茶苗多。

（3）堆土压条　压条母树在头年春茶后台刈，到第二年春用红黄壤心土堆入茶丛中间，高约30cm，呈馒头状，使新梢顶部和几片叶子露出土堆。堆土时，要把各枝条分开，使每一枝条都被土壤包围，并要踏实堆土。到当年秋冬或翌年春，就可剪下茶苗移栽。母株所留残桩，仍能再生出新枝，又可堆土压条。这样继续2—3年，就要休闲一年，以便母树恢复生机。

（4）弧形压条　从母树上选强壮的长枝条，摘除部分老叶，然后在适当位置开沟，深约6cm左右，宽30cm左右，再将枝条弯下，扭伤入土部位，然后把枝条平卧压入沟中，用竹钩或木钩固定，将枝条上部扶直，露出地面约10—15cm，并覆土，稍加压实。这方法普遍应用于茶园补缺株及改丛植为条植。

苗圃管理

在育苗过程中必须十分重视苗圃管理，才能提高出土率和成活率，促使幼苗苗壮成长，提早出圃期。为了管好苗圃，必须对茶苗的生长规律及其对外界环境因素的关系有所了解，以便采取有效的技术措施，使它与茶苗生长规律相适应，培育出健壮和茶苗。

1. 茶苗的生长规律

茶苗的个体生活史，以实生苗来说，从种子萌发开始，形成根、茎、叶等营养器官，不断吸收和积累各种营养物质，继续生长与发育。如果是扦插苗，由愈合、发根、继续生长与发育，其生长过程和实生苗相似。不管实生苗或扦插，幼苗生长从幼芽展开叶片，接着又展开若干叶片后，顶芽成为驻芽，展叶即自停止，茎亦停止生长，这是幼苗生理上的休眠。休眠期间是幼苗顶芽分化期，形成原始小叶；在伸育期，原始小叶迅速长大，也就是幼苗生长期。而分化期与休眠期是幼苗形成茎叶的必经过程。休眠是生长的准备阶段，生长又是休眠的基础。在我国大部茶区，幼苗在一年中，一般有三次生长休眠交替期间，亦即是三次生长周期。一个生长周期的长短，随气候有所差别，第一次休眠处于春末夏初之际，多为三个星期左右；第二次休眠处于夏末，仅3—9天，第三次休眠开始于秋末，须渡过冬季，翌年方可解除。然而休眠时间的长短不是固定不变的，在干旱条件下，休眠期就会延长，在水肥充足的条件下，生长期可以掩盖休眠期。按照茶苗这些生长特点，茶苗的生长过程，可分为四个阶段，即出苗期、第一生长周期、第二生长周期、第三生长周期。育苗工作的任务，就是按照茶苗的生长过程中要求，采取适宜的苗圃管理技术措施，为茶苗生长发育创造良好条件，促进萌发、发根、生长迅速而健壮。

出苗期 种子繁殖从播种入土开始，萌发出土至形成第一片绿叶，扦插繁殖从插穗插入土中开始，至插穗愈合、生根、腋芽萌发，这时期称为出苗期。

出苗期的外界环境因素，主要是土壤、水分、温度、通气状态以及覆土厚度等。

这个时期苗圃管理工作的任务，是要为种子发芽、幼苗出土，插穗发根创造良好的外界条件，满足茶子发芽和插穗生根萌芽的要求，使茶子发芽快，出土齐；使插穗发根快，保持母叶光合能力，萌芽展叶平稳。所以要注意土壤温度和湿度，掌握覆土厚度，扦插苗圃更要注意光强度的调节。

第一个生长周期 出苗期后即接入本时期，这时幼苗已开始进行独立营养，地上部在展叶的同时，茎也随之伸长，但因气温尚低，生长缓慢。它们的地下部都长出侧根，开始形成根系。

这个时期影响幼苗生长发育的主要外界因素是水分、温度、光照和养分等条件。经常保持湿润是非常重要的，温度对幼苗生长关系也很密切，但这一时期，自然界温度已比出苗期为高，只要注意防止突然低温的危害。在正常的情况下，气温逐渐上升，调节土温已较为容易。由于幼苗生长的需要，光照条件已显出其重要性，要创造适当的光照条件。在播种时畦面有覆盖物的应去掉。荫棚上覆盖物也逐渐稀疏，增强光照强度，以增大光合能力，促进茶苗生长。由于根系的发育，在土壤中开始吸收较多的养分，但是，仍然是从灌溉水中吸收原来在土壤中施用基肥的肥分为主，还不到施用追肥的时候。

这一时期茶苗仍很幼嫩，根系的土壤中也较浅，所以这时苗圃的管理工作，主要是促进地下部生长为主，促进根系发育，保持土壤湿润、松土、除草、间苗等工作十分重要。

第二次生长周期　幼苗经第一次休眠后，地上部开始生长，生长较快，地上部生长占优势，而根系亦较发达，能吸收水分和养分供应幼苗生长的需要，如果肥水充足，生长期可以延长，缩短休眠期，增加茶苗生长量。但这时进入炎热的夏季，又易遇到伏旱，生产往往受抑制，所以这时期如何控制温度和供应适当的水分和养分，至关重要。

这一时期苗圃管理主要任务，是遮阴、灌溉、除草、松土和施肥，还要注意虫害的发生，及时进行防治。

第三次生长周期　茶苗经二次休眠，这次休眠期较短，在遮荫控制适宜，肥水充足情况下，甚至难于察觉。进入这时期，气候温暖适宜，生长期长，地上部与地下部均大量生长，常占幼苗全年生长量二分之一到三分之二以上。是决定当年茶苗能否达到符合出圃规格的关键时期。但有的茶区常发生"夹秋旱"成为抑制因此，要特别注意。

这时期苗圃管理工作，最主要的是加强满足茶苗生长发育所需的各种条件，如加施追肥、灌溉、除草、松土、遮荫棚的拆除，以及病虫害的防治等等。到了这个生长期结束，进入休眠期时，一般茶苗可以出圃了。如系秋插茶苗，才经过第一个生长周期或当年不准备出圃的茶苗，在这生长期的后期，要适当控制肥水的施用，以促进梢部老熟，增强越冬抗寒能力。

2. 苗圃管理的技术措施

苗圃管理工作主要包括两方面，一是土壤管理，一是茶苗管理。

土壤管理

（1）灌水和排水　水分是茶苗发芽、发根和生长的重要条件。土壤必须保持适宜水分，茶苗才能正常生长。土壤水分来源，主要要靠降水和地下水，一般不能满足茶苗在生长期中每个阶段对水分的需要，因此必须依靠灌水来补充土壤中的水分。反之，在雨季雨量集中或遇 大雨暴雨，造成田间积水，必须进行排水，如不及时排水的不但影响根系生长，而且徐徐使幼苗根系腐烂死亡，或减弱苗木生长势而使感染病害。

种子育苗，在幼苗出土之前，在我国大部茶区，春、夏雨水较多，一般不需要灌溉。出苗之后，如遇天气干旱，应进行灌溉，灌溉次数与数量要根据幼苗生长情况及气候情况而定。在茶苗幼嫩时，每次灌水量宜少，每次间隔日数也要少。茶苗长大以后，每次灌水量可增多，间隔日数也增多，灌溉水量以能保持土壤湿度在60—70%左右，灌溉应在早晨或傍晚进行，灌溉后如土壤板结，应进行松土，以防止水分蒸发及改进土壤通气状况。

扦插育苗，对于水的管理更要特别留意，目前我国普遍采用短穗扦插。由于穗短小，插入土中也浅，插穗刚插入土时，上端伤口及母叶，蒸发量大，下端又未发根，吸水能力差，故在未发根前，保持土壤及空气湿润极为重要。但是，土壤水分过多，影响土壤通气性，不利于发根长苗。一般晴天早晚各浇一次，阴天一天一次，雨天不浇，大雨久雨还要注意排水。浇水以浇到插穗基部的土壤湿润为度，土壤保水性好的少浇，否则多浇。生根以后，可一天浇一次，或隔数日沟灌一次，灌到畦高的四分之三，约经 3—4 个小时即可排干，切忌淹没和长期积水。

（2）施肥 据分析茶苗形成 1g 干物质，需相当于氮素 18.71mg，磷酸 4.95mg，氧化钾 16.07mg。茶苗根系已经形成后，这时实生苗的子叶养分已消耗殆尽，扦插苗必须利用新生叶片大量制造有机物质。因此必须从土壤中吸收各种营养元素。所以从这时起有必要追施一定数量的肥料，以供应幼苗生长。但因茶苗根系还不强大，开始时吸收能力还不强，施肥浓度要淡，否则不但浪费，而且容易引起反渗透作用，造成大量死苗，以后随着苗木的长大，浓度也逐渐提高。化肥渗水施用初次追肥浓度掌握 0.5% 左右，以后逐渐提高到 1%。每次追肥浇后，要喷浇清水洗苗，以防沾在新梢叶片上的肥料，因水分蒸发浓缩，引起茶苗灼伤。

（3）中耕除草 播种苗床，未有覆盖的，在茶苗未出土前，如逢雨后土壤板结，应进行中耕松土，使土壤表层破碎，减少了阳光反射，增加土壤对太阳光的吸收，提高了地温，对种子发芽出土均有很大作用。扦插苗床，在插穗未发根前，不可中耕，以防动摇插穗，妨碍发根。苗圃由于经常浇水，土壤易于板结，杂草亦易滋生，为了保证茶苗正常生长，必须及时中耕除草。目前我国各茶区多用小锄或小两齿耙中耕松土，用手拔除杂草。拔草要做到"拔早、拔小、拔了"，才不致因草根太长而在拔草时损伤茶苗幼根或带动茶苗，影响发根固定。这种中耕与拔草方法，人要蹲到地上，劳动强度大，工作效率低。因此，这是一项急需改进的项目。茶树苗圃应用除草剂进行化学除草，虽有科研单位曾进行试验，已取得若干成就，如在播种前或扦插前，以 1% 除草醚或 0.1%，扑草净喷射苗床，可以防止杂草生长。但茶苗在苗床培育过程中，如何应用除草剂控制杂草生长而茶苗不受药害，还没有足够经验，需要进一步试验，取得数据，为今后应用提供依据。

苗木管理

（1）荫棚检修与拆除 播种苗床上的覆盖物，在茶子将大量出苗时，把覆盖物拨到行间以免妨碍幼苗出土。

荫棚要经常检查，如发现破洞要及时修理，以防太阳直射强度过大而成块死苗。实生苗出土长出绿叶或扦插苗生根后，应提高透光度到 50% 左右，以增大光合能力，促进茶苗健康成长。铁芒箕遮荫的应疏去一些，若系杉刺、松枝、竹、秸秆等覆盖的棚同样也应拉稀一些。茶苗经过一、二个生长周期，旱热期过后，选择阴雨天拆除。如系秋、冬扦插的苗圃，可于翌年5—6月雨季拆除，拆除遮荫物后还应注意土壤湿度，经常保持60—80度，过干就要灌水。

（2）摘除花蕾　扦插育苗，如插穗上着生花蕾，对茶苗生长不利，而花蕾越多，影响愈大。因此必须及时摘蕾。但据观察带蕾插穗对发根有促进作用。可见插穗在发根前所需的养分。主要是依靠插穗本身贮藏的养分来供应。有花蕾的插穗比无蕾贮藏更多的养分。所以在插穗生根以后，如有花蕾，应即予摘除，抑制生殖生长，以利集中养分，促进营养生长。

（3）防治病虫害　苗期病虫为害，会严重影响成活率和茶苗生长，为了培育壮苗和提高出圃率，必须十分注意防治。尤其扦插育苗，插穗易从母树带来病虫害。插穗应选择健壮、无病虫害的枝条。在剪穗时，应把有病虫或带有虫卵的插穗分开，加以处理，不使混入苗圃，这就是"防重于治"的重要方面。茶苗本身病虫害防治，则应在培育过程中采取防治措施。有些茶苗的病害，不一定都是病原菌的感染，也有生理病害和土壤缺乏某些微量元素，或环境条件不适宜。如过强光照、酷热、干旱、低温、多湿等所造成。所以苗圃病虫害防治要采取综合措施，注意苗床土壤酸度，和湿度是否适合，适当遮荫，合理施肥，勤除杂草，保持苗圃清洁与空气流通，改善苗圃环境条件，培育壮苗，增强其本身的抵抗力。雷雨季节前，应做好开通排水沟，防止病害和烂根，必要时喷射波尔多液，以预防病害的发生。发生虫害时，应及时用人工捕捉或喷射药剂等方法扑灭。只要注意预防，重视病虫害发生在萌芽状态，立即扑灭，防止蔓延扩大，这样不但在技术上能收到良好的效果，而且在经济上也能收到节约费用，降低成本的经济效果。

（4）防寒　当年冬天前未出圃的茶苗，在较冷茶区及高山苗圃要注意防冻。冬前摘心，抑制新梢继续生长，促进成熟，增强茶苗本身抗寒能力。其他防寒措施，可因地制宜，如盖草、覆塑料薄膜、留遮阴棚、寒风来临方向设风障等遮挡方法的保温措施，或霜前灌水、熏烟等以增加地温与气温。

3. 苗圃管理技术的进展

为了减轻劳动强度、提高工效、简化管理工作、降低成本、增加经济效益，近年来随着我国工业的发展，新材料及新设备在苗圃管理上得到应用。

薄膜密闭覆盖育苗　为了提高工效，减少浇水工作促进插穗发根和幼苗生长，我国各地用塑料薄膜密闭覆盖育苗，效果良好。国外亦报道，在薄膜密闭覆盖下，插穗形成的根系更多更长，苗株干重亦较重。其方法是在苗床上搭圆弧形拱式的架，拱高30cm，底宽与苗床一样，上覆透光塑料薄膜，四边下垂到苗床底，在薄膜顶上搭高棚遮荫（图9-53）。发根后揭去薄膜，以后管理同一般扦插育苗。薄膜如保管得好，仍可以重复使用，而且节约用水和浇灌劳力等费用，降低了育苗成本。

据福建省屏南茶叶指导站试验，用薄膜密闭覆盖育苗，春季扦插，每七天揭膜浇水一次。结果如下（表9-29）。国外有用能阻止红光和红外线等长光波通过的薄膜，导热系数小，日射量降低很多，虽在夏季密闭覆盖育苗，不再遮荫，亦不至灼伤茶苗，劳力和搭荫棚材料更为节省。

表9-29 密闭覆盖对插穗发根与茶苗生长的影响

（福建省屏南茶叶试验站）

处理	愈合天数	发根天数	根数（条）	根长（cm）	新梢长度（cm）	新叶数（片）	成活率（%）
密闭覆盖	14	36	25	8.5	8.0	6	84
对　照	20	42天以上	14	3.6	3.0	3	80

注：扦插期：3月13日；调查日期：6月10日。

图9-53 密闭覆盖育苗

机械喷灌 在茶树苗圃管理中，以人工喷壶浇灌，是费工多而劳动强度大的工作。六十年代末期茶树育苗已开始使用喷灌，但至今未能普及，可能是我国茶树苗圃多系临时性的或因规模较小，全面推广，条件还不具备。但随着我国工业迅速的发展，农业专业化日见普及，有可能在短期内普遍使用。喷灌有固定式和移动式两种。固定式是水泵和动力构成固定的泵站，水管的干管和支管多埋在地下，喷头装在固定的竖管上。移动式喷灌仅利用苗圃地上渠道，抽喷机具移动，此种成本较前者为低，简单易行。苗圃喷灌，应注意雾化好，水滴不能太大。

土面增温剂的使用　土面增温剂是一种覆盖型土壤水分蒸发抑制剂，为棕褐色膏状物。用水稀释后喷洒在湿润的苗床土面上，可以形成一层均匀连续的薄膜，不怕风吹雨淋，不妨碍种子发芽与幼苗出土，有抑制和减少水分蒸发，从而提高地温与地表气温的作用。由于增温剂为棕褐色，能吸收阳光的辐射能，因此，增加了土壤中热量的聚积，可以减轻晚霜和寒潮对幼苗为害，促进种子提早发芽出土，使幼苗苗壮成长。

使用方法先使苗床上面土壤有足够水分，再行播种已催芽的茶子，薄盖土约2—3cm，随后把稀释倍数为 6－8 倍的土面增温剂的水溶液，按照苗床每平方米用原药150g的用量，以喷雾器均匀喷在床面上。

4. 茶苗出圃与装运

实生苗在当年秋季生长停止后或在翌年春季茶芽萌动前可以出圃。扦插苗出圃标准，江西省曾定出为 20—25cm，主茎粗不少于 3mm，主茎离地面至少有 10cm 以上一段木质化。

茶苗达到出圃标准后，和实生苗一样，当年秋季或翌年春季出圃。起苗时，苗圃土壤必须湿润疏松，因茶苗根系与土壤密合在一起，这样起苗才能够多带泥土，少伤细根。如苗圃土壤干燥，可在起苗前一天进行灌溉。最好在阴天或早晨与傍晚起苗，可以减少茶苗水分蒸发。

茶苗起后，按生长好坏分级，一般分为二级，分开移植，使茶苗生长一致。生长不良和有病虫害的茶苗应剔去。

茶苗出圃时间依移植适期而定，尽量做到缩短出苗至移栽时间。

外运茶苗，在途需二天以上的必须包装。将茶苗每 100 株捆成一束，用泥浆蘸根，然后用稻草扎根部，上部约一半露出外面。再把 5—10 小束绑成一大捆。起运前用水喷湿根部，保持湿润。如远途运输，最好外面再用竹篓或篾篮等装载。

远途运输过程中，茶苗不要互相压得太紧，注意通气，避免闷热脱叶，防止日晒风吹。茶苗到达目的地后，应立即组织劳力及时栽植。

（八）茶园艺术

发展茶叶生产，增加茶叶产量，一靠扩大面积，二靠提高单产。建国以来新茶园发展不少，面积扩大很快，但单产不高，品质差距较大，主要原因之一是建园质量差，管理不善所致。今后茶园建立必须强调不破坏农业生态平衡，不破坏自然资源，不污染环境。要重视水土保持，不能片面强调机械化和大面积生产。从当前我国茶叶生产的实际情况出发，应以改造现有茶园为主，配合改造，适当发展新茶园。

茶园建立

1. 茶园建立的意义和要求

茶叶为农业生产的内容之一，它的显著特点是商品性很强，竞争性很大，建立和改造茶园，能够使产品更加稳定可靠，并能提供更多更好在国际市场上所需要的茶叶商品。为此，为彻底改变我国茶园的旧貌，变分散为集中，改落后为先进，变低产为高产，保证茶叶品质，就必须从经营管理制度着手，建设好茶叶生产基地，这不但有利于基本建设的开展，而且有利于贯彻茶叶联产责任制，茶园适当集中连片，便于科学管理，节约劳力，减少浪费，降低成本，提高劳动生产率，增加收益，还利于集中设厂加工，扩大工农联系。

茶园的建设，应坚持高标准、高质量。其基本内容就是逐步实现茶树良种化、茶区园林化、茶园水利化、栽培科学化。

茶树良种化，要充分发挥良种的作用，尽量采用良种，逐步更新那些单产低，品质差的不良品种，提高良种化水平。要根据当地实际生产茶类。生态条件等确定主要栽培品种及搭配品种，利用各品种的特点，取长补短，从鲜叶原料上，充分发挥茶树良种在品质方面的综合效应。

茶区园林化，要因地制宜、全面规划。逐步实现茶区区域化、专业化。在国家农业区划总体范围内，以治水改土为中心，实行山、水、田、林、路综合治理。充分利用自然条件，建立高标准茶园。要求茶园相对集中，在原有茶园面积基础上，以改造为主，添建新茶园，使园地成块，茶行成条，适于专业经营。并在适当地段营造防护林，沟、渠、路旁、园地四周要大力提倡多种树木，美化茶区环境。

茶园水利化，要广辟水源，积极兴建水利工程，因地制宜，发展灌溉，不断提高控制水旱灾害的能力，茶园建立应有利于水土保持，建园坡地应以25°为限，25°以上坡地以造林为主，建园时不要过量破坏植被，以控制水土流失。基地内原有沟道、池塘等设施，力求做到雨水多时能蓄能排，干旱需水时能引水灌溉；小雨、中雨水不出园，大雨、暴雨不冲毁农田。

栽培科学化，就是运用良种，合理密植，改良土壤，要在重施有机肥的基础上适施化肥，做到适时巧用水肥，满足茶树对养分的需要，掌握病虫发生规律，采取综合措施，控制病虫与杂草的为害；正确运用剪采技术，培养丰产树冠，使茶树沿着合理生育进程发展，达到高产、优质、低成本、高效率的目的。

茶叶生产是一项耗工较多的农活，在基地建设中，在考虑园地布局，茶厂配置、产品、原料、肥料等运输以及茶园管理的有关设施时，要逐渐适应使用机械与运输工具的要求。

2. 园地选择

茶树为一种长寿的常绿植物，一年种，多年收，有效生产期可持续四、五十年之久，管理得好还可以维持更长的年限。茶树的生长发育与外界条件密切相关，不断改善和满足它对外界条件的需要，能有效地促进茶树的生长发育，达到早期成园，高产优质的栽培目的，为此，建园时必须重视园地的选择。

茶树原产于亚热带气候温和而湿润的地区，形成了喜温的特性。栽培茶树要选择年平均温度达13℃以上，活动积温在3500℃以上的地域进行栽培。我国大部茶区一般活动积温都在5000℃左右，很适宜茶树的生长。活动积温越多，年生长期越长，产量越高。

温度是条件的一方面，还要看水分的情况如何。有的温度条件具备了，但是在干旱季节，茶树仍不能很好生长。如土壤和空气的湿度过低，茶树的生长就差，产量和品质都下降。在茶树生长期间，大气湿度以80—90%为最好，大所湿度降到50%以下时，就会影响茶树生长。

土壤中的水分和空气湿度受降雨多少的影响。茶树生长最适宜的年降雨量约为1500mm左右。雨量是否适宜，不能单看全年降雨量的多少，还要看生长期每月降雨量是否均匀，生长期间的月降雨量最好达到100mm以上。我国大部分茶区降雨量每年均在1200—2000mm之间，是以满足茶树生长的需要。但因各季节雨量不均匀，或因管理不当，不能渗透留蓄于土中，生长受影响，遭受干旱的侵害，这是栽培上应引为注意的。

茶树为土壤条件的要求，只要有一定的酸度都可以生长。但要生长好，品质佳，能持续高产，必须依据第五章生态条件进行调查选用，并逐年加以改良。

茶树喜欢酸性土壤，在中性或微碱性土壤都难以成活。选择土壤首先要调查土壤酸碱度（pH值）是否适宜。凡地面原生有映山红、铁芒箕（狼箕）、杉木、油茶、马尾松等植物的，皆为酸性土，都可以种茶。适应茶树正常生长的酸碱度范围。pH值在4.0—6.5之间。pH值在65.—7.0茶树虽然可以生长，但产量和品质都不好。酸度过强，茶树生育也不良。茶树对土壤酸碱度的反应很灵敏，不但表土土壤酸碱度不足会影响根系和地上部的生长，底土的酸碱度如果不足，茶树同样生长不好，所以，茶树根部能达到的底土（100cm左右），都要保持有一定的酸度。有些地区在不大的范围内有几种土壤分布；有的一块地上，上下层土壤也有很大的差异，在进行土壤调查时，必须注意土壤分布的这种复杂性。

茶树是嫌钙植物，土壤中游离碳酸钙超过1.5%时，对茶树就有危害，因此，一般石灰性紫色土和石灰性冲积土都不宜种茶。

选择土壤还应注意土壤的其他性质，如通气、蓄水、保肥、保温等等。砂质土上种茶要注意防旱，粘质土上种茶要注意排水。

不同的地形地势条件对微域气候及土壤状况都有一定的影响。一般山高风大的西北向坡地或深谷低地，冷空气容易聚积的地方发展茶园，容易遭受冻害，而南坡高山茶园则往往易受旱害。

一般地势不高，坡度在25°以下的山坡或丘陵地都可种茶，尤其以10—20°坡地起伏比较规则是最理想的，因它既能适于机械作业的需要，又具有良好的排水性。地形过于割裂，过于复杂或坡度过度，不利茶树栽培管理和采摘，孤山独峰，面积不大，没有发展前途，同时地势较高，冬季易受寒风侵袭，茶树易受冻害。但据山东省新区经验，为有利茶树越冬，茶园以设置在高山南向的山坡为最好。并认为山高较挡风，而且最好是一孤山，附近东、西、南三面无山，否则出现回头风和串沟风，对茶树越冬不利，山顶山脚也不宜种茶，因山顶风大土干，山脚霜大夜冷。故当地茶树多种在山坡上。

除上述气候条件，土壤条件及地形地势条件，作为选择园地时的主要依据外，其他如水源、交通、劳力、制茶用的燃料，可开辟的肥源，当地习惯适种的绿肥作物及饲料作物，以及其他副业生产等也应进行调查研究，以供园地规划时的参考。

3. 茶园规划

依上面所谈的茶园建立的要求，进行规划设计。茶场的主体是茶园，规划设计必须着眼于茶园，并全面考虑林业及其他农副产品生产，经济利用土地，保持水土。

在勘探调查中，应把一些主要内容如土壤类别、原生植物、原有各种用地、水源、电源等均填到图上，在现场勾画出规划轮廓，回室内反复修正后，再去现场校核调整，使场内外的整个布设及各种用地，力求符合农业现代化标准的要求。

土地利用与主要建筑物布局：应符合实现农业现代化的要求，建设高质量的茶园。据湖南农学院调查，国营茶场都有相当面积的粮食用地和饲料用地，也有一定面积的蔬菜和果园，这些都是一个单位所不能缺少的。乡村茶场如果规模较大，除了水稻以外，其他用地也应同样考虑。基于上例调查，兹提出一个茶场的各种利用地比例方案，作为规划茶场时参考：①茶园用地70%；②粮食作物用地5%；③蔬菜与油料作物用地2%；④饲料基地5%；⑤果树等经济作物用地5%；⑥场、厂、生活用房及畜牧点用地3%；⑦道路、水利设施（不包括园内小水沟和步道）用地4%；⑧植树及其他用地6%。

国营茶场及规模大一点的集体单位，在具备要安排种植内容时，应根据当地情况，分别对待，因地制宜，合理安排。同时，劳动力使用，也应有一个分工，明确责任，各专职守。特别是水稻等粮食作物及养猪等畜牧业，应专人专职。

主要建筑物的布局：规模较大的茶场，场部是全场行政和生产管理的指挥部，茶厂和仓库运输量大，与场内外交往频繁，生活区关系职工和家属的生产、生活的方便。故确定地点时，应考虑便于组织生产和行政管理。要有良好的水源和建筑条件，并有发展余地，同时还要能避免互相干扰。

茶园区块划分：划分区块的目的，是为了便于生产管理和园内各项主要设施的布置。区是指工区（或队），它是茶场的基层生产单位，一切生产计划都要由它实现，一切生产措施都要由其贯彻。一个工区（或队）为一个综合经营单位，以自然分界线作为划分依据。茶场面积在1000—3000亩不等。全场面积在500亩以下的，设作业组或生产小队。作业组或生产小队的经营范围，就落实到各个地块，块的划分，随地势而定，在建园时，作为农田基本建设的主要内容之一，应尽可能地考虑便于机具车辆等行驶，适于水利设施，亦适于生产责任承包。

道路网与水利网的设施：道路网是关系到茶行安排、沟渠设置和整个园相的一个重要部分。在开垦之前，就是规划好道路，力求合理与适用。规模较大的茶场，必须建立道路网，分别设干道、支道、步道（或称园道），及便于机械操作的地头道。几百亩的茶场，一般只设支道和步道。

干道：上千亩的茶场要设干道，作为全场的交通要道，贯穿场内各作业单位，并与附近的国家公路、铁路或货运码头相衔接。路面宽6-8m，能供两部汽车来往行驶，纵坡小于6°（即坡比不超过10%），转弯处曲率半径不小于15m。小丘陵地的干道应设在山脊。16度以上的坡地茶园，干道应开"S"形。梯级茶园的道路可采取隔若干梯级空一行茶树为道路。

支道：是机具下地作业和园内小型机具行驶的主要道路，每隔300—400m设一条，路面宽3—4m，纵坡小于8°（即坡比不超过14%），转弯处曲率半径不小于10m。有干道的，应尽量与之垂直相接，与茶行平行。

步道：作为下地作业与运送肥料、鲜叶等物之用，与干、支道相接，与茶行或梯田长度紧密配合，通常于支道间每隔50—80m设一条，路面宽1.5—2.0m，纵坡小于15°（即坡比不超过27%），能通行手扶拖拉机及板车即可。设在茶园四周的步道承包道路，它还可与园外隔离，起防止水土流失与园外树根等的侵害。

地头道：供大型作业机调头用，设在茶行两端，路面宽度视机具而定，一般宽8—10m，若干、支道可供利用的，则适当加宽即可。

设置道路网要有利于茶园地布置，便于运输、耕作，尽量减少占用耕地，在坡度较小、岗顶起伏不大的地带，支道、支配应设在水分岭上，否则，宜设于坡脚处，为降低与减缓坡度，可设成"S"形。

水利网：茶树有怕渍、怕旱的习性，在其整个生长发育过程中，特别是在生长季节中有明显旱季的地区，水是该季茶叶增产的决定因素。相反，山地丘陵地带，多雨季节，如果沟道未及时疏通以排除渍水，常冲垮园地，流失水土，地势低洼之处，又会渍水，影响茶树生长。因此，就茶园而言的"水利网"，应包括保水、供水和排水三个方面。从我国当前大多数茶园来看，主要是保水；随着水利事业的发展和提高茶叶品质的要求，则中及时供水，供水与保水相结合。排水只是个别的地方和一年中的短暂暴雨时间。规划茶园时，须考虑达到有水能蓄，需水能供，水多能排。供水方式因地而异，细流沟灌，各类喷灌和滴灌等应兼而有之。

结合规划道路网，把沟、渠、塘、池、库及机埠等水利设施统一安排，要沟渠相通，渠塘相连，长藤结瓜成龙配套。雨多时水有去向，雨少时能及时供水。各项设施完成后，达到小雨、中雨水不出园，大雨、暴雨泥不出沟，需水时又能引提灌溉。各项设施与园地耕锄结合。各项设施需有利于茶园机械管理，须结合某些工序自动化的要求。

茶园水利网包括如下项目：

渠道：主要作用是引水进园，蓄水防冲及排除渍水等。分干渠与支渠。为扩大茶园受益面积，坡地茶园应尽可能地把干渠抬高或设在山脊。按地形地势可设明渠、暗渠或拱渠，两山之间用渡槽或倒虹吸管连通。渠道应沿茶园干道或支道设置，若按等高线开设的渠道，应有0.2—0.5%的比例。

主沟：是茶园内连接渠道和支沟的纵沟，其主要作用，在雨量大时，能汇集支沟余水注入塘、池、库内，需水时能引水分送支沟。平地茶园，还要起降低地下水位的作用。坡地茶园的主沟，沟内应有些缓冲与拦水工程（图9-54）。

支沟：与茶行平行设置，缓坡地茶园视具体情况开设，梯级茶园则在梯内坎脚下设置。支沟宜开成"竹节"沟。

隔离沟：在茶园与林地、荒地及其他耕地交界处，设隔离沟，以免树根、杂料等侵入园内，并防大雨时园外洪水直接冲入茶园。随时注意把隔离沟中的水流引入塘、池或水库。

园内沟道交接处，须设沉沙函。主支沟道力求沟沟相接，以利流水畅通。

图 9-54　茶园拦水工程示意图

水库、塘、池：根据茶园面积大小，要有一定的水量贮藏。在茶园范围内开设塘、池（包括粪池）贮水待用，原有水塘应尽量保留，每 30—50 亩茶园，应设一个沤粪池或积肥凼，作为常年积肥用。

贮水、输水及提水设备要紧密衔接。水利网设置，不能妨碍茶园耕作管理机具行驶。要有现代化灌溉工程的设计准备。

茶场茶园规划内容，尚有劳动力、种苗、农机具以及分年投资、分年收益和经济效益等，均应编造计划。

防护林与遮荫树：从保持宏观生态平衡着眼，需使茶区成为一个林区，从改造微观生态着眼，茶树应置于树木的保护之下。为使茶叶产量高、品质好，须在园地内外选择适当的位置植树，造林围园，整个茶场均用适当树种，选择恰当位置，环境茶园栽植。低纬度地区茶区，常在茶园内于一定距离栽遮荫树，实行环境林园化，以利茶树生长发育。

凡冻害、风害等不严重的茶区，以造经济林、水土保持林、风景林为主。一些不宜种植作物的陡坡地、山顶及地形复杂或割裂的地方，则植树为主、植树与种植多年生绿肥相结合，树种须选择速生、防护效果大、适合当地自然条件的品种。乔木与灌木相结合，针叶与阔叶相结合，常绿与落叶相结合。灌木以宜作绿肥的树种为主。园内植树须选择与茶树无共同病虫害、根系分布深的树种。林带必须与道路、水利系统相结合，且不妨碍实施茶园管理使用机械的布局。

林带布置：以抗御自然灾害为主的防护带，则须设主、副林带；在挡风面与风向垂直，或成一定角度（不大于 45°）设主林带，为节省用地，可按排在山脊、山凹；在茶园内沟渠、道路两旁植树作副林带，二者构成一个护园网。如无灾害性风、寒影响的地方，则在园内主、支沟道两旁，按照一定距离栽树，在园外当风凹上造林，以造成一个"园林化"的环流。就广大低丘红壤地区的茶园来看，山丘起伏，纵横数里，树木少见，茶苗稀疏，这种环境，是不符合茶树所要求的生态条件的，"园林化"更有必要。

防护林的防护效果，一般为林带高度的 15—20 倍，有的可到 25 倍，如树高可维持

20m，就可按400—500m距离安排一条主要林带，栽乔木型树种2—3行，行距2—3m，株距1.0—1.5m，前后交错，栽成三角形，两旁栽灌木型树种（图9–55）。

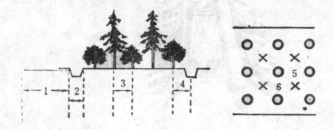

图 9–55　防护林种植示意图

1. 干道　2. 沟宽0.5m　3. 行距2.5m　4. 沟与树距离1m　5. 油茶　6. 杉树

林带结构，有紧密结构、透风结构和稀疏结构三种。风寒冻害严重地带，以设紧密结构林带为主，林带宽度为15—20m。有台风袭击的地带，宜用透风结构或稀疏结构，其宽度可到30m（图9–56）。

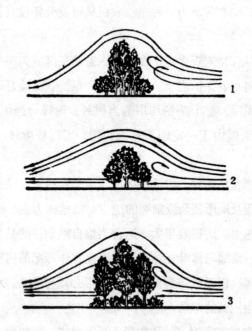

图 9–56　防护林结构示意图

1. 紧密结构　2. 透风结构　3. 稀疏结构

以防御自然灾害为主的林带树种，根据各地的自然条件去选择。目前茶区常用的有杉树、马尾松、黑松、白杨、乌柏、麻栎、皂角、刺槐、梓树、桤树、油桐、油茶、樟树、楝树、合欢、黄檀、桑、梨、柿、杏、杨梅、柏、女贞、竹类等。华南尚可栽柠檬桉、香叶桉、大叶桉、小叶桉、木麻黄、木兰、榕树、粉单竹等。作为绿肥用的树种有紫穗槐、山毛豆、胡枝枝、牡荆等。

行道树布置：茶场范围内的道路、沟渠两旁及住宅四周，用乔木、灌木树种相间栽植，既美化了环境，又保护了茶树，更提供了肥源。我国历来就有这方面的习惯。如宋代《大观茶论》记载："植茶之地崖必阴，圃必阴……今圃家皆植木，以资茶之阴"。

一般用速生树种，按一定距离栽于干道、支道两旁，两乔木树之间，栽几丛能作绿肥的灌木树种。如道路与茶园之间有沟渠相隔的，可以栽苦楝等根系发达的树种。

我国除南方的部分茶区有种遮荫树，一般茶区茶园内都不布置遮荫树，只种有行道树以改变小区环境。

遮荫树布置：茶园里栽遮荫树在我国华南部分地区较普遍，如广东高要、高鹤等县的茶园，栽遮荫树有几百年的历史。在热带和邻近热带的产茶国家，如印度、斯里兰卡、印度尼西亚等国也有种植。

茶树在遮荫的条件下，生长发育有一定程度的影响，进而影响茶叶的产量与品质。据印度托史莱茶叶试验站的资料，认为遮荫有如下好处：

(1) 遮荫树能提高茶树的经济产量系数。遮荫区的茶树经济产量系数值为32.8，竹帘遮荫区为31.9，日照区为28.7。由此说明，遮荫树能使相当大的一部分同化物转移到新梢形成上。

(2) 遮荫对成茶品质有良好影响。据审评结果，在50%光照强度条件下，茶汤的强度和汤色有明显的改善。

(3) 在一年的最旱季节能保持土壤水分。如种有一定密度的成龄楹树、龙须树的茶园，有助于茶园土壤水分的保持，种有刺桐树遮荫的茶园中，0—23cm和23—46cm内土层中，全年最干的10—3月份，土壤含水量高于未遮荫的茶园。

(4) 遮荫树的落叶，增加了茶园中有机物。按 $12m^2$ 种一株遮荫树的密度，每公顷的落叶能给土壤增加约5t有机质，相当于每公顷增加77kg氮素。中等密度（50—60%光密强度）的楹树的枯枝落叶干物质每公顷约1250—2500kg，其营养元素每公顷约为：氮31.5—63kg，磷9-18kg，钾11—22kg，氧化钙16-32kg，氧化镁8—16kg。

(5) 遮荫树对茶树叶面干物质重的增加速度有良好的影响；对各季与昼夜土壤温度的起伏有缓冲效应，有利于根系与地上部生长。

(6) 遮荫树改变小气候，有利于茶树生长。如遮荫树能明显地吸收有害红外辐射光，降低叶温，并有效地弥补在高气温和低风速气候条件下有用的可见波段光波减少的弊端。遮荫树能减少那些与光合作用高峰有关的波段（400—450μm和600—700μm）。

(7) 遮荫树对茶病虫害有的有有，有的不利。如茶饼病和黑腐病在遮荫条件下发生严重。螨类、茶红蜘蛛、茶橙瘿螨，在遮荫条件下发生少，危害轻。

据国外茶园栽遮荫树的初步结论，认为在夏季叶温达30℃以上的地区，栽遮荫树是很需要的，若不会达到这种叶温的地区，没有栽遮荫树的必要。但我们认为，从"环境林园化"而论，在茶园四周及主要道路两旁植树在任何地区的茶园都是很重要的。

茶园中的遮荫树树种选择是否适宜，对茶树的影响是很大的。过去一般认为要选择能固氮，又与茶树无共同病虫害，且根系分布深，不与茶树争夺水分和养料的树种；不过，目前还未找到这种"全能"树种。一般有遮荫习惯的茶区，常用楹树（Albizza chinensis）、香须树（A. odoratissimu）、黄豆树（A. procera）、紫花黄檀（Dalbargia assanica）、银桦（Grevilliarobusta）、刺桐树（Erythrina lithos perma）。在我国有用台湾相思（Acacia confusa Merr.）、托叶楹〔A. falcata（L.）Bakerex Merr.〕、合欢（Sapium sebiferum Roxb.）等作遮荫树的。

在某些自然条件较为特殊的地区，茶树需要适当遮荫；南印度在海拔2000m的茶区曾经砍掉了遮荫树，茶叶品质有所下降，现又重新栽上。据印度托克莱茶叶试验站资料，在光照强度为20—50%范围内，茶树的叶面积能保持稳定；50%至全日照范围内，则显著下降。在35—50%光照强度条件下，叶面积最大，全日照条件下，叶面积最小。茶树整株重量，在50%至全日照条件下，其重量相同。芽叶重量50%光照强度下最高。四种不同光照强度的茶叶产量相对值，依次为50%＞35%＞100%＞20%。由这些数值说明，需要遮荫的茶区，只能适度遮光。综合各方面的情况，在遮光50%左右范围内较适宜。

我国东南沿海地带，曾在茶园中试探性地间种果树，如间种梨树，福建每隔30—50行茶树栽一株，每亩栽18株；江苏栽8—10株。

遮荫树的栽植方式，要考虑茶园管理使用机械的问题，不能栽在茶行中间，应在茶行上占一定的位置。

遮荫树要有常年性的管理，应及时控制其高度与幅度，一些树干过于高大，枝叶过密的，宜用疏枝、切根等方法，削弱生长势，减少消光度。根据病虫害的发生情况，必须及时防治。

4. 园地垦辟

清理场地：在园地范围内，清除各种障碍物，如乱石、暗石、坟堆、树等。在清除障碍物和规划道路过程中，尽量保留路、沟、渠旁的原有树木及高大的零星树木。

平地与缓坡地茶园开垦：开垦平地茶园应充分发挥农业机械的作用，广东、河南、安徽、江西等省的大型国营茶场在垦新茶园时，大多是用拖拉机耕翻上层土，再用拖拉机带开沟犁开种植沟，可基本达到深垦要求。开垦分初垦与复垦，全年可进行初垦，其中以夏季与冬季更适宜，夏季初垦有烈日曝晒，冬季初垦有严寒冰冻，均有利于土壤风化。初垦的土块不必整碎，以利蓄水与熟化，发挥种前深垦的效果。复垦在茶树种植前进行，复垦过程中，要注意清除杂草。

在15°以内的缓坡地茶园，开垦的方式与平地基本一样。但要根据坡度、道路、水沟等分段开垦，并要沿等高线横向开垦，以使坡面相对一致。若坡面不规划，应按"大弯随势、小弯取直"的原则开垦。如果有局部地面因水土流失而成"剥皮山"的部分，应推平加客土，使全园地面平整，土壤质地一致。

开种植沟：先侧出种植行的基线，沿此基线开出第一条种植沟。如用拖拉机作业，开第二条种植沟时即以拖拉机一边的"履带"贴压沟边作为开沟依据，循此前进，即可开出第二、第三条种植沟……。英德华侨茶场以茶园悬挂式开沟犁与东方红—75型拖拉机配套开种植沟，一次可开出沟口宽70—80cm，沟深50—60cm，沟底宽20—30cm的种植沟；一天能完成70—80亩。

碎土平沟：开出种植沟，及时施入基肥，即用内切装置的缺口耙以拖拉机带动，破碎土块，平整植茶沟，每机一天能平沟60—70亩茶园。

梯级茶园建设：根据我国农田基本建设的要求，在15°—25°之间的坡地开辟茶园时，必须建成梯级茶园。坡度小的可设宽幅梯面或等高种植。坡地建梯的主要目的，一是改造天然地貌，消除或减缓地面坡度；二是"三保"，即保水、保土、保肥；三是引水灌溉，以充分发挥茶树的优良性能。

梯级茶园的设计与施工：为保证梯园规格质量，设计时，应掌握下面几个原则：

（1）梯面宽度要适合茶树生长，便于日常作业，更要考虑适于机械作业。

（2）茶园建成以后，要能最大限度地控制水土流失，下雨能保水，需水能灌溉。

（3）梯田长度在60—80m之间，同梯等高宽，大弯随势，小弯取直。

（4）梯田外高内低（呈2°—3°，为便于自流灌溉两头可呈0.2—0.4m的高差），外埂内沟，梯梯接路，沟沟相通。

（5）施工开梯，要尽量保存表土，回沟植茶。

种植行数，常随地面坡度而定，同时，也受梯壁高度所制约，梯壁不宜过高，以控制在1m左右为宜，一般不超过1.5m。种植行数与梯面宽度，宜在下表（表9-30）范围内选择。

表 9 – 30　不同坡度的梯面宽度选择表

地面坡度	种植行数	梯面宽(m)
10—15°	3—4	5—7
15—20°	2—3	3—5
20—25°	1—2	2—3

　　若测得坡地面积，要换算成水平面积，则按照表 9 – 31 所列数值折算，表列数字都可看成是坡地面积的百分值。例如斜面平均坡度为 21°的水平值是 93.36%，测定坡地面积是 17 亩，则水平面积为 17 ×93.36% = 15.76 亩。其余依此类推。

　　施工前，应用测量仪器，测好园内道路与梯层，标出位置，以便施工。测量仪器，通常用罗盘仪，手水准器及各种测坡器等。

表 9 – 31　坡地面积换算水平面积表

坡　　　度	水平面积	坡　　　度	水平面积
10	98.48	20	93.97
15	96.59	21	93.36
16	96.13	22	92.72
17	95.63	23	92.05
18	95.11	24	91.35
19	94.55	25	90.63

　　道路定线：按规划要求，用仪器测定路基，钉上标桩。如道路较长，可从中间开始，向两端延伸。如中心桩联线，依中心线按路面宽标出边线。同时划出路旁的沟渠，得出路与沟渠的位置。

　　测定道路后就要在步道与步道（或支道）之间测出梯层线。若坡面较整齐一致的，即在坡面的中部测一等高线，作为基线（图 9 – 57）。

　　若地形较复杂的，则在坡度最陡的部位造一基线，按大弯随势、小弯取直为原则，将基线酌情调整后，则根据梯面与坡度、坡面三者的关系，求坡面的具体宽度，循此基线向上、下依次划出各个梯层（图 9 – 58）。梯层基线是梯壁填挖的分界线，这条线测得准确与否，将会影响茶园的质量和园相。如出现两条等高线段重合，就说明两条线间的最大坡度选得不恰当，在施工中要随时注意检查与调整。

　　按梯层划分的梯层线，应酌情调整后方能施工修梯。修梯方法，包括修筑和整理梯面。修筑梯坎材料有石头、泥土、草砖等几种。不论采用哪种材料，均要因地制宜。修筑方法基本相同，首先以梯层线为中心，清去表土，挖至新土，挖成宽

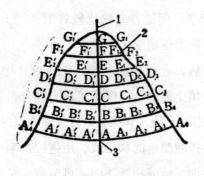

图 9 - 57　测量坡度

1. 坡面线　2. 梯基线　3. 基点

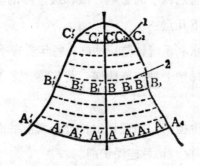

图 9 - 58　划分梯层示意图

1. 仪器测定的等高线

2. 用推移法划出的等高线

50cm 左右的斜坡坎基,如用泥土筑梯,先从基脚旁挖坑取土,至梯壁筑到一定高度后,再从本梯内侧取土,一直筑成,边筑边踩边夯,筑成后,要选择泥土湿润适度的时间,捶紧梯壁。

筑草砖梯壁同上法挖出倒坡坎基,踏实夯紧,若就地取材,即在本梯内挖取草砖。草砖规格是长40cm,宽26 - 33cm,厚6 - 10cm。修筑时将草砖分层顺次倒置于坎基上,上层砖应紧骑压在下层砖接头上,接头扣紧,如有缺角裂缝,必须填土打紧,做到边砌砖、边修整、边挖土、边填土,依次逐层叠成梯壁。

砌石坎梯壁,更须清理好基脚,群众经验是坎基紧实,底石要大;里外交叉,大面向外,条石平放,片面斜插;圆砌品形,块石压茬;石缝错开,嵌石咬紧;小石填缝,切忌土拥;填抱卡实,大石压顶。在山谷处砌梯壁,一定要修成"弓"形。

筑梯次序,由下向上逐层施工,这样便于达到"心土筑埂,表土回沟",且施工时容易掌握梯面宽度,但较费工。若由上向下修筑,则为"表土混合法",使梯田肥力降低,有碍茶树生长。同时,也常因经验不足,或在测量不够准确的情况下,又常使梯面宽度达不到标准。但这种方法比较省工，底土翻在表层，又容易风化。两种方法比较，仍以从下向上逐层施工为好。

平整梯面：梯壁修好后，进行梯面平整，先找到开挖点，即不挖不填的地点，以此为依据，取高填低，填土的部分应略高于取土部分，其中特别要注意挖松靠近内侧的底土，挖深 60cm 以上，施入有机肥，以免影响靠近基脚部分的茶树生长。

在坡度不大的坡面，按照测定的梯层线，用拖拉机顺向翻耕，即土块一律向外坎翻耕，再以人工略加整理，就成梯级茶园，可节省大量的修梯劳动力。种植茶树时，仍按通用方法挖种植沟。

梯壁随时受到水蚀等自然因子的影响，故梯级茶园的养护，另一件经常性的工作。养护梯园，要做到以下几点：

雨季要经常注意检修水利系统，防止冲刷；每年要有季节性的检修。

种植护梯植物，如在梯壁上种植紫穗槐、黄花菜、多年生牧草、爬地兰等固土植物。

保护梯壁上生长的野生植物，如遇到生长过于繁茂的而影响茶树生长或妨碍茶园管理时，一年可治 1—2 次，切忌连泥铲削。

新建的梯级茶园，由于填土挖土关系，若出现下陷、渍水等情况，应及时修理平整。时间经久，如遇梯面内高外低，结合修理水利时，将沟内泥土加高梯面外沿。

5. 良种的选用和搭配

新建茶园，应选用适应当地的新育成品种，优良群体品种以及引进外地良种。所谓良种，是同当地原有品种相比较而言的，能适应当地的气候、地理条件，在当地的栽培、加工技术条件下，能获得高产优质的产品。

不同的茶树品种，发芽迟早、生长快慢、内含品质成分等差异较大。为了发挥品种之间的协同作用与避免茶季"洪峰"，使劳动力安排与制茶机具使用平衡，一个生产单位所采用的品种，要有目的地搭配，一般认为用一个当家品种，其面积应占种植面积 70% 左右，搭配品种约占 30% 左右。同时，为利用某些品种的品质成分的协同作用，提高茶叶的品质，要发挥单一品种各自的特点，如香气特高的、滋味甘美的或汤色浓艳的品种，进行品种组合，使鲜叶原料互相取长补短，以提高产品的质量。不过，同一品种要相对集中栽培，以便于管理。

6. 茶树种植和初期管理

种前整地与施基肥 茶树能不能快速成园及成园后持续高产，首先是以种前深垦、种前基肥来决定的，种前深垦既加深了土层，直接为茶树根系扩展创造了良好的条件，又能促使土壤进行一系列的理化变化，提高蓄水保肥能力，为茶树生长提供了良好的水、肥、气、热条件；深垦结合施入一定量的有机肥料作为基肥，更能发挥深垦的作用，从浙江省杭州茶叶试验场的资料说明深垦和基肥的效应，远非一般措施所能比拟的。

种前未曾深垦的必须重行深垦，已经深垦的，则开沟施入基肥，按快速成园的要求，应有大量的土杂肥或厩肥等有机肥料和一定数量的磷肥，分层施入作基肥。生产实践中的种前基肥用量相差较大，有的每亩用厩肥或土杂肥百余担、几百担，加磷肥几十公斤，多至几百公斤不等。一般种前基肥施量少的，则以后逐年加施，均获得快速成园的效果。按大多数丰产栽培的情况，种前以土杂肥为基肥应不少于15—25t，磷肥 50—100kg，结合深垦，分层施于种植沟中。平整地面后，按规定行距，开种植沟。

茶子直播 大面积地发展茶园，用茶子直接播种较为简便，且成苗后抗旱能力也较强。播种要严格掌握以下几点：

（1）播种时间 以长江流域的广大茶区为例，从采收茶子到翌年 3 月上、中旬这段时间，除冰冻期间外，都可播种，但以早播为宜。秋冬播可节省茶子贮藏保管手续，又可提前半月左右出苗，对当年生长更为有利。具体播种时间，秋冬播种在10—12 月，春季播种不宜超过 3 月。

按照标准，选择符合规格的茶子进行浸种、催芽；经过催芽的种子，在温度与湿度适宜的条件下，则能迅速萌发出土。因此，如系秋冬播种，在冬季较长及有冬干的地区，不宜浸种，更不宜催芽播种。

（2）播种方法 用种子直播，每亩约用符合标准的茶子 5—6kg，按规定丛距，每丛播种 4—5 粒，覆土 3cm 左右，再在播种行上盖一层糠壳、锯木屑、蕨等物，以保持播种行土壤疏松，利于出苗。播种深度，对茶苗有很大的影响。生产实践中常因播种过浅或过深而造成严重缺苗的事例不少，且一般是播种偏深出苗迟，当年生长量小，严重的影响茶苗的生长；过浅则易受干旱的影响，均不符合快速成园的要求。

一般在 4 月中旬、5 月上旬可陆续出苗，6 月上旬齐苗。不催芽的茶子或当年自然条件不适宜，则常推迟到 7 月份齐苗。

为了补缺用苗并提高补缺成活率，可于播种同时每隔 10—15 行的茶行间多种一行种子，或利用不成形的边角播种，播种量为大田用种量的 5—10%。这样就地设补缺用苗圃，取苗能多带土，易于成活。

茶苗移栽 古人栽树总结了四句话："移植无时，莫使树知，多留宿土，记取南枝"。这些话的意思是，只要带土多，不损伤根系，按原来的方向定植，一年四季都能移栽；但就茶苗移栽的实际情况，这四句话不可能做到，所以提高茶苗的成活率，一是要掌握农时季节，二是要严格栽植技术，三是要过细管理。

（1）移植时期 确定移栽适期的依据，一是看茶树的生长动态，二是看当地的气候条件。当茶树进入休眠阶段，选择空气湿度大和土壤含水量高的时期移栽茶苗最适合。在长江流域一带的广大茶区，以晚秋或早春（11月或翌年2月）为移栽茶苗的适期，云南省干湿季明显，芒种至小暑（6月初至7月中）已进入雨季，以这段时间为移栽茶苗的适期。海南岛一般在7－9月移栽。故移栽适期主要根据当地的气候条件决定。具体时间可在当地适期范围内偏早一点进行为好；早一点移栽，茶苗地上部正处于休眠阶段或生长缓慢阶段，因移栽损伤的根系，有一个较长的恢复时间。

（2）移栽技术 起苗前，应做好移栽所需的准备工作，开好栽植沟，施入基肥，肥与土拌匀，上覆盖薄层表土，然后进行栽植茶苗。栽植沟深33cm左右。茶苗要保证质量规格，即将合出圃规格。中叶种每丛2—3株，大叶种单株栽植，亦可三株栽植。二株或三株一丛栽植的茶苗，其规格必须一致，绝对不能同丛搭配大小苗。凡不符合规格的茶苗，可以假植，加强培育，待来年再移栽。实生苗若主根过长，即把超过33cm以上的部分剪掉，但应注意保存侧根多的部位。移栽茶苗，要一边起苗，一边栽植，尽量带土和莫损伤根系，这样可提高成活率。用营养钵苗移栽，营养钵未腐烂的，须打开钵底和钵壁，以免茶苗根系与穴内土壤隔绝而影响其生长。

茶苗移入沟内，应保持根系的原来姿态，使根系舒展。茶苗放入沟中，边覆土边踩紧，使根与土紧密相结，不能上紧下松。待覆土至2/3－3/4沟深时，即淋安蔸水，水要淋到根部的土壤完全湿润；边栽边淋，待水渗下再覆土，填满踩紧，并高出茶苗原来入土痕迹处7cm左右。覆成小沟形，以便下次淋水和接纳雨水。

移栽茶苗，如果稍有马虎，或栽后管理粗放，就极易死苗，有些地方的"年年栽茶不见茶"的现象，主要原因就在这里。

种植规格 这里讲的规格，是指现有专业茶园中的茶树行距、株距（丛距）及每丛定苗数。解放初期新发展的茶园有单行条状列式与双行列式两种方式，再加解放前遗留下来的丛栽式茶园。近十余年来，一些省（区）试种多行密植，又称"矮化密植"。

所谓"合理密植"，就是要使茶树能充分利用光能和土壤营养面积，能正常地生长发育；同时还要因栽植区域、茶树品种以及管理水平等而确定种植规格。一般认为中叶种茶园单行条列式种植的，行距 150—170cm，丛距 26 - 33cm。每丛成苗成 1—3 株。气候寒冷的地区，宜适当提高密度培养低型树冠，行距可缩小到 115cm，丛距 26cm 左右。如果用半乔木型或树势高大的云南大叶种、水仙、梅占、福鼎大白茶等茶树品种，行株距宜宽一点，行距 165cm，株距 40—50cm（图 9 - 59）。这种密度，在正常管理情况下，能使茶树地上部和地下部充分占驻所辖的范围，构成一个合理的群体结构，能得到正常的生长。茶树的行丛距及丛中株数，是个体与群体的关系问题。若种植稀了，个体可能会得到充分发展，但单位面积内的个体数不够，不能获得丰产。若种植密了，早期产量高，成龄以后，对个体会有过分的抑制，产量也会受到影响。

茶树的经济树龄有几十年，所谓合理的群体结构，应当以成龄阶段树型固定时所要占驻的空间位置为标准。日本茶农为经济利用土地，有所谓"展开法"种植方式。

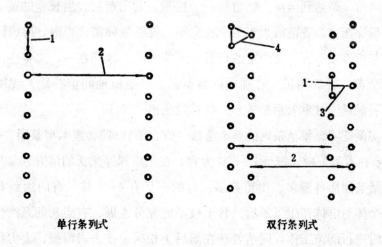

单行条列式　　　　　双行条列式

图 9 - 59　茶树种植形式
1. 株距 26 - 33cm　2. 行距 150—170cm　3. 列距 30cm　4. 呈等边三角形

今后随着茶树良种选育工作的进展，将普遍采用换种改植，缩短茶树使用年限，茶树的经济树龄的概念将会相应地有所改变，种植规格亦将会相应地重新考虑。不过，种植规格一定要适合机械作业，茶树"种植规格化"，正是为了茶园耕作管理等工序的机械化，机械的系列化、通用化和标准化。

茶行规格确定后，即按其规格法测出第一条种植行作为基线。平地茶园要以地形最长的一边或干道、支道、支渠作为依据，将基线与之平行，留 1m 宽的边划出第一条线作为基线，以此基线为标准，按所定的行距，依次划出各条种植线。梯级茶园划植种行时，内侧留水沟，外边应留坎埂。

初期管理 现有茶园中一个较为普遍的问题，就是有不同程度的缺蔸和"老树"，严重地影响了茶叶产量与品质。造成这种状况的原因，一则是茶树的苗期抗逆性差，受自然因子影响而缺苗；有的"重扩种轻培管"，因而常常造成缺蔸断行和"小老树"。实践经验证明，茶树如果在一、二年生时不能全苗，成园后就很难补齐，这是应该引起重视的经验教训。这里讲的"初期"，就是一、二年生时的苗期。在这段时间中必须千方百计地达到全苗壮苗，才能为以后的茶叶高产优质奠定基础。其主要措施是：

（1）抗旱护苗 一、二年生的茶苗，既怕干，又怕晒，要促进其加速生长，必须抓住除草助苗、浅耕保水、适时追肥、遮荫、灌溉等项工作，具体技术可参考水、肥、保等各章节。

（2）间苗补苗 保证单位面积内有一定的基本苗数，是正确处理个体与群体关系的一个方面，是争取丰产的基本因素；不论直播或移栽的茶园，及时查苗补苗和直播茶园的间苗，是达到全苗、壮苗的一个措施。凡出苗迟、生长差的茶苗，要增加水、肥，倍加抚育。齐苗后当年冬季或次年，要抓紧补苗，否则，待成园以后再补，所补的茶树参差不齐，更严重的是有些不能成丛，故须在一、二年生内将缺株补齐，保证全苗。补缺用苗，必须用同龄茶苗，一般就地间苗补缺，或用"备用苗"补缺。补缺的方法和补后的管理，与移栽茶苗一样。

从大量实例证明，每丛茶树的基本苗数"宜少不宜多"，灌木型茶园，每丛2—3株较好，半乔木型茶树，每丛1—2株为宜，在土质深厚肥沃的地方，每丛1株亦可。有的直播茶园播种量多，出苗数多，有的一丛有4—5株，有的达到6－7株，由于苗多，个体与群体产生了矛盾，骨干枝不能充分发展，有碍长期高产优质。故在苗期要及时进行间苗工作。间苗要选在雨后土松时，按去弱留强、去劣留良的原则，于补苗同时间苗，保证每丛有合理的基本苗数，使留下的茶苗能够充分发育成为壮苗。间拔出来的苗，不合移栽规格的可假植培育，待来年选用。

同时，防寒防冻也是茶苗初期管理的一项重要工作，尤其是一些南方类型的品种，若在长江流域一带种植，防寒防冻更加重要。

茶树矮化密植

茶树矮化密植栽培法是七十年代我国试验成功的一种新的种茶方法。所谓"矮化"，指用人为措施使树冠高度比常规茶园树冠低三分之一左右，一般将树高控制在 60—70cm；所谓"密植"，指改单行条列式为多行（2—4 行）条列式，每亩苗数为常规园的 3—5 倍。茶树矮化密植是一种高水平栽培法，它不只是种植密度与排列方式的改变，而且必须有相应的各项栽培技术的相互配套。

五十年代后期，贵州省湄潭茶叶研究所和云南省勐海茶叶研究所均曾小面积试种多行条列式密植茶园，后因种种原因，试验未能持续。从七十年代初开始，在粮、棉、桑、果等农作物矮化密植栽培法的启发下，浙江农业大学茶叶系和贵州湄潭茶叶研究所等许多单位对茶树矮化密植进行了比较系统的研究，取得了早投产、早高产、早收益的显著效果。至八十年代初，全国推广面积达 30 余万亩。

1. 矮化密植的理论基础

"矮化密植"茶园之所以能取得"三早"的效果，其原因是采取适宜的种植密度与排列方式，运用综合栽培措施，迅速建立了一个较为合理的群体结构与较好的生态环境，引起茶树生长发育的变化，主要有以下几点：

（1）减少漏光损失 一般认为高产茶园的茶树叶面积指数以 3—4 为宜，矮化密植茶园幼年的叶面积比同龄常规栽植茶园多 3—5 倍，即能迅速使叶面积指数上升到理想的要求，以充分截获阳光，提高物质生产。

（2）促进营养生长 在密植条件下，茶树所享受的阳光中的直射光减少，漫射光增加，荫蔽度提高，空气相对湿度大，通气较差，不利于花芽分化发育，使开花结实显著减少。据刘祖生、童启庆等研究（1979），若以常规茶园的花为 100%，茶果为 100%，密植茶园则分别为 15%、2.6%，即分别为六分之一与四十分之一。由于生殖生长受到了抑制，减少开花结实率；从而使养分集中于营养生长，提高茶叶产量与品质。

（3）发挥群体优势 通过修剪和采摘，控制茶树树冠高度，分枝层次减少，树体内运输线缩短，养分周转加快；再配合高水平的肥培管理措施，使个体生长正常，能维持较长时间的群体优势。由于优势发挥，萌发芽叶苗壮，因而每公斤纯氮的效果大大地高于常规茶园。据刘祖生、童启庆等的研究资料，余杭漕桥 1 号茶园 1—6 年亩施纯氮 155.72kg，6 年共产干茶 1143kg，平均每公斤纯氮生产干茶 7.34kg。常规茶园 1—6 年亩施纯氮 106.5kg，6 年共产干茶 326kg，平均每公斤纯氮产干茶 1.54kg，密植茶园比常规茶园的经济效益高 1.39 倍。

（4）改善生态环境 在密植条件下，2—3 年就能封行，常规茶园要 5—7 年才能封行。这种茶园的微域气候发生变化，夏季蒸发减少，冬季地温较高。茶树封行旱，保水、保土、保肥力较强；茶树封行后，地面光照条件差，杂草不易发生，土壤耕锄次数少，物理性状改发，土壤疏松，茶树吸收根多，吸肥能力强。同时茶树密度大，枯枝落叶多，茶园土壤有机质增加较快，肥力高。

2. 矮化密植的栽培技术

（1）土壤与基肥　密植茶园的土壤要求深厚肥沃，排水良好，坡度在 15°以内的，可以不修梯田，用等高多条种植，以保持水土。用新开生荒地较好，如果是利用熟地或改植换种园地，必须弄清有无根线虫，是否缺乏微量元素。有根线虫的土壤要深垦加生土，再种一、二年大叶绿豆（印尼绿豆），使根线虫为绿豆根吸引后去除之。

密植茶园的土壤须垦深 50cm 以上，分层施入基肥。每亩用肥量：厩肥 2000—2500kg，菜饼 50—100kg，火土杂肥（焦泥灰）500—1000kg，磷肥 25—50kg，分层施入，第一层（最下一层）施厩肥，第二层施火土杂肥与饼肥，磷肥施放第三层。

（2）品种与排列方式　密植茶园宜用茶子直播。选用顶端优势强的直立型品种，分枝角度小，枝梢上斜生长，以利于承受与吸收阳光。目前认为贵州苔茶、福鼎大白茶、水古茶、鸠坑种、楮叶种等为宜。

排列方式：缓坡地，大行距 1.5—1.8m，种 3—4 小行，小行距 0.3—0.4m，丛距 0.2m，每丛留茶苗 2—3 株，每亩 2.0—2.5 万株。梯形茶园，梯面宽 2m，种植规格同上。不到 2m 的梯面，只宜种双行。

（3）加强营养与治虫防病　密植茶园的植株比常规茶园多 3—5 倍，故需更多的养料。第二年亩产可达 25—50kg，需施氮肥用量折合纯氮 10kg，第三年亩产 100kg 左右，需用氮肥折合纯氮 25kg，四年生亩产 200kg 以上，需用氮肥折合纯氮 30—35kg，以后各年的肥料用量则可按每生产 3.5—4kg 干茶，施用氮肥量折合纯氮 0.5kg。三要素配合比例，二、三年生的茶树 $N : P_2O_5 : K_2O$ 为 2：1：1。成年茶树按 4：1：1（绿茶区），或 3：1.5：1（红茶区）基肥与追肥的比例，二年生茶树各占一半，以后则按基肥 40%，追肥 60% 施用。基肥宜用体积小、肥效高的有机肥。

密植茶园由于通风透光条件差，病虫易于滋生，各地反应不一。有些地方由于密植，害虫的天敌繁殖快，害虫不易成灾。有些地方由于密植，某些害虫发生严重，如余杭泮板的密植茶园中，茶尺蠖、小绿叶蝉、螨类等容易传播，还有黑刺粉虱和黑霉病严重危害。故应认真做好测报工作，及时防治。

（4）低位修剪与采蓄结合　密植必须将茶树矮化，一般定型修剪二次，第一次定型剪留高 15—20cm，茶苗平均高度 30cm 时，修剪留高 15cm，若茶苗平均高度达 40cm，即留高 20cm。第二次定型修剪所留的高度是在第一次剪的高度上再提高

15—20cm，一般剪去茶树植株的一半。第二次定型剪后，每年春茶前进行轻修剪，剪去秋梢，留夏梢红梗。定型剪的时间在长江流域的广大茶区以2月下旬至3月初为宜。

当第一次定型修剪后，茶树长到40cm以上时，可以采摘40cm以上的芽叶；掌握头茶多留，二茶少留，三、四茶基本不留。采摘标准为一芽二、三叶，及时采下对夹叶。三、四年生的茶树头茶留二叶采，二茶留一叶采，三、四茶留鱼叶采，第三年采摘结束时，茶树的高度在50cm左右。第四年采摘结束时的高度为55cm。第五年头，二茶留一叶采，三、四茶留鱼叶采，结束时的高度为60cm左右。以后分散留叶，一个新梢留一片大叶，控制茶树的高度在60—65cm。

茶园改造

"改造"既可专指茶园而言，又可泛指茶区。集若干茶园而成茶区，故"茶园改造"的实质，既是改造茶园，又是改造与建设相结合建立茶区；在改造茶园中建设茶区，在建设茶区中改造好茶园。改造好茶园以保持微观生态平衡，建设好茶区以保持宏观生态平衡；只有茶区能保持生态平衡，给茶树创造了适宜的生态环境，茶树生长发育才能正常，茶叶单产才会高，品质才会好。

过去所说的改造，是专指改造低产茶园。一般讲，凡茶叶单产低的品质也较低；但有的单位茶叶单产虽然不低，品质却差，所以低产的实质是包括量与质的，通过改造，既要提高茶叶单产，还要提高品质，当前尤其是提高品质可以消除发展茶叶生产的障碍因子。改造茶区是提高茶叶品质的重要途径，各地都创造了一些经验。兹介绍浙江省改造茶区的三种方式：一种方式是"发展一批，巩固改造一批，调整一批"。以浙江省建德县大泽乡下徐村为例，经过几年的努力，茶园面积仍旧维持原有数量，但茶园基础好了，生产条件改善了，茶叶产量直线上升，产值成倍增长，茶树园相较好。此例发展一批是前提，改造一批是重点，调整淘汰一批的目的是为了发展；三者相辅相成，互相联系，改造成为理想的茶区。

另一种方式是"四改"，即改土、改树、改园和改落后的管理技术。以浙江省嵊县北山区为例，该地是"无茶不成山，有茶不成园"，茶丛满天星的老产区，经过多年的摸索与努力，农、林、茶统一规划，逐步调整茶园布局，收到茶区改相、茶树改冠、茶叶增产的效果。

第三种方式是"一种、二退、三改造"。以浙江省镇海县柴桥乡洪岙村为例，该村通过全盘规划，先抓"种"，即发展一批质量较高的新茶园，然后抓"退"，即将一部分平地、洼地、陡坡以及以果为主的间作茶园，实行退茶。随后抓"改"，每年改造茶园 15%，前后 7 年完成。通过"种、退、改"，使零星分散的茶园相对集中，茶粮（果）间作茶园变为专业茶园。茶区布局形成了"头戴帽"（山顶封山育林）、"腰束带"（山坡为成片茶园和果园）、"脚穿鞋"（山脚平地为农田）的姿态。茶叶产量增加很快，并初步收到了地尽其力，布局合理的效果。

这三种方式的共同特点是针对整个茶区从改革茶叶生产结构着手，其中既有茶叶生产内部的新老演变关系，又有茶叶生产与农、林、牧之间的配置关系。这是开展茶园改造工作中可资借鉴的。

按广大茶区所见专业茶园中的园相基本是好的，但若试查一个县区的统计资料，平均单产很低，其原因，一是现在统计的茶园面积与实际的茶园面积出入较大。如湖南省望城县格塘乡的茶园经普查核实，有 39.4% 的虚数，涟源县茶场经核实后茶园面积减少 7.18%，桃江县的茶园普查后减少 34.38%，湘乡县减少 35.8%，新化县减少 46.14%，溆浦县减少 51.15%，湖北省五峰县 1982 年上报的茶园面积经 1983 年普查后，有 46.2% 的虚数。就茶园讲，一些成片的茶园一般缺少株丛约在 25% 左右。这些都是影响茶叶单产提高的重要原因；所以应当在改造中核实茶园面积，在核实面积与改造茶园以提高茶叶单产与品质。

"改造"之前必须先弄清茶园的基本情况，如种植年代、茶园类型、树势旺衰等等。湖北省五峰县的调查资料；该县解放前留下来的茶园占 25%，五十年代发展的占 6.3%，六十年代发展占 23.2%，七十年代发展的占 39.1%，八十年代初发展的占 6.2%；种植规格：丛植的占 34%，单条植的占 51.5%，双条密植的占 4.7%，三条以上多条密植的占 9.8%；茶园类型：粮茶间作茶园占 58.9%，专业茶园占 41.4%；茶树长势：树势强旺的占 19.8%，中等茶园占 53.2%，树势衰弱的占 27%；立地条件：平地茶园占 8.6%，梯地茶园占 23.1%，坡地茶园占 68.3%。投产茶园占 83.7%，平均单产 33.5kg，其中单产在 50kg 以下的低产茶园为投产茶园的 79.7%，单产在 100—150kg 的只占投产茶园的 0.9%，全县尚有 4000 余亩 5—10 年生的茶园尚未投产。

上述各例可以说明茶区茶园的梗概。

1. 茶园低产的概念

现有茶园中需要改造的，是指那些坡度适宜（25°以内），土壤 pH 值适宜，茶叶单产低品质差的茶园，有的地方称它为"衰退"茶园或"衰老"茶园。它既包括解放前遗留下来的树龄长、树势衰老的旧茶园，也包括解放后陆续发展的树龄不长而未老先衰的茶园，更包括单产一般而品质差的茶园。

由于各个茶区的地理位置、茶园管理水平的差别，"低产"的概念可以是低于计划指标的，可以是低于正常产量水平的，也可以是低于当地平均产量的。湖南省农业厅根据本省的具体情况定了一个低产茶园的指标，即红、绿茶区单产在50kg以下，产值在150元以下的；边茶区单产在75kg以下，产值在100元以下的就算低产茶园。一般以低于当地平均产量的算低产茶园，则较为接近生产实际，将其列入最先改造的对象。这类茶园大多数分布在一些老产区或主产区，一经改造，就可提高茶叶品质和产量。

2. 低产茶园产生的原因与特点

树势衰老　造成树势衰老的原因，有的是树龄较长，培管又不合理，地上部老枝灰白，新枝细弱，节间短小，芽瘦叶薄，鸡爪枝多，对夹叶多，花果多，病虫多，迫使自然更新，故"地蕻枝"也多，但又不能以之形成蓬面。有的是苗期失管，过早采摘，采摘过度，以致不能成园。有的是园地管理一般，树体则未予管理，采摘"一扫光"，虫病交加，致使茶树未老先衰。

群体结构紊乱　低产有很多是由于茶树群体结构异常紊乱所造成的。单位面积上栽植的株数过多或过少，有的零星分散，行株距极不一致，每亩只有一百多丛至四、五百丛不等。有的茶树行株距虽然合理，但穴内株数过多，个体得不到应用的发展。有的则缺株断行严重，基本丛数不够。

环境不适宜　从茶树的生物学特性着眼，环境是概指地形、地势、土壤、气候等各种因子。如有的茶园坡度过大，耕作粗放，水土冲刷严重；有的茶园土层浅、土质瘠薄，或地下水位过高，或长期渍水，或土壤pH值不适宜，或因长期连作茶树，从根部排出分泌物质的积累产生有害作用，或是茶树所需的某种养分不断减少，或多量施用某种养分由于颉颃作用而不能吸收引起缺素症，或由于连续施用酸性肥料，引起盐基的流失和磷酸吸收系数增大，铁锰溶脱和氧化铝活性化等使土壤反应异常，或土壤中粘土微粒向下层流失形成不透水层，使土壤物理性质恶化，或土壤中各种病原体的增殖影响茶树生育。有的地方树木稀少，风多且大，空气干燥，芽叶易于老化等等。这些因子，都是不利于茶树生长发育的。

培育管理差　茶园培育管理差，是造成茶叶单产低品质差的另一个主要原因。通常是利用多，培育少；只管采茶，不顾留叶；少施肥或不施肥或完全靠化学肥，使土壤变质，理化性恶化；不治虫或治而不及时，土壤中病菌增加，危害植株的生育等等。

此外，尚有因茶树品种太差，或土壤"老化"，或因长期采收而导致土壤缺乏某些必要的微量元素，从而影响茶树的生长发育，影响某些与茶叶品质成分极其有关的化学物质的形成，这是当前茶叶单产低品质差的障碍因子之一，必须进行改造更新。

3. 低产茶园的改造技术

改造园地 园地包括茶树生长的土壤环境、群体结构、园地布局等诸方面。

（1）改良土壤 茶树根系入土达 1m 以下，其有效吸引根主要分布在 10—40cm 的土层深度范围内，故须土层深厚，耕作层松软，pH 值适宜，有充足的水分、养分与氧气，并且无妨害其根系生长发育的有毒物质与虫病。改良土壤的目的在于创造良好的土壤条件，使茶树根系得到充分的发育。从当前情况看，改良土壤应从两方面着手。

①加深有效土层 即茶树根系能够进行正常生长活动的土层范围为有效土层，一般包括表土层及部分心土层。茶园中有效土层的深度差别很大，最深的有 1m 以上，一般是 30 - 40cm。有效土层的深浅对茶树根系深浅影响很大。凡粘盘层位置愈高的，有效土层越浅，根系生长越差；土层内粘盘层的机械阻力是阻碍茶树根系生长的主导因子。当前茶园中有效土层浅的居多数，据岳阳地区五个茶场的调查，有效土层深度一般是 30 - 40cm，浅的仅 25cm，故增加土层厚度是土壤改良中首要的一环，深翻改土和客土培园是加深有效土层的主要办法。

深耕改土，是专指改造低产茶园土壤的一种措施，即加深耕作层为主的一项措施，破除底土的机械阻力，同时结合深施有机肥，为根系生长发育创造良好的土壤条件。深改方法，是在茶树行间挖掘深沟，沟深 50 - 85cm，沟宽 50 - 100cm，深度和宽度随底土性质不同而定。深改时，尽量把表层熟土复进沟底，施入肥料，再复底土，肥层离地面 15cm 以下，不宜过浅或过深，过浅时在深耕时会重挖出来，过深则使根与肥脱节，在短期内难以发挥肥效。深改工程大，应备足较多的肥料，若无肥而只深挖则会失去深改的意义与作用。

深耕时间要选择适当。一般老茶园应在更新树冠的当年进行，这时由于上下部的相互促进，可使断根愈合与新梢生长获得有利条件。未老先衰茶树，一般只要经修剪养蓬，故应力争在当年秋季进行深耕。据各地经验，采叶茶园深耕后的第一年，往往产量受到不同程度的影响，有的影响春茶，有的影响全年产量，这是因为深耕时，破坏根系较多，需要较长时间才能恢复，一遇到寒冻，根系在整个冬季还来不及愈合，春季新梢进入生长时根系无法充分供应养分，根系和新梢均生长缓慢，或虽已长出新根但物质积累不够，无法向新梢转运，增产效果只能在以后才能表现出来。故深耕应力争在冬前完成，以利根系及早恢复。

客土培园。把茶园周围可以利用的余土，或结合兴修水利、清理沟道的余土、塘泥土等培入茶园。客土培园与深耕改土一样，同是为了加厚土层。但是在某些情况下，客土培园还有更好的效果。如有些茶园的底土层是坚实的网纹层或卵石层。表土很浅，深耕需费较大的工夫，而且一时不易改善其理化性质，如果在这类茶园上通过深耕施上基肥，再在上面培客土，更有利于改良土壤。客土培园是一个可以普遍应用的办法，在有客土可以利用的地方，应当尽量利用客土。

客土培园，要注意土壤的理化性质。最好是在砂性土中培入粘性土，在粘性土中培入砂性土。碱性土不宜作客土。一般说，茶园周围的余土均可作客土。挑塘泥是茶园重要肥源之一，但塘泥土粘性较重，透气性差，培土过厚，新生根系难于下扎，多表现为"趋上生长"。因此，若施用大量塘泥，应在伏天挑上来，经过曝晒处理，再挑进茶园，这样可避免上述现象发生。

②提高土壤肥力　土壤肥力就是土壤供给作物生长所需要的水分、养分、空气和热量的能力。从肥力因素来看，由于土壤缺乏有机质，土壤养分的积累与消耗极不平衡，供求关系失调，这是当前茶园土壤肥力不高的基本原因，故增施必要的肥料，是提高肥力的一个方面。但由于土壤肥力各因素是互相联系、互相影响、互相制约的。要发挥各个肥力因素的作用，须注意土壤的物理性状（即固、气、液三相的分布状态）。如水分和空气往往是矛盾的，当水分过多时，常感空气不足，故渍水地方的茶树生长不好；反之，当空气充足时则常缺水，妨碍各种营养元素的有效化，故干旱时茶树也生长不好。由于茶园土壤中经常出现水与气的矛盾、水分与养分的矛盾，此乃茶树生长不好的一大原因。土壤耕作层中固、气、液三相比例相当，则上述各个矛盾才能解决。故良好的茶园土壤，不仅要具有各种肥力因素（水、肥、气、热），而且要有良好的耕作层结构以协调各种肥力因素。据研究：在 0－80cm 土层中，当三相分布呈均衡的三等份状态时，茶树生育较好，如果液相占的比例过大，或因土壤紧实、气相过小时，茶树生产力就显著降低。故影响产量的因素有的可能是三相分布不均衡，有的可能是肥力因素不足。如当土壤板结或土层过浅时，即使大量施肥，也难以发挥最大的效用。所以要提高土壤肥力，要将肥料用量、肥料结构及合理耕作有机地结合起来。

（2）改造群体结构　即将茶树种植密度适当调整，使同一茶园中，既有个体的良好发展，也有群体的良好发展，使个体与群体协调。当前一些未老先衰的茶树，一般均按条列式种植，除缺蔸外，有些是每蔸中的株数过多，补缺是主要的；对树齡不大，每蔸中株数过多也可进行间拔，并以之补缺。丛式种植的茶园中，补缺是主要的，亦可按具体条件，适当地予以调整。凡单位面积中丛数较多，有一定丛距，行向合理的，在兼顾当地种植习惯与经验的前提下，可按原有丛距补齐缺蔸，并提高原有茶丛的产量。对于单位面积内丛数较少，零星分散，无一定株行距或行向不合理的，宜重新规划茶行，以"拨正行向"，按合理的行向补齐缺蔸。有些地方提出"以新代旧"或"以新代老"，即暂时保留老茶丛，按条列式茶园规格，重新规划种植，待新植茶树成长后，再将老茶丛挖除；不过对此还有争论。

补植方法，据各地的实践和比较，以二年生的大茶苗补植，比用种子、幼苗或大茶丛补植好。有人提倡压条补植，但生产实践中用的不多。从多年的实践中得知，茶园补植是较困难的，要过"三关"，即浅耕除草时不挖断茶苗；深耕整地时不松动茶苗，夏秋干旱时要培土灌水保苗。

（3）调整园地布局　这一措施的目的是有利于茶园管理，有利于水土保持，创造较好的生态环境。如园地的道路与沟道的合理设置及防护园林的安排等，都是围绕这一目的进行。过于分散的茶园，也应根据农业生产的整体规划，确定适宜的地段进行改造，使之较为集中成片，便于管理。从当前园地现状看，主要是由于布置不合理造成水土流失。如沟道、坡度、茶行等安排不合理，又忽视水土保持工作，使茶园表土、梯壁及沟道的土壤冲刷。

调整园地布局的目的是给茶树创造一个良好的生态环境，其中整修蓄水排水系统、修梯保土、栽植树木等为其重要内容。

改造树冠　改造树冠，就是对茶树地上部已经衰老或结构不好的部分进行改造，提高其生理功能，复壮树势，并重新培养良好的枝干和树冠面。良好的树冠，其枝干上密下壮，结构合理，枝叶茂盛，树幅宽大，高度适当。但是低产茶园的茶树树冠，正是由于某一方面不合要求，如有的由于衰老、有的过于矮小、有的结构不好。故要有目的地进行改造。

（1）更新枝的产生与利用　茶树具有一定的再生能力，当一部分枝条被剪去或因其他原因受到极度抑制时，能够产生新的枝条以代替被抑制的部分。茶树在再生过程中，由于潜伏芽及不定芽的发育生长形成的新枝条，特称之为更新枝，更新枝的发生与树冠部位及外界条件关系很密切，可根据不同目的加以控制与利用。根颈枝是更新枝的一种，它的发生部位在根颈处，这里离根系最近，根叶物质交换较易，又处于根系和树冠物质交换的枢扭，营养物质在此集散，具有良好的生育基础；同时又因处于地表部分，有良好的小气候环境，其接触土壤的部分还可萌发新的根系；由于这些原因的综合，造成根颈枝早期生长优势，利用根颈枝的生长特性，可对已处于衰老状态的整个树冠更新。同样，利用枝条上其他部位的更新能力，取其需要的部分，更新其不合要求的部分。

（2）更新方法　蓄养——在原有树冠高度的基础上，通过培育新梢，提高树冠的高幅度，需要蓄养的茶树，必须是原有树冠过于矮小，而枝干较为粗壮，树势还未衰老的。蓄养的方法，可以用轻剪蓄养或不轻剪蓄养。通过一年或一、二季不采茶，把发出的新梢留蓄起来。一般树冠低于66cm的，可通过一年的蓄养，在66cm以上的可通过一季蓄养。留蓄起来的新梢，由于生长不齐，可将个别突出的进行打顶或修剪。培养树冠至规定高度时，即可投入生产。茶树经过蓄养以后，增加了绿色面积，光合能力加强，如能及时加强肥培管理，在高幅度增大的基础上，茶叶产量与品质会随之提高。如忽视常年肥培管理，虽经留蓄，则产量品质也难有较大的提高。

重修剪——凡骨干枝结构较好，只是中上层枝条再生力差，或因病虫、冻害引致枯死造成茶叶产量与品质下降的。重剪更新的高度，以需要保留下来的骨干枝高度为准，一般是离地面45cm处修剪。

台刈——树势极度衰老，粗枝老梗枯死多等等，采用其他措施而无法复壮的则用之。

改植换种　在生产基地布局合理的前提下，对一些茶树品种极差或树龄很大失去了更新复壮意义的茶园；或地形虽好，但茶行安排非常不恰当又无法进行改造调整的园地，均应改植换种，重新规划与修建。改植换种时，要按照新建茶园的标准要求，选用良种，建好园地。在建园施工中，必须拣尽原有茶树的残根，必要时作土壤分析，检查土壤有无"老化"迹象，以便采取相应的措施，予以消毒或改良。国外一些产茶国家，对改植换种均较重视，按照茶树品种，确定换种年限。如日本定为50年，斯里兰卡定为60年，印度的阿萨姆种定为40年，马尼坡种定为45年。我国各地正在摸索试行，积累经验，将来随着茶树良种选育工作的发展，将按照茶树品种特点换种改植，以之形成一项制度，不断提高茶叶的产量与品质。

改善管理　前面所讲的两大改造与换种等内容，固然是改造低产茶园的基本措施，但要实现改造后提高茶叶产量与品质的目标，必须改善茶园管理，有以下几项常年性工作：

1. 加强肥培，提高地力　在园地土壤结构适合的前提下，营养元素：有机质1.5－2.0%，全氮量0.1%以上，有效氮100mg/kg以上，速效磷（P_2O_5）40mg/kg以上，速效钾（K_2O）80mg/kg以上，pH4.5－5.5。在这种基质的基础上，每年按时补充各种营养元素（其中包括大量元素和微量元素），供应茶树生长发育所需的矿质养份，以保持茶园土壤微观生态平衡。从生产实践中的现状分析，应加强与重视四个方面，即肥料结构、肥料数量、施肥时期与施肥方法。通过这四方面的综合效应，提高茶园地力，促进茶树生长繁茂。

2. 养、剪、采结合，培养树冠　树冠更新以后，新生枝条生长旺盛，顶端优势明显，生长间隔期短，芽叶长大，开花结实少，抗逆性提高。但以整株的形态看，分枝不多，树冠不大，着芽不密；故须依照更新修剪的不同程度，采用相应的养、剪、采方法。凡台刈更新的，先要培养其具有一定数量的骨干枝，即在台刈当年，对新生枝条拣其弱小者进行疏剪，每丛约留20根左右的健壮枝条。疏枝有利于调节营养，使养分集中供给骨干枝生长。疏枝后再"定型修剪"，采与剪结合，重修剪更新的茶树，可用轻修剪与"轻采养蓬"结合，以培养树冠。

更新复壮期的采摘，要注意以养为主，少采茶，多留叶。养树包括留叶与肥培两大方面，即碳素营养与矿质营养两大方面。就留叶来说，宜用春茶留二叶，夏茶留一叶，秋茶留鱼叶采摘；同时还要注意因施肥水平不同，采次和留叶应有差别；各个茶丛之间及丛内枝条之间的生长情况不同，可以通过"采高留低"、"采大留小"、"采顶留边"等办法来调节，缩小差距。

此外，防治虫病是改造低产茶园时不能忽视的一项重要工作，要围绕改造前后的园地特点，力争做到"三清三净"，即改造树冠时，清除茶丛上及地面的枯枝落叶，做到根际土净，枝干虫净；铲除园内外的杂草，除去病菌寄主及害虫越冬场所；做到地面杂草净。注意茶园四周尚未改造的茶树，防止虫病蔓延感染，力求四周环境的虫病除净。

总而言之，要在园地和茶树改造了的基础上，改善茶园管理，促进茶树生长繁茂，以提高鲜叶原料的自然品质，从而实现茶叶高产优质的目标；改善茶园管理是其关键。

（九）茶树修剪

修剪是茶树树冠管理的重要措施。

自然生长的茶树，主干明显，侧枝细弱，幼龄期树型呈宝塔状，成年后呈纺锤形。芽叶立体分布，数量稀少，无法形成分枝密集而宽广的采摘面，既不能适应机械化采茶的需要，茶叶的单产也不高。因此在生产实践中常常应用修剪技术对茶树的生长与发育、树体营养的分配和运转，进行适当调控，使其树势生长旺盛，塑造成高产的树型。修剪依据方法不同，有定型修剪、轻修剪、深修剪、重修剪和台刈等多种形式。这些修剪技术在具体应用时，都必须与茶树阶段发育相一致，在一定的生物学年龄时期中，以一种修剪为主，适当使用其他修剪技术，并与适应的农业措施相配合，才能充分发挥修剪的作用，达到预期的目的。

茶树修剪的生物学基础

茶树和其他高等植物一样，在生长过程中，往往主茎和主根生长较快，侧枝和侧根生长较慢。茶树的芽很多，但并不是每个芽都能同时萌发生长，而往往顶芽首先萌发生长，其他的侧芽萌发迟缓或长期处于休眠状态，这种顶端生长抑制侧向生长，顶芽生长抑制侧芽生长的现象，在生物学上称为"顶端优势"。

茶树在生长过程中，不仅形态学上有明显的极性，在生理上也有极性，靠顶端的部位生理上占有优势地位。正在生长的顶芽，生长旺盛，代谢水平很高，营养物质的分配常常优先得到供应。也就是说，茶树叶子制造的有机物和根系吸收的无机物，运至顶芽较多，使顶芽生长旺盛，主茎生长粗壮。下面的侧芽则因得不到足够的养分，影响萌发生长，侧枝生长也瘦弱。

据研究，顶芽和侧芽的这种相互关系，即顶芽抑制侧芽的作用，与生长素的形成有一定关系。生长素是植物新陈代谢过程中所产生的微量活性物质，在植物体内有广泛的分布。但其形成主要是在生长活跃的茎端生长锥。生长素在低浓度时，能促进茶树的生长，而高浓度时则抑制生长。同时还具有极性传导的特性，顶芽形成的生长素由顶端沿着韧皮部向下端传导，对下面侧芽起抑制作用。不过生长素的抑制作用也只有在生长素到达一定的浓度时才能达到。主要是高浓度的生长素能够抑制细胞分裂和阻止联系侧芽的维管束的形成。这就使侧芽不能得到足够的营养物质，因而阻碍了侧芽的生长。

修剪是根据茶树有顶端生长优势的特性，剪去顶端，解除顶端优势，从而去掉顶芽对侧芽的抑制作用。当侧芽解除了来自顶芽的高浓度生长素抑制后，细胞就开始分裂分化，维管束逐渐形成，营养物质的供应也随之增加。这样剪口下面的侧芽就能迅速萌发生长。一般来说，对修剪反映最敏感的部位是在剪口附近，常常是第一个芽最强，依次递减。例如幼年茶树 的定型修剪，一般刺激剪口以下第 1~3 个侧芽萌发生长而形成侧枝，其结果是分枝增加，促进了骨干枝和树冠的形成。对成年茶树来说，可以促进侧芽的迅速萌发生长，使分枝增多，扩大采摘面。而衰老茶树采用台刈剪掉了地上部枝条以后，解除了顶端优势，使根颈部的潜伏芽得以萌发生长，重新形成生活力旺盛的新树冠，最终达到全株更新的目的。

从植物阶段发育的原理来看，茶树修剪可以说是降低茶树阶段发育年龄，从而复壮了生长势。茶树的个体发育，是指茶树正常生活史的全部历程。在茶的一生中，由于代谢活动，使茶树植物体不断扩大，表现出数量的变化，称之为生长。随着茶树细胞由少变多，由小变大和体积重量的增加，细胞内也发生了一系列质的变化，称之为发育。生长和发育是互相联系而又相互矛盾对立的统一体。发育必须要在生长的基础上才能进行，没有生长便不可能有发育，没有量变就没有质变。因此，生长也是发育的基本特征之一。

茶树的个体发育是分阶段和有规律地进行的。第一，发育阶段的顺序性。发育的各个阶段是严格按照一定的顺序，在前一个发育阶段没有完成以前，后一个发育阶段就不能开始。后一个质变要在前一个质变的基础上才能进行；第二，发育的不可逆性。即阶段发育过程中所发生的质变，是不能消失和解除的；第三，发育的局限性。阶段发育的质变仅发生在茎顶端生长锥分生组织的细胞中，是分生组织细胞内部的质变。因此，茎上部阶段发育质变的程度总是高于茎下部的。在茎较下部分可能还未通过第一阶段的质变，而茎的较上部分已经在较下部分质变的基础上进行第二或第三阶段发育的质变，这就决定了茶树地上部各个部分在阶段发育上的异质性。茶树茎下部分和各分枝的下部，在形态学上最早形成，从生长年龄来说它们最大，但从阶段发育来说，它们质变的程度最浅，所以就发育年龄来说是幼年的。茶树枝条的上部则相反，形态学上形成最迟，生长年龄最幼，而阶段发育却是年老的，质变程度却是最深的。

茶树地上部分的这种异质性，也可以从开花现象中得到证实，浙江嵊县三界茶场作不同高度的修剪试验，剪去茶树地上部枝条1/4的，当年开花；剪去地上部3/4的，第二年开花；而齐地面台刈的，到第三年才开花。修剪的部位越低，阶段发育年轻的，开花就迟。湖南农学院的台刈修剪试验表明，不同部位所生枝条总的趋势是越接近基部，发育阶段越年轻，萌发生长的新枝就越好，如离地30厘米台刈的当年新梢长度为9.5厘米，而近地面根茎部位抽出的当年新梢就达17.1厘米，两者相差一半以上。这是因为老茶树进行更新复壮，台刈掉地上部树冠，使根颈部阶段发育年轻的潜伏芽获得了解放，萌发出新枝，重新恢复青春活力，从而使老茶树"返老还童"。

茶树的根颈部上连树冠，下连根系，是茶树营养的集散枢纽，也是营养物质丰富的部位。茶树根颈部不但在发育阶段上年幼，而且贮藏的营养物质也丰富，所以是茶树更新以后骨干枝形成的主要场所。

从茶树的整体生长而言，修剪打破了地上部与地下部的生理平衡，起了加强地上部生长的作用。不经修剪的茶树，一般地上部分与地下部分处于相对平衡的状态。修剪则打破了这种平衡，通过加强地上部分枝叶的生长才能逐渐恢复这种平衡，同时由于剪去了部分枝叶，根系对地上部养分的供应也相对增加，这样势必促进侧芽和新梢向增强同化作用的方向转化，加速侧芽的萌发和新梢的生长，促进树冠更新。中国农业科学院茶叶研究所对二年生茶树进行定型修剪深度试验，当离地 10 厘米修剪时，剪后 8 个月新梢长 25.9 厘米；离地 15 厘米修剪时，剪后 8 个月新梢长 24.6 厘米；而离地 20 厘米修剪时，剪后 8 个月新梢长 10.7 厘米，表明随修剪程度加深，阶段发育年龄降低，侧芽萌发后新梢生长也就越旺盛。

茶树修剪后，树冠的旺盛生长，形成更多的同化产物，根系也就可以得到更多的营养物质，促进根系的进一步生长。湖南省茶叶研究所的试验指出，幼年茶树的定型修剪，对根系水平分布和垂直分布都发生良好的影响。特别是在水平距离 20~60 厘米，垂直距离 10~40 厘米范围内最为显著，其吸收根分布可超过不修剪的一倍。由于根系生长的加强，又可进一步吸收更多的无机营养供应地上部枝叶，促进地上枝叶的生长。这样两者互相刺激，互相促进，由平衡到不平衡，再由不平衡到新的平衡。通过再次修剪又打破新的平衡，周而复始，促进侧芽的不断萌发生长，树冠的不断更新，使茶树始终保持苗壮的生长势。

修剪对改变枝条的碳氮比例，促进营养生长的作用也是十分明显的。常绿的多年生作物茶树的生长，是从幼年期的营养生长开始的，以后逐渐转向发育而开花结实。在茶树的整个生命活动中，营养生长和生殖生长总是相伴而行的，营养生长是连续进行，而生殖生长则是根据季节的变化有节律地进行。加强茶树的营养生长，其结果是多收芽叶，而生殖生长产生的是花果。因此栽培茶树要促进营养生长，抑制茶树生殖生长的发展。这与茶树体内营养状况有着密切关系，一般来说，无机营养（氮素）对茶树营养生长有利，有机营养（碳水化合物）也对茶树发育有利，而碳与氮之间，碳的数量过大，开花结实占优势，如氮素多，营养生长占优势。因此在茶树栽培上常用增施氮肥或修剪来调控营养生长与生殖生长的关系。

茶树嫩叶含氮量较高，老叶含碳量较高，如顶部枝梢长期不剪，枝梢老化，碳水化合物增多，氮素含量下降，碳氮比值大，营养生长衰退，花果增多。采用修剪，剪去含碳量较多的部位，使新枝代替老枝，是改变茶枝碳氮比的一种方法。通过修剪，茶树的生长点减少，根部吸收的水分和养分供应量相对增加，剪去部分枝条后，新生枝碳氮比值小，从而也就相对加强了地上部的营养生长。

茶树修剪的时期

茶树修剪时期，不论是幼年茶树，还是成年茶树或衰老茶树，原则上都应在一年地上部生长结束后休眠期进行。茶树在冬季休眠期开始，地上部分的养分就逐渐向根部转移，并在根部积累贮藏起来，至翌年开春以后，再从根部逐渐向地上部分移动，供应春季茶芽萌发生长的需要。据测定，茶树根部淀粉和总糖量贮藏，在生长季节的各个时期是不同的，一般是从9月下旬起逐渐增多，到次年1～2月份到最大值。以幼年茶树根部的淀粉为例，2、4、6、8、10及12月的含量分别为21.19%、16.30%、13.58%、9.36%、12.58%和16.50%（占干物%）。而分析修剪以后树体的营养变化，可明显地看到淀粉含量显著地下降。所以从茶树树体营养的消长规律和生理角度考虑，茶树修剪的时间，一般应在茶树冬季休眠后期，即春季茶芽萌发前为好。在此期间修剪，被剪枝叶养分含量较少，可减少无谓的消耗，而根部贮藏养分最多，对萌发新枝有利。如果在剪前茶树没有足够的养分贮备，必然对剪后新梢的生长带来严重影响。

茶树的生长，其地上部与地下部是交替进行的。大体说来，地上生长休眠期，正是根部生长最旺盛的时期，此时剪去部分枝叶，可以促进根系生长加速进行，吸收、贮备更充足的养料。

我国的多数茶园分布在南方丘陵山区，海拔高差悬殊，据研究，海拔高度与根部贮藏物质淀粉的多少有一定的关系。海拔高的茶园，由于根部淀粉贮存多，修剪后足以恢复茶蓬的生长，即使实行深剪把枝叶全部剪光也无妨，而在低海拔的茶园，由于碳水化合物的亏缺，修剪的效果就差。要使修剪得到成功，必须采取措施，使剪前茶树积累较多的营养，修后枝叶抽生才能茂盛。

从上述茶树营养状况、养分的得失和贮藏分析，在我国四季分明的广大茶区，茶树在春季接近萌芽之前进行修剪是影响最小的时期（即从惊蛰到春分）。这个时期根部有足够的贮藏物质，又正值气温逐渐回升、雨水充沛、茶树生长较为适宜的时期，同时春季是年生长周期的开始，剪后使新梢有较长时间可以充分生长。

修剪时期的选择，当然还应根据各地气候条件而定，在终年气温偏高，没有冻害的地区，如广东、云南、福建等地可在茶季结束时进行修剪。但在冬季有冻害威胁的地区和一些高山茶区，为防止寒流的袭击，春季修剪就应推迟。但也有一些地区为了防止树冠面枝受冻，用降低树冠高度的办法来提高抗寒力，这种修剪最好在秋末进行。

有旱季和雨季之分的茶区，修剪时期就不应在旱季来临前进行，否则剪后发芽困难，新枝难以旺盛生长。

茶树修剪方法

茶树在不同的生长发育阶段中，具有不同的生长习性，对不同年龄时期的茶树，由于修剪目的要求不同，因此修剪的方法也不一样。

1. 幼龄茶树的定型修剪

茶树在幼龄时期，有明显的主干，随着树龄增大，主干生长势逐渐减弱，侧枝生长势相应增强，树型逐渐向灌木型方向发展。一般自然生长未经修剪的茶树，分枝较稀，树冠幅度也难以扩大。幼龄茶树修剪的目的是促进侧芽萌发，增加有效分枝层次和数量，培养骨干枝，形成宽阔健壮的骨架，因此称为定型修剪。定型修剪一般要进行三次，每次的高度和方法也不一样。

第一次定型修剪：第一次定型修剪在什么时候进行，要看苗木生长的高度而定。当一年生茶苗有 75 ~ 80% 长到 30 厘米以上时，即可进行。如果高度不够标准，可推迟到第二年春茶生长休止时期进行。第一次定型修剪的高度，对今后分枝的多少和生长强弱有密切关系。修剪较低的，分支较少，但由于养分集中使用，形成的骨干枝比较粗壮；修剪较高的，分枝较多，但由于养分分散使用，骨干枝比较细弱。一般而言，第一次定剪高度以离地面 15 ~ 20 厘米为宜。半乔木型品种如政和、云南大叶种等分枝部位较高，应剪高一些；灌木型品种，分枝部位低，应剪低一些。高寒山区，土壤瘠薄，茶苗生长较差的，应剪低一些。

第一次定型修剪对茶树骨架的形成十分重要，必须精细进行，确保质量，宜用整枝剪逐株依次进行。只剪主枝，不剪侧枝。剪时不可留桩过长，以免损耕养分。剪口应向内侧倾斜，尽量保留外侧的腋芽，使发出的新枝向四周伸展。剪口要光滑，切忌剪裂，以免雨水浸渍伤口，难于愈合。

第二次定型修剪：一般在上次修剪一年后进行。修剪的高度可在上次剪口上提高 15 ~ 20 厘米。如果茶苗生长旺盛，只要苗高已达修剪标准，即可提前进行第二次定型修剪。这次修剪可用篱剪按修剪高度标准剪平，然后用整枝剪修去过长的桩头，同样要注意留外侧的腋芽，以利分枝向外伸展。

第三次定型修剪：在第二次定型修剪一年后进行。如果茶苗生长旺盛同样也可提前。这次修剪的高度在上次剪口上提高 10 ~ 15 厘米，用篱剪将蓬面剪平即可。

上述三次定型修剪，目的都是为了培养健壮的骨干枝。幼年茶树经过三次定型修剪，树冠迅速扩展，已具有坚强的骨架，即可适当地留叶采摘。第四年和第五年每年生长结束时，在上年剪口以上提高5～10厘米进行整形修剪，使树冠略带半弧形，以进一步扩大采摘面。茶树五足龄后，树冠已基本定型，即可正式投产，以后可按成年茶树修剪方法进行。

目前，有些新建茶园没有进行定型修剪，影响成园投产。这类茶园应当分别情况进行补剪。如果是播种后三、四年还未修剪的，大部分茶苗已有3～4层分枝而且比较健壮的，可直接离地面35～40厘米处修剪；如果分枝少而细弱的，可离地20～30厘米处修剪。以后根据分枝情况，掌握适当高度再修剪1～2次，待养成较好骨架后，开始正式采茶。

2. 成龄茶树的轻修剪和深修剪

成龄茶树的修剪是在定型修剪的基础上进行的，主要采取轻修剪和深修剪相结合的办法，使茶树保持旺盛的生长势和整齐的树冠采摘面，发芽多而壮，以利持续高产优质。

①轻修剪　一般每年在茶树树冠采摘面上进行一次轻修剪，每次在上次剪口上提高3～5厘米；如果树冠整齐，长势旺盛，可以隔年修剪一次。轻修剪的目的是使树冠采摘面保持整齐而强壮的发芽基础，促进营养生长，减少开花结果。我国江南茶区都在春茶发芽前进行，而在西南茶区以及没有冻害的地区，则在秋茶停采以后进行。修剪宜轻不宜重，一般只剪去当年秋梢和小部分夏梢，保留大部分夏梢和全部春梢。如果剪得过重，会导致次年发芽迟，芽头少，影响春茶产量。对花果着生较多的枝条可剪重一些，以减少养分消耗。

②深修剪（见图9－60）　经多年采摘和轻修剪，树冠上面发生许多浓密细小的分枝，俗称"鸡爪枝"。这种鸡爪枝的结节增多，阻碍养分的输送，发出的芽叶瘦小，对夹叶多，会降低产量和品质。所以每隔几年，当树冠上面出现这种情况时，必须进行一次深修剪，剪去树冠上部10～15厘米深的一层鸡爪枝，使树势恢复健壮，提高育芽能力。经过一次深修剪后，继续实行几年轻修剪，以后又会出现鸡爪枝，引起产量下降，可再进行一次深修剪。如此反复交替进行，可使茶树保持旺盛的生长势，持续高产。深修剪的时间，一般在春茶萌动前。为减少当年产量的损失，也可在春茶采后深修剪，留养一季夏茶，秋季即可采茶。有的在夏茶后剪，留养秋茶，第二年早春进行轻剪，调整采摘面，实行留叶采摘。但在常有伏旱的地区，不宜在夏茶后剪，以免干旱影响新梢的萌发和生长。

轻修剪和深修剪的工具都用篱剪，刀口要锋利，剪口要平整，尽量避免剪破枝

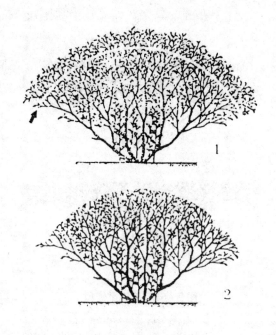

图 9-60 茶树深修剪

1. 修剪前 2. 修剪后

梢,影响伤口愈合。

3. 衰老茶树的重修剪和台刈

衰老茶树的修剪,应根据衰老程度,因地制宜,分别采取重修剪和台刈的办法更新复壮。

①重修剪(见图9-61) 适用于半衰老和未老先衰的茶树。这种茶树年龄不一定很老,但由于放松肥培管理或采摘不合理等原因,以致树冠矮小,分枝稀疏,采摘面零乱,树势衰弱,鸡爪枝多,芽叶瘦小稀小,多对夹叶,产量明显下降,但其多数主枝尚有一定的生活能力。对这类茶树,可采用重修剪更新复壮。重剪高度,一般是剪去树冠1/3~1/2,以离地30~45厘米为宜。树形较高、枝条不太衰老的,可剪高一些;树形较矮、枝条较衰老的,剪低一些。如果修剪过高,达不到更新目的;修剪过低,则恢复较慢。在同一块茶园中,修剪的高度就低不就高,使剪后整片高度大体一致。如在同一丛茶树内有个别枯老枝,可先用锋利的镰刀割除后再修剪。

重修剪的时期,以茶树休眠期为好。但半衰老或未老先衰的茶树,为收获一定的产量,可在春茶采后重修剪。剪后当年发出的新梢不采摘,在次年春茶萌动前,在重修剪口上提高7~10厘米修剪。重剪后第二年起可适当留叶采摘,并在每年初

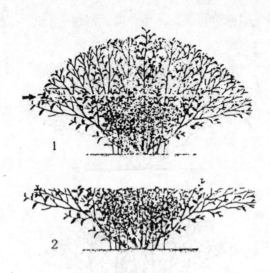

图 9 – 61　茶树重修剪

1. 修剪前　2. 修剪后

春在上次剪口上提高 7～10 厘米修剪，待树高达 70 厘米以上时，每年提高 5 厘米左右进行轻修剪。

对于没有经过定型修剪，树冠参差不齐，树势尚不十分衰老的旧式茶园，也可采用上述方法进行重修剪，然后轻修剪培养树冠。

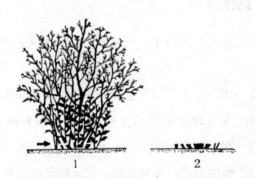

图 9 – 62　茶树台刈

1. 台刈前　2. 台刈后

②台刈（见图 9 – 62）　树势已十分衰老的茶树，枝干枯秃，叶片稀少，多数枝条丧失育芽能力，产量很低，有的枝条上布满苔藓、地衣，根系也已大部枯黑，吸收能力很差，即使增施肥料，也很难提高产量。对这类衰老茶树，应当实行台刈更新，从根颈处剪去全部枝条，促使抽生新枝，形成新的树冠。台刈的高度一般离地 5～7 厘米为宜，留桩过高，则发芽不壮，新枝纤细；过低则发芽部位太少，新枝数量少。台刈以采用圆盘式台刈机为好，可免树桩的撕裂，也可用锋利的镰刀，自

下而上拉割，使切口呈斜面而光滑，以利不定芽的萌发。粗大的枝干可用手锯或台刈剪，切忌砍破桩头，否则伤口腐烂，难以愈合和抽发新枝。

有些老茶树，由于自然更新，从根颈处发出一些根颈枝，代替枯老的枝干。所以在一丛茶树里往往有的枝条枯老，有的已是更新健壮枝。这种茶园，群众常采用抽刈的办法改造，剪去枯老枝，保留新生枝，这样就不影响当年的产量。为使树冠整齐，扩大采摘面，可在抽刈后进行深修剪或轻修剪改造养成树冠。

台刈的时间，在早春为好。这时为茶树的休眠期末期，根部积累的养分较多，能满足新枝萌发的营养需要，而且初春台刈，茶树新枝的全年生长期长，有利于形成健壮的骨干枝。有些地区为了照顾当年茶叶产量和收入，也可在春茶采后的 5 月间台刈。

台刈后发出的新枝，在一年生长结束后，离地 40 厘米左右进行修剪，剪后 2 ~ 3 年内逐年在上次剪口上提高 10 厘米左右修剪，待树高到 70 厘米以上时，每年按轻修剪的高度标准进行修剪。台刈后发出的新枝生长旺盛，芽叶肥壮，但千万不可采摘过早、过度，这是决定台刈成败的关键。一般台刈后的一年生枝条不要采摘，第二年采高留低，打顶养蓬；第三年开始适当留叶采摘。这样才能养成骨架健壮，蓬面宽广，分枝适密的高产树型。

茶树修剪与其他措施的配合

修剪是塑造茶树高产树冠的主要手段。修剪措施的实行，除需根据各地的自然条件、茶树树龄、品种习性进行综合考虑外，还应与下列栽培措施相配合，才能达到预期效果。

1. 应与肥水管理密切配合

修剪是促使茶叶增产的一项重要措施，但它必须在提高肥、水管理及土壤管理的基础上，才能发挥修剪的增产作用。修剪对茶树来说，是一次创伤，每经一次修剪，被剪枝叶耗损许多养分，剪后又要大量萌发新梢，在很大程度上依赖于根部贮存的营养物质。为了使根系不断供应地上部再生生长，并保证根系自身生长，就需要足够的肥、水供应，这时加强土壤管理就显得格外重要，剪前要深施较多的有机肥料和磷肥，剪后待新梢萌发时，及时加施追肥，只有这样，才能促使新梢健壮，生长迅速，充分发挥修剪的应有效果。尤其是重修剪和台刈茶树的茶园，土壤已趋于老化，表土冲刷和土壤中盐基流失，肥力下降，土层变薄；另一方面，经过更新后，茶树主要靠根颈及根部贮存的养分来维持和恢复生机，重新萌发新枝，形成树冠,这就要求有更多的养分,所以土壤的营养状况,在某种程度上是决定衰老茶树更新后能否迅速恢复树势和达到高产的重要环节。在肥水缺少的情况下进行修剪,只能是消耗茶树更多的养分,使茶树迅速衰败,这就不能达到改树复壮的目的。尤其是长期不施磷钾肥的老茶园,茶树代谢机能减弱,枝梢容易发生枯死现象。因此在生产实践中是缺肥不改树的,没有足够的肥料准备,一般不采用台刈或重修剪。

2. 应与采摘留养相结合

修剪是幼龄茶树培养骨干枝的重要手段。幼龄茶树在树冠养成过程中,骨干枝和骨架层的培养主要靠三次定型修剪来完成。定型修剪后的茶树,在采摘技术上,要应用"分批留叶"采摘法,多留少采,做到以养为主,采摘为辅,实行打头轻采。如果只顾眼前利益,不适当地早采或强采,会造成茶树枝条细弱,树势早衰,不但产量上不去,茶树也像"小老头",难以封行。这样的茶树,即使进入壮年期,单产也是不高的。反之,如果只留不采,实行封园养蓬,结果枝条稀稀朗朗,采摘面上生产枝不多不密,实现高产也很困难。

对于深修剪的成年茶树,要视修剪程度注意留养。由于深修剪,使茶树叶面积减少,光合同化面缩小,而修剪面以下抽发的生产枝,一般都比较稀疏,形不成采摘面,所以需通过留养,增加枝条的粗度,并在此基础上再萌发出次级生长枝,经修剪重新培养采摘。一般深修剪的茶树需经过一季到两季留养,再进行打头轻采,逐步投产。若剪后不注意留养,甚至强采,很容易引起树势早衰。

重修剪、台刈更新后,茶树的采摘管理,是培养树冠的重要环节,尤其是更新的当年,生长比较旺盛,在年生长周期内,新梢的生长几乎无休止期,节间长、叶片大,芽叶粗壮,对培养树冠十分有利。在生产实践中,也正是台刈或重修剪后的1~2年内,是培养再生树冠的最重要时期,要特别强调以养为主,采养结合。在树冠尚未封行前,采摘打顶的目的,不是为了收获,而是配合修剪,养好树冠的一种手段。重修剪、台刈以后的茶树,一般要经2~3年打顶留叶采后,才能正式投采。

3. 应与病虫害防治措施相配合

树冠重修剪或更新后,一般经过一段时期的留养,茶树枝叶繁茂,芽梢幼嫩,是各种病虫害滋生的良好场所,特别是对于为害嫩芽梢的茶蚜、茶尺蠖、茶细蛾、茶卷叶蛾、茶梢蛾、小绿叶蝉、芽枯病等,必须及时检查防治。对衰老茶树更新复壮时所留下的枝叶,必须及时清出园外处理,并对树桩及茶丛周围的地面进行一次彻底喷药防除,以消灭病虫繁殖基地。由于重剪或台刈后相当一段时间不采茶,因此用药范围较宽，对一些安全间隔较长的药，在不采茶的条件下，可允许使用。

（十）采摘技术

采茶是栽茶的结束，是茶叶加工的开始，是项费工费时、繁琐复杂、技术性很强的农业措施。

古人论采茶

茶叶采摘，自古以来就被人们所重视。对此，在古书古诗中有众多的记述。唐陆羽《茶经》中，对茶叶的采摘时期、采摘时间、采摘标准等作了概要的总结。《茶经·三之造》，首先阐明了我国古代的采茶时期："凡采茶，在二月、三月、四月之间。"唐代使用的是现在的农历，农历二、三、四月即公历的3、4、5月间。说明唐代以前，一年中只采春茶，而夏秋茶留养不采。有史料记载采摘夏秋茶的，是在明代以后。如明代许次纾《茶疏》说："往日无有于秋日摘茶者。近乃有之。秋七、八月重摘一番，谓之早春，其品甚佳，不嫌稍薄。他山射利，多摘梅茶，梅茶涩苦，止堪作下食，且伤秋摘佳产，戒之。"又据明代陈继儒《太平清话》说："吴人于十月采小春茶，此时不独逗漏花枝，而尤喜日光晴暖，从此蹉过，霜凄雁冻，不复可堪矣。"到了清代，对采摘夏秋茶有更深的论述，提出采养结合的问题，认为秋茶不宜过多的采摘。如陆廷灿《续茶经》引王草堂《茶说》称："武夷茶自谷雨采至立夏，谓之头春；约隔二旬复采，谓之二春；又隔又采，谓之三春。头春叶粗，味浓；二春、三春叶渐细，味渐薄，且带苦矣。夏末秋初又采一次，名为秋露，香更浓，味亦佳，但为来年计，惜之，不能多采耳。"

关于春茶的采摘期，历代史料的记述不尽相同。这与各茶叶产区气候条件不同，所产茶类采摘标准要求各异有关。记述最早的采摘期要数元代萨都剌在《谢参政许可用赠茶》诗中说的福建茶，其采摘期在立春后十月。其次是在惊蛰前后了，如宋代宋子安的《东溪试茶录》说："建溪茶比他群最先，北苑、壑源者尤早。岁多暖，则先惊蛰十日即芽；岁多寒，则后惊蛰五日始发。先芽者气味俱不佳，惟过惊蛰者最为第一。民间常以惊蛰为候，诸焙后北苑者半月，去远则益晚。"宋代黄儒的《品茶要录》、赵汝砺的《北苑别录》、赵佶的《大观茶论》和胡仔《苕溪渔隐丛话》，也都说采茶在惊蛰前后。南宋王观国在《学林》中称："茶之佳品，摘造在社前。""社前"指的是立春后第五个戊日，即采摘期约在春分前后。史料史记述在清明前采摘的则较多，如唐代李郢《茶山贡焙歌》说："春风三月贡茶时……到时须及清明宴。"又如白居易《谢李六郎中寄蜀茶诗》说："红纸一封书后信，绿芽千片火前春。"又如李德裕《忆茗芽》诗说："谷中春日暖，渐忆啜茶英，欲及清明火，能消醉客心。"这里所说的"春风三月"、"火前春"、"清明火"，都在清明节以前。南宋陆游在《兰亭花坞茶诗》中说"兰亭步口水如天，茶市纷纷趁雨前"，则采摘期在谷雨前了。明代一般产茶区的采摘期，也大都在谷雨前后（见张源《茶录》、许次纾《茶疏》）。但当时"世竞珍之"的罗岕茶，则采摘期要推迟到立夏（见许次纾《茶疏》、周高起《洞山岕茶系》、冯可宾《岕茶笺》）。

"茶之笋者，生烂石沃土，长四五寸，若薇蕨始抽，凌露采焉。茶之芽者，发于丛薄之上，有三枝、四枝、五枝者，选其中枝颖拔者采焉。其日有雨不采，晴有云不采，晴，采之。"陆羽在《茶经·三之造》中较简要地论述了茶叶的采摘标准和采摘时间。陆羽提出生长在肥沃土壤里的粗壮新梢，长到四五寸长时，就可采摘，而生长在土壤瘠薄、草木丛中的细弱新梢，有萌发三枝、四枝、五枝的，可选择其中长得挺秀的采摘。这里说的是采摘时新梢的长度和长势强弱状况，没有说明每个新梢具体的采留标准，实际上指的是开采标准。它说的视新梢的长势情况而进行有选择地采摘，寓有分批采摘之意。唐代以后的史料中，也未曾见到有具体的采摘标准的论述。明代屠隆在《考槃余事》中说："采茶不必太细，细则芽初萌而味欠足；不必太青，青则茶已老而味欠嫩。须在谷雨前后，觅成梗带叶，微绿色而团且厚者为上。"作者对采摘标准，从新梢大小、色泽、生育状况，农时节气等，作了较系统和深刻的论述。

关于采茶的时间，陆羽《茶经》说得非常具体，阴雨天不采，只有晴天清晨有露水时采摘。北宋时代的北苑贡茶，也采用《茶经》所说的"凌露采"。如赵汝砺在《北苑别录》中说，"采茶之法，须是侵晨。不可见日。侵晨则夜露未晞，茶芽肥润；见日则为阳气所薄，使芽之膏腴内耗，至受水而不鲜明。……"又如赵佶《大观茶论》说："撷茶以黎明，见日则止。……"。晴天采茶当然好，但"凌露采"并无多少科学道理，有露水采茶不仅不方便，且露水叶制茶质量并不好。到了明代，有的仍沿用"凌露采"，有的则提出"日出山霁采"了，这是后人认识上的发展。如屠隆《考槃余事》说："若闽广岭南，多瘴疠之气，必待日出山霁，雾障岚气收净，采之可也。"又如冯可宾在《岕茶笺》中说："看风日晴和，月露初收，亲自监采入篮。如烈日之下，又防篮内郁蒸，须伞盖。"

当代茶叶采摘技术

现代，尤其是50年代末期以来，茶叶科技界加深了对茶叶采摘技术的研究和讨论，无论在认识上和实践上，都有了很大的发展，逐步形成了一整套合理采摘的技术体系。

1. 采摘的生物学基础

茶叶采摘要比一般大田作物的收获复杂得多，深刻得多。在茶叶采摘过程中，自始至终存在着两个基本的矛盾，即采茶与养树之间的矛盾，芽叶的数量与质量之间的矛盾。只有在充分认识茶树生育特性的基础上，合理运用采摘技术，才能协调采与养、量与质之间的关系，实现茶叶的优质高产、延长经济年限、提高经济效益的目的。

茶树是一种多年生的常绿叶用作物，采收的芽叶即茶树的新梢，既是制茶的原料，亦是茶树重要的营养器官。新梢上成熟的叶子是茶树进行光合作用和呼吸作用的场所。茶树新梢具有顶端生长优势和在年生育周期中多次萌发生长的特性。茶树新梢由顶芽和侧芽萌发生育而成。顶芽和侧芽所处位置和发育迟早的不同，在生育上有着相互制约的关系，顶芽最先萌发，生长亦最快，占有优势地位。但顶芽的旺盛生长，抑制了侧芽的生长，使侧芽萌动推迟，生长减慢，甚至呈潜伏状态。所以在自然生长情况下，新梢每年只能重复生长2~3次，分枝少，树冠稀。而人为的采摘，可解除其顶端优势，促进侧芽不断萌发，使生长加快，新梢生长轮次增加以及萌芽密度增加。但茶叶采摘不能过度，否则茶树上叶子太少会对光合作用产生影响，不利于有机物质的形成和积累，从而影响茶树的生长发育。茶树叶子是随着新梢的生长而开展的。叶子的生育速度、展叶多少、成熟历期、叶子寿命等生物学特性，与茶树内部的生理机能和外界的环境条件紧密相关。据中国农业科学院茶叶研究所在杭州地区测定，新梢生长快的，2~3天可展一片叶子，生长慢的，则需5~6天。叶子从初展到成熟的历期，生长快的只需13~14天，生长慢的则需28~29天，平均为16~25天。新梢展叶多少，差异甚大，多的可达10片以上，少的只1~2片，一般能展叶4~6片。茶树叶片寿命，以春梢上着生的最长，夏叶其次，秋叶最短。叶子的平均寿命一般不超过一年，约320天左右。老叶脱落常年都有，但多数在生长季节脱落，新叶生长最多之时，也是老叶脱落最多之际，4~5月是落叶高峰期。叶子是茶树制造有机物质的"加工厂"，叶子的适度繁茂是衡量树势强弱和预测茶叶产量高低的标志和依据。所以在年生育周期内，必须有适量的新生叶子留养在茶树上。树冠上绿色面积的多少，主要是茶叶采摘留叶的数量和留叶时期所决定的。因此，茶叶采摘便成为一项至关重要的农业技术措施。

2. 合理采摘

合理采摘是 60 年代以来总结归纳、研究提高的一个科学概念，其含义是指在一定的环境条件下，通过采摘技术，借以促进茶树的营养生长，控制生殖生长，协调采与养、量与质之间的矛盾，从而达到多采茶、采好茶、提高茶叶经济效益的目的。其主要技术内容，可概括为标准采、适时采和留叶采。

①标准采　指按一定的数量和嫩度标准来采摘茶树新梢。成品茶的品质，除受加工技术左右外，主要是由鲜叶原料的质量决定的。一般说，采摘细嫩的芽叶，茶多酚、咖啡碱、氨基酸、儿茶素等含量高，内质好，但重量轻，产量低；而采摘粗老的芽叶，多糖类、粗纤维等含量高，重量重，产量较高，但有效成份含量低，内质差。也就是说，茶叶产量的高低，品质的优劣，收益的多少，一定程度上是由采摘标准决定的。所以在生产实践中，合理制订并严格掌握采摘标准，是非常重要的。我国茶类众多，品质风格各异，对鲜叶采摘标准的嫩度要求，差别很大，大体上可归纳为四大类。

名优茶类，采制精细，品质优异，经济价值高，是我国茶叶生产的一大优势。近年来，名优茶发展迅猛，不但一些传统名茶，如西湖龙井、洞庭碧螺春、黄山毛峰、六安瓜片、信阳毛尖等产区扩大，单产提高，而且还不断开发创制了许多新的名优茶种，如荆溪云片、无锡毫茶、安吉白片、临海蟠毫、敬亭绿雪、霍山翠芽、安公松针、高桥银峰、永川秀芽等。名优茶类对鲜叶的嫩度和匀度要求大多较高，很多只采初萌的壮芽或初展的一芽一、二叶。这种细嫩采标准，产量低，花工大，季节性强，多在春茶前期采摘。

我国内销和外销的大众红、绿茶类，如眉茶、珠茶、花茶、工夫红茶、红碎茶等，是我国的主体茶类，鲜叶原料的嫩度要求适中，待新梢展叶到一芽二、三叶或一芽四、五叶时，采摘一芽二、三叶和幼嫩的对夹叶。在实际运用时，还应按季节迟早和成品茶不同级别的要求而灵活掌握。一般春茶前期，采制特级和一级茶，以采一芽二叶为主。春茶中期，采制二、三级茶，以采一芽二、三叶和对夹叶为主。春茶后期，采制四、五级茶，以采一芽三叶和对夹叶为主。这种较适中的采摘标准，量质兼顾，全年采摘批次多，采期长，经济收益高。

武夷岩茶、安溪铁观音等乌龙茶类，是我国传统的特种茶，以其独特的香气和滋味著称于世。采摘标准须待新梢生育将成熟，顶叶开展度约八成左右时，采下带驻芽的二、三片嫩叶。这种偏老的采摘标准，全年采摘批次不多，产量中等，产值较高。

黑茶、老青茶等边销茶，是我国特有的茶类，对鲜叶原料的嫩度要求较低。黑茶的采摘标准是，等到新梢快成熟或已成熟形成驻芽时，采摘一芽四、五叶或对夹三、四叶；老青茶则需等到新梢基部呈红棕色已木质化时，才刈下新梢基部一、二片新叶以上的全部新梢。这种较粗老的采摘标准，全年只能采二、三批，但产量较高，而产值则较低。

掌握采摘标准，实际上就是掌握新梢的嫩度。在生产实践中，多是根据芽叶大小、展叶多少、芽叶色泽和形状等生态特征，来判断新梢的嫩度。例如新梢初展，芽长于叶，是特级龙井茶的鲜叶嫩度特征；新梢展叶二、三片，叶色黄绿，近芽的第一叶叶面卷曲，是高级红、绿茶的芽叶特征；新梢已形成驻芽，叶色转青，近基部一、二片新叶已接近成熟，是乌龙茶采摘的嫩度特征。

②适时采　根据新梢生育状况和采摘标准，及时、分批地把芽叶采摘下来。

我国茶树栽培区域辽阔，地域之间由于光、温、水、土等自然因子的不同，茶树生长期的长短有显著的差别，采茶时期也就因地而异。江北茶区的茶季约在 5～9 月，江南茶区茶季约在 4～10 月，西南茶区的茶季约在 3～11 月。华南茶区除部分地区如海南省及云南西双版纳等地一年四季可采茶外，大都在春、夏、秋三季采茶，习惯上称春茶、夏茶和秋茶，也有称头茶、二茶、三茶、四茶的。各季茶的时间划分上不尽一致，大体上 3～5 月采收的为春茶，6～7 月采收的为夏茶，8～10 月采收的为秋茶。每季茶开采的迟早，采期的长短，除受自然条件影响外，与茶树品种特性和栽培技术也有密切关系。在自然因子中，气温和降水起主导的作用，而在栽培技术中，除采摘技术影响外，修剪技术、肥水管理关系较为密切。我国长江中下游的广大产茶区，春茶的开采期，主要受早春气温的影响，一般 3 月平均气温较高时，开采期就早。早春进行轻修剪的，一般开采期要相应推迟，剪得越重越迟，影响越大。夏秋茶则主要受肥水状况的影响，雨水调匀，雨量充沛，有利茶芽萌发生长，开采就早，采期亦长。反之，茶芽生育缓慢，甚至停止生长，开采期就推迟，采期缩短。

一般认为开采期宜早不宜迟，以略早为好，特别是春茶，这时茶树体内贮藏物质丰富，气候温和，温湿条件优越，茶树萌芽力强，新梢生长旺盛，高峰期明显，如开采期掌握不当，易造成顾此失彼，养大采老，不仅使茶叶品质低劣，收益降低，而且会影响树势和全年茶叶的增产。根据各地的经验，一般红、绿茶区，采用手工采摘的，春季当茶蓬上有 10～15% 的新梢达到采摘标准时，夏秋茶有 10% 左右的新梢达到采摘标准时，就要开采。采用机械采摘的，春季有 70~80% 的新梢达到采摘标准，夏秋季有 60% 左右新梢达到采摘标准时，为适宜开采期。

茶树的营养芽因着生部位不同，萌发迟早、生育速度也就不同。所以除掌握好开采期，按标准及时采外，还必须进行分批采摘，先达标准的先采，未达标准的等长到标准时再采。采批之间的间隔期，即采摘周期的掌握，也非常重要，是保证鲜叶品质，促进茶芽不断萌发，实现优质高产的一个重要环节。采摘周期的长短，采摘批次的多少，应视茶树新梢生育状况和采摘标准而定。气候条件好，肥培水平高，树势旺盛，新梢生长迅速的，采摘周期宜短，采摘批次要多；茶类对鲜叶原料嫩度要求高的，采摘周期要短，采摘批次要多。一般红、绿茶产制区，用手工采摘的，春茶的采摘周期以 4~7 天为宜，春茶前期采摘名优茶或高级红、绿茶的，采摘周期应缩短至 2~4 天。夏秋茶的采摘周期以 5~8 天为宜。据浙江许多高产单位的经验，一般春茶分 6~8 批采，夏茶分 5~8 批采，秋茶分 6~10 批采，全年采摘 20 批左右为宜。

秋季停止采茶的日期，俗称封园期。封园期的迟早，与茶叶产量和茶树长势都有密切关系。一般说，封园期迟，有利当年增产，但不利于树势培养和翌年增产；反之，如封园期早，对当年秋茶产量有一定影响，但却有利树势培养和翌年茶叶增产。

封园期的迟早，应视环境条件和茶树长势而定。如冬季气候温暖，肥培水平高，树势旺盛，春夏季已留养适量新叶的，原则上可采到最后一轮新梢为止；若冬季气温低，易遭冻害，肥培水平低，树势弱，以及春夏季留新叶不足的，则应提早封园。我国华南茶区，一般可采到立冬前后，地处边缘势带的海南省产茶区，可终年采茶，无所谓封园期；江南茶区可采到寒露到霜降；江北茶区可采至处暑至白露。

③留叶采　指在采摘芽叶的同时，把若干片新生叶子留养在茶树上，这是一种采养结合的采摘方法，具有培养树势、延长采摘期和高产期的功效，是合理采摘的中心环节。

各地的研究和实践都证实，茶树在年生育周期中，留叶过多过少都是不适宜的。过多的留叶，虽可使茶树树冠长得高大广阔，但却导致树冠郁闭，叶片重叠，特别是树冠中下层叶子的光合效率大大削弱，而有机物质的消耗相对增加，致使分枝少，发芽稀，花果多，经济产量反而较低。如留叶过少，尽管在短期内可促使早发芽，多发芽，获得较高的产量，但由于同化面积小，光合产物少，使茶树呈饥饿状态，地上部和地下部生长平衡遭到破坏，生理机能逐渐衰退，根系和枝干不断枯死和缩小，产量急剧下降，茶树未老先衰。在科学实验中，多以叶面积指数，即单位面积个茶树叶面积总量与土地面积的比值，来衡量留叶的适宜度。各地研究的结果是，茶树适宜的留叶范围，叶面积指数在 2~4 之间。青年茶树，叶面积指数在 4 以下时，茶叶产量有随叶面积指数增加而增加的趋势，壮龄茶树适宜的叶面积指数为 3~4，而老年茶树叶面积指数 2~3 时产量较高。在生产实践中，各地的经验认为，留叶数量以树冠的叶子相互密结，见不到枝干为适度。

茶树哪一个季节留叶为好，应视树龄树势情况和气候条件而定。据中国农业科学院茶叶研究所的研究结果，留叶对当季和下季茶叶产量均有一定影响，对隔季产量才有促进作用。因此，春季留叶有利秋茶增产，夏季留叶有利于次年春茶增产，秋季留叶有利于次年春夏茶，特别是夏茶的增产。这是因为留叶的当季，不仅因留叶而减少了产量，而且留下的幼嫩新叶在生长成熟之前，其生理上的特点是呼吸强度大于光合强度，自身的消耗总是大于积累，尽管叶面积增加了，而实际可用于茶芽萌发、新梢生长的营养物质却相对减少了，势必会对当季和下季产量产生一定影响。不同留叶时期对全年茶叶产量的影响，各地试验结果不尽一致，多数研究资料表明，夏季留叶有利于全年增产，这时气温高，留叶后叶片成熟快，生理机能也最活跃，光合作用强度大，积累的有机物质多，可为翌年春茶的增产奠定丰富的物质基础。但具体在什么时候留叶为宜，应根据具体情况而定。我国多数产茶区，春季气候温和，雨量丰富，光照适当，并有根部贮藏物质的大量供应，新梢发得多，持嫩性强，能采收较多的优质茶叶，以采为主的成年茶树，要多采叶少留叶，以春季后期，夏季前期的 5~6 月间留叶为宜。以培养树冠为主的幼龄茶树和刚更新复壮的茶树，则应以 4~5 月间多留叶为好，因旺盛生长的春梢，更有利于树冠的培养。幼龄茶树还应视春季留叶的状况，再在夏季适当留叶。老年茶树，育芽能力弱，新梢短小，春夏季留叶采摘较为困难，宜少采或不采秋茶，在秋季集中留养。边茶留叶（桩）的时期，也以夏季或早秋为好，结合边茶采割进行。如四川的南路边茶，在 6~8 月采割，不过立秋；西路边茶略早些，在 5 月下旬至 6 月下旬采割，不过夏至。湖南的黑茶和老青茶，一般也在 5~8 月采割两次后留叶养树。

留叶采摘方法很多，大体可归纳为打顶采摘法、留真叶采摘法和留鱼叶采摘法三种。

打顶采摘法亦称打头采摘法（见图 9-63），是俟新梢展叶 5~6 片叶子以上，或新梢即将停止生长时，摘去一芽二、三叶，留下基部鱼叶及三、四片以上真叶，一般每轮新梢采摘一、二次。采摘要领是采高养低，采顶留侧，以促进分枝，培养树冠。这是一种以养树为主的采摘方法。

留真叶采摘法亦称留大叶采摘法。是当新梢长到一芽三、四叶或一芽四、五叶

图9-63　打头采摘法

图9-64　留一叶采摘法

时，采去一芽二、三叶、留下基部鱼叶和一、二片真叶。留真叶采摘法又因留叶数量多少、留叶时期不同，分为留一叶采摘法（见图9-64）、留二叶采摘法（见图9-65）、夏季留叶采摘法等多种。这是一种既注意采摘，也注意养树，采养结合的采摘方法。

留鱼叶采摘法俗称留奶叶采摘法（见图9-66），是当新梢长到一芽一、二叶或一芽二、三叶时，采下一芽一、二叶或一芽二、三叶，只把鱼叶留在树上，这是一种以采为主的采摘法。

图 9-65　留二叶采摘法

图 9-66　留鱼叶采摘法

　　在生产实践中，应根据树龄树势、气候条件，以及产制茶类等具体情况，选用不同的留叶采摘方法，并组合运用，才能取得良好的效果（见图 9-67）。

　　幼年茶树，主枝明显，顶端优势强烈，分枝稀少，是茶树的培养阶段，应采用打顶采摘法。一般幼年茶树经第二次定型修剪后，树高超过 40 厘米，新梢长到一芽五、六叶以上时，采去一芽二叶，留下三、四叶。经第三次定型修剪后，骨干枝已基本形成，但树冠尚未定型，仍需培养，宜采用打顶采摘和留二叶采摘法。当树高超过 50 厘米，新梢长到一芽四、五叶时，采一芽二叶，留二、三叶在树上。当树高超过 60 厘米，树幅超过 80 厘米时，树冠已初步形成，宜采用春留二叶、夏留一叶、秋留鱼叶的采摘法。当树冠高度超过 70 厘米，树幅达 120 厘米左右时，树冠已基本形成，茶树由青年期过渡到壮年期，进入成龄阶段的旺采期，采摘的任务是尽可能地多采收优质茶叶，延长高产年限，应贯彻"以采为主，采养结合"的原则，宜采用留一叶和留鱼叶相结合的采摘法。具体的采法，各地经验不一，各有千秋。有的4~6 月留一叶采，7~10 月留鱼叶采，有的 6 月或 5~6 月留一叶采，其余时期留鱼

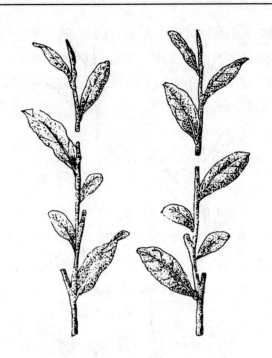

图 9-67　混合采摘法

叶采，有的则全年基本留鱼叶采，在春茶或夏茶后期集中留养一批不采。但进行深修剪后的成年茶树，为复壮树冠，培养树势，修剪的当年应适当多留些叶子，一般采用春、夏季留二叶，秋季留一叶的采摘法。衰老茶树，生机已逐渐衰退，育芽能力日益减弱，二、三对夹叶大量出现，产量低，品质差，需进行更新复壮。在树冠复壮前，多采用春夏季留鱼叶采，秋季停采留养的方法。更新复壮的茶树，经台刈、重剪后，新梢生长旺盛，顶端优势强烈，但分枝少，树冠稀，需经 3～4 年的培养，才能形成广阔的树冠。更新后的第一、二年，也要像幼年茶树一样，采用打顶采和留二叶采摘，第三、四年要少采多留，采用留二叶和留一叶相结合的采摘法。当树高超过 70 厘米，树幅达 120 厘米左右时，方可按成年茶树的采摘方法进行采摘。

　　茶叶采摘在茶叶生产中是一项颇费工本的劳作，一般要占茶园管理用工的 50%以上。近年来，由于农村经济体制改革的不断深化，商品经济迅速发展，农村大批劳力向第二、第三产业转移，不少茶区出现采茶劳力十分紧张的问题。并随着劳动工资的提高和生产资料价格的调整，茶叶生产成本日益提高，经济效益降低。因此，实行机械采茶，减少采茶劳力投入，降低生产成本，已成为当前茶叶生产中的一个迫切需要解决的问题。

　　我国对采茶机的研究始于 50 年代末期，近 30 年来，研制并提供了生产上试验、试用的多种机型。工作原理均属切割式，有往复切割式、螺旋滚刀式、水平旋转刀式三种。以动力形式分，有机动、电动和手动三种。以操作形式分，有单人背负手提式、双人抬式两种。先后研制成功，达到可在生产中实用水平的机种近 10 种，例如中国农业科学院茶叶研究所研制的 JW—325 型机动往复切割式采茶机、DC—1 型水平旋转刀式采茶机、4CSW—910 型双人采茶机，上海农业机械研究所等单位研制的 4CW—34 型机动往复切割式采茶机和 SG—1 型手动滚动切割式采茶机，长沙市农业机械研究所研制的湘茶 400 型往复切割式采茶机等。

机械采摘工效与茶树树冠的平整和长势情况，机械性能，以及操作技术熟练程度关系密切。一般单人往复切割式采茶机，二人操作，台时产量达 50～75 公斤鲜叶，可比人工采摘提高工效 10 倍以上。双人抬往复切割式采茶机，三人操作，台时产量达 200～300 公斤，可比人工采摘提高工效 30 倍以上。根据中国农业科学院茶叶研究所的试验，在大生产条件下，每采 200 公斤鲜叶的成本，双人抬采茶机和单人手提式采茶机可比手采分别节约成本近 90% 和 70%。根湖南省农业科学院茶叶研究所报道，在亩产 200 公斤干茶以上的茶园中，机械采摘的劳动生产率为手工采摘的 38.5 倍；每 50 公斤鲜叶的采摘费用，手工采摘为机械采的 8 倍左右。据广东的实践经验，生产 50 公斤红碎茶，从田间管理到加工为成品茶，约需劳动用工 27 个，其中采茶用工 12 个，在其他条件不变的情况下，实行机械采茶，可减少 11.5 个劳动日，相当于减少 42.59% 的劳动量。试验研究和生产实践都证实，实行机械采茶是降低茶叶生产成本，提高经济收益的一条有效途径。

各地的研究数据表明，机械采摘会对茶树生长发育、茶叶产量和品质带来一定的影响。茶树经连续几年机械采摘后，新梢密度迅速增加，密集于树冠表层，展叶数逐渐减少，叶层变薄，生长势削弱的速度要比手工采摘的快。需通过深修剪和加强肥培管理来解决。机采初期，对茶叶产量影响较大，机采一、二年后，影响转小，甚至没有影响，已形成采摘面的茶园影响小，未形成采摘面的茶园影响大；对春茶影响大，而对夏秋茶反有增产效果。机采对鲜叶产量的影响，主要是漏采所造在的，解决的途径，除通过修剪技术，培养平整的树冠外，在机采初期，采用机采和手采相结合的采摘方法，效果很好。据安徽省农业科学院祁门茶叶研究所的研究结果，先用机采，再行人工辅采，或在茶叶高峰期采用机采，其余采用手采，均比全机采有显著的增产效果。机采鲜叶的质量，一般要低于手采。主要存在芽叶破碎、混杂和老梗老叶三大缺点，只能加工成中档以内的茶叶。这个问题较为突出。机采对鲜叶品质影响的程度，取决于机具本身、茶树条件和操作技术等三个方面。据研究，采茶机的采摘质量，以往复切割式为最好，完整芽叶可达 60～70%，水平旋转刀式其次，完整芽叶为 40～55%，最差的为螺旋滚切式采茶机，完整芽叶只有 30～40%。操作技术熟练，掌握采摘时期和剪切部位适当，老梗、老叶以及芽叶破碎率均可减少，鲜叶匀净度则可提高。茶树条件与机采鲜叶质量关系甚为密切，从长远角度来看，选育并建立发芽势、持嫩性强，发芽整齐、品质优良的无性系茶园，是一项战略性的措施；从近期来看，应运用修剪技术，加强肥培管理，平整树冠，培养树势，为适应机械采茶，提高机采鲜叶质量创造条件。

实现采茶机械化是今后的方向，但目前已推广使用的，还只是少数地区个别茶场，要全面推开尚有很多工作要做。首先，要研制提供质量可靠、性能良好的采茶机机种；其次，应对现有茶园进行技术改造，并着手新建一批品种优良，适于机械作业的现代化茶园，为实行机械化采茶创造良好的基础条件；第三，应建立一整套社会化服务网络，为用户提供机具维修、配件供应、技术咨询和技术培训。

（十一）高产分析

栽培茶树的目的是为了要从茶树上采收量多质优的芽叶。掌握茶叶高产优质的客观规律，综合运用先进农业技术，充分发挥茶叶高产优质的内在特性，夺取茶叶的高产优质，这是茶树栽培学的中心问题。本章就围绕高产优质这一主题，论述高产优质的构成因素和影响因素，茶叶产量、品质的演变规律，以及实现高产优质的主要途径等问题。

茶叶高产优质的基本概念

茶叶是一种商品性很强的饮料，生产上既要高产，又要优质。没有数量就谈不上质量，但只求数量，不讲质量，就会失去应有的饮用价值和经济价值。然而，茶叶的产量与品质是个很复杂的问题，它受着新梢的生育状况、采摘、茶叶加工工艺技术和人们对茶叶嗜好的要求等各个方面的影响。尤其是品质，由于人们对茶的嗜好不同，饮用茶类和品饮方法的不同，对茶叶质量的评价和要求也不相同。同一茶叶，在某些消费地区认为是品质好的，到了另一地区就不一定受欢迎，所以所谓"茶叶品质"，在不同地区、不同嗜好的对象就有不同的概念。但就世界最畅销的红、绿茶类而论，要求鲜叶原料有一定的细嫩程度，成品茶要求有较多的中上级茶，香高、味美和鲜爽而浓厚的茶汤，对质量的这一基本要求是共同的。

茶叶产量是指从茶树新梢上采下的芽叶，即鲜叶数量的多少，或指通过加工制成的干茶数量而言的。每年产量的高低，取决于栽培品种、树龄、茶树生长势、环境条件、肥培管理条件和采摘技术等综合因子。

茶树为多年生叶用作物，产量伸缩性大，衡量产量水平的高低，要以多年平均产量为依据。人们栽培茶树不单是要求一批高产、一季高产或是一年高产，而是要求在一定的年限内实现持续高产。但是茶树在漫长的生活过程中，有其自身的发展规律，同时不可避免地会受到各种自然灾害的袭击，因而它的产量自然不可能永远保持在同一水平上。栽培上的任务就是要根据茶树的生育规律，通过良好的肥培管理，克服或减轻各种自然灾害对它的影响，争取提前实现茶叶高产，并维持较长的高产年限，延长茶树高产的经济年龄，实现较大面积均衡高产的目标。

茶叶高产是一个相对的概念，它是以生产实践为依据的，同时又是随着生产的发展而发展的。目前世界平均亩产干茶已超过 125.5kg（1978 年平均亩产干茶 126.3kg）。单产较高的旧本 1980 年平均亩产为 112.8kg，印度 1978 年平均亩产为 103.3kg，斯里兰卡和肯尼亚 1978 年平均亩产分别为 59.3kg 和 65.3kg。我国由于解放前遗留下来的旧式茶园所占的比重较大，部分新发展的茶园基础不够扎实，生态条件较差，加以肥培管理水平不高，致使全国平均单产尚不足 50kg。但 1980 年全国已有 68 个县平均亩产超 50kg。与此同时，全国各地还涌现了一批亩产超 100—150kg 的乡、村（或社、队），150—200kg 的茶场，和小面积超千斤的高额丰产茶园。如以浙江省为例，全省亩产超百斤，杭州西湖区 2 万多亩茶园，平均亩产 104kg，新昌 5 万多亩茶园，平均亩产 75.5kg。临安里坂大队 110 亩茶园平均亩产 331kg，畈龙大队 210 亩茶园，平均亩产 294.5kg，新昌长乐大队 212 亩茶园，平均亩产 260.5kg。余姚茶场、绍兴茶场、上虞茶场、杭州茶叶试验场等迁千亩或几千亩的茶场，大面积单产均稳定在亩产干茶 150kg 以上。其中，杭州茶叶试验场 1956 年春发展的 161 亩茶园，从第 6 年开采至 1978 年，每亩累计采制干茶 3630kg，按种后 23 年计，平均亩产干茶 158kg。按实采 18 年计，平均亩产干茶 201.5kg。足见，茶树第一高产期可以持续 20—25 年。目前我国小面积最高亩产纪录是广东英德红星茶场 9.25 亩丰产园，亩产干茶 601kg，其中有一亩产干茶 705kg（1977 年）；浙江省鄞县罗松大队 3.6 亩茶园，亩产干茶 503kg（1979 年），这是十分难能可贵的。

综上所述，就我国当前的茶叶生产实际和目前世界主要产茶国的先进生产水平而论，一个产茶县如能在较长年份，平均亩产干茶达到 75kg 以上，一个乡、村或社、队平均亩产 100kg 以上，一个茶场平均亩产 150kg 以上，就可谓是大面积高产了。

茶叶品质是指茶叶色、香、味、形四个因子的综合结果，它主要决定于鲜叶和加工后的基本物质（成分含量组成及其配比关系），茶叶浸液中的有效物质多而适当，色香味调和，符合消费者的需要，茶叶品质就好。茶叶品质视不同的茶类和不同嗜好的市场，同样有很大的伸缩性。

茶叶品质从茶叶是饮料这一基本认识出发，就外形和内质而论，应以内质为主要，在提高内质、提高香气和滋味的基础上，讲究造型美观，色彩绚丽，使之达到色、香、味、形俱美的优质茶叶。

应当指出，鲜叶原料是决定茶叶品质的基础，先进的工艺则是保证高级原料制成优质成品茶的条件，而鲜叶的好坏，决定于栽培上的各种因素。要获得优质的茶叶成品，栽培和加工两方面的技术，必须相互联系，配合进行，但栽培上的各项因素是主要的，基本的。

就世界茶叶品质而论，红茶以斯里兰卡的高山茶最优，印度的阿萨姆与大吉岭的红茶也以香味馥郁而闻名于世，东非各国所产的红茶品质也好。我国的滇红、川红、祁江、绿茶等也是最负盛名的。

由于我国生产茶类繁多，各茶类（干毛茶）等级划分尚不统一，即使同一茶类各省区间所制定的等级标准也不一致，所以衡量品质的标准也就有所不同。但就大宗茶类（一般红、绿茶）而言，无论是鲜叶或干茶，中上级茶应占全年总数的70—80%以上，其余的20—30%下档茶，也应为级内茶，能符合国家销售的需要，方能称得上优质茶。

在我国茶叶生产上，已有不少高产优质的实例，如安徽省歙县16万亩采摘茶园，1981年产茶8250t，自1978年以来，四级以上毛茶比重均保持在80%左右，其中一、二级茶占50%；江苏宜兴阳羡茶场1500亩采叶茶园，1979年以来，平均亩产都在150kg以上，上中档红碎茶达80—97%，正品率达95%以上。可见，茶叶高产优质是可以同步实现的。

总之，只要在栽培上狠下工夫，茶树品种结构和树龄结构合理，注意改善茶树的立地条件，增施有机肥料，加强树冠培养，适当提高采摘嫩度，达到上述高产优质指标并不难。

<h2 style="text-align:center">茶叶高产优质的构成因素
及其影响因素</h2>

高产是指年周期内单位面积上，从茶树上所采下的芽叶多而重，而且维持高产的年限长；优质是指芽叶所形成色香味化学物质多，或者适于某种茶类特别有效物质较多而言的。高产优质二者有密切的联系。影响高产优质的因素很多，但归纳起来主要有三方面的问题：一为茶树品种固有特性及其生育状况；二为对茶树的代谢

作用直接或间接地有着密切联系的生态条件；三为先进的栽培技术。这三者又是彼此互相联系的。现扼要阐明如下：

1. 茶叶高产优质的构成因子

茶叶产量决定于单位面积上栽植的茶丛数和每丛的芽叶产量。通过合理密植组成良好的群体结构，并促进每丛芽叶产量的提高，是获得茶叶高产的基础。茶叶品质则是由鲜叶质量和加工工艺决定的。鲜叶通过一定的工艺，使内在的化学成分发生一系列的物理化学变化，从而形成茶叶特有的色、香、味。

茶叶产量的构成因子　茶叶的产量是由单位面积内，年周期中所采下的芽叶数量和重量所组成的。单位面积内芽叶愈多愈重，产量就愈高。因此，单位面积内，在有一定数目茶树个体密度的基础上，使每一茶丛的营养芽在萌发生长成为新梢的过程中，发得早、抽得多、长得快，所形成的芽叶重量大，全年新梢生育期长，便能实现茶叶高产优质的目标。由此可见，构成茶树高产的因子，可归纳为多、重、早、快、长五个字。

多：在树冠采面可供采摘的新梢多，新梢轮次多，每年可采收的次数多，这主要是采面上新梢密度问题；

重：在同一品种、同一条件下，同一标准芽叶的重量大，这主要是新梢生育强度问题；

早：在同一条件下每季发芽早，每批采后发芽早，也就是茶芽生育迟早的时间问题；

快：新梢从芽萌发到成熟，伸长展叶生长要快，即从芽萌发到形成可采新梢的生长速度问题；

长：一是新梢生长长度，一是在同一条件下，全年生长期长短问题。

芽叶多、重、早、快、长是构成茶叶高产的因素和总体。在这五个字中，多、重是高产的中心，早是高产的前提，快、长是构成高产的必要手段。

构成产量因子的多、重、早、快、长五个字是相互制约、相互关联的，缺乏其中之一，或者削弱其中之一，对高产都会带来不利的影响。

就芽叶的数量和重量关系而论，芽叶多而不重或重而不多，都不能达到高产的目的，在一定范围内，芽叶数愈多，芽叶愈重，产量就愈高。但芽叶数与芽叶重对产量的影响是不相等的，芽叶数是决定茶叶产量的主导因子，芽叶数与产量之间的相关，比芽叶重与产量之间的相关要密切。据抗州茶叶试验场资料，鸠坑种茶树，新梢数与茶叶产量呈直线相关。相关系数（r）为 0.93，而新梢平均重量与产量的相关系数（r）为 0.51。新梢数量又是由树冠覆盖度和新梢密度构成的，新梢密度与产量的相关系数（r）为 0.91，而芽叶平均重与产量的相关系数（r）为 0.60。但无论芽叶数、芽叶重既不是绝对的，也决不是没有限度的，如以芽叶数而言，壮芽型的品种，如云南大叶种栽培在海南岛 500g 鲜叶（一芽三叶），仅 300 多个，比其一般中小叶种，在芽叶数较少的情况下，也能获得高额的丰产。而有些性状不良的品种，发芽数多，但芽叶小，又极易对夹老化，群众俗称"瓜子种"、"蜜蜂蓬"，不但付费采工多，而且产量低，品质差；就芽叶重量而论，也是如此，决不是愈重愈好，芽叶重大的程度也应适应制茶的需要。只有把芽叶数和芽叶重统一起来，方能获得高产。

茶芽发得早可以提早采摘，增加采收次数，提高茶叶产量，同时能够增进品质。但发芽早的不一定芽叶重，发芽不一定密，茶芽的生长不一定快，生长期也不一定长，因此要获得高产，还必须与其他构成因素密切配合，相辅而行。

茶芽伸育速度或再生能力强弱与茶树生长期长短的问题，是时间上的利用问题，如果茶芽伸育得慢，或采摘后茶芽的再生能力弱，即使是芽叶多而重，仍将会影响全年的芽叶数量。同样，即使芽叶多而重，在生长期内，茶芽伸育也快，但全年的生长期短，也会大大减少全年的芽叶数量。因此，高产优质的技术，既要解决发芽早，芽叶的数量和重量，又要解决芽叶伸育的快慢和茶树生长期的长短，这些因子之间是互为因果、互相制约、互相联系的。

茶叶品质的构成因子 茶叶品质的构成因子有物理因子和化学因子两个方面。茶叶的外形基本上决定于物理因子，而茶叶内质主要决定于生化成分。因此，鲜叶原料的生化成分（含量及其组成），是决定茶叶品质的基础。

物理因子包括芽叶的大小、长短、老嫩、匀净度、光泽性和鲜度等几个方面。就一般红、绿茶而论，要求芽叶小而不瘦，大而不老，长短在 5—10cm，嫩度好，正常芽叶比重大，芽叶大小匀称，不带老梗、老叶、净度高，富光泽性，芽叶成朵而新鲜的。

鲜叶的老嫩度是决定茶叶质量的首要因子。一般红、绿茶成品等级的划分，通常是以嫩度为主要依据的，嫩度好的制茶品质也好。而嫩度一般决定于采摘标准。因此，根据各茶类的品质要求，制定合理的采摘标准，是实现高产优质的重要手段。

不同的茶类对芽叶的大小、色泽、厚薄和软硬程度等均有不同的要求。一般绿茶要求芽长叶质软而多毫的；红茶要求芽叶肥壮、柔软而多毫的。叶色绿或深绿含有较多的叶绿素和氨基酸，适制绿茶；叶色黄绿或浅绿含有较多的茶多酚，适制红茶；紫色芽含有较多的花青素，制茶味苦色暗，品质较差。

正常芽叶含有有利品质的化学成分较高。因此，优质鲜叶要求含有较多的正常芽叶。鲜叶中正常芽叶与对夹叶的比例关系，也是衡量茶园肥培管理和采摘期新梢成熟度的重要标志之一。管理水平高，茶树生长势旺盛、适期采摘的，鲜叶中所含的正常芽叶比重高；反之，对夹叶的比重大。对夹叶与同等程度的正常芽叶相比，纤维素含量高，水溶物含量较少，品质较次。

芽叶大小、老嫩程度相对一致的鲜叶，既便于茶叶加工，又能制得形美质优的茶叶。再则，优质鲜叶不但要求芽叶均匀，而且要求净度高，也就是说，在鲜叶中不要夹有老叶、茶梗、花果、虫体、杂草、沙土等夹杂物，或污染有农药、肥料、激素等有异味的有害物质。

新鲜度也是构成鲜叶质量的物理因子之一。新鲜度好，成品茶色香味正常，鲜爽度也好。反之，堆积过久，机械损伤严重，鲜叶中夹有宿叶，或有酸馊霉味的，制成的茶叶品质次。

芽叶的物理征状归结到一点，就是新梢的成熟度和叶位问题，其核心是芽叶的嫩度问题。实践表明：同一新梢不同叶位的嫩度是有差异的，其内在的生化成分也是不同的；从展叶数不同的新梢上，采下同一标准的芽叶，其嫩度和生化成分也是不同的。因此，芽叶的征状，在一定程度上是芽叶生化指标的反映。

茶叶品质的优劣，在感官上反映在茶叶的汤色、香气和滋味三大方面，不同茶类各有其特色，对这三者的要求各有不同。因此，构成品质的因子，依茶类不同而有一定的差别，对鲜叶原料就有不同的要求，但是不论哪一类茶，色香味因子的形成，都是以鲜叶的生化成分为基础的。

在正常情况下，与品质呈正相关的某些化学成分含量越高，茶叶品质越好。如鲜叶中茶多酚含量较多者，制红茶滋味较浓强；氨基酸含量较多者，制绿茶滋味鲜醇；茚烯醇类含量较多者，茶叶香气较高。反之，与品质呈负相关的某些化学成分含量越多，成品茶品质也就较差，如纤维素含量多时，鲜叶粗老，品质较差；花青素含量多的，滋味苦；茶叶皂素、氟、铝、钙含量多的，品质就较次。

就茶类而论，红茶要求汤色红艳明亮，香气鲜浓，茶味浓烈，收敛性强，鲜爽。红茶这些色香味的形成，主要是靠芳香物质和多酚类酶性氧化作用以及其他物质配合的结果。氨基酸具有鲜味，主要影响滋味，但它与多酚类氧化产物作用能产生香气，与其他物质一道构成红茶的香气。优良的茶汤，滋味浓而富有刺激性，具"冷后浑"现象，这主要是由于茶黄素、茶红素与咖啡碱形成乳状络合物的结果，咖啡碱与茶黄素的结合物呈橙黄色，具鲜爽味，鲜叶中咖啡碱含量愈高，制成红茶后"冷后浑"的作用就愈明显。茶叶中的糖类是滋味甜醇的组成成分之一。叶绿素含量高，初制中叶组织破坏又不充分，使成叶底"花青"或"乌条"的主要原因。因此，选择嫩度高，各种有效成分含量高，尤其是多酚类含量较高，叶绿素含量较低，叶色浅绿的鲜叶原料用来加工红茶，可得较优的品质。

绿茶要求香气清香持久、纯正，汤色清澈明亮，滋味浓醇爽口。形成绿茶香气的主导物质是芳香物质，此外，具有一定滋味的糖类与氨基酸，对绿茶香气的形成也有一定的辅助作用。氨基酸（尤其是茶氨酸）、咖啡碱、酯型儿茶素（L—EGC 与 L—EGCG）是绿茶的主要滋味成分。高级绿茶氨基酸和酯型儿茶素含量较高，因而滋味鲜爽，茶味浓而富有收敛性，所以氨基酸及酯型儿茶素是构成绿茶品质主要的生化因子。从实践看鲜叶绿色程度较深，蛋白质含量高，多酚类含量较低，就可获得较优的绿茶品质。

乌龙茶品质风格独特，香气馥郁，滋味醇厚回甘，润滑爽口，汤色橙黄，清澈艳丽。品质高低以香味为重要基础。它对溶于醚的儿茶素有较高的要求；特别对 L—EGC 和 DL—GC 要求多一些。乌龙茶如采摘太嫩，酯型儿茶素含量较多，在制造中极易氧化，致使滋味苦涩；采得太粗老，则滋味淡薄，故乌龙茶以新梢达八、九成成熟，长到三叶至四叶对夹，叶质尚嫩时开采，最合乌龙茶对原料品质的要求。

黑茶的品质特点是香高带松烟香，汤色橙黄，茶味浓醇。原料要求含有较高的茶多酚、氨基酸、糖类和果胶物质，一般以一芽五叶左右，含梗较多的枝梢鲜叶为原料。

综上所述，红茶以茶多酚为主要，尤以儿茶素中的酯型儿茶素为主导因子。绿茶以含氮化合物为主要，尤以氨基酸中的茶氨酸为主导因子。乌龙茶则以 L—ECG 和 DL—GC 两种儿茶素为主要因子。黑茶除茶多酚外，以糖类和果胶为主要因子。但必须指出，不论哪一茶类色香味的形成都是各种品质影响成分的综合反映，它们都是在一定的加工工艺条件下，使内在物质彼此相互协调作用的结果。

2. 影响茶叶高产优质的因素

茶树品种固有特性及其生育状况是影响茶叶高产优质的内在因素；茶树的生态条件和栽培技术，则是影响茶叶高产优质的外在因素。它们对高产优质的影响虽各有不同，但三者之间又是彼此互相联系的。

茶树品种特性 茶树品种对高产优质的影响相当显著。优良品种不仅能达到早期高产，而且维持高产的年限也长，特别是品质更受品种遗传特性的影响。茶树品种不同，新陈代谢类型也异。在同样栽培条件下，不同品种便表现了不同的产量和品质。

一般而论，在同一生态条件和同一栽培技术条件下，优良品种比一般品种可增产二、三成，甚至更多，如据杭州茶叶试验场试验，福鼎白毫以鸠坑种增产56.74%；据安徽省祁门茶叶研究所研究，贵州苔茶比祁门种增产 56.96%；据江苏芙蓉茶场的栽培实践，祁门种比当地宜兴小叶种增产一倍以上。可见，茶树良种是实现茶叶高产必不可少的基础条件。但优质品种没有先进的栽培技术，便不能显出它的优越性。

据近年研究，高光效生态型的高产茶树品种具有以下一些特点：（1）株型紧凑，即分枝角度较小；（2）叶片向上斜生，叶片之间不易遮光；（3）叶形椭圆或长椭圆形，叶片较厚，大小适中；（4）嫩叶黄绿，老叶浓绿；（5）杆粗芽壮，育芽能力强。就生理特性而言，光合能力强，而呼吸量低，净光合作用大的品种积累物质的能力强，生产力高。如据浙江农业大学茶叶系测定，光合强度福鼎白毫为 406.67mg/m²/h（干重），浓农 21 为 553.53mg/m²/h（干重），浙农 25 为 560.3mg/m²/h（干重），三者光合能力与鲜叶产量高低相一致。叶绿素比值（b/a）高的品种，耐荫性较好，有利于中下层叶片吸收利用光能，产量较高。着叶角度较小，光的入射较优，据中国农业科学院茶叶研究所对佛手、政和白毫、水仙、龙井、毛蟹等五个品种测定的结果，着叶角度依次由大到小，叶色由浅至深，有效光合强度由低到高。

品种对品质的作用比较稳定，不同品种具有各自的遗传特性，各有其自身的生理生化特性，所以在工艺上的品质特色上各不相同。

福鼎白毫全氮、咖啡碱、氨基酸、茶氨酸含量高，制绿茶品质最优，而政和白毫茶多酚、儿茶素总量和儿/氨比值最大，制红茶品质最优；制红绿茶品质居中的鸠坑种生化成分介于两者之间。因此，品种对茶叶品质的影响在茶叶生产上是不可忽视的。

实践证明，同一品种，凡生长势旺盛的，新梢生育强度大，产量高，品质也较好。茶树生长势，包括树冠结构、覆盖度、叶面积指数、生产枝的密度和强度等。同一品种茶树生长势的强弱受树龄、群体结构、生态条件、管理水平和采摘技术的影响。

生长正常，生长势旺盛的茶树，其产量主要来自营养芽的顶芽和树冠面上的腋芽，它们通常都能形成正常新梢，但在伸育过程中，如水肥不足，或遇不良环境条件的影响，顶、腋芽活动力衰退，形成驻芽——对夹叶。而生长正常的新梢对夹叶又当别论，不正常的对夹叶的大量出现是影响和造成鲜叶产量下降和品质低劣的重要原因。

就栽培而论，实现茶叶高产优质，光能利用是主要的，茶树捕捉光能的能力愈强，合成和积累的有机物质也就愈多，而茶树捕捉光能是靠树冠来实现的，因此，茶树品种及其树冠构成，直接关系到茶树高产优质的水平。从各地实践经验，高产优质的茶园，表现在茶树方面：品种较良好纯一；种植密度适当，群体结构较合理；高度适中，树冠开阔，覆盖度大；分枝层次多而分明，骨干枝粗壮，采摘面上生产枝密而壮。

总结各地高产优质茶园的实践经验，亩产干茶 150kg 以上茶园的树冠指标应为：树高 80—90cm，树幅 120cm 以上，树冠覆盖度达 80% 以上，叶面积指数 3—4，构成永久性骨架的骨干枝在四层以上，1—4 级分枝粗壮，采面小桩（生产枝）密而壮，采面上每平方市尺小桩数在 250 个以上（大叶种在 100 个/尺² 以上）。

茶树生态条件　茶树生长好坏，产量高低，品质优劣，不仅决定于茶树品种及其生育状况，同时也决定于茶树生态条件。影响茶树生育的生态条件主要为土壤、气候、地区、地势以及人为条件等几方面。

土壤是茶树生长的基础，从各地高产优质的实践看，凡获得高产优质茶叶的茶园，表土不流失，土层深厚，土质疏松而肥沃，腐殖质含量高，土壤 pH 值多在 4—5 之间。土壤中的水、肥、气、热比较丰富协调。

土壤中营养全面而丰富，茶树生育健壮，产量高品质好，土壤中一旦缺乏某种（或多种）元素时，茶树就生育不良，影响产量、品质的提高；土壤中三相比分布均衡的茶园产量高，液相比例大，生产力低下，气相比例大，生产力高；土壤 pH 值过高，茶树难以生长，pH 值过低，酸度过大，土壤中水溶性铝易被溶出，积聚在根尖，有碍养分的吸收；N、P、K、S、Mg、Ca 等也伴随酸性化而降低其有效度，土壤结构也会恶化。

茶叶品质受土壤条件的影响也是很深刻的。一般从红黄壤土上所采制的茶味厚，水色略带黄色。从砂质土壤上采制的茶叶色淡青绿色，香味淡薄。土壤中全氮量和腐殖质含量多，可给态磷酸多的茶园，茶叶品质良好。反之，品质差，酸度高的品质也较差。

研究结果认为，含锰较多地带的茶叶加工为红茶发酵良好，香高，水色红而鲜明，滋味也好；而石灰岩地带的茶叶发酵不好，香气低，滋味淡薄，水色较暗淡。三要素配合适当的，茶叶香气和滋味好，如缺少哪一种元素，都制不出良好的茶叶。

气候因子中的光、气温和水（温度和降水）对茶叶产量品质的影响也很大。

光对茶树生育的影响，最主要的是光的强度和光的性质。在全光照而强光下的茶树幼嫩芽叶，容易灼伤，也易硬化，既影响产量，又影响品质。茶树喜欢漫射光，直射光对茶树比较不利，生长受抑制，破坏原生质和叶绿体。光照强度过大，超过补偿点时，茶树光合效率下降，物质代谢也将受到影响。据云南省胶茶间作遮荫栽培的结果，遮荫度在 30—40% 时，有利于干物质的积累和产量的提高，当遮荫度超过 50% 时，干物质积累量则明显下降。适当遮荫可促进碳、氮物质的代谢，利于提高鲜叶中与品质有关成分的含量。但重度遮荫后碳代谢明显抑制。糖类、多酚类物质含量下降，而氮代谢明显加强，蛋白质、咖啡碱、氨基酸的含量增加。此外，据日本最近研究，在滤除紫蓝光下生育的新梢，氨基酸含量最高达834.83mg%；去除橙红光次之，为649.72mg%；去除黄绿光最低，仅为445.06mg%；对照为545.94mg%。

温度对茶树新梢的生长极其敏感，就高产和经济栽培而论，年温应在14℃以上，温度高，产量的生产性也高，茶树生育的适温为25—30℃；但就品质而论，以25℃以下为好。气温较低时氮化谢旺盛，蛋白质、氨基酸的合成积累量增大；而气温较高时，由于光合效率高，碳代谢旺盛，有利于茶多酚的合成。我国长江中下游大部茶区，春茶气温较低，氨基酸的合成积累较多，茶多酚相对较低。制绿茶品质较优，而夏秋茶由于气温高，氨基酸的合成积累量减少，茶多酚含量高，制绿茶滋味较苦涩，香气也较低。相反，茶多酚含量对红茶品质的形成较为有利，因此，在红茶产区夏秋茶的浓强度往往比春茶好。

水分对茶叶产量品质的影响也很深远。在生长期中，产量高低与雨量多少，一般是呈正相关的，水分充足，茶树体内促进物质合成的酶的活性高，代谢旺盛，有利于品质成分的形成，茶叶品质较好。

地区、地势对茶叶产量品质也有相当大的影响，纬度较高的北方茶区，海拔较高的高山茶区，因气温较低，有利于茶树体内氮的代谢，鲜叶中氨基酸含量较多，茶多酚含量较少，适于采制绿茶。反之，低纬度的地区，或海拔低的平坦地茶区，气温高，热量丰富，鲜叶中茶多酚含量较大，适宜于采制红茶。

主要管理技术　投产后的茶园，对产量品质影响最密切的每年经常性管理技术，主要是肥、水、剪、采、保等项管理措施。

肥对茶叶产量品质的影响，在栽培管理中居于首位。从三要素看，氮素充足，生理活性加强，营养生长旺盛，嫩度高，能获得较高的产量和品质。氮素直接参与氨基酸、生物碱、配糖体及多种维生素的合成过程，对绿茶的香气、滋味、鲜爽度及汤色都有良好的影响。据中国农业科学院茶叶研究所资料，在亩施纯N50kg的范围内，芽叶中叶绿素和氨基酸的含量，随着氮肥用量的增加而提高，但单施氮肥或过多的氮肥会使茶树光合作用的碳水化合物大部分用于合成蛋白质，限制了一部分糖类向多酚类转化，结果使多酚类和水浸出物含量降低而影响红茶发酵，降低品质，氮素不足，叶色枯黄无光泽，芽叶细小大量出现对夹叶，叶质粗硬，品质下降。此外，氮肥形态不同，对鲜叶化学成分的影响也不一样，铵态氮肥能有效地提高鲜叶中氨基酸的含量，而硝态氮肥的效果则不如铵态氮肥好。磷的营养与光合作用、呼吸作用及生长发育均有密切关系，对产量品质都有重要的影响，据杭州茶叶试验场试验，在氮肥的基础上，增施磷肥三年平均比单施氮素增21%。磷素可增加鲜叶多酚类含量，特别是没食子基儿茶素的增加，对红茶色香味有良好影响，氮磷配合施用时，能适当增加蛋白质含量，有利于提高绿茶品质。钾在茶树体内的流动性很大，它能帮助和促进碳水化合物的合成，运送和贮存，对吸水和蒸腾有较好的调节作用，可提高茶树的抗逆性，钾还有助于磷的吸收和转化。在氮磷的基础上增施钾肥可显著增产。据湖南省茶叶研究所试验，单施钾肥比不施肥 10 年平均增产 21.8%，在氮、磷肥的基础上施钾比单施磷增产 37.1%。钾能加强光合作用，使多种酶的活性增强，对蛋白质代谢有影响，钾肥充足时，能促进根系对氮的吸收，而形成较多的蛋白质，增进品质，缺钾抑制糖转化为淀粉，妨碍蛋白质的合成。除此，其他一些营养元素对产量品质也有一定影响，都是不可缺少的。

水分关系到茶树新陈代谢的强度和方向，也影响茶叶中各种有机物的形成和积累，对产量品质的影响也极大，在旱期灌溉，可增产一成到几成，甚至一倍以上。同时水分充足，酶的作用趋向合成方向，有利于有机物质的积累，从而提高氨基酸、咖啡碱、蛋白质的含量，提高品质。反之，缺水时酶的分解方向加强，使茶叶内的有效成分降低，特别是加速糖的缩合，纤维素增加，茶叶粗老，降低茶叶品质。

茶树修剪是培养高产树冠，刺激新生芽叶生长和抑制花果发育的必要措施，茶树修剪后，新陈代谢加强，同化作用增强，正常芽叶增加，嫩度提高，既提高产量，又增进品质，修剪后茶多酚、水浸出物增加，成茶品质有所提高，但重剪台刈后由于茶多酚总量增加，对一般绿茶增加了苦涩味，对高级绿茶品质有所影响，由于酯型儿茶素含量下降，对红茶发酵较为不利，但这种影响时间较短。

采摘对产量品质的影响最直接，关系最密切，由于茶叶采摘没有固定的对象，采早、采迟，采大、采小，采留多少，采摘方法不同对产量品质都有不同的影响，在茶树不同的生育阶段，或在年周期中不同的季节，采取不同的采摘技术，贯彻合理采摘可增加轮次，调节茶树生长与芽叶产量和质量之间的矛盾，实现长期的高产优质。

茶树保护是使茶树能安全而顺利的生育，促进新梢生长，获得芽叶多而重的保证。茶树保护的主要环节在于加强茶树病虫害的防治和抗旱防冻工作。

总之，茶树高产优质必须具备：优良的栽培品种、优越的生态条件、科学的栽培技术三方面的条件。这三者之间又是互相联系、互相依存的。栽培品种既要具有高光效低呼吸的特性，又要茶树在物质代谢的方向和强度上，有利于茶叶品质有效成分的合成和积累。生态条件中的光、热、气、水、土等各个因子也是互相影响的，光影响热，热影响气和水，而茶树水分是从土壤中吸收的，所以山区茶园的绿化和保持水土是茶树栽培上最主要而应首先考虑的问题。茶树周围的植被，是保持水土的关键，要注意生态条件的协调，也就是生态平衡问题，不平衡就影响整个生产，甚至破坏生产。茶树栽培技术主要是要抓好基础关、种植关、管理关，采取有效措施，改善不利因素，创造良好条件，促进茶树生育，为茶树的长期高产优质奠定坚实的基础。

茶叶产量和品质的演变特点

掌握茶叶产量品质的演变规律，是栽培上调节产量品质，实现持续高产优质的主要依据。

1. 茶叶产量变化特点

茶树在总发育周中不同生育阶段和年发育周中的不同时期，茶叶的产量是变化的，变化的总趋势都表现为低→高→低，常态曲线分布的变化规律。

茶树总发育周中的产量变化 茶树种植后，从幼年到壮年，随着树体的不断增长，生理机能日益加强，合成和积累的有机物质不断增加，产量逐渐上升，直至达到产量的最高峰，随后随着年龄的增长而老化，茶树生机逐渐衰退，合成有机物质的能力也随之下降，产量日趋低落。产量水平则因品种、立地条件和肥培管理水平而有差别。通常刚投产的 4—6 龄茶树亩产干茶多在 50—100kg，10 年生左右的茶树，产量可达较高的水平，在一般肥培管理条件下，亩产可达 100kg 以上，15—18年生茶树产量可达最高值，亩产干茶可达 150kg 以上，20 年生以后，产量开始下降，下降幅度依生长势而有不同，生长势尚旺的下降幅度少，生长势差的下降幅度大。从各地生产实践看，在正常栽培条件下，亩产 100—150kg，持续数十年是不成问题的。如浙江南湖林场 1953 年发展的 3000 余亩茶园，种后第六年亩产干茶达88.1kg，自种植至今已有 30 余年，目前平均亩产仍在 125kg 上下。生长势弱的年长茶树，经重修剪或台刈，更新复壮后，树势增强，产量仍可回升，但产量的最高峰一般要低于第一个生长周期的产量高峰。

茶树开采后第三个五年产量增长最快，产量达最高峰，随后产量下降。

茶树品种不同，产量变化的情况也不一样，以杭州茶试场不同品种茶园逐年产量演变情况为例，2—1 北鸠坑种高产园，以开采年（4 年生）亩产干茶 70.3kg 为100%，经过 12 年增长比率为 400%；青龙寺福鼎白毫高产园，以开采年（移栽后 4年）亩产干茶 74kg 为 100%，经过 4 年就达到 400%。开采后头五年每亩总产量（干茶）鸠坑种为 736.0，福鼎白毫为 916.3kg，福鼎白毫比鸠坑种，每年平均约增25%，说明福鼎白毫进入高产期早，产量增长幅度大，产量上升速度快。

就同一品种而言，肥培管理水平高的，高产期提前，高产持续年限较长，反之，高产期推迟，高产年限短。如安徽祁门茶叶研究所的研究结果就是一个很有力的证明。

又如杭州茶试场东山茶园，在一般管理条件下，开采后第 6 年亩产干茶152.7kg，同为鸠坑种，而 2—1 北茶园，在较高水平管理条件下亩产为 187.6kg，二者相差 34.8kg/亩，前者比后者，每年平均约差 21%。总之，同一品种，同一树龄，因地势不一、土壤差异和地下水位的高低等，产量变化亦是不同的。

茶树密植程度和排列方式不同，群体构成也不相同。各地实践证明，适当提高茶树密植程度，有利于茶园覆盖度的迅速提高，在早期即能获得较高的产量，但产量到达高峰后，下降速度较快。据安徽祁门茶叶研究所试验，双条播与单条播相比，投产最初 4 年，双条播比单条播产量高 19.82%；第 2 个 4 年，双条播比单条播产量低 3.7%；接着 3 年，双条播比单条播产量又降低 5.7%。投产后 11 年平均产量，双条播产量反比单条播产量低 1% 多。

茶树在一生中，它的产量虽则是按常态曲线分布的，但在受到外来灾害的袭击和人为措施的影响下，相邻年分的产量也有所起伏（图 9 - 68），波动幅度的大小，则取决于影响产量因子的强弱。如图 9 - 68 为杭州茶试场 2—北茶园，73 年 77 年二度遭低温冻害，1967 年、1976 年因干旱，有的成分或因病虫为害，产量就受到影响，在相应的年分产量有所下降，严重的甚至影响次年的产量。

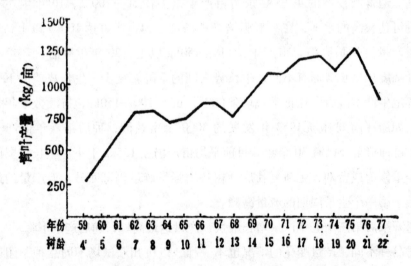

图 9 - 68　杭州茶叶试验场丰产茶园历年茶叶产量的变化

茶树的有效经济年龄因品种、立地条件和栽培条件而异，就我国大部茶区栽培的中小叶种而言，在适宜立地条件和正常栽培条件下，亩产干茶 100kg 左右的年限可达 50—60 年，甚至更长。

茶树年发育周中的产量变化　茶树在一年中各季产量分布是不均等的，在我国四季分明的长江中下游大部茶区，由于茶树经过秋冬季和早春的长期营养积累，茶树体内养分贮备充分，越冬芽芽体充实，春季气温温和，雨水充沛，又值茶杯营养生长占优势的有利时期，春茶产量居于全年各季的首位，一般占全年产量的50—70%，如据浙江省1969－1978年茶叶收购量统计，春茶占57.1%，夏茶占27.5%，秋茶占15.4%。据中茶所对龙井茶区历年茶叶产量变化的测定，在年生育周期中，头、二、三、四茶各季茶叶产量的变异系数分别为10.54%、27.28%、68.43%和33.93%。说明三、四茶受高热、干旱的影响，产量变化大，稳定性差。

茶叶产量的季节性变化，还受到栽培技术的强烈影响，根据浙江余姚茶场测定，喷灌茶园春夏秋三季茶的比例分别为1.5：1.3：1.0；而不喷灌的茶园三季产量比例分别为2.9：1.9：1.0。留叶时期不同，产量分布也有所变化，如春秋留鱼叶采，夏留一叶采的，春夏秋三季产量比例为40%、25%和35%；但如改为春留一叶采的，三季产量比例则为43%、27%和30%。

此外，茶叶产量分布还与纬度分布密切相关，我国南部茶区有旱季、雨季之分，春茶季节，正值旱季转为雨季；秋茶季节，正值雨季转向旱季。因此，除1—3月产量较低外，其余各月产量分布较为均匀，如据海南岛通什茶场10年产量统计，1—12月的茶叶产量分别为1.7%、1.8%、2.6%、6.2%、6.2%、13%、12.4%、11.7%、14.4%、12.2%、9.8%、8.0%。又据云南省茶叶研究所的资料，春夏秋三季产量基本相等。

2. 茶叶品质变化特点

茶叶品质受茶树品种所左右，同时又随树龄变化、树势强弱、生态环境、栽培条件和不同的采摘而变化。

奠定茶叶品质的生化成分及其组成，是由芽萌发为新梢的过程中积累起来的，所以茶叶的品质与新梢形成过程中体内的代谢水平有密切的关系。

不同品种由于遗传特性和新陈代谢类型不同，茶叶品质有很大变化，如据浙江绍兴茶场的测定，不同品种有不同的品质表现。

从茶树一生中的茶叶品质变化而言，从幼年到壮年，树冠从小到大，新陈代谢强度不断增强，同化能力日益提高，积累物质递增，新梢有效化学成分含量相应增加，品质优。从壮年到老年，随着树龄增大，细胞衰老，同化能力日益减弱，物质代谢水平降低，驻芽的出现与日俱增，品质渐次，但衰老茶树通过更新复壮品质又可回升。据杭州茶叶试验场2—1北茶园的测定，茶树七足龄时，正常芽叶占62%，至18龄时下降为45.10%，到22龄时下降为5.13%，通过重剪，次年又上升至71.81%。

茶树在一年中的品质变化，与茶树的生理机能以及外界环境条件关系很密切。我国大部茶区，春季气候温和，雨水充沛，光照适当，营养充足，新梢伸育强度大，持嫩性好，品质优；夏秋茶茶多酚含量较高，氨基酸含量锐减，品质较次，但如采制红茶，则浓强度较好。

一季茶叶品质的变化与茶树体内营养物质的贮备十分密切，各季茶品质均以前期为优，中期次之，末期最差。各季前期茶叶，由于茶树在休眠期积累了较多的营养物质，有效成分含量提高，品质好，随后由于茶树体内营养物质的不断消耗，新梢生育强度下降，芽叶小，叶质薄，对夹叶增多，品质渐次。

同一轮茶的品质变化，就采制一般红绿茶而论，随新梢生长伸长，展叶数增加，成熟老化，对品质有影响的成分也随之降低，但如制乌龙茶以新梢接近成熟时品质最佳。由此可见，按标准及时分批采的品质优，反之，品质次。

除此，茶叶品质还随生态条件、树冠培养、种植方式和水肥管理而有一定的变化，条件优越的高山区，或湖岛上所产的茶叶品质也较好。总之，茶树立地条件优越，生机旺盛，体内营养物质贮备充分，新梢伸育强度大，品质好。反之，生长差，品质次。

实现茶叶高产优质的主要途径

从茶树生育特性看，茶叶高产优质有其必然性，但要实现高产优质，必须深入了解它的生物学规律，充分发挥其固有的优良特性，分析各地实践经验，主要应抓住三方面的问题，一是充分认识茶树各阶段的生物学特性，满足其需要；二是从栽培技术手段上调节量质关系，实现大面积增产提质；三是综合运用先进农业技术，进行科学管理，达到高产优质的栽培目标。

1. 充分认识和掌握茶树高产优质的生育规律

从各地高产优质的实践经验及其措施来分析，摸清茶树丰产生物学特性，不断揭示茶树生育规律，从茶树生物学理论上加以研究，运用生物学规律性的认识，掌握栽培技术，就能为茶树创造优越的生育条件，获得茶叶高产优质。现依茶树总发育周及年发育周初步摸清的生育特点，概括分述如下。

茶树总发育周中的生育特性及其技术运用 茶树幼年阶段的生育最易受外界环境条件的影响，必须尽可能地为之创造有利生育的条件。种植前深翻改土，施用大量有机肥料为基肥，为幼年阶段的生育条件打下良好基础，同时加强防旱、防冻等保护措施，是培养全苗壮苗的关键。

青年阶段是茶树生命力蓬勃上升的时期，容易培育符合生产要求的树势，必须利用这一特点，创造生育良好的树冠和根系。这一时期在加强肥水的基础上，进行系统修剪和合理采摘，抑制枝干顶端优势，促进侧枝生长强壮，培养良好骨架和树势，提高树冠覆盖度，扩大同化面积，增强有机物质的积累是形成茶树高产优质的必要条件。塑造高产树冠结构是这阶段栽培上的中心环节。

壮年阶段的茶树各个器官生育最为健全丰满，最适于强烈的营养生长，生长点数量多，吸收同化面积大，积累有机物质能力强。栽培上主要是在保证营养和水分的条件下，运用适当轻重轮回修剪，加强营养生长，抑制生殖生长，提高有效芽的密度及其芽重。为此，保持强盛的营养生长势，延长高产优质的经济年限，是这阶段栽培技术的主要关键。

茶树年发育周中的生育特性及其技术运用　在茶树年发育周期中，生殖生长和营养生长全年均在进行。但在我国多数茶区，上半年营养生长旺盛，生殖生长仅以幼果为主；下半年生殖生长，除茶果外，还有大量花芽不断发育和生长，因而分散营养效果，影响芽叶生长，如能抑制生殖生长，促进叶芽分化，便有助于产量提高。

头轮新梢是春茶的来源，它系由上年休眠芽育生而成；二轮新梢由头轮梢的腋芽发育而成，是夏茶的主体；秋茶则以三、四轮梢为主。影响茶树年发育周期新梢生长的主导因素是气温、雨量和矿质养料。

茶树年周期的技术经验可归纳为"提早开园，促进生育，加强再生，抓紧保护"十六个字。

提早和延长茶树生长期，增加生长季中的实采天数，是争取高产的关键，这对我国茶树季节性的生产更有其重要意义。

要实现茶树早发早采早开园，除选育早生品种外，在农业技术措施上，冬季和早春提高气温和地温是很重要的一环，配合深耕施足基肥，改进土壤结构，增高地温，培土铺草，减少地表层的冰冻，防止根系受伤害，在改良土壤结构，提高土壤肥力的基础上，采用速效肥料为追肥，催芽早发，加强预防，避免萌发后，受低温或晚霜的侵害。

增进正常新梢的形成，使新梢着叶多而不易成驻芽，新梢整齐又均匀，就可获得高产优质；正常新梢的对立面是"对夹叶"。据生产实践和试验研究表明：茶树衰老患病虫害的，形成对夹叶多，强壮茶树则反之；由冬季休眠芽形成的春梢正常新梢多，对夹叶形成则较少；夏季干旱时期的土壤湿度或空气温度不足情况下，最易形成对夹叶；在一定温度条件下，肥水充足的形成对夹叶少；茶树经过不同程度修剪或合理采摘的对夹叶也较少。总之，各方面条件配合适宜，满足茶树生长的要求时，就能大大促进和加强新梢的生育。如何促进茶树新梢的生育，是采叶茶园管理中主要的一个方面。

要促进新梢生育可由两个主要技术途径来解决：一是在提高土壤施肥的基础上，

应用根外追肥、生长素和微量元素促进茶芽萌动后新梢迅速伸长；二是在茶树生长期中特别是夏季，及时充分满足水分和养料的供应。

新梢再生程度有强有弱，有稀有密，时间上有长有短，这种再生能力的强弱决定于品种，也决定于一系列的外界环境条件和管理技术措施。同一品种在适宜的环境条件下，优良的管理技术，新梢再生能力就表现很强，每年新梢再生可达5—6次，相反的每年只有3—4次。

新梢再生能力的强弱，与新梢伸育快慢是相互依赖、相互促进的，新梢生育快也就表现了再生能力强，再生能力强也会促使新梢发芽快。

新梢再生能力的内在因素还需深入研究，它受着各方面综合因素的影响，但栽培上主要的是受采摘和修剪技术所支配。合理的采摘与修剪体系是促进新梢再生能力，提高产量和质量的主要技术措施之一。

有良好的管理技术而放松了保护，丰产丰收无保证，有很好的保护而无很好管理，不能得到应有的增产效果，因此这四个环节都不能放松。茶树保护，除防治病虫外，还应抓好防除杂草、抗旱、防冻等环节。

综上所述，根据茶树年周期中的生育规律，结合季节性的变化，明确主攻方向，掌握季节，抓住管理的重点，是采叶茶园实现高产优质的关键。

掌握茶树高产优质应注意的问题：据上分析，茶树个体的发育，不论总发育周或年发育周，都有其各自的生育特点，充分认识和掌握其特点，便可以充分利用它，改造它，以达高产优质的目的。掌握茶树高产优质应注意如下几点：

第一，必须注意生长发育的开始阶段。从总发育周来说，幼苗和幼年阶段，最容易受外界条件的影响，可塑性最大，必须创造各项生长发育的有利因素，克服不利因素，便能打下强壮的生育基础。从年发育周来说，营养芽开始形成和生长阶段，需要较多的营养，必须及时供应，同时年发育周各器官的生育，因茶树品种而有很大不同，在农业技术措施上必须分清情况，区别对待。

第二，必须注意生态条件的综合影响，在年发育周期中的生态条件，是气温、水分和土壤营养，这些条件除影响生长发育为主外，又与其他因子一起，影响了产量和质量的形成。每一阶段生育的完成，是各种生态条件综合影响的结果，又是每年各期累积综合影响的，不能孤立以一个因素或短期的因素来分析问题，不过在不同季节里有不同的重点，有主次因素之分而已。

第三，必须注意生长关系，每一阶段各器官的生长发育，不仅与这个器官本身有直接联系，而且和其他器官也发生了密切的关系，这就是所谓生长关系。摸清生长关系，也是为高产优质创造条件必须注意的问题。

第四，必须注意生长过程中的周期性。茶树在生长发育过程中，虽然有相对休眠和生长较活动之分，但从整体来看，仍处于生长发育之中，各器官和组织需要有不同程度营养，营养是生长发育的源泉，没有营养就不能新陈代谢，就停止生命活动。茶树从幼苗开始就与外界条件发生密切关系，一方面靠根系向土壤中吸收水分和无机盐类，另一方面靠叶子进行光合作用制造碳水化合物，以后每年四季都不间接，都连续进行营养吸收和制造，同时不断地积累，前期为后期之用，这说明茶树营养有连续性的特点，随着年龄树体的增长，所需营养物质也逐渐增多。

茶树适应营养的能力很广泛，可适应红壤各种的土质，可适应各种地形地势，可适应多种肥料，但为了有良好的生育得到高产优质，必须在各种生态条件下与营养条件相互协调，才能得到较大成效，这在每年肥培管理上应加注意的问题。

第五，必须注意群体结构的组成，高产优质不仅是个体发育问题，更重要的是茶树在同一面积上群体结构的问题。既要培养茶树个体树冠一定的高度，又要培养树冠覆盖度，才能更好地利用土壤和光能，生产量多质优的茶叶。

2. 从栽培技术手段上调节茶叶量质关系

从各地较大面积高产优质的基本技术经验而论，茶园产量品质的调节主要应解决好如下几个问题。

缩小地块差距实现较大面积平衡高产 要实现茶叶较大面积高产，单靠小部分茶园高产是很难实现的。实践表明，一个生产单位，无论是茶场、公社、生产队要实现大面积亩产干茶100—150kg，必需要有60%以上的生产茶园亩产达到平均水准以上才有可能实现。因而要实现较大面积高产，就必须改变低产地块的生产条件，使地块间的平衡高产。地块间平衡增产的中心环节，就是要在搞好茶园基础建设上狠下功夫。综合各地经验，搞好基础建设的要点是：

（1）选用高产优质的栽培良种，早、中、晚生种不同物候期的品种和不同品质特色的品种合理搭配种植，充分发挥茶树高产优质的内在因素；

（2）选择立地条件优越的地块种茶，协调外界环境条件与茶树物质代谢之间的相互关系；

（3）合理密植，充分发挥茶树群体生产力；

（4）肥培土壤，为茶树高产优质奠定土壤基础；

（5）科学剪采，塑造高产优质的丰产树冠。

抓好各季平衡增产实现全年高产 我国仅小部分南部茶区，茶树全年生长，四季采茶，各季茶叶产量分布比较均衡外，长江中下游大部茶区，产量都集中在春茶，夏秋茶的比重较小，但夏秋茶季节长，热量条件丰富，增产提质潜力很大，应该充分利用。总结各地经验，只要加强肥培，抓好防旱，及时供水，控制病虫，抑制生殖生长，适当提高采摘嫩度，扩大夏秋茶比重，实现各季均衡增产。如浙江省新昌县 1974 年全县平均亩产仅 40kg，秋茶占春茶的比例仅为 19%。改变秋茶的生产条件后，1979 年全县平均单产干茶提高到 71.2kg，秋茶占春茶的比例提高到 40.3%，较好地利用秋茶生产条件，实现了全县茶叶高产的目标。但要考虑茶类和地区而异，不能过分强调秋茶。

保持生产茶园年轻化，提高生产力 茶树通过壮年期后，新陈代谢水平日趋衰落，产量品质日益低下，直到失去应有的经济价值，所以就一块茶园来说，它的高产时期和经济年龄是有限的。因此，一个生产单位要达到相对稳定的持续高产和优质，就必须不断地调整生产茶园的树龄结构，提高茶园的总体质量水平，提高茶树的生产素质，保持旺盛的生产力，获得茶叶的持续高产和优质。从浙江省几个年产250t 茶，单产较高的重点县的生产实际分析结果，在全县生产茶园中，树龄在 30 年以下的约占半数或超过半数，因而，青壮年茶园的比重占了优势，达到了茶园总体的年轻化，从而使茶叶产量品质有了较大幅度的增长。总结各地生产上协调老中青茶园三者之间的比例关系最基本的经验有三条：一是淘汰一批零星分散、土壤瘠薄、坡度大，冲刷重，树龄衰老，树势衰弱，经济效益低的老茶园；二是改造一批土壤条件、茶树条件较好，而又相对集中的年长茶园，根据具体情况，采取改树、改土、改园，加强肥培管理，更新复壮茶树；三是换种改植或适当发展一批高标准的新茶园。协调茶园的树龄结构，使生产茶园的组成日趋年轻化。

采用技术措施协调量与质关系 茶树在各个生育周期中，或在一年中的生长发育并不是等同的，所生产的量和质自然也不完全一致，有时量多质差，有时量少质好，有时量多质好，有时量少质差，受着各方面综合因素的影响相当复杂，但在栽培上可采用一系列的技术措施，调节茶树在不同年份，或一年中各个季节产量和质量的矛盾，使量、质平衡发展。尤其是采摘对量质的影响极为深刻。正确掌握采摘时机是协调量质平衡发展的中心环节（图 9-69）。我国大部茶区（尤其是中部茶区），春茶品质都较优越，要扩大春茶比重，要采取加强秋冬季和早春的茶园管理，重施基肥，做好防冻，及时追施催芽肥，秋季轻剪或早春修平，或春季不剪俟春茶结束后轻剪，改春茶留叶采为夏秋季留叶采等技术措施多采春茶。广东、广西、滇南等一些红茶区，夏茶浓强度高品质好，则可采取春修剪，春季留叶采，提高夏秋茶的施肥水平，加强夏秋病虫防治等，提高夏秋茶的产量和品质。江南与江北茶区夏秋常有干旱，茶叶产量品质都较低，为提高夏秋茶的经济效益，则可采用根外追肥，灌溉，地面覆盖或遮荫栽培，适当提高采摘嫩度，以及相应缩短采摘间隔天数，控制生殖生长等手段，提高夏秋茶的产量和品质。

茶叶产量和品质受着人们影响作用大，在先进的农业技术基础上，各季贯彻了

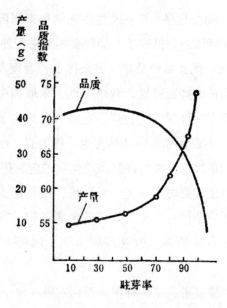

图 9-69 新梢成熟度与茶叶产量、品质的关系

合理施肥、灌溉、采摘等，便可获得持续高产的茶叶，使产量和品质的比例达到相对平衡，产量和品质都可得到全面增长。

3. 综合运用先进农业技术

总结各地生产实践经验和科研成果，实现早期成园和长期高产优质，必须善于综合运用如下几项农业技术。

选用良种，充分发挥品种优势 品种对产量品质的影响是大家熟知的。目前世界上主产红茶的国家，栽培的主要品种是阿萨姆大叶种。生产绿茶单产最高的日本，全国良种面积已超过 50% 以上。而我国栽培良种的面积尚不足 20%，然而我国栽培品种有 400—500 个，栽培面积较大，性状良好的品种也有数十个，但生产上尚没有充分发挥良种的应有作用，良种的推广和普及比较缓慢，为实现大面积高产优质就必须彻底改变这一局面，充分利用现有良种作为种植或补栽的材料，但在选用良种时必须抓好如下几点：

（1）搞好良种的区域规划 根据各茶区的自然条件，生产茶类及良性特性，制订良种的区域规划，切不能盲目引起，要避免在红茶区推广绿茶品种，在绿茶区推广红茶品种，或者在北部茶区，高山茶区推广早生种等弊端。

（2）建立良种繁殖场，迅速加快良种繁殖的进程 对无性繁殖系良种，除大力推广扦插繁殖外，对具有一定结实率的无性系品种，可在扦插繁殖原种的基础上，建立一定面积的留种区，采种育苗或直播，通过苗期选择，作为生产用种。对有性品种要保持和提高品种纯度，防止品种退化，注意提纯复壮，提高种性。

（3）搞好良种搭配　除注意早、中、晚生不同物候期搭配外，要考虑不同品质特点的品种搭配，如香高味淡与香低味浓的品种要相互搭配种植，以提高品质。

（4）良种要配合良法　优良品种是在一定条件下，表现高产优质的，选用一个良种，必须深入了解该品种的特征特性，栽培要点，采取相应的栽培技术，才能体现良种的优越性。如云南大叶种顶端优势强，定型修剪对主干要适当压低高度，才能有效控制"高脚茶"的出现；福鼎白毫具有育芽能力强，耐肥怕旱的特点，只有在分批勤采，加强水肥的条件下才能发挥其高产优质的应有作用。

改良土壤，不断提高土壤肥力　茶树一经种植，便长期固定于一定面积的土壤上，因此，土壤条件为影响茶树一生生长好坏的主要关键。种植前强调全面深翻土壤 50cm 以上，配施大量有机肥料，改善深层土壤，加深土层，对持续高产极为重要。

为创造茶树高产的土壤基础，茶树种植后要切实做好水土保持，通过合理耕作，使之尽量减少土壤的流失，并通过合理施肥灌溉，土壤覆盖以及修剪技术，促进树冠扩大，增加对土壤的覆盖度，改善土壤条件，这对茶叶增产更有积极意义。

成年生产茶园根系布满行间的不宜过度深耕。深耕要配施大量有机肥。土层过于浅薄，茶根裸露的茶园只宜加泥，不宜深耕；土层深厚而心土层粘硬结实的老茶园可行深耕，或在树冠改造时进行深耕，并结合施用大量有机肥料。

合理密植，提高茶树群体生产力　茶叶产量的高低，取决于每亩土地面积上茶树群体累积有机物的能力，而群体的发展又有赖于茶树个体的生长。而茶树个体的生长发育有一定的上限，它不可能随着占有营养面积的增大而无限地发展，因而高产茶园必须有一定的种植深度，有足够的基本株是实现高产必不可少的，但也不是愈密愈好，只有在一定范围内不过于密的群体有可能通过个体生长的适应变化，达到较密群体的发展水平，而且茶树生长，持续高产的时间也较长。

茶树种植合理与否要考虑两个问题，一是应看山坡地形和栽培目的，能够实现长短结合和综合利用；二是产量达到高峰后持续高产的时间较长。

密植是一个群体光能利用的问题，不同密度和方式，光能利用显著不同，合理密植要更有利于提高茶树的光合强度，积累更多的有机物，才能为提高茶叶产量，改进茶叶品质奠定物质基础。因此，茶树的密植不仅仅是在于单纯的增加茶丛的数目问题，它是与茶树的排列方式，茶树树冠的大小以及构成树冠的枝叶密度相关的。群体数目的多少，群体结构的规定，应以气候、地点的不同，因土、肥、水、种条件的不同，因田间管理水平高低不同为转移。

满足茶树水肥需要，提高光合作用二级代谢的功能　水分是光合作用的原料，又是化学反应的重要介质，雨水充足，灌溉条件好的茶园，茶树体内促进物质合成的酶活性高，代谢旺盛，产量高，鲜叶中与品质相关的化学成分也能较多地形成，茶叶品质也较好。

解决水分问题，一是有目的地保持和累积天然的降水；二是实行灌溉，在干旱缺水季节，有计划的进行供水。

茶树营养一是来自土壤中的矿质营养，一是来自叶子光合作用所制造的有机物质。土壤中矿质营养主要依靠施肥。施肥对增产提质的效应要考虑如下几点：

（1）多年生茶树施肥的增产效果，不但受当年施肥情况的影响，而且与前几年的施肥有关；

（2）有机肥料效应特别持久，历年茶园应施足有机肥为底肥；

（3）过多的单施氮肥而不配施磷钾肥，以及单纯施用无机磷肥，而不和有机肥料相配合，不仅会使产量下降，而且有降低鲜叶多酚类物质和水浸出物的倾向；

（4）在根部施肥的基础上，根外施肥一般可增产10—20%，特别对夏秋茶增产有显著作用；

（5）茶树受着不同年龄的变化，每年不同气候、不同土壤和不同采摘制度的影响，施肥技术和效果有很大差异，要做到因地、因时、因土、因肥合理施用。

实行科学剪采，建造高产树冠　修剪和采摘对茶树来说，是一种人为的生态条件，是一种物理的刺激作用，能促进各种营养芽的萌发，加强生理顶端的再生。因此，在茶树由幼到老的培育过程中，必须运用修剪技术，配合每年每季的采摘，塑造高产的树冠结构，使茶树能保持较长期的丰产，并且借以调节产量与品质的矛盾，调节劳动力和原料高峰的矛盾。

科学的剪采制度必须依品种、生产茶类和栽培条件为转移，要着眼于诱导茶树营养芽的多发快长，有利于长期获得高产优质的茶叶。

加强茶树保护，提高茶树抗灾能力　搞好茶树保护，是夺取茶叶高产优质、丰产丰收的主要保证。茶树在生育过程中，不可避免地会遇到病虫、寒冻、干旱、杂草等的危害或袭击。综合各地经验，搞好茶树保护工作，一是改善茶树的本性，提高茶树自身的抗逆能力；二是改善茶树立地条件，消除各种自然灾害为害根源；三是掌握各种灾害的发生规律，进行科学的防除和补救。

十、制茶技术

（一）技术基础

制茶技术与制茶品质

　　鲜叶必须通过制茶技术的加工才成为饮料——茶叶。制茶技术不同，茶叶品质亦异。制茶技术理论，主要是探讨研究制茶的技术与品质变化的规律。

1. 鲜叶与制茶技术的关系

　　自然界的变化，主要是由于自然界内部矛盾的发展，外因是变化的条件，内因是变化的根据，外因通过内因而起作用。引起鲜叶转变成茶叶这一事物的发展，根本在于鲜叶内部的矛盾性，也是形成茶类品质的内在根据，而制茶技术是鲜叶转变成茶叶的外因条件。只有用制茶技术这个外因，促使鲜叶内部的化学成分和物理性质产生一系列的变化而形成一定内质和外形的茶叶。鲜叶相同，加以不同的制茶技术，可制出不同品质的茶类；不同的鲜叶要采用不同的制茶技术，才能制出较好的茶叶；没有优质的鲜叶，制不出优质茶叶，有了优质鲜叶，没有科学的制茶技术，也制不出好茶叶。通常说"看茶做茶"，就是说明这个道理，这就是制茶技术与鲜叶之间内因与外因的辩证关系。

2. 茶类与制茶技术的关系

　　远在三千多年前，我国劳动人民最早发现和利用茶树叶子时，没有进行什么加工，只是直接煮饮，即所谓"生煮羹饮"而已。断之，为了要在茶树停止生长的秋、冬季节饮用才将鲜叶晒干收藏，以备不时之需，这可称是最原始的鲜叶加工。

随着人们饮茶的普遍要求和嗜好不同，通过生产实践，积累了丰富的制茶技术，对鲜叶采用不同的制造技术，便形成了各种不同品质的茶类。就目前制茶技术而论，归纳起来有六种不同品质的大茶类。各类的基本制造过程是：

（1）绿茶类：鲜叶→杀青→揉捻→干燥。

（2）黄茶类：鲜叶→杀青→揉捻→闷黄→干燥。

（3）黑茶类：鲜叶→杀青→揉捻→渥堆→干燥。

（4）白茶类：鲜叶→萎凋→干燥。

（5）青茶类：鲜叶→萎凋→做青→炒青→揉捻→干燥。

（6）红茶类：鲜叶→萎凋→揉捻→"发酵"→干燥。

六大茶类的基本制法是分别在杀青、萎凋、揉捻、"发酵"（或做青）、渥闷（渥堆和闷黄）和干燥等六道工序中，选取几道工序组成，其中三种茶类由杀青开始，另三种从萎凋着手，而最后一道工序都是干燥。工序组合不同，形成的茶类亦不同。虽然工序类同，但由于某工序的技术措施不同，则产品品质亦异。其中存在着量变与质变交错的辩证关系。

3. 制茶品质与制茶技术的关系

根据鲜叶、茶类与制茶技术的关系所述可知，事物的发展是事物内部的必然的自己运动，而每一事物的运动又都与周围其他事物互相联系着和互相影响着。当鲜叶这个物质基础确定后，则制茶技术仅能对各个工序的制茶品质（制茶过程的制品品质，简称为制茶品质，它是理化变化的综合反映）起主导作用。因此，随时分析各工序的制茶品质，探索、研究制茶技术与制茶品质变化之间内因与外因、量变与质变交错的辩证的规律性，也就是制茶技术与制茶品质变化之间内因与外因、量变与质变交错的辩证的规律性，也就是制茶技术理论之所在，是制定制茶技术措施的依据，更是检验技术措施的标准，从而可以有目的地控制制茶技术，生产出各种各样为人们所喜爱的优良茶叶。

随着我国科学技术的现代化，制茶技术必将大大发展提高，可能为制茶机械化、现代化提供更多更可靠的设计依据。制茶技术理论的研究，还能设计创造出新的茶类，茶叶的花色品种必然更加丰富多彩。生产上的新成就，又进一步充实、提高和促进制茶技术理论的发展。

萎　凋

萎凋是制白茶、青茶和红茶的第一道工序。有些绿茶由于种种原因不及现采现制，先厚堆摊放而后杀青，虽有些水分散失，而象萎凋作用，但不属于萎凋工序。

依茶类不同对萎凋程度的要求也不同。萎凋是制白茶的重要工序，要求萎凋程度最重；其次是红茶，再次青茶。

鲜叶在通常的气候条件下，薄薄摊开，开始一段时间里，以水分蒸发为主。随着时间的延长，鲜叶水分散失到了相当程度后，自体分解作用逐渐加强。水分的丧失与内质的变化，叶片面积萎缩，叶质由硬变软，叶色由鲜绿转变为暗绿，香味也相应地改变。这个过程称为萎凋过程。如果叶色变红或显褐色，即为劣变。

萎凋过程，一方面是萎凋的物理变化，另一方面是萎凋的化学变化。这两种变化是相互联系，互相制约的。物理变化既能促进化学变化，又能抑制化学变化，甚至影响化学变化的产物。于是出现制茶品质的差异性。反之，化学变化亦影响物理变化的发展。两者之间的变化发展和相互的影响，是依温、湿度为主的客观条件不同而差异很大。要掌握萎凋适度符合制茶品质的要求，就要采取人工的合理的技术措施。

1. 萎凋的物理变化

鲜叶水分的减少，是萎凋的物理变化的主要方面。长期以来红茶萎凋失水，在正常气候条件下人工控制的室内自然萎凋，是快、慢、快。第一阶段，叶中游离水蒸发快；第二阶段，在"自体分解"和叶梗水分分散到叶的过程中，水分蒸发慢；第三阶段，自叶梗水分输送到叶片和自体分解的化合水，以及一些胶体凝固释出的结合水，水分蒸发，重新加快。萎凋过程如果气候不正常或人工控制不严密，水分蒸发的快慢也无一定。萎凋技术就是以人工控制水分蒸发变化。

萎凋叶水分的大量蒸发，是通过叶背气孔，一部分水分通过叶表皮蒸发。水分蒸发速度不仅受外界条件的影响，也受叶片本身结构的影响，嫩的芽叶比老的蒸发快。

叶梗的水分比叶片多，但梗的水分蒸发较慢，并有一部分是通过叶片蒸发的。整个芽叶萎凋 20h 后，梗的水分为 62%，如果梗、叶分离后，在同一条件下萎凋，梗的水分为 66%。

随着萎凋的进展，水分的减少，细胞失去膨胀状态，叶质变柔软，叶面积缩小。叶子越嫩，叶面积缩小比例越大。据曼斯卡雅（C. Mahckar）资料，萎凋 12h，第一叶缩小 68%，第二叶缩小 58%，第三叶缩小 28%。这与叶子嫩度不同的细胞组织结构亦异有关。萎凋继续进行，水分减少到一定程度，叶质又由柔软向硬转化。首先是芽和嫩叶的叶尖、叶缘变硬发脆。这时实质上开始进到干燥的范畴。

芽叶失水程度的差异，导致萎凋程度不均匀。有二种情况，一为叶芽之间嫩度不同造成的差异，是鲜叶匀度差的关系，这不利于提高制茶品质，要采取鲜叶分级措施克服。二为同样嫩度芽叶不同部位及梗之间的差异。总之，萎凋失水程度均匀是相对的，不均匀是绝对的。有些茶类，如制青茶，采取两晒两凉技术措施来调制水分蒸发均匀。这种措施能加速梗中水分往叶片输送，达到梗、叶水分比较一致。同时促进梗内的有效物质，随着水分往叶片输送，制出特有风味的制茶品质。这不仅是减少梗叶水分蒸发的差异性，而且利用这种差异性来提高茶叶品质。霍乔拉瓦通过试验，认为叶与梗分离，而后分别制造红茶的品质比一般的方法要好得多。这种方法在理论上还要进一步探讨。我国六安瓜片是梗、叶分离后制成品质好的特种绿茶，也是目前惟一的梗、叶分离炒制的茶类。扳片后留下的梗，单独炒制，味淡而醇，但是香气好，具花香。

萎凋叶含水量的变化，是温度、摊叶厚度、时间、空气流通等一系列的萎凋技术条件所引起水分散失量标志。萎凋含水量对化学成分的影响不是孤立的。虽然含水量而与其他条件不同，产生的化学变化也不相同。化学变化非含水量所能反映。

随着失水率增大，氨基酸一直呈上升趋势，但增加速度不快。香气变化趋势与氨基酸相同；多酚类化合物随含水量降低而出现不同的变化趋势。失重率25%，附近有一最低值。适当增加或继续减少水分都可减少多酚类化合物的转化量。多酚类化合物的氧化最多，汤色最黄，滋味最醇。

2. 萎凋的化学变化

化学萎凋随着物理萎凋而进展。叶细胞组织的脱水，引起蛋白质物理化学特性的改变，细胞膜透性加强，细胞器（线粒体、叶绿体、液泡体等有形体）的结构和功能改变，细胞水解，一些贮藏物质和部分结构物质，如淀粉、蔗糖、蛋白质、果胶以及少量的脂肪物质等，分解成简单物质。如在酶的催化作用下，淀粉分解成葡萄糖，双糖转化为单糖，蛋白质和多肽分解成氨基酸，原果胶分解成水溶性果胶和果胶酸。

蛋白质的变化和分解，加速了叶绿素的破坏。在萎凋过程中多酚类化合物含量减少。正常的萎凋，减少量并不多，也没有出现红色。多酚类化合物减少，是由于酶促作用而氧化。查普罗梅托夫认为"儿茶酚类是茶树贮存营养物质的特殊形式，由于茶核的断裂，放出能量，茶树利用这些能量进行呼吸"。说明儿茶多酚类在萎凋过程中有可能与糖类相同的被氧化分解。在萎凋过程中也有部分分酯型儿茶多酚类水解，脱掉没食子酰基，变成简单的儿茶多酚类。

总之，萎凋过程，叶内复杂的大分子物质分解而含量减少，简单的小分子物质增多。

鲜叶内含物在萎凋过程中的水解、氧化，使萎凋叶的干物质消耗，干物质的过多消耗对制茶品质不利。如白茶自然萎凋60h，干物质消耗量为3.9-4.5%，以萎凋的头12h内为最多。霍乔拉瓦资料，制红茶的自然萎凋干物质消耗3%，雨天则消耗 4 - 5%，甚至更多。而加温人工萎凋（7h）干物质的消耗只有 1.84%。说明物理变化的进程和化学变化的进程，并不是一致的。

化学变化大多数是在酶的催化作用下进行的，水分是化学反应的溶剂，也是酶化学反应的必需条件。前阶段失水促进自体分解，使干物质大量消耗；后阶段的迅速失水，反而抑制了自体分解。于是，采取合理的技术措施，控制温度、湿度、风量（单位时间的空气流通量）和摊叶厚度等技术条件调节物理变化的进程的同时，有效地掌握化学变化的进程。使干物质消耗减少，可溶性简单物质相对增多。如制青茶过程中灵活地应用晒青和晾青来控制物理变化和化学变化，就是例子。

3. 萎凋叶质量

萎凋的化学变化，萎凋叶的色、香、味都与鲜叶大不相同。据福州商品检验局等的白茶试验资料，萎凋失水程度不同，烘焙后的成茶品质差异很大。萎凋轻度具有类似绿茶的香味，重度萎凋（含水量 40% 以下）才开始有白茶的香味。中度萎凋（40 - 50%）既有类似绿茶香味，也有白茶香味的另一种特殊香味。如果萎凋技术不当，出现红变叶，则有"发酵"味。直接嗅萎凋叶的香气，不仅没有鲜叶原来的兰茶清香，而且不同萎凋条件和不同失水程度的萎凋叶，香气类型都不同。正常萎凋叶一般近似水果香或花香；非正常的则有不良气味，有部分叶色红变，则有"发酵"初期的气味。这多数是湿度太大，通风不良，温度较高，水分不能正常蒸发，化学变化反常的缘故。

萎凋的化学变化程度与制茶品质关系很大。曾经有人主张不萎凋直接揉捻制红茶，结果香味都达不到传统红茶品质的要求，就是一个例证。

从制茶技术要求上说，萎凋的物理变化使叶质柔软，便于造形。白茶没有造形的要求，改变叶子的香味是主要目的。掌握萎凋的化学变化是制白茶的主要技术关键。有些绿茶经过摊放，引起轻萎凋作用，目的不是为了造形，而是使绿茶的香味向"醇化"发展。而制红茶的技术措施不仅要求物理变化适度、叶质柔软、容易造型，还要求有适度的化学变化，提供更多的可转化为红茶香味的有效物质。过去一般认为蛋白质容易与多酚类化合物结合成不溶性的沉淀物，蛋白质含量多对红茶品质形成不利。其实萎凋的化学变化过程，蛋白质分解成氨基酸；氨基酸和多酚类化合物的氧化物以及糖类相互作用，可转化成具有愉快的花香味物质。萎凋的化学变化是制红茶所需要的。

到目前为止，对萎凋的化学变化的研究还不多。有的认为萎凋开始就是"发酵"开始，将"发酵"理论来代替萎凋的化学变化的理论。从制茶生产经验来说，这两者是有质和量的区别。有的认为萎凋过程还有呼吸作用，跟鲜叶的生理代谢一样。用正常的芽叶生理代谢规律来解释萎凋的一切化学变化。这是鲜叶与茶叶、氧化作用与呼吸作用生活有机体和有机物分不清的误解。

霍乔拉瓦经一系试验后，认为温度对萎凋的化学变化的进展影响很大。自然萎凋温度低（20℃），水分蒸发慢，化学变化也慢，人工加温萎凋，温度较高（40℃），物理变化和化学变化进展都快，萎凋时间可缩短到 2 - 3h，同样可以得到优良品质的茶叶。

萎凋过程所引起的化学变化对制茶品质有很大的影响。在一定环境条件下，萎凋时间的长短与化学变化程度有密切相关，萎凋时间的长短不仅是量的变化不同，而且质的变化也不同。萎凋时间过短，不利制茶品质的提高。

萎凋程度依各种茶类对萎凋的要求而定，各种茶类基本上以水分散失多少，作为萎凋的物理变化程度的指标。如红茶要求萎凋叶含水量 60% 左右，白茶 30% 左右，青茶 68% -70% 左右。

萎凋的物理变化和化学变化两者进程如何协调，即当物理变化达到适度、化学变化质量也最好，需要怎样的条件才能达到，两者之间量的关系，还待进一步研究。

4. 萎凋的条件

萎凋技术措施，要求萎凋叶的理化变化程度均匀和达到适当程度，特别是不劣变，不变红，萎凋条件就显得很重要。萎凋条件，首先是水分蒸发，其次是温度的影响，又次是时间的长短。其中以温度影响萎凋质量最显著，时间所产生的影响不大显著；加热时间所产生的影响程度大于萎凋时间。

萎凋首先要蒸发水分，而水分的蒸发速度与空气中的相对湿度有密切关系。湿度低蒸发得快，湿度高蒸发得慢。萎凋叶水分蒸发的结果，造成叶子表面一层饱和层，如果湿度低，空气中能容纳的水蒸气多，叶面水蒸气很快扩散到空气中，叶面蒸气饱和状态就不存在，萎凋的物理变化就进行得快。空气中水蒸气是否饱和与空气的温度有密切关系。气温越高，吸收的水蒸气越多。如果 30℃ 时，每立方米的空气能收容 50g 重的水蒸气，则 -30℃ 时，只能收容 0.5g 重的水蒸气。因此，空气中含有同样的水蒸气量，温度高，相对湿度就低；温度低，相对湿度就高。所以温度高也能加速水分蒸发。

萎凋室不通风，成为相对的密闭状态，而加温萎凋的初期，空中相对湿度低，加速了水分蒸发，同时，加温也加强了叶中水分的汽化。时间延续下去使空气里的水蒸气量增多，相对湿度升高。这种状态不改变，随着时间的延长，水分汽化和液化逐渐趋于平衡，物理变化停止，叶温相对提高。这时萎凋叶还含有较多水分，化学变化加速，细胞膜的透性增加，酶的活化加强，自体分解由缓慢变为激烈，内含物的转化由缓慢的量变进而质变，这时的萎凋的化学变化，"旧过程完结了，新过程发生了"，不正常地替代萎凋的化学变化是"劣变"作用。内含物循着劣变的途径转化形成有色物质，萎凋叶红变。

所以，通风是萎凋正常进行的重要条件。特别是加温萎凋必须配合大量的通风量。流动的空气吹过萎凋叶层带走叶面的水蒸气，造成叶子周围低温的条件，加速叶子水分的蒸发，促进萎凋的进程。水分在气化时，要吸收热量（水的气化热大约每公斤为540kcal）。风量越大，水分蒸发越快，叶温下降越多，化学变化进展减慢。

为了摆脱自然气候对萎凋的影响，目前人工萎凋设备在生产中广泛应用。人工萎凋设备有萎凋机、萎凋槽等，不管哪种设备，都必须有加温炉灶和鼓风机配件。并有调节温度和风量的机构。温度和风量必须密切配合。

温度是萎凋的主要条件，最高不得超过40℃，一般是30－35℃左右。温度高容易产生劣变。具体温度的掌握要依据鲜叶含水量、嫩度等而定。一般原则是"先高后低"。

温度引起化合物的变化，除氨基酸外，在23－33℃时变化较小，而在33－40℃时则变化较大，化学反应速率变化特别敏感。酶促催化则取决于酶活化随温度变化的关系。当温度升高到33℃以上，随温度升高，主要化合物含量均急剧下降，不利于萎凋叶品质。

风量依设备大小不同，萎凋槽的风量为每小时17000－20000m³。苏联最大的萎凋机，风量每小时为55000－65000m³。萎凋机的风力要求能吹散叶层，犹如沸腾炉，叶子在不断的跳动。风量大，可以加快萎凋速度。目前萎凋槽的风力只可加大到以不吹散叶层出现"空洞"为原则。否则，空气将集中从叶层"空洞"通过，风压增大，芽叶向萎凋床四周飞散。风量大小与叶层透气性有密切相关，叶层透气性好，风量可以大些，反之要小些。如鲜叶嫩度好，芽叶小和萎凋后期的叶子透气性差，风量都要小些。风量小，温度必须随之降低，风量"先大后小"，温度"先高后低"成为萎凋槽操作原则。因此，萎凋槽的摊叶厚度也受到一定的限制，一般不得超过15－20cm；因此，萎凋槽的生产效率受到一定限制。同时，为了叶层上下部位的叶子萎凋程度均匀一致，还必须进行人工翻拌。这是萎凋槽存在的缺点，需要研究改进。

温度和风量与萎凋的理化变化密切相关，温度与化学变化的相关性大些，风量与物理变化的相关性大些。调节温度和风量，便可控制萎凋的理化变化的进展速度。掌握一定的时间，便可达到所需要萎凋程度。

萎凋时间长短的影响小些。时间是一切理化变化的必要条件。虽然不同化学反应与时间的关系可能不同，但反应需要时间。当温度、浓度等其他条件一定时，反应物浓度随时间呈指数形式变化。

萎凋时间对理化变化的影响，又因温度、浓度等其他条件不同而异。相同时间而温度不同引起失重率不一样。温度相同，时间也相同，只因摊叶厚度不同，其失重率也不同。化学变化和品质的影响也是不同。虽总萎凋时间大于加热时间的几倍，但影响却是加热显著，说明温度对时间的掌握有显著的影响，时间不是独立条件。

杀　青

杀青是制茶技术的关键工序之一。青指鲜叶，杀青的含义是破坏鲜叶的组织。杀青过程即采取高温措施，使鲜叶内含物迅速地转化；杀青不仅破坏酶的活化，还要使内含物转化为各类制茶特有品质的基础。

鲜叶通过高温杀青，酶遭到破坏，制止了酶促作用，然后使内含物在非酶促作用下，形成为绿茶、黑茶、黄茶等茶类的色、香、味品质特征。与鲜叶不通过杀青而采用酶促氧化作用，形成红、青、白茶的品质，两者品质特点绝然不同。这从茶叶分类上可以看出。

杀青过程与制茶品质的差异关系极大。杀青技术方法依导热介质不同，可分为金属导热、蒸汽导热、空气导热等。金属导热如我国常用的炒热杀青。依机具设计的运动形式不同，有锅式杀青机、滚筒杀青机和槽式杀青机。

蒸汽导热如日本、苏联、印度所采用的蒸热杀青。蒸热杀青又叫蒸青杀青，简称蒸青，依输送鲜叶的结构不同，有送带式蒸青机和滚筒式蒸青机等。

空气导热，如苏联依·阿希安和格·洛米那杰设计的烘热杀青机。风湿170－180℃，杀青时间3min。

我国正在进行技术革新，试验研究远红外杀青和微波杀青的方法，以提高杀青的质量。

总之，杀青方法分干热杀青和湿热杀青。尤其是干热杀青，是我国广泛应用，产品品质较之湿热杀青优越。以绿茶炒热杀青为重点，略述其主要的技术措施。

杀青概念是提高绿茶品质的关键性的技术措施。外因通过内因初步改变鲜叶的形质。

一是彻底破坏酶的活化，制止酶促作用，固定某部分内含物不变或少变，不影响叶绿素的显性，而使绿色不起变化或少起变化。

二是改变叶绿素存在的形式，使叶绿素从叶绿体中解放出来，便于开水冲泡后溶解在茶汤中，保持汤色碧绿，叶底嫩绿。

三是除去鲜叶的青草气，发扬良好香味。

四是去掉一部分水分，减弱鲜叶弹性，从硬变为柔软，便于揉捻。

总之，破坏鲜叶的组织与结构，改造鲜叶的质量。这也是杀青的目的，是杀青技术措施的根据。杀青是以内质变化为主，外形变化为辅，是保证和提高绿茶品质特点的关键。杀青好就能为提高品质打下良好基础。

1. 杀青叶温

杀青工序首先要求迅速、及时地破坏酶的催化。温度是影响酶的催化作用的最重要因素之一。在一定温度范围内，温度升高，既加速了酶的催化反应速度，也加快酶的破坏。所谓酶促作用的最适温度乃在此温度（在一定的条件下）酶促反应物达到最高量。

在最适温度内，温度每升高 10℃，酶的催化作用速度加倍。一般植物的酶的最适温度为 50－60℃，有的资料认为茶叶中多酚氧化酶的最适温度为 52℃。

随着温度增高，酶因热作用而破坏也增快。当温度超过酶的最适温度，酶活化丧失。与酶因温度升高而引起活化提高的程度相比，前者大于后者，致使酶促反应速度下降。温度越高，下降越大。当温度升高到某一界限，酶彻底破坏，酶促反应速度为零。这种温度界限，称为酶钝化临界温度。

在杀青过程中，必须利用高温，使杀青叶在极短时间内，迅速升温，迅速通过酶最适温度，达到酶钝化临界温度。

酶受热彻底破坏，要多高温度还难以确定。因为受到其他因子所左右。在杀青过程中，多酚氧化酶钝化临界温度，据安徽农学院测定数据，初步认为是 85℃。茶叶中酶钝化临界温度还需要继续测定研究。但据一些试验结果，杀青过程要求叶温迅速升达 85℃ 以上为宜。

叶温由室温升高达 85℃ 以上所需的时间，这时间是杀青技术中很重要的因素之一。从上所述可知，在叶温升达酶的钝化临界温度之前，酶促反应相当剧烈。如果这段升温时间延长，变化量相对的加多，杀青叶内含物的化学变化可能转到"劣变"的途径，产生红梗红叶。一般杀青技术要求叶温在一二分钟内升达 85℃ 以上，最长时间不得超过三四分钟，否则，就可能出现红梗、红叶。85℃ 以上叶温还要延续一定的时间。

完成彻底破坏酶的作用后，叶温应下降，尤其是当杀青叶的含水量减少到接近60% 时，叶温太高，嫩度高的个别芽叶和叶尖将会焦化。

2. 杀青技术与火温高低

杀青是综合性的技术措施，有关因素复杂，除与鲜叶质量有关外，还有火温高低、炒叶量多少、炒的时间长短等等。但是有主次之分，以掌握火温为主。

鲜叶质量　杀青首先要看鲜叶的组成和质量：一是鲜叶老嫩，不超过一芽三叶是嫩的，超过一芽三四叶是老的。这是相对而言。二是鲜叶含水量多少。晴天采的鲜叶含水量比阴天少，阴天采的比雨天少。同是晴天，早上采的比中午多，中午采的比下午多。春茶比夏茶多，秋茶看气候而定，有时比夏茶多，有时比夏茶少。因此，杀青技术根据，是以鲜叶老嫩和含水量多少，而采取合理的技术措施，克服鲜叶的内在矛盾。

火温高低 火温高低是依鲜叶质量来决定的。由火温高低可以确定杀青时间、投叶量和炒法。这些因素在杀青过程中是相互作用、相互影响，但其中以鲜叶质量为基础，热的作用为主导。

杀青需要适当高温，才能促进鲜叶内质的转化，而达到杀青的目的。在杀青过程中，热分三部分：一部分热量消耗水分的蒸发；一部分热量无形中散失、消耗于提高叶温促进理化变化的，仅有一部分。如下锅火温220℃，叶温最高85℃；锅温260℃，叶温92℃。锅温提高40℃，叶温只升高7℃。叶温不是按锅温的比例上升的。这三部分热量消耗随杀青的方法和进度不同而异。

杀青过程，是鲜叶在热的作用下发生一系列理化变化的过程。叶温高低与各种变化有密切联系。杀青技术首先是掌握叶温的变化，以利于提高品质，并有效地防止热量散失。

杀青火温高低适当，叶绿素、可溶性糖、游施氨基酸和咖啡碱多，有利于品质提高。苦涩味的可溶性黄烷醇少，降低涩味。

火温过高有焦边白点，叶色枯黄，粘性差，略带焦香，味苦涩。这是不溶性的黄烷醇由高温作用改变为可溶性，因此比鲜叶还多。

杀青火温高低与品种、叶质、产地、采叶时间等有关系。

叶片大而厚、含水量较多的品种，火温应高些。阴山叶薄而软宜低些，阳山叶厚而硬宜高些。春茶早期嫩叶肥厚宜高，夏秋茶嫩叶瘦薄宜低。雨天水分多宜高，晴天宜低。早上采的宜高，上午采的宜低。

火温宜先高后低 火温是杀青的关键，要根据鲜叶质量，灵活掌握，才能外因通过内因而起作用。

火温先高：一是可以把叶绿素从叶绿体中释放出来，改变叶绿素的组织，开水冲泡后能够大部分溶解在茶汤内，不会多留存在叶底，出现生叶，这样汤色碧绿，叶底嫩绿。二是可使游离水大量迅速蒸发，结合水继续蒸发，去掉闷水味，使滋味浓醇，同时带走低沸点的青草气，产生良好香气。三是可以迅速彻底破坏酶的活化，制止黄烷醇化合物氧化泛红。高温时间短可保持抗坏血酸不氧化或少氧化。

火温后低；一可避免炒焦而生焦气。火温不后低，就是不炒焦，也能产生刺鼻而不能持久的火香，对提高品质也不利。二可避免水分散失过多，杀青程度过头，揉捻难以成条和碎片多的毛病。

杀青温度开始宜高，到了叶内水分蒸发，叶色变暗时应逐渐下降。如来不及降低，就要采取快炒和缩短时间的技术措施。下锅时，如火温过高，就增加投叶量来调节。

一般说，火温要保持均匀，不要忽高忽低，应采取逐渐下降的技术措施。

3. 水分蒸发

蒸热杀青时，水分不仅没有减少，而且有所增加。在揉捻工序前，要经过去水措施。炒热杀青则在升高叶温的同时蒸发水分，达到叶质柔软，又增加粘性，便于有些茶类直接揉捻造形。

炒热杀青过程温度高，叶温迅速升高，叶内水分和内含物受热膨胀，细胞组织破裂（杀青时能听到爆炸声），部分水分和内含物渗出，为提高水分蒸发速度创造了有利条件。同时内含物附着叶子表面，增加了叶子粘性。但是，叶片受热面比梗大，嫩叶受热面比老叶大（厚度不同关系），和嫩叶比老叶细胞组织受热容易破坏等等原因，都使不同质量杀青叶的水分蒸发速度不同。造成杀青叶的不同叶位和梗的含水量差异极大，杀青叶水分含水量不匀，给以后几个工序造成困难。

有的根据杀青叶的粘性来决定杀青程度。应指出，不同质量的鲜叶，杀青叶粘性不同，如鲜叶越嫩，杀青叶粘性越大；不同杀青机具，杀青叶粘性也不同，如锅式杀青机中的炒手翻转，有可能引起破坏细胞的作用，比滚筒式杀青机（没有炒手）的杀青叶粘性大。光凭杀青叶具有一定的粘性来确定杀青程度是不牢靠的。

杀青过程的热量大量消耗于水分蒸发。比消耗于升高叶温的热量多好几倍。假设鲜叶的干物质的比热大到跟水一样，1kg 鲜叶在杀青过程中，叶温从 25℃ 室温升到 85℃，需 6kcal 热能。而水的气化热为 540－600kcal/kg。按杀青过程减重率 40% 计算，1kg 鲜叶需消耗热能 216－240kcal。消耗于水分蒸发的热能为消耗于升高叶温的三四倍。实际情况是杀青初期，水分蒸发量比后期多，消耗的热能也大。为了达到迅速升叶温，杀青初期就需要供应大量的热能，杀青锅温要高。所以鲜叶含水量越多，或投叶量越多，锅温越要增高。

有时由于设备大小和燃料质量等限制，单位时间内杀青锅温所供给的热量达不到杀青技术的要求，出现红梗红叶，就应适当减少投叶量。也有在杀青过程透闷结合（根据鲜叶性质，先闷后透，或先透后闷），减少热量消耗，提高水蒸气热，有更多的热量用于升高叶温。据安徽农学院资料，闷杀措施能迅速提高叶温。应当指出闷杀的作用不仅能迅速提高叶温，还能使杀青叶受热均匀。含有粗、长梗子的鲜叶，梗与锅壁接触面少，导致热量少，升温慢，容易产生红梗。如用闷杀措施，利用蒸气导热，能达到杀青均匀，防止红变。

在蒸气导热条件下，杀青叶内含物的湿热作用激烈。短时间闷杀还能减轻苦涩味，时间长些就产生产闷黄和水闷味，降低制茶品质。一般掌握老叶干叶"先闷后透"、"多闷少透"，嫩叶"先透后闷"、"少闷多透"的原则。

4. 杀青技术的相互影响

杀青技术的次要关键，是杀青时间的长短。杀青时间是根据鲜叶的含水量、老嫩、叶质、叶量多少和火温高低，以及杀青叶摊放时间长短不同而灵活掌握。一般说，鲜叶含水量多、叶肉厚、叶量多、火温低、杀青叶摊放时间长些，相反的，就应该短些。

嫩叶比老叶的杀青时间短些。但是老叶水分少，可以用相对高温杀青，时间就短。所谓老叶嫩杀，是在高温的基础上缩短时间，不等于嫩杀。嫩杀只指时间短、失水少些而言，揉捻才不会破碎，但是要在适当高温条件下，才能杀熟、杀透、杀匀。

嫩叶水分多，用低温杀青，时间就要长些。所谓嫩叶老杀，只是在相对低温基础上拉长时间，不等于老杀。老杀也是指时间长、失水多些而言，揉捻时叶汁才不会流失，影响滋味。但是要在适当低温条件下，才不会炒焦，而能杀熟、杀透、杀匀。

雨天的鲜叶，水分多，时间就要长些。如果郁闷没有炒干，就变青叶色。火温低、时间短、水分散失少，叶色变红。

投叶量与叶温高低成负相关。叶量多，叶温降低，热能供应不足，就不能完成杀青应有的理化变化，而出现红梗红叶，失水过少和杀青不匀的毛病。

在一定的锅温，叶量过多，炒翻不易均匀，杀青程度也不均匀。这样常产生部分的焦叶和色泽发黄等毛病。

叶量少，炒翻容易均匀，常获得较好的品质。但是过少也容易产生焦叶。并且时间不经济。因此，炒叶量要依技术高低、炒锅大小、火温高低等不同而随时适当增减。一般说，在火温高、技术高、炒锅大的条件下，炒制低级茶，叶量可多些，相反的，叶量少些。

5. 抖闷结合

杀青有抖炒和闷炒两种方法，抖闷结合，又是杀青技术的另一个关键。要运用眼、耳、鼻、手的感觉而随时灵活掌握。

抖炒叶子在锅中一上一下，一会儿散落在锅底着热，蒸出水分，一会儿扬起离开锅面而挥散水汽，带走青草气，使叶汁浓缩，促进内含物转化。但是忽上忽下，叶子忽冷忽热，热气散失，叶子着热不一致，叶温升高就不一致，青草气挥散也不一致。叶温不一致，破坏酶的活化也不一致，有的多酚氧化酶就促进黄烷醇氧化而变红。这样，有的变红，有的不变或少变，叶色变化不匀，叶底色泽就不匀。

由于叶片和叶梗着温不一致，叶、梗失水不同，梗水分多，应失去而没有失去，维管束中的酶的活化，就比叶片强，就会产生红梗。

叶温不匀，水分蒸发不同，有的多，有的少，叶汁浓度不同，内含物变化也不同，杀青程度就不均匀。

抖炒翻动要快，使叶子着热均匀，以破坏全部酶促作用，即所谓杀熟，不然，叶子不是留锅底着热过久而烧焦，就是还未着热或着热时间太短，而杀不熟不透。如火温过低，不仅不能破坏酶的活化，反而促进酶促作用，这是产生红梗的原因之一。

抖炒时间长些，叶子着热时间和次数不一致，叶温高低不匀，杀青程度不匀，有熟有生，甚至一叶半生半熟。如炒法不灵活，翻动不匀，更容易产生红梗焦叶。

全抖炒杀青，叶温升高缓慢而低，酶的活化有机会，是产生红梗红叶的根源。叶梗水分蒸发不一致，叶易焦灼，梗易泛红。

青草气散失与叶温和水分散失有直接关系，叶温升高缓慢，水分散失也缓慢，青草气就不易散失。虽然延长杀青时间可以排除青草气，但是对其他化学成分的变化带来不良的后果。

抖炒叶子在锅中不断地炒动，不离锅、不抖开，水蒸气不易散失。叶子忽上忽下，非相当的高温，叶子难着热，就失去杀青作用。这就是高温快炒的根据。

闷炒杀青，叶温高低一致，破坏酶的活化一致。多酚氧化酶的活化，不但能够全部破坏，而且快速彻底，杀熟杀透容易均匀，就不会出现红梗红叶了。

闷炒杀青，水分气化不立即消失。利用高温水蒸气提高叶温，使叶子受热快而均匀一致，内含物转化能够一致，叶绿素释放出来能够一致。这样叶绿素从叶绿体全部释放出来，能够全面溶在茶汤内，叶底不会出现生青叶，叶色一致，而且容易杀熟杀匀。

闷炒杀青，水蒸气不能立即散失，结合水不能继续蒸发，就会产生闷水味。水分不能散失或散失过少，青草气也就不能全部带走或少带走。水分散失少，叶汁浓度变化不大，内含物转化也不大，造成香低味淡而带有青草气味。低温水蒸汽不散失，不能破坏酶的活化，反而促进酶促作用，叶色发黄。

抖炒闷炒各有得弊，必须掌握两相巧结合，关键在于一个"巧"字，只有相互取长补短，掌握适当，才能符合三要三不要的要求。

水叶或水分很少的粗老叶，或萎凋状态的鲜叶，不包括在内。一般掌握先抖后闷再抖、多抖少闷的原则。先抖炒到看不见水汽，然后闷炒。闷炒到水蒸汽猛烈向外冲出，叶温很高烫手，粘性大，再抖炒。抖炒到看不见水蒸气，就赶快出锅。无论是抖炒或闷炒，时间都不能超过两分钟，特别是再抖炒更要缩短些。

闷抖结合，抖炒时可使鲜叶的水分迅速地蒸发，使杀青叶具有浓香。闷炒时可利用高温水蒸气迅速破坏酶促作用，阻止叶中不良的化学变化，如黄烷醇类的氧化。

闷抖结合须根据鲜叶的老嫩、软硬、含水量多少和火温高低，随时增减闷炒的时间和次数。如叶老而硬、含水量少的鲜叶，可适当增加闷炒时间和次数，以免炒焦而降低品质。如细嫩而软或含水量多的鲜叶，宜适当增加抖炒时间或次数，使水分均匀及时散失，以免红变而降低品质。

嫩叶或水分多，先抖后闷，最后再抖炒很短。老叶或水分少先闷后抖，再闷，最后抖炒很短。火温高，多抖。火温低，闷的次数多，闷要到叶温烫手为度，最后抖到叶子还有粘手为度。

抖炒不够，闷炒过早，游离水应蒸发的部分还未蒸发掉，结合水不能蒸发，内含物变化不大，就不能杀熟杀透，不但有闷水味，而且香气也不高。

抖炒过度容易产生焦边焦叶。闷炒过度水分不能合理散失，青草气不能及时挥散，叶绿素大量破坏和变化，就不能生成良好香气，汤色叶底就都会变黄。

闷炒不够，抖炒过早，叶温不高，不仅杀青不透不匀，而且促进了酶的活化，黄烷醇类就会氧化，叶色变黄。

嫩叶如在低温条件下，闷炒过度，叶色变深暗的死青色。春茶早期的细嫩鲜叶，多抖少闷。夏秋茶末期的鲜叶，多闷少抖。晴天叶子多闷少抖或先闷后抖。雨天叶子多抖少闷，先抖后闷或不闷。如发现抖闷不够可以分段，如抖、闷、抖、闷、抖，但时间掌握1min左右，不能超过1.5min。

6. 杀青技术措施分析

杀青过程主要是水蒸气去掉与水蒸汽暂时留住的矛盾。先是去掉水蒸气，后转为留住水蒸气，最后又去掉火蒸汽。

首先高温抖炒，去掉大量游离水，叶温升高促使内含物转化，由生转熟，后去了一部分结合水，继续提高叶温，青草气挥发，生成良好香气。

由于鲜叶老嫩不一，熟与生、透与闷很难完全解决。由去水蒸气转为留水蒸气，采取闷炒技术措施，利用高温水蒸气彻底促进内含物完全转化，由杀青不匀转为杀青均匀。

如果鲜叶老嫩相差太大，延长抖炒闷炒时间，不仅未能杀匀，甚至产生红梗和闷水气味。而主要为鲜叶老嫩的矛盾，就要采取鲜叶分级付制的技术措施。

最后抖炒去掉水蒸气，由闷水气味转为鲜爽香味。这样就抓住水蒸气去掉和暂留的主要矛盾，这就是达到三要的合理技术措施。

不同性质的问题，用不同技术措施解决。如用高温抖炒，解决不产生红梗红叶。用低温快速抖炒，解决不产生焦边焦叶。用高温适当地慢抖炒，解决不产生水闷味。这样就解决三不要的矛盾。

杀青过程就是鲜叶多种运动的过程，不但各有其特性，不能用同一火温解决，而且每一运动过程各有不同的特点，不能用同一炒法去解决。要掌握杀青的合理技术措施，不但要了解鲜叶在锅中各种运动相互联系结合的特殊性，而且要从不同的各方面着手研究，才有可能了解其总体。

7. 杀青叶质量

杀青过程的化学变化较复杂，主要的因素是温度引起热化学反应，目前研究资料还不多。

从化学热力学的观点，温度能加速任何化学反应的速度，当温度每升高10℃时，一般化学反应速度增加2－4倍。假设反应速度增加2倍，取在t＝0℃时的反应速度为1，则当t每升高10℃时，反应速度的温度系数将如表10－1所指示的变化。可见温度对化学反应的速度影响很大。在酶的最适温度范围内，酶的催化作用也大体上服从这个基本规律。杀青叶的内含物是复杂的，化学反应绝不是单分子反应、双分子反应或三分子反应，而是多分子反应。再之作为反应介质的水分在不断减少，还有许多未能察觉到的因素都影响着化学反应速度，同时影响着化学反应的途径。如高温高湿的蒸热杀青和高温低温的炒热杀青，两者的杀青叶品质特点完全不同。不仅是水分含水量上的差别，更重要的是色、香、味的差别。

表10－1 反应速度与温度的关系

t(℃)	0	10	20	30	40	50	60	70	80
反应速度系数	1	2	4	8	16	32	64	128	256

杀青过程的化学变化，从品质上表现为由一种的色、香、味向另一种的色、香、味转化。这是杀青质量的主要要求，也是杀青程度适当的重要标志。通过化学分析，杀青过程，氨基酸、可溶性糖和可溶性果胶的含量都有所增加。叶绿素减少，其他色素都不同程度的转化，如花黄素自动氧化，产物为橙黄色甚至是棕红色。花青素受热也可转化失去原来的苦味。但杀青技术不当，则呈现青灰色，制成的绿茶，汤色泛青，叶底呈蓝靛色，味苦。胡萝卜素和叶黄素含量也减少。胡萝卜素可转化为芳香物质，如紫罗酮等。低沸点的芳香物质首先挥发（这部分物质，大部分具有青草气），如β，γ-已烯醇。α，β-已烯醛（沸点140℃），在杀青中，部分挥发和转化，留下一部分是绿茶"新茶香"的组成成分。还有沸点在100℃以下的，具有不愉快气味的芳香物质如乙醛、异戊醛、丁醛等受热几乎全部挥发，据日本资料，炒热杀青儿茶多酚类总量减少，其成分组成发生了变化，并发现原鲜叶没有新的产物，如（＋）-EC、（－）-C、（＋）-EGC、（－）GC和其他未鉴定的新物质。酯型儿茶多酚类含量减少。

杀青过程的热化学反应，依其变化的程度不同，产生色香味品质不同。叶色由鲜绿转变为暗绿而至淡黄绿、焦黄或枯黄。香气由青草气转化为青花香、熟香、焦香或水闷气。味道由苦涩转变稍青涩、醇和、焦苦或淡薄。正常的杀青程度应取中间两种。偏前则杀青不足，偏后叫杀青过头（或是闷黄），跟红变叶一样都属劣变叶。

总之，正常的杀青质量要求，一是制止酶促作用，要及时地彻底破坏酶的活化，杀青叶不会红变。二是杀透,要内含物转化程度适当,没有青草香味,也没焦气味和水闷气味。三是杀匀,要求杀青叶水分含量较一致,叶质柔软度相近,和化学变化程度相近。

制茶最后工序都是干燥,干燥是热加工过程,也是热化学反应。一般认为杀青的程度"宁可嫩些,不可过老"。杀青叶稍"嫩"些可以在干燥工序中使之进一步转化,而过"老"就无法补救。

揉　捻

揉捻是初步做形,除了白茶类和绿、黄茶中有些不要揉捻外,一般在制茶过程中都有揉捻工序。所谓揉捻,即用揉和捻的方法使茶叶面积缩小卷成条形,通称条茶。鲜叶直接揉捻是不能成条的。因其物理性能硬、脆。揉捻是力的作用,如果用力不当,也不能成条。下面将着重阐述这两个问题。

1. 揉捻与叶子的物理性能

揉捻力作用于叶子使之变形。揉捻质量首先决定于揉捻叶的物理性能。要求揉捻叶柔软性好,受力容易变形。韧性好,受力变形而不折断。可塑性好,受力变形后不容易恢复原来形状。还有粘性好,与可塑性直接相关。

揉捻叶水分含量与叶子物理性能,如柔软性、韧性、可塑性、粘性呈一曲线关系。鲜叶水分多,细胞膨胀,这四种物理性能都较差。随着水分的减少,这些物理性能增强,一般含水量50%左右,这些物理性能最好。随着水分的继续减少,物理性能随之下降。从叶子含水量可以大约估计叶子的物理性能。

叶子失水过程的不均匀,梗的含水量较叶子多,叶尖、叶缘较叶子基部少,实际生产技术掌握的水分标准为平均水分,均比50%这个数字大,一般是60%左右。萎凋工序有"老叶嫩萎凋",杀青工序有"老叶嫩杀"的操作规定,这里的"嫩"均指作为适度的含水量指标,老叶比嫩叶高。这里的"老叶"指鲜叶质量,包括嫩度、柔软度较差的叶子。

揉捻叶的叶温与叶子的物理性能也有一定的相关性。叶温高,内含物质的分子结构松懈,叶子的柔软性、韧性和可塑性都增强。特别是老叶纤维素含量多,柔软性和可塑较差。叶温高对老叶的这些物理性能的增大显著。所以质量较老的叶子多采用"热揉"。

热揉的叶温较高,叶子内含物的变化是很激烈的。制红茶,揉捻开始,"发酵"作用开始。揉捻叶温度直接影响"发酵"作用,影响制茶品质。这在变色一节中再论述。制绿茶、黑茶、黄茶、青茶等茶类热揉的化学变化,实质是湿热作用。湿热作用对绿茶品质不利。热揉对制绿茶有利外形,不利内质。制绿茶应用热揉技术,要具体情况具体分析。一般热揉要与短揉相配合。

揉捻方法，除了一些著名绿茶采用手揉外，大量的是采用机揉。机揉设备的装叶量依揉桶大小而异，由几十斤到一百多斤不等，为手揉量的几十倍到几百倍。机揉比手揉工效大为提高。揉捻时间，手工 5 - 10min，而机揉要 20 - 100min。一般装叶量越多，揉时越长。从最长揉时算，机揉比手揉多 10 多倍。机揉叶量多，揉捻时间长，散热比手揉慢（水分的散失也较手揉少）。机揉的揉捻叶的化学变化比手揉多。假如热揉用于手揉并不影响到茶叶的色香味品质，而用于机揉，茶叶色香味品质就要改变。所以用于绿茶的揉捻机，揉桶不宜太大。

叶子的嫩度不同，不仅是内含物的含量不同，其内含物的化学稳定性也不一样。如嫩叶比成熟叶的叶绿素容易破坏。嫩叶热揉其色泽容易变黄，产生低闷的气味。热揉多用于老叶，尤其是机揉的热揉更是如此。

揉捻过程的化学变化，并不是对任何茶类的制茶品质都不利，如黄茶类、黑茶类等的品质形成，正需要加强这种化学变化——湿热作用。

热揉和冷揉，都具有其对品质有利一面，也有其不利一面。要发挥其有利方面，限制其不利方面。新的揉捻设备的研究除了效率外，应考虑到叶温、叶量和揉时等因素，才能生产出外形和内质兼优的产品。

2. 揉捻叶成条过程

揉捻叶成条不光是一种垂直于叶子的平压力，这种平压力只能使叶子压扁，不能使之成条。必须是两个以上的力，作用于松散的叶团，才能使叶团滚动，叶团内部叶子四周受到挤压力，发生皱褶，由于主脉硬度较大，叶片皱褶的纹路，基本上与主脉平行，并向主脉靠拢。再之，由于皱褶，叶子弯曲受力细胞组织破裂，便增加叶质柔软性和可塑性。同时茶汁挤出混和，增加叶子粘性。这些都为成条创造了更有利条件。每张叶片皱褶纹路越多，越有可能揉捻成紧条。

揉捻的第一阶段叶团，需要获得压力，但加上叶团的压力不宜太大。压力太大，叶子受单方面力作用而叠起来。韧性较差的叶子容易在叠褶处断裂成碎片。已叠合的叶片，要使之卷曲成条就十分困难。揉捻的开始阶段应注意掌握轻压力。

随着揉捻叶皱褶纹路增多、柔软性、可塑性和粘性增大，体积缩小，再逐渐加大压力。一方面使叶子皱褶得更好、纹路更多，形成粗条形。另一方面，叶与叶之间的摩擦力增大，叶子不同部位所受的摩擦力不同，运动的速度也不一样而产生扭力，于是粗条经扭力作用扭卷成紧条。

嫩叶柔软性好，粘性又大，可能不经过皱褶而直接扭卷成紧条。条索越紧，粘性越大，摩擦力也越大，所产生的扭力也越大。再继续加压力揉捻，嫩叶的条索就可能断碎。这时应停止揉捻，用解块筛分方法将已成紧条的嫩叶分离出来。条索仍然粗松的较老叶子，继续进行第二次揉捻，并加大压力，以适应弹性较大的较老叶子，使叶子进一步皱褶、变形、扭卷成紧条。

柔软性、粘性大的叶子在揉捻过程中，容易几个叶片或叶条粘连一起，并滚转成团块。团块在压力下越滚越紧。这些团块在干燥中水分不容易蒸发，贮存过程容易发霉变质、影响整批茶叶质量。在干燥时将团块解散，这时条索粗松，有的不成条形，也影响茶叶外形。对这种叶子，在揉捻过程的加压中，要结合几次松压。即加压几分钟，发现有团块可能形成，就要及时去除压力，使还是松的团块在揉捅运动的冲力下解散，松压几分钟后又接着加压力。有的情况是，松压措施仍不能彻底解散团块，揉捻一定时间后还要解块，有的结合筛分进行解块。

解块技术措施在解散团块的同时，会抖松条索，影响条索紧度。实际应用时要注意，不需解散团块的就不要解块。

炒青绿茶注重外形，条索要圆直、紧结、整齐，主要是在揉捻后炒焙过程中完成的，与揉捻关系不很大，但是揉卷成条是炒焙整形的良好基础，也是必要的。揉捻促进细胞内含物的混合作用，引起复杂的化学变化，与茶汤色味浓淡也有一定的关系。但是揉捻时间短，程度轻，内质变化不大。

3. 揉捻技术要求与分析

炒青绿茶外形要求是五要五不要：一要叶条，不要叶片；二要圆条，不要扁条；三要直条，不要弯条；四要紧条，不要松条；五要整条，不要碎条。这五对矛盾，相互联系，相互影响，无不在一定条件下转化。要抓住叶片与叶条的主要矛盾，其他矛盾就容易解决。

转化的条件主要是力的作用。力的作用有轻与重、用力时间长与短、次数多与少、早与迟的矛盾。这些矛盾也是相互联系、相互影响的，根据叶质和叶量的不同而变化。要抓住轻与重的主要矛盾，其他矛盾也就迎刃而解。要解决这些矛盾须反复实践，逐步提高认识，才能做到五要五不要。

力的作用　力分摩擦力和压力。摩擦力使叶子顺主脉卷转为椭圆螺形。压力是增大摩擦力。使叶子快速成条而卷紧。要做到五要五不要，就要摩擦力与压力巧结合。先使用摩擦力，后使用压力，再使用摩擦力。先使用摩擦力，使叶子大部分初步卷转成叶条。后使用压力加大摩擦力，使叶子大部分卷成条索。去掉压力，再使用摩擦力，主要使叶团松开，叶汁内渗，避免叶汁流失。如先使用压力容易产生扁条，不能揉成圆条。后使用压力，使叶条收缩，挤出叶汁。叶汁挤出后，去掉压力，再使用摩擦力，叶条松开，叶汁回渗。这样解决圆条与扁条、茶汤浓与淡的矛盾。

加压力的原则　加压力是解决外形的技术措施，要先轻后重再轻，加压与放压相结合。加压与放压的时间比例是 2 比 1，如加压 10min，放压 5min；或 3 比 1，如加压 15min，放压 5min。这样才能解决圆与扁、紧与松、整与碎的矛盾。如加压不放压，就不能达到五要求。

先轻压才不会压扁。只是轻度加大摩擦力，加速叶子卷转，初步把叶片揉成圆形叶条。轻压放压后，加重压，加大摩擦力使叶条在圆而松的状态下，逐渐卷成紧条。

叶条在重压揉捻条件下，揉成叶团，如果成团的叶条，不能再揉紧，不成团的叶条继续揉紧，揉捻就不均匀。同时叶条缩紧、叶汁大部分挤出，如不放压，叶汁流失，茶汤淡薄。叶汁大部分挤出后，叶条干硬，重压揉捻，就容易揉成碎片。因此，重压后就要放压，叶团就不会愈揉愈紧，叶汁内渗也不会流失，进一步解决浓与淡的矛盾。

放压后再加压，不但不会叶团愈揉愈紧，而且叶团才不会松开而不起揉紧的作用。同时未成团的叶条不会揉过紧而容易破碎。最后轻压也同样要放压，就是以不加压的摩擦力结束揉捻过程。但是粗老叶例外，重压揉捻到结束。

加压技术 加压有压力轻重之分。轻压与重压是相对而言的。加压大条索紧结，加压小条索粗松。压力过大，叶条不圆而碎，揉捻不灵活；压力过小，叶条粗而松，甚至达不到揉捻的目的。叶嫩而少，加压力轻；叶老不论多少，加压力都要重些。

无论轻压或重压都有时间长短的矛盾。加压时间过长，叶条扁而碎；加压时间过短，叶条松而粗。一般分 5min、7min、10min、15min、20min 等五档。嫩叶短，老叶长；叶量少短，叶量多长；粗老叶量少也短些。

加压时间长短，又与加压次数多少交叉关系。加压次数多，时间短；次数少，时间长。加压次数多少，又与叶质老嫩和叶量多少交叉有关。叶嫩而少，次数少，每次的时间长些，叶老而量多，次数多，每次的时间短些。次数至少轻重二次，至多轻、重、较重、重、轻五次。

加压有迟与早之别。过早叶条压扁不圆，过迟叶条松而不紧。叶嫩而量多迟些，叶老而量少早些。

总之，加压大小、时间长短和次数多少，以及加压早迟，是依叶质和希青程度以及揉捻时间的不同而不同。简单说，嫩叶加压轻，次数少，时间短，加压迟些，老叶则相反。揉捻时间长，加压全程时间也长，加压次数多些，加压总重大些。

揉捻机的影响 揉捻机的转速，应掌握先慢后快再慢的原则。先慢才不会使叶条揉碎，也不会因热揉或摩擦发热叶温过高，而使叶质起不良的变化。后快，叶条卷转成螺旋形的可能性就越大，可以使叶条卷得很紧。再慢，可使结团叶条松开，使未揉到的叶条进一步成圆直的叶条。

揉盘的棱骨构造，与揉成条索很有关系。棱骨弧形低而宽的适合揉细嫩鲜叶，揉粗老叶不易成条。弧形高而狭的适合揉粗老鲜叶，揉细嫩叶容易揉碎。最好揉捻机揉盘棱骨有活动装置，以适应叶质老嫩不同的要求。

4. 揉捻的技术措施

绿茶要热揉与红茶要冷揉不同。热揉叶软容易成条，而不象红茶引起不良的变化。一因叶量少、时间短，摩擦发生热量不大，叶温上升不高，内质变化不大。二是由于高温杀青，酶的活化已完全或大部分破坏，酶促作用已制止，就是没有破坏完全的残余酶的催化作用不大，不致改变品质。

冷揉，水分蒸发减少，叶质稍硬化，就较难揉成紧条。并且炒后久置不揉，也会变色和散失香气。

热揉，要有相应的条件配合，特别是机揉。一是杀青要杀透杀匀，二是叶量宜少、揉速宜慢、时间宜短、加压力宜小。如配合不好，就产生红梗红叶。

现用揉捻机，一桶要几锅杀青叶完全相同，事实上困难很多，不能同时杀青，同时投入。杀青时间很短，揉捻时间长，常杀青叶多，揉捻来不及，不能热揉，就要冷揉。

冷揉条件：一是杀青要杀熟杀透；二是杀青叶摊放很薄，摊放不能过久；三是揉捻时间也不要过长，要防止因杀不熟而发黄。

绿茶揉捻具体要求：一是绿茶冲泡次数多，茶汁不要全部挤出，细胞组织不要全部破裂，破坏率45－65％；二是要揉成圆直紧结、整齐的条索。

揉捻不足，滋味和色泽都较淡薄，不能形成紧结条索。揉捻过度，茶汁完全挤出，有些黄酮类化合物自动氧化，茶汤不清，揉碎芽叶。炒绿揉捻技术具体掌握如下：

看叶质来决定揉叶量　首先看鲜叶，细嫩的多些，粗老的少些。其次看杀青叶，杀青时间短，含水量较多，不宜过多，避免外形弯曲。

看揉叶量来决定揉捻时间　揉叶量多就长，揉叶量少就短。

揉叶量过多，揉捻时间过长，对香气有相当提高，但汤色叶底都不亮。过多如果加大压力，不论时间长短都是条索碎细，下身茶较多。叶量过少，不论时间长短，条索不是粗松，就是碎小。

揉捻时间决定揉捻程度和形状　时间长减少粗大茶条，但是断碎、叶尖折断，下身茶较多，形状不整齐。时间短，条索不紧，碎末较少，头子茶增多。

揉捻快慢决定时间和形状　揉快易生碎片，芽尖易揉断，汤色混浊苦涩，色泽带红。揉慢延长时间，条索难紧结。

解块与筛分　解块有决定外形的作用，使条索均匀，直而圆。筛分也有同样的作用，并使嫩叶少揉而不断碎小，老叶多揉而条索紧结。两者配合，才能达到五要五不要的要求。

叶子经过揉捻，有的顺主脉卷成圆直条，有的与主脉垂直卷转，或不圆而扁，卷成团块，条索扁而不直。因此，解决筛分技术把成团的叶条抖开，筛出细叶和碎片。同时使叶条伸直而不弯曲，并防止热揉叶温过高，引起叶质变化而泛红。还可以把下面细嫩叶条分开，及时烘干，不会揉捻过度而断碎。

解块筛分次数，根据揉捻时间、叶质老嫩而定，一般是一二次。粗老叶比细嫩叶次数小些。如叶条松散或粗老叶揉捻结束，就无须解块筛分。

解块筛分要迅速，否则水分散失过多，容易揉碎，尤其是粗老叶水分少，解块筛分更要快些。杀青过老，水分少也要快些。

5. 揉捻工段质量审评

揉捻技术好的条索，应是圆直整齐，扁曲碎片就不合要求。但是要揉卷很好，与鲜叶形质和揉捻机棱骨构造都有很大关系。实际上要全部揉得很好，全都卷成螺旋形，没有折叠是不可能的，也是做不到的。在生产实践中，只要有80%以上成条，也就算揉好了。

揉不成条索，主要是揉速过快，或开始就加压，或没有放压。扁条是加压过早过大的毛病。弯条主要是解块不匀，或没有解块。松条主要是加压过迟过小，或揉捻时间不够。碎条是加压过早过大、揉速过快、时间过长等等毛病。

6. 揉捻技术与形质变化

揉捻主要是形态上和组织上的物理变化，化学变化是次要的。揉捻时间短，程度很轻，质的变化不显著。叶子经过揉捻后，由于受到两个平面的摩擦压力，就顺着主脉直卷为椭圆螺旋形的条索；如果与主脉垂直卷转，或卷不圆而扁，或卷成圆块，都不合要求。但是要卷得很好，鲜叶和技术都要有相当条件。实际上折叠的多，卷螺旋形的少，要全部卷得很好，更不可能。

软的幼嫩鲜叶，弹性不大，容易揉卷；硬的粗老鲜叶，弹性大，就不容易卷成一定的形状。叶内水分过多，涨性大，水分少，干而硬，都不容易卷成所要求的形状，而容易揉成碎片。至于卷条的松紧、曲直、粗细是与技术高低分不开的。

细胞破裂需要较大的压力，平面的摩擦压力是不能压破细胞的。当叶子在两个平面之间，还有折叠的曲压力时，才能破坏细胞组织。在折叠曲压时，叶外表层的细胞受到两面的拉力而使皮膜裂开，使所含汁液流出叶面。

揉捻时间短，如茶汁没有流失，水分散失不大，最多不超过2-3%。例如22℃的杀青叶含水量60.54%，揉捻后水分含量减至58.16%，也没有超过3%。

揉捻过程中，叶绿素减少不多，由杀青叶的0.95%减至0.81%。叶绿素A破坏比B多，杀青叶A比B是4.0，揉捻叶是3.7。可溶性的氧化物变化不大。绿茶揉捻越多，可溶性的氧化物（指儿茶多酚类）减少越多。第一次揉后是12.8%，第二次揉后12.3%，第三次揉后12.2%〔印度哈勒（C. R. Harler）的资料〕。

可溶性糖总量增加，还原糖减少，非还原糖增加。可溶性果胶，氨基酸都有些增加，全氮量和咖啡碱都减少。

一般使用揉叶不多的小型单动揉捻机，便于缩短揉捻时间，避免发生高温引起各种不必要的化学变化而降低品质。由于揉叶量不多而时间短，揉捻技术影响炒青绿茶的品质不大，较易掌握。